郭林森　杨希博　马金鑫 / 主编

AutoCAD 2016 中文版 室内设计教程

中国青年出版社
CHINA YOUTH PRESS
中青雄狮

律师声明

侵权举报电话

图书在版编目（CIP）数据

AutoCAD 2016中文版室内设计教程／郭林森，杨希博，马金鑫主编.
—北京：中国青年出版社，2017. 10
ISBN 978-7-5153-4913-8
I.①A… II.①郭… ②杨… ③马… III. ①室内装饰设计-计算机辅助设计-AutoCAD软件-教材 IV. ①TU238.2-39
中国版本图书馆CIP数据核字（2017）第220965号

策划编辑　张　鹏
责任编辑　张　军
封面设计　彭　涛

AutoCAD 2016中文版室内设计教程
郭林森　杨希博　马金鑫 / 主编

出版发行：中国青年出版社
地　　址：北京市东四十二条21号
邮政编码：100708
电　　话：（010）50856188 / 50856199
传　　真：（010）50856111
企　　划：北京中青雄狮数码传媒科技有限公司
印　　刷：三河市文通印刷包装有限公司
开　　本：787 x 1092　1/16
印　　张：15.5
版　　次：2018年5月北京第1版
印　　次：2018年5月第1次印刷
书　　号：ISBN 978-7-5153-4913-8
定　　价：39.90元（特赠视频与素材等超值海量实用资料，加封底QQ群获取）

本书如有印装质量等问题，请与本社联系
电话：（010）50856188 / 50856199
读者来信：reader@cypmedia.com
投稿邮箱：author@cypmedia.com
如有其他问题请访问我们的网站：http://www.cypmedia.com

前言

随着社会的发展进步，生活水平的提高，人们对住房的环境也更加讲究，这为国内室内装饰行业带来了前所未有的机遇。在行业发展中，环境艺术设计类人才的培养成了各高校首要考虑的问题。

本书从全面提升AutoCAD设计能力的角度出发，结合AutoCAD 2016软件绘图知识和操作案例，讲解如何利用AutoCAD进行室内设计施工图的绘制，让读者能够利用计算机辅助设计软件来独立完成图纸的绘制。全书共12章，其中各章节内容介绍如下：

篇 名	章 节	知 识 体 系
Part 1 基础知识篇	Chapter 1	介绍了室内装潢设计基础知识以及AutoCAD室内设计制图基础要求与规范
	Chapter 2	介绍了AutoCAD入门知识，知识点包括图形文件的基本操作、坐标系介绍、图层管理以及辅助功能的应用
	Chapter 3	介绍了二维基本图形的绘制，知识点包括点、线、矩形、多边形以及曲线对象等图形的绘制
	Chapter 4	介绍了二维图形的编辑，知识点包括图形的复制、旋转、镜像、阵列、偏移、打断、倒角和圆角，并对多线和多段线等图形的编辑以及图形图案的填充等进行介绍
	Chapter 5	介绍了图块在室内设计制图中的应用，知识点包括块的创建与编辑、块属性的创建与编辑、外部参照的使用与管理、设计中心的应用方法等
	Chapter 6	介绍了文本与表格的应用，知识点包括文字样式的创建与设置、文本的创建与编辑，以及表格的创建与应用等
	Chapter 7	介绍了尺寸标注的相关知识，知识点包括标注样式的新建与设置，以及各类尺寸标注的创建与编辑，如线性标注、角度标注、半径/直径标注、圆心标注、快速标注、折弯标注、引线标注等
	Chapter 8	介绍三维模型的创建与渲染，知识点包括三维建模的基本要素、三维实体的创建与编辑、材质与灯光的创建以及三维模型的渲染
	Chapter 9	介绍了图纸的打印与发布，知识点包括图形的输入输出、模型与布局设置、打印样式与参数的设置、图形文件的网络应用等
Part 2 综合案例篇	Chapter 10	介绍居室空间施工图的绘制，包括居室原始户型图、居室平面布置图、居室顶棚布置图以及客餐厅和卧室立面图形的绘制
	Chapter 11	介绍了办公空间施工图的绘制，包括办公空间原始户型图、办公空间平面布置图、办公空间顶棚布置图以及办公室立面图形的绘制
	Chapter 12	介绍了专卖店施工图的绘制，包括专卖店平面布置图的绘制、顶棚布置图的绘制，以及专卖店立面图的绘制

本书由一线老师编写，他们精通Autodesk系列软件，将多年积累的经验与技术融入到了本书中，力求保证知识内容的全面性、递进性和实用性，以帮助读者掌握AutoCAD室内设计技术的精髓并提升专业技能。本书不仅适合作为大中专院校及高等院校相关专业的教学用书，还适合作为社会培训班的培训教材，同时也是AutoCAD爱好者不可多得参考资料。在学习过程中，欢迎加入读者交流群（QQ群：74200601、23616092）进行学习探讨。本书在编写过程中力求严谨细致，但由于时间与精力有限，疏漏之处在所难免，望广大读者批评指正。

编 者

目录

Part 1
基础知识篇

Chapter 01 室内装潢设计知识

Chapter 02 AutoCAD 2016基础入门

Chapter 03 二维图形的绘制

Chapter 04 二维图形的编辑

Chapter 06 为室内施工图添加文本标注

Chapter 07 为室内施工图添加尺寸标注

Chapter 08 室内模型的创建与渲染

Chapter 09 打印与发布图形

Part 2 综合案例篇

Chapter 10 居室空间施工图的绘制

Chapter 11 办公空间施工图的绘制

Chapter 12 专卖店空间设计施工图的绘制

Part 1 基础知识篇

室内装潢设计知识

课题概述

室内设计是根据建筑物的使用性质、所处环境和相应的标准，运用物质技术手段和建筑美学原理，创造功能合理、舒适优美并能满足人们物质和精神生活需要的室内环境。这一空间环境既要满足相应的功能要求，同时也反映了历史文脉、建筑风格、环境气氛等精神因素。现代室内设计是综合的室内环境设计，不仅包括视觉环境和工程技术方面的内容，也包括声、光、热等物理环境以及氛围、意境等心理环境和文化内涵的设计。

教学目标

本章将为用户详细介绍室内设计的基本原则、设计流程以及制图内容、规范等，使读者能够大致了解室内设计以及室内设计制图的基础知识。

章节重点

★★★★　掌握室内设计的制图要求
★★★　了解室内设计要求及规范
★★　了解室内设计流程与步骤
★　了解室内设计基本原则

注："★"个数越多表示难度越高，以下皆同。

1.1 室内设计基础知识

室内设计是建立在四维空间基础上的艺术设计门类，包括空间环境，室内环境、陈设装饰等。在设计过程中，需一定物质技术手段和经济能力，根据对象所处的特定环境，从建筑内部把握空间，并进行创造与组织，形成安全、卫生、舒适、优美的内部环境。

1.1.1 室内设计基本原则

室内设计是以满足人们生活需要为前提，要求功能实用，并运用形式语言来表现主题、情感和意境。所以室内设计也是有一定的原则可循的。

- 可行性设计原则：坚持以人为本的核心，力求施工方便，易于操作。
- 整体性设计原则：保证室内空间协调一致的美感，例如家居电视背景墙是家装的重点，可以有别出心裁的创意，也可以与整体风格相统一。
- 功能性设计原则：空间的使用功能，如布局，界面装饰、陈设和环境气氛与功能统一。
- 审美性设计原则：通过形、色、质、声、光等形式语言，体现室内空间美感。
- 技术性设计原则：一是比例尺度关系；二是材料应用和施工配合的关系。
- 经济性设计原则：以最小的消耗达到所需目的。
- 安全性设计原则：墙面、地面或顶棚的构造都要求具有一定强度和刚度，符合技术要求，特别是各部分之间连接的节点，更要安全可靠。

1.1.2 室内设计基本要素

室内设计是建筑内部空间的环境设计，根据空间使用性质和所处环境的要求，创造出功能合理、舒适、美观、符合人的生理和心理要求的理想场所。功能、空间、界面、饰品、经济、文化为室内设计的六要素。

1. 功能

功能至上是室内装饰设计的根本原则，住宅和人的关系最为密切，一套缺少功能的室内设计方案只会给人华而不实的感觉，只有使功能满足每个家庭成员的生活细节之需，才能让家庭生活舒适、方便。

2. 空间

空间设计是运用界定的各种手法进行室内形态的塑造，依据现代人的物质需求、精神需求以及技术的合理性，常见的空间形态有：封闭空间、虚拟空间、流动空间、母子空间、下沉空间、地台空间等。

3. 界面

界面是建筑内部各表面的造型、色彩、用料的选择和处理，包括墙面、顶面、地面以及相交部分的设计。做一套室内装修设计方案前，需要给明确设计主题，使住宅建筑与室内装饰完美地结合，使空间具有鲜明的节奏、变幻的色彩、虚实的对比、点线面的和谐。

4. 饰品

饰品是建筑室内设计完成后，功能、空间、界面整合的点睛之笔，给居室以生动之态、温馨气氛、陶冶性情，起到增强生活气息的良好效果。

5. 经济

在有限的投入下达到物超所值的效果，在同样的造价下，通过巧妙地设计，达到诗意、韵味是作为一名出色室内设计师的至高境界。

6. 文化

充分表达并升华居室文化是室内设计必须要追求的。设计的文化内涵和底蕴，对于其他相关设计如平面设计、广告设计、景观设计、展示设计等，都具有同样重要的作用。

1.1.3 室内设计流程及步骤

作为一名室内设计师，其工作不仅仅是坐在设计室里做设计，而是在不断与业主沟通的同时，根据房屋情况和业主的需求设计出最适合的方案。下面将简单介绍设计师具体工作流程以及设计步骤。

1. 室内设计工作流程

室内设计师的整个工作流程大致如下：

（1）介绍：主动向业主介绍公司和自己的设计特点，并介绍目前设计潮流和设计理念。

（2）沟通：做好与业主的沟通是设计的关键，在沟通过程中，能够充分了解业主心中理想的设计，例如业主生活品味、爱好；业主喜爱的设计风格、颜色、家具样式等。然后设计师可根据这些设计要求，向业主介绍自己大致的设计思路，相互交换意见，直到达成共识。

（3）现场勘察测量：在与业主做好沟通的情况下，到现场测量房屋的尺寸，其中包括房屋各空间的长宽尺寸、房高尺寸、门洞和窗洞尺寸以及各下水管、排污管、地漏及家用配电箱的具体位置。

（4）设计初稿：根据现场测量的尺寸，绘制出房屋户型图，其后对该房屋进行设计，并做出装修预算表。

（5）修改设计：初稿设计完成后，应及时与业主进行沟通，修改设计方案，并确定预算费用。

（6）签约：当与业主取得一致的意见后，应签订正式的装修合同，并收取装修预付款。

（7）施工：在正式施工前，应先带领施工队到现场进行交底工作。当施工团队了解了装修注意事项后，开始施工。此时设计师应不定期到施工现场进行巡检和指导，保证设计质量。

（8）电话回访：在施工期间，随时与业主保持联系，进行进度和质量的反馈。

（9）中期验收：在施工中期，与业主一起进行验收，并通知业主缴纳中期款。

（10）竣工验收：工程完成后，应召集业主、施工经理一起进行验收。完成后，通知业主缴纳工程尾款。

（11）客户维护：对业主进行不定期的电话回访，如有问题须及时处理，做好客户维护工作。

2. 设计步骤

室内设计步骤通常可分为设计准备阶段、方案设计阶段、施工图设计阶段和设计实施阶段这4个阶段，下面将分别对其进行简单讲解。

（1）设计准备阶段

明确设计任务和客户要求，例如使用性质、功能特点、设计规模、等级标准、总造价等，根据任务的使用性质、所需创造的室内环境氛围、文化内涵或艺术风格等；其次熟悉设计有关规范和定额标准，收集必要的资料和信息，例如收集原始户型图纸，并对户型进行现场尺寸勘测；然后绘制简单设计草图，并与客户交流设计理念，例如明确设计风格、各空间的布局、及其使用功能等；最后沟通完成后，签订装修合同，明确设计期限并制定设计计划进度安排，考虑各有关工种的配合与协调。

（2）方案设计阶段

在设计准备阶段的基础上，进一步收集、分析、运用与设计任务有关的资料与信息，构思立意，进行初步方案设计，深入设计，进行方案的分析与比较。

确定初步设计方案，提供设计文件。室内初步设计方案的文件通常包括：平面图（包括家具布置），常用比例1:50、1:100；室内立面展开图，常用比例1:20、1:50；平顶图或仰视图（包括灯具、风口等布置），常用比例1:50、1:100；造价概算等。初步方案需经审定后，方可进行施工图设计。

（3）施工图设计阶段

施工图设计阶段需要补充施工所必要的有关平面布置、室内立面和平顶等图纸，还需准备构造节点详图、细部大样图以及设备管线图等。

（4）设计实施阶段

该阶段也是工程的施工阶段。室内工程在施工前，设计师应向施工单位进行设计意图说明及图纸的技术交底；工程施工期间需按图纸要求核对施工实况，有时还需根据现场实况提出对图纸的局部修改或补充；施工结束时，会同质检部门和建设单位进行工程验收。

1.2 室内设计制图基础知识

室内设计图是室内设计人员用来表达设计思想、传达设计意图的技术文件，是室内装饰施工的依据。室内设计制图就是根据正确的制图理论及方法，按照国家统一的室内制图规范，将室内空间六个面上的设计情况在二维图面上表现出来，包括室内平面图、室内顶棚平面图、室内立面图、室内细部节点详图等。

随着科学技术的迅猛发展，室内设计制图的表现从手绘制图方式进入到电脑制图，AutoCAD制图教学内容便随之导入到室内设计制图课程中。手工制图应该是设计师必须掌握的技能，也是学习AutoCAD软件或其他电脑绘图软件的基础。采用手工绘图的方式可以绘制全部的图纸文件，但是需要花费大量的精力和时间。电脑制图是指操作绘图软件，在电脑上画出所需图形，并形成相应的图形文件，通过绘图仪或打印机将图形文件输出，形成具体的图纸。一般情况下，手绘方式多用于方案构思、设计阶段，电脑制图多用于施工图设计阶段。这两种方式同等重要，不可偏废。

1.2.1 室内设计制图内容

一套完整的室内设计图包括施工图和效果图。施工图一般包括图纸目录、设计说明、原始房型图、平面布置图、顶棚平面图、立面图、剖面图、设计详图等。

1. 图纸目录

图纸目录是了解整个设计整体情况的目录，从中可以了解图纸数量、出图大小、工程号以及设计单位等。如果图纸目录与实际图纸有出入，必须核对情况。

2. 设计说明

设计总说明对结构设计是非常重要的，看设计说明时不能草率，因为设计说明中会提到很多做法及许多结构设计要使用的数据，这是结构设计正确与否非常重要的一个环节。

3. 原始房型图

设计师在量房之后，需要将测量结果用图纸表示出来，包括房型结构、空间关系、尺寸等，这是进行室内装潢设计的第一张图，即原始房型图。

4. 平面布置图

平面布置图类似于经过门、窗、洞口，将房屋沿水平方向剖切去掉上面部分后，画出的水平投影图。平面布置图是室内装饰施工图中的关键图样，能让业主非常直观地了解设计师的设计理念和设计意图。平面布置图是其它图纸的基础，可以准确地对室内设施进行定位并确定规格大小，从而为室内设施设计提供依据。

5. 顶棚平面图

顶棚平面图主要用来表示天花板的各种装饰平面造型；藻井、花饰、浮雕和阴角线的处理形式和施工方法，以及灯具的类型、安装位置等内容。

6. 立面图

平面图是展现家具、电器的平面空间位置，立面图则反映纵向的空间关系，立面图应绘制出对墙面的装饰要求，墙面上的附加物，家具、灯、绿化、隔屏要表现清楚。

7. 剖面图

在室内设计中，剖面图是平行于某空间立面方向，假设有一个竖直平面从顶至地将该空间剖切后，移去靠近观察者的部分，对剩余部分按正投影原理绘制所得到的正投影图。剖面图应包括被垂直削切面剖到的部分，也应包括虽然末剖到，但能看到的部分，如门、窗、家具、设备与陈设等。

8. 设计详图及其他配套图纸

详图是根据施工需要，将部分图纸进行放大，并绘制出其内部结构以及施工工艺的图纸，由大样图、节点图和断面图三部分组成。一个工程需要画多少详图、画哪些部位的详图，要根据设计情况、工程大小以及复杂程度而定。其他配套图纸包括电路图、给排水图等专业设计图纸。

9. 效果图

室内设计效果图是室内设计师表达创意构思，并通过3D效果图制作软件，将创意构思进行形象化再现的形式。效果图通过对物体的造型、结构、色彩、质感等诸多因素的忠实表现，真实地再

现设计师的创意，是设计师与观者之间视觉语言的联系，使人们更清楚地了解设计的各项性能、构造、材料等。

1.2.2 室内设计要求及规范

1. 制图图纸规范

图纸幅面指的是图纸的大小，简称图幅。标准的图纸以A0号图纸841×1189为幅面基准，通过对折共分为5种规格，如表1-1所示。图框是图纸中限定绘图范围的边界线。

表1-1 图纸规格

尺寸代号	幅面代号				
	A0	A1	A2	A3	A4
b×L	841×1189	594×841	420×594	297×420	210×297
c	10			5	
a	25				

b为图幅短边尺寸，L为图幅长边尺寸，a为装订边尺寸，其余三边尺寸为c。图纸以短边做垂直边称作横式，以短边作水平边称作立式。一般A0～A3图纸宜用横式使用，必要时也可立式使用。一个专业的图纸不适宜用多于两种的幅面，目录及表格所采用的A4幅面不在此限制。

加长尺寸的图纸只允许加长图纸的长边，短边不得加长，如表1-2所示。

表1-2 长边加长尺寸

幅面尺寸	长边尺寸	长边加长后尺寸
A0	1189	1486、1635、1783、1932、2080、2230、2378
A1	841	1051、1261、1471、1682、1892、2102
A2	594	743、891、1041、1189、1338、1486、1635、1783、1932、2080
A3	420	603、841、1051、1261、1471、1682、1892

2. 标题栏

图纸的标题栏简称图标，是将工程图的设计单位名称、工程名称、图名、图号、设计号及设计人、绘图人、审批人的签名和日期等集中罗列的表格。根据工程需要选择确定其尺寸，如下表图所示。

表1-3 标题栏

设计单位名称区		
签字栏	工程名称区	图号区
	图名区	

3. 会签栏

会签栏是为各种工种负责人签字所列的表格，如表1-4所示。栏内应填写会签人员所代表的专业、姓名、日期；一个会签栏不够时，可另加一个，两个会签栏应并列；不需会签的图纸，可不设会签栏。

表1-4 会签栏

专业	实名	签名	日期

4. 图纸比例

图样表现在图纸上应当按照比例绘制，比例能够在图幅上真实地体现物体的实际尺寸。比例的符号为“:”，应以阿拉伯数字表示，如1:1、1:2、1:100等，宜注写在图名的右侧，字的基准线应取平；比例的字高宜比图名的字高小一号或二号。图纸的比例针对不同类型有不同的要求，如总平面图的比例一般采用1:500、1:1000、1:2000。同时，不同的比例对图样绘制的深度也有不同要求。

表1-5 图纸比例

常用比例	1:1	1:2	1:5	1:25	1:50	1:100
	1:200	1:500	1:1000	1:2000	1:5000	1:10000
可用比例	1:3	1:15	1:60	1:150	1:300	1:400
	1:600	1:1500	1:2500	1:3000	1:4000	1:6000

5. 图线

工程图样是由图线组成的，为了表达工程图样的不同内容，并能够分清主次，须使用不同线型和线宽的图线。

表1-6 图线

名称	形式	相对关系	用途
粗实线		b（0.5-2mm）	图框线、标题栏外框线
细实线		b/3	尺寸界线、剖面线、重合剖面的轮廓线、分界线、辅助线
虚线		b/3	不可见轮廓线、不可见过渡线
细点划线		b/3	轴线、对称中心线、轨迹线、节线
双点划线		b/3	相邻辅助零件的轮廓线、极限位置的轮廓线
折断线		b/3	断裂处的分界线
波浪线		b/3	断裂处的边界线、视图和剖视的分界线

下面介绍图线绘制时的注意事项，具体如下：

- 相互平行的图线，其间隙不宜小于其中的粗线宽度，且不宜小于0.7mm。
- 虚线、单点长画线或双点长画线的线段长度和间隔，宜各自相等。
- 单点长画线或双点长画线的两端不应是点，应当是线段。点画线与点画线交接或点画线与其他图线交接时，应是线段交接。
- 虚线与虚线交接或虚线与其他图线交接时，应是线段交接。特殊情况，虚线为实线的延长线时，不得与实线连接。
- 在较小图形中绘制单点长画线或双点长画线有困难时，可用实线代替。
- 图线不得与文字、数字或符号重叠、混淆，不可避免时，应首先保证文字等的清晰，断开相应图线。

6. 字体

在绘制设计图和设计草图时，除了要选用各种线型来绘出物体，还要用最直观的文字来表明物体的位置、大小以及说明施工技术要求。文字、数字以及各种符号的注写是工程图的重要组成部分，因此，要想清楚地表达施工图和设计图的内容，适合的线条加上漂亮的注字是必须的。下面对设计图中，文字标注的要求进行介绍。

- 文字的高度一般设置为3.5、5、7、10、14、20mm。
- 图样及说明中的汉字宜采用长仿宋体，也可以采用其他字体，但要容易辨认。
- 汉字的字高，应不小于3.5mm，手写汉字的字高一般不小于5mm。
- 字母和数字的字高不应小于2.5mm，与汉字并列书写时其字高可小一至二号。
- 拉丁字母中的I、O、Z，为了避免同图纸上的1、0和2混淆，不得用于轴线编号。
- 分数、百分数和比例数的注写，应采用阿拉伯数字和数字符号，例如：四分之一、百分之二十五和一比二十应分别写成3/4、25%和1:20。

7. 尺寸标注

图样除了画出物体及各部分的形状外，还必须准确、详尽、清晰地标注尺寸，以确定大小，作为施工时的依据。图样上的尺寸由尺寸界线、尺寸线、尺寸起止符号和尺寸数字组成。

- 尺寸线：用细实线绘制，一般应与被注长度平行，图样本身任何图线不得用作尺寸线。
- 尺寸界限：用细实线绘制，与被注长度垂直，其一端应离开图样轮廓线不小于2mm，另一端宜超出尺寸线2～3mm。必要时图样轮廓线可用作尺寸界限。
- 尺寸起止符号：一般用中粗斜短线绘制，其倾斜方向应与尺寸界限成顺时针45度角，长度宜为2～3mm。
- 尺寸数字：图样上的尺寸应以数字为准，不得从图上直接取量。

8. 制图符号

施工图具有严格的符号使用规则，这种专用的行业语言是保证不同施工人员能够读懂图纸的必要手段。下面向大家简单介绍一些施工图的常用符号。

（1）索引符号

在工程图样的平、立、剖面图中，由于采用比例较小，对于工程物体的很多细部（如窗台、楼地面层等）和构配件（如栏杆扶手、门窗和各种装饰等）的构造、尺寸、材料、做法等无法表示清楚，因此为了施工的需要，常将这些在平、立、剖面图上表达不出的地方用较大比例绘制出图样，这些图样称为详图。详图可以是平、立、剖面图中的某一局部放大（大样图），也可以是某一断面、某一建筑的节点（节点图）。

为了在图面中清楚地对这些详图编号，需要在图纸中清晰、有条理地标识出详图的索引符号和详图符号，如图1-1所示。详图索引符号的圆及直径均应以细实线绘制，圆的直径应为10mm。

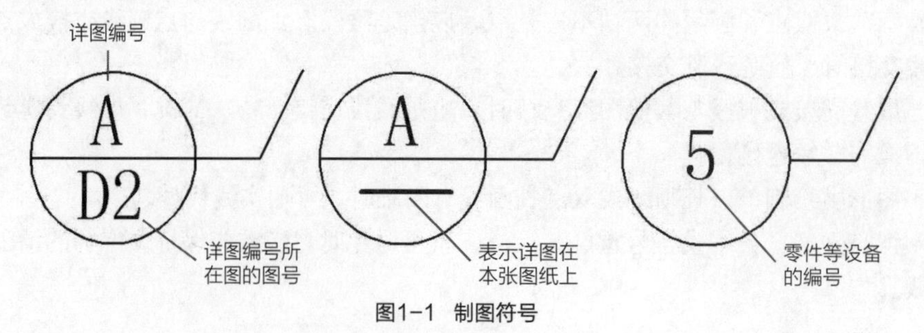

图1-1 制图符号

索引出的详图若与被索引的详图同在一张图纸内，应在索引符号的上半圆内用阿拉伯数字注明该详图的编号，并在下半圆中间画一段水平粗实线；索引出的详图若与被索引的详图不在同一张图纸内，应在索引符号的上半圆中用阿拉伯数字注明该详图的编号，并在下半圆中用阿拉伯数字注明该详图所在图纸的编号。数字较多时，可加文字标注。

（2）详图符号

被索引详图的位置和编号，应以详图符号表示。圆用粗实线绘制，直径为14mm，圆内横线用细实线绘制。详图与被索引的图样同在一张图纸内时，应在详图符号内用阿拉伯数字注明详图的编号。详图与被索引的图样不在一张图纸内时，应用细实线在详图符号内画一水平直径，在上半圆中注明详图编号，在下半圆中注明被索引图纸的编号，如图1-2所示。

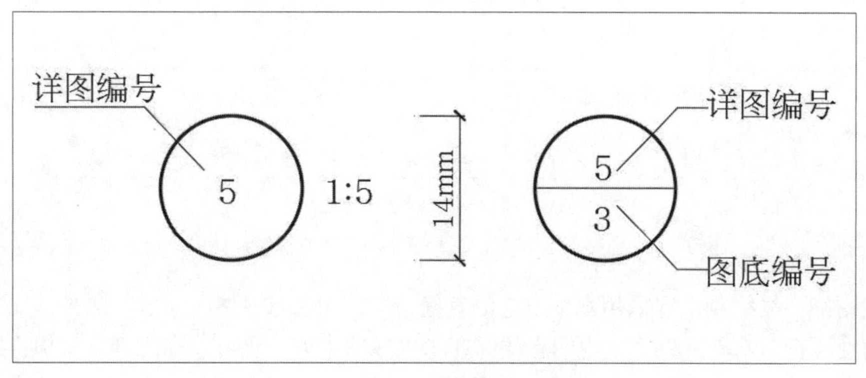

图1-2 详图符号

（3）室内立面索引符号

为表示室内立面在平面上的位置，应在平面图中用内视符号注明视点位置、方向及立面的编号。立面索引符号由直径为8～12mm的圆构成，以细实线绘制，并以三角形为投影方向共同组成。圆内直线以细实线绘制，在立面索引符号的上半圆内用子母标识，下半圆标识图纸所在位置，如图1-3所示。

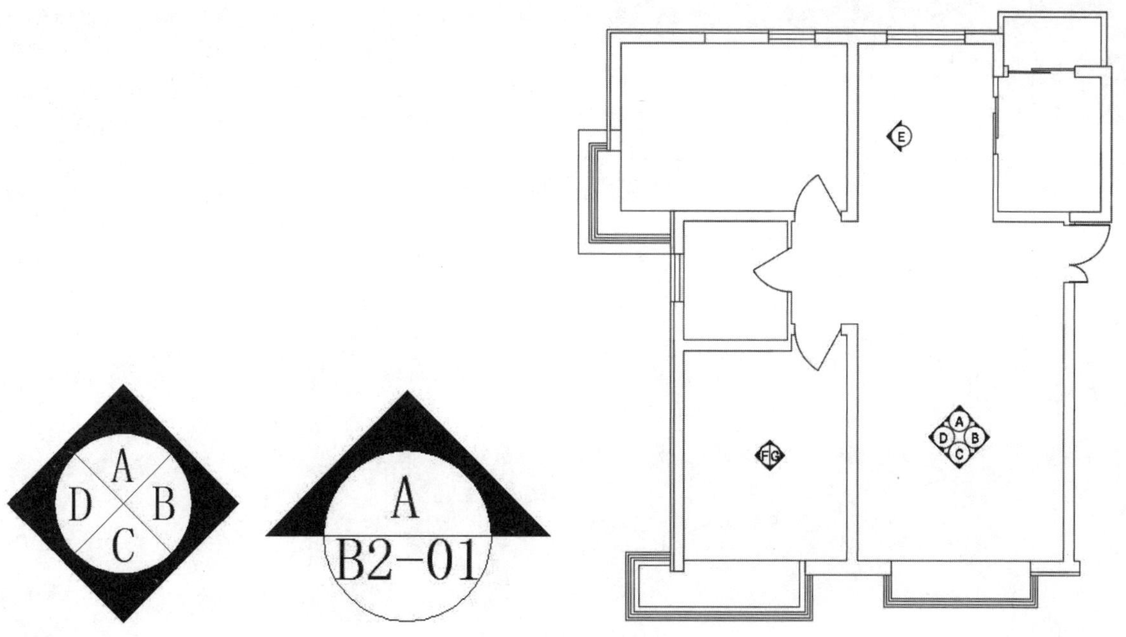

图1-3 立面索引符号

（4）标高符号

室内及工程形体的标高，标高符号应以直角等腰三角形表示，用细实线绘制，一般以室内一层地坪高度为标高的相对零点位置，低于该点时前面要标上负号，高于该点时不加任何符号。需要注意的是，相对标高以米为单位并标注到小数点后三位，如图1-4所示。

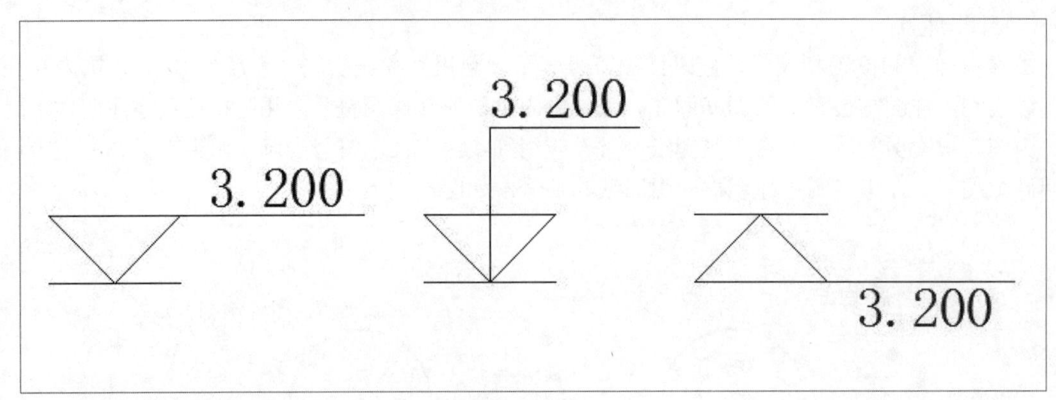

图1-4 标高符号

（5）引出线

引出线用细实线绘制，宜采用水平方向的直线、与水平方向成30°、45°、60°、90°的直线，或经上述角度再折为水平线。文字说明宜注写在水平线的上方，也可写在端部。索引详图的引出线应与水平直径线相连接，同时引出几个相同部分的引出线，宜互相平行，也可以画成集中于一点的放射线，如图1-5所示。

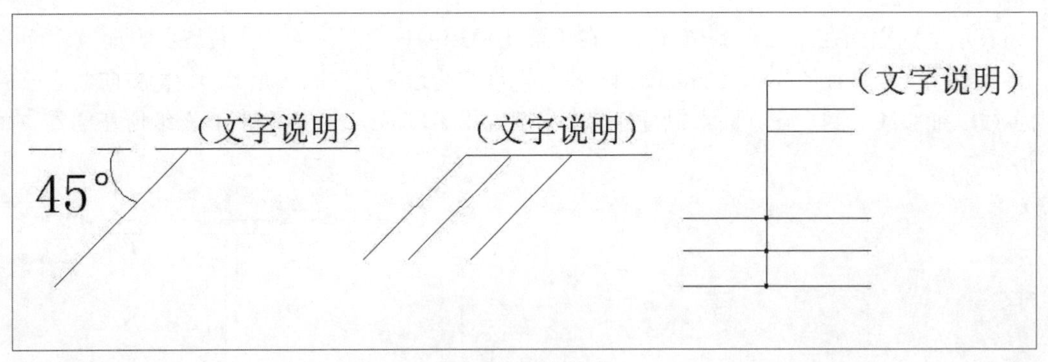

图1-5 引出线样式

课后练习

通过本章的学习，使读者对室内设计基本概念、室内设计基本原则及要素、室内设计流程及室内设计要求规范等有了一定的认识。下面结合习题练习，来巩固所学知识。

1. 填空题

（1）室内设计是建立在思维空间基础上的艺术设计门类，包括_______、_______和陈设装饰。

（2）设计是人的思考过程，是一种经过构思、计划并通过实施，以满足________的需求为最终目的。

（3）室内设计中直接关系到实用效果和经济效益的重要环节是_______。

（4）_______和人们对环境的主观感受，是现代室内环境设计需要探讨和研究的主要问题。

（5）室内设计中采光设计必须综合考虑光源的_______、_______和亮度，才能达到最佳效果。

2. 选择题

（1）西方室内风格也就是人们常说的（　　）。

A、复古式　　B、古典式

C、新古典式　　D、欧式

（2）室内环境设计是（　　）。

A、平面的装潢　　B、室内陈设与绿化设计

C、室内装修设计　　D、立体和综合的设计

（3）以下哪种不属于标准图纸规格（　　）。

A、A0　　B、A2

C、A4　　D、A5

（4）承重墙的一般厚度为（　　）。

A、240mm　　B、120mm

C、60mm　　D、100mm

（5）关于客厅风水的知识中，以下哪个是错误的（　　）。

A、客厅是家人共用的场所，宜设在房屋中央的位置

B、厅内应避免梁的阻障，可将梁结构装饰成各类美丽的造型

C、客厅沙发套数可以重复，无其他忌讳。客厅中的鱼缸、盆景有“接气”的功用，使室内更富生机，而鱼种则以色彩缤纷的双数为好

D、客厅的动线最宜开阔，视野一眼望穿。入门处不宜看到房间门和后门，否则便有“前面进、后门出，无法聚财”之患

3. 操作题

（1）到图书馆或者书店观阅《室内设计资料集》、《住宅设计规范》GB50096-2011、《住宅装饰装修工程施工规范》GB50327-2001等相关书籍，了解室内设计相关规范。

（2）在Autodesk官方网站中下载名为“AutoCAD_2016_Simplified_Chinese_Win_64bit_wi_zh_CN_Setup_webinsstall.exe”的应用程序并进行安装。

AutoCAD 2016 基础入门

课题概述

对于从事室内设计的人员来说AutoCAD软件并不陌生，它是室内设计入门的必修课之一，也是室内设计专业最基本的操作技能。AutoCAD软件的应用范围较为广泛，包括机械领域、建筑领域、电子电气领域以及服装领域等。本章将以AutoCAD 2016为操作平台，来介绍软件入门的相关知识。

教学目标

本章将为用户介绍AutoCAD 2016的启动与退出操作、图形文件的基本操作，以及系统选项设置等内容，从而便于读者快速掌握AutoCAD 2016的基础知识。

章节重点

★★★★ AutoCAD 2016工作界面
★★★ 图形文件的操作
★★★ 图层管理
★★ 辅助功能

2.1 认识AutoCAD 2016

AutoCAD作为Autodesk公司开发研制的通用计算机辅助设计软件包，集平面作图、三维造型、数据库管理、渲染着色、互联网通信等功能于一体，并提供了丰富的绘图工具。

2.1.1 AutoCAD应用领域

AutoCAD软件具有绘制二维图形、三维图形、标注图形、协同设计、图纸管理等功能，并被广泛应用于机械、建筑、电子、航天、石油、化工、地质等领域，是目前世界上使用最广泛的计算机绘图软件。

1. AutoCAD在室内工程领域中的应用

在绘制室内设计施工图纸时，一般要用到3种以上的制图软件，例如AutoCAD、3ds Max、Photoshop软件等。使用AutoCAD软件，可以轻松地表现出所需要的设计效果。

2. AutoCAD在机械领域中的应用

CAD技术在机械设计中的应用主要集中在零件与装配图的实体生成等应用。AutoCAD彻底更新了设计手段和设计方法，摆脱了传统设计模式的束缚，引进了现代设计观念，促进了机械制造业的高速发展。

3. AutoCAD在电气工程领域中的应用

电气设计的最终产品是图纸，设计人员需要基于功能或美观方面的要求创作出新产品，并需要具备一定的设计概括能力，从而利用AutoCAD软件绘制出设计图纸。

4. AutoCAD在服装领域中的应用

随着科技时代的发展，服装行业也逐渐应用AutoCAD设计技术。目前，服装行业使用CAD技术可进行服装款式图的绘制、对基础样板进行放码、对完成的衣片进行排料、对完成的排料方案直接通过服装裁剪系统进行裁剪等。

2.1.2 AutoCAD 2016工作界面

启动AutoCAD 2016后，即可切换到相应用的工作空间进行辅助绘图。以“草图与注释”工作空间为例，其界面如图2-1所示。该工作空间的窗口界面主要是由“菜单浏览器”按钮、标题栏、菜单栏、功能区、文件选项卡、绘图区、命令行、状态栏、十字光标等组成。用户可以通过以下方法启动AutoCAD 2016软件。

- 双击桌面上的AutoCAD 2016快捷启动图标。
- 双击已有AutoCAD文件。
- 执行“开始>所有程序>Autodesk>AutoCAD 2016-简体中文”命令。

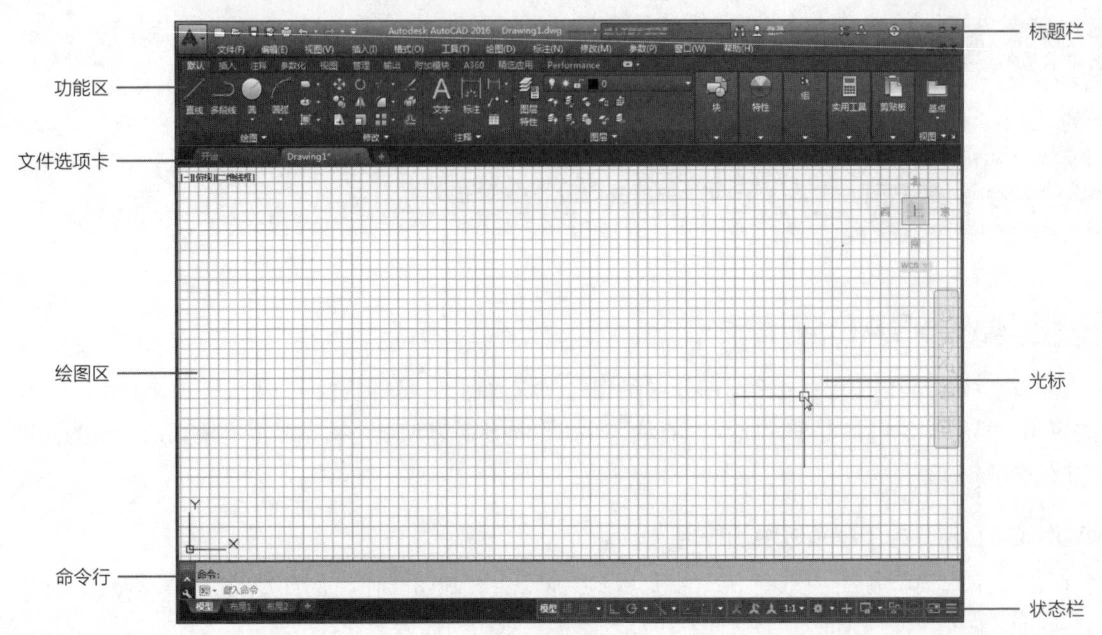

图2-1 AutoCAD 2016工作界面

1.“菜单浏览器”按钮

“菜单浏览器”按钮位于AutoCAD 2016界面的左上角，单击该按钮，可展开菜单浏览器，如图2-2所示。通过菜单浏览器用户可创建、打开、保存、打印和发布AutoCAD文件，将当前图形做为电子邮件附件发送或制作电子传送集。此外，用户可执行图形维护，例如查核、清理与关闭图形。

使用菜单浏览器中的搜索工具，用户可以查询快速访问工具、应用程序菜单以及当前加载的功能区，以定位命令、功能区面板名称和其它功能区控件。另外，菜单浏览器提供轻松访问最近或打开的文档功能。在最近打开的文档列表中，用户除了可按大小、类型和规则列表排序外，还可按照日期排序。

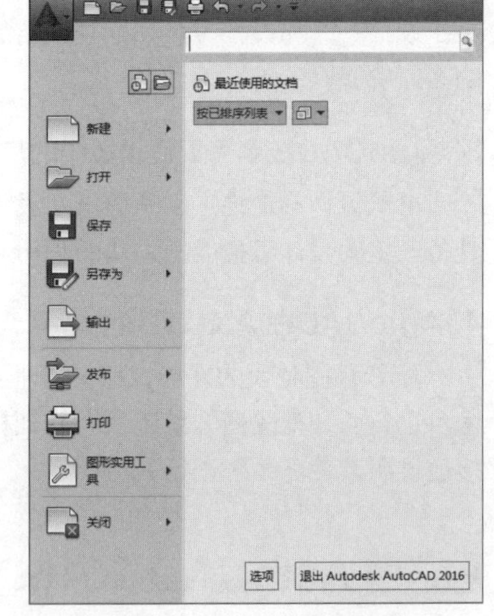

图2-2 “菜单浏览器”菜单列表

2. 标题栏

标题栏位于工作界面的最上方，由快速访问工具栏、当前图形标题、搜索栏、Autodesk Online服务以及窗口控制按钮组成。

在标题栏中按Alt+空格键或者单击鼠标右键，将弹出窗口控制菜单，从中可以执行窗口的还原、移动、大小、最小化、最大化、关闭等操作。用户也可以通过单击界面右上角的按钮，执行最大化、最小化或关闭文件操作。

3. 菜单栏

菜单栏位于标题栏的下方， AutoCAD的常用制图工具和管理编辑等工具都分门别类地排列在这些主菜单中，用户可以非常方便地启用各主菜单中的相关菜单项，进行必要的图形绘图工作，如图2-3所示。

图2-3 菜单栏

默认情况下，“草图与注释”、“三维基础”、“三维建模”工作空间是不显示菜单栏的。若要显示菜单栏，用户可以单击快速访问工具栏中的下拉按钮，在弹出的下拉列表中选择“显示菜单栏”选项，来显示菜单栏。

4. 功能区

功能区包含功能区选项卡和功能区面板两部分。选项卡是由功能区面板组成，而面板中包含按钮和控件。功能区按钮主要是代替命令的简便工具，利用功能区按钮既可以完成绘图中的大量操作，还省略了繁琐的工具步骤，从而提高效率，如图2-4所示。

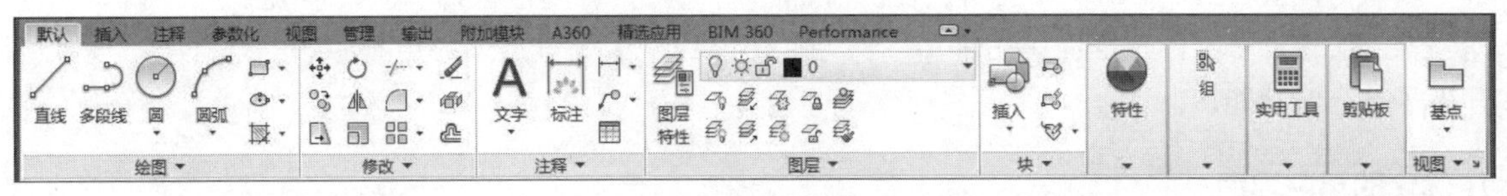

图2-4 功能区

5. 文件选项卡

文件选项卡位于功能区下方，默认新建的选项卡会以Drawing1的命名方式显示。再次新建选项卡时，则命名为Drawing2，该选项卡有利于用户寻找需要的文件，方便使用，如图2-5所示。

图2-5 默认显示

6. 绘图区

绘图区位于用户界面的正中央，即被工具栏和命令行所包围的整个区域，此区域是用户的工作区域，图形的设计与修改工作就是在此区域内进行操作的。缺省状态下，绘图区是一个无限大的电子屏幕，无论尺寸多大或多小的图形，都可以在绘图区中绘制和灵活显示。

在绘图窗口中，除了显示当前的绘图结果外，还显示了当前使用的坐标系类型以及坐标原点、X轴、Y轴、Z轴的方向等。

7. 命令行

命令行是通过键盘输入命令来显示AutoCAD的信息。用户在菜单和功能区执行的命令同样也会在命令行显示，如图2-6所示。一般情况下，命令行位于绘图区的下方，用户可以通过使用鼠标拖动命令行，使其变为浮动状态，也可以随意更改命令行的大小。

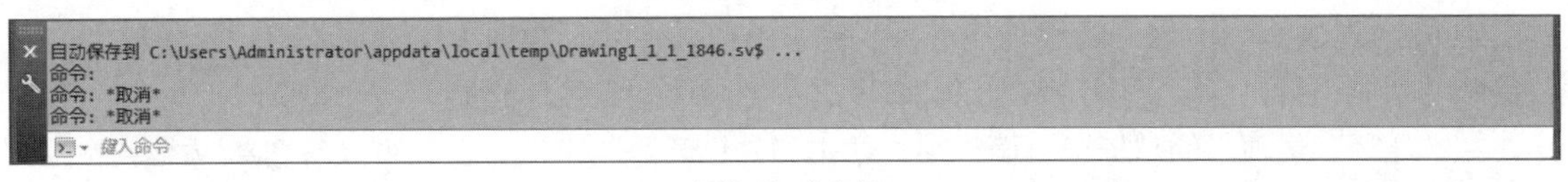

图2-6 命令行

8. 状态栏

状态栏用于显示AutoCAD当前状态。状态栏的最左侧有“模式”和“布局”两个绘图模式，单击即可进行模式的切换。状态栏主要用于显示光标的坐标轴、控制绘图的辅助功能按钮、控制图形状态的功能按钮等，如图2-7所示。

图2-7 状态栏

工程师点拨

【2-1】菜单栏的隐藏与显示

AutoCAD 2016为用户提供了“菜单浏览器”功能，用户可以通过“菜单浏览器”执行各种命令。默认设置下，菜单栏是隐藏的，当变量MENUBAR的值为1时，显示菜单栏；当变量MENUBAR的值为0时，隐藏菜单栏。

2.1.3 AutoCAD 2016新增功能

新版的AutoCAD 2016软件具有优化的界面、新标签页、功能区库、命令预览、帮助窗口、地理位置、实景计算、Exchange应用程序、计划提要、线平滑等特点。在原有版本的基础上，增加或升级了部分新功能。

1. 优化的用户界面

在AutoCAD 2016的用户界面中，单击“新图形”按钮或者在开始界面中单击“开始绘制”图标，如图2-8所示，即可打开新的图形文件，如图2-9所示。与以往版本不同的是，新的图形文件会在新标签中打开，此时开始界面仍然存在。

图2-8 开始界面

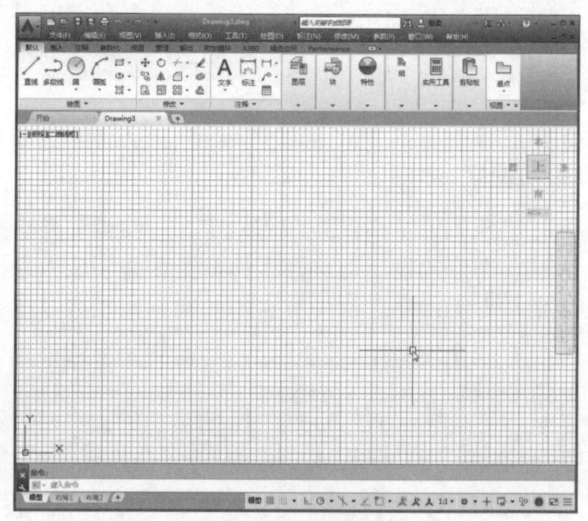

图2-9 新的图形文件

2. 增强云线功能

AutoCAD 2016中对修订云线功能进行了完善，在“注释”选项卡中增加了矩形云线和多边形云线两种功能，用户可以直接利用这两种命令进行各种造型云线的绘制。

在“注释”选项卡的“标记”面板中，单击“修订云线”下拉按钮，可以看到新版本中增加云线绘制修订功能，如图2-10所示。

另外，利用已有的图形也可以制作出云线，如圆形、多边形等。在命令行中输入revcloud命令，按回车键后根据提示输入命令o，再根据提示选择操作对象，按回车键即可完成修订云线的绘制。

3. 增强的智能标注功能

在AutoCAD 2016中，Dim命令得到了显著增强。这个命令非常古老，AutoCAD 2016重新设计了它，可以理解为智能标注，可基于用户选择的对象类型创建标注，几乎一个命令就可以搞定日常的标注，非常实用。

在“默认”选项卡的“注释”面板中新增加了“标注”功能，快捷键为DIM，如图2-11所示。

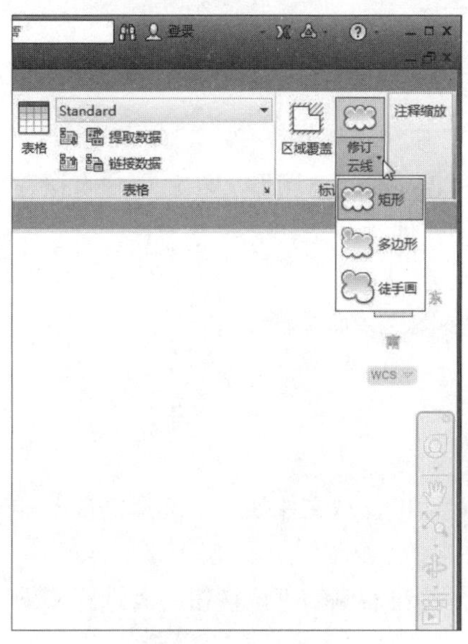

图2-10 云线功能

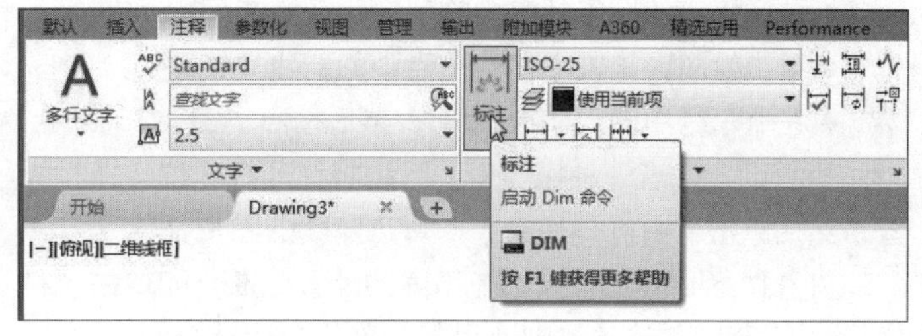

图2-11 “标注”功能

4. 新增“几何中心”捕捉模式

AutoCAD 2016为对象捕捉设置添加了新的捕捉模式——几何中心，如图2-12所示。这样用户可以捕捉到多段线、二维多段线和二维样条曲线的几何中心点，如图2-13所示。

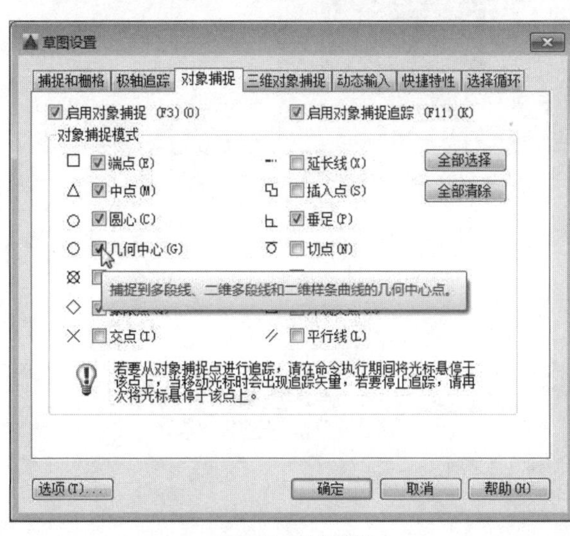

图2-12 对象捕捉

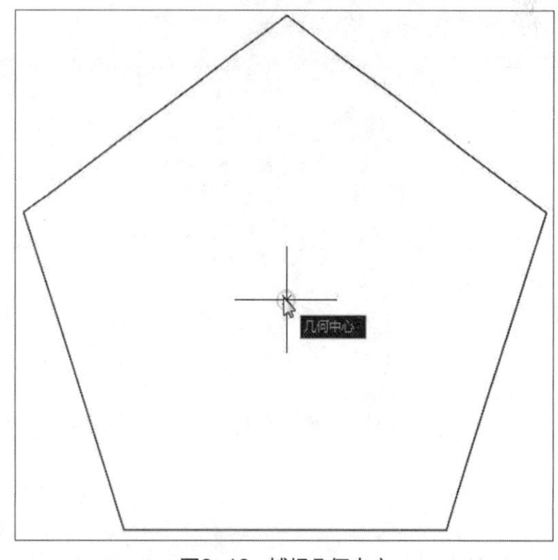

图2-13 捕捉几何中心

5. 增加系统变量监视器

AutoCAD新增加的系统变量监视器，可以监视filedia和pickadd等变量的变化，并且可以恢复到默认状态。

2.2 图形文件的基本操作

在使用AutoCAD 2016进行绘图之前，用户有必要先了解图形文件的基本操作，如新建图形文件、打开图形文件、保存图形文件以及关闭图形文件。

2.2.1 新建图形文件

启动AutoCAD 2016后，系统会自动新建一个名为Drawing1.dwg的空白图形文件，用户直接在该文件中绘制图形即可。用户还可以通过以下方法创建新的图形文件。

- 执行“文件>新建”命令。
- 单击“菜单浏览器”按钮，在弹出的列表中执行“新建>图形”命令。
- 单击快速访问工具栏中的“新建”按钮。
- 单击绘图区上方文件选项栏中的新建按钮。
- 在命令行中输入NEW命令，然后按回车键。

执行以上任意一种操作后，系统将自动打开“选择样板”对话框，从文件列表中选择需要的样板，然后单击“打开”按钮，即可创建新的图形文件。

打开图形时，还可以选择不同的计量标准，即单击“打开”按钮右侧的下拉按钮，若选择“无样板打开-英制”选项，则使用英制单位为计量标准绘制图形；若选择“无样板打开-公制”选项，则使用公制单位为计量标准绘制图形，如图2-14所示。

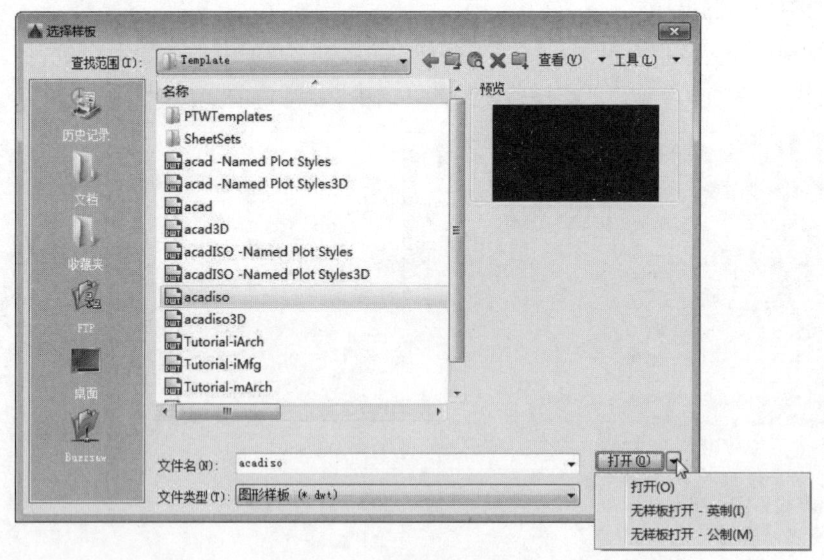

图2-14　选择新建文件选项

2.2.2 打开图形文件

启动AutoCAD 2016后，用户可以通过以下方式打开已有的图形文件。

- 执行“文件>打开”命令。
- 单击“菜单浏览器”按钮，在弹出的列表中执行“打开>图形”命令。

- 单击快速访问工具栏中的“打开”按钮。
- 在命令行中输入OPEN命令，再按回车键。

执行以上任意一种操作后，系统会自动打开“选择文件”对话框，如图2-15所示。

在“选择文件”对话框的“查找范围”下拉列表中选择要打开的图形文件夹，选择图形文件，然后单击“打开”按钮或者双击文件名，即可打开图形文件。在该对话框中也可以单击“打开”按钮右侧的下拉按钮，在弹出的下拉列表中选择所需的方式来打开图形文件。

图2-15 选择打开文件选项

在AutoCAD 2016中可以同时打开多个文件，利用AutoCAD的这种多文档特性，用户可在打开的所有图形之间来回切换、修改、绘图，或参照其他图形进行绘图，还可以在图形之间复制和粘贴图形对象，或从一个图形向另一个图形移动对象。

2.2.3 保存图形文件

对图形进行编辑后，要及时对图形文件执行保存操作。在AutoCAD 2016中，用户可以直接保存图形文件，也可以更改名称后保存为另一个文件。

1. 保存新建的图形

在AutoCAD中，用户可以通过下列方式保存新建的图形文件。

- 执行“文件>保存”命令。
- 单击“菜单浏览器”按钮，在弹出的列表中选择“保存”选项。
- 单击快速访问工具栏中的“保存”按钮。
- 在命令行中输入SAVE命令，再按回车键。

执行以上任意一种操作后，系统将自动打开“图形另存为”对话框，如图2-16所示。

在“图形另存为”对话框的“保存于”下拉列表中，可以指定文件保存的文件夹，在“文件名”文本框中输入图形文件的名称，在“文件类型”下拉列表中选择保存文件的类型，最后单击“保存”按钮。

图2-16 “图形另存为”对话框

工程师点拨

【2-2】文件保存版本类型

AutoCAD 2016默认保存的文件类型是“AutoCAD 2013 图形(*.dwg)”，此外用户还可以将图形文件保存为*.dws、*.dwt和*.dwf等其他文件类型。为了让低版本AutoCAD软件能够打开图形文件，用户可以将图形保存为*.dwg图形格式或者*.dwf图形交换格式的早期版本。

2. 图形换名保存

对于已保存的图形，用户可以更改名称保存为另一个图形文件。首先打开需要换名保存的图形文件，然后通过下列方式实施换名保存操作。

- 执行“文件>另存为”命令。
- 单击“菜单浏览器”按钮，在弹出的菜单中选择“另存为”选项。
- 在命令行中输入SAVE，再按回车键。

执行以上任意一种操作后，系统将自动打开“图形另存为”对话框，设置需要的名称及其他选项后，单击“保存”按钮即可。

示例2-1 设置图形单位

步骤01 执行“格式>图形单位”命令，打开“图形单位”对话框，如图2-17所示。

步骤02 在对话框中设置图形的长度类型与精度，再设置插入时的缩放单位为毫米，如图2-18所示，关闭对话框，即可完成单位的设置。

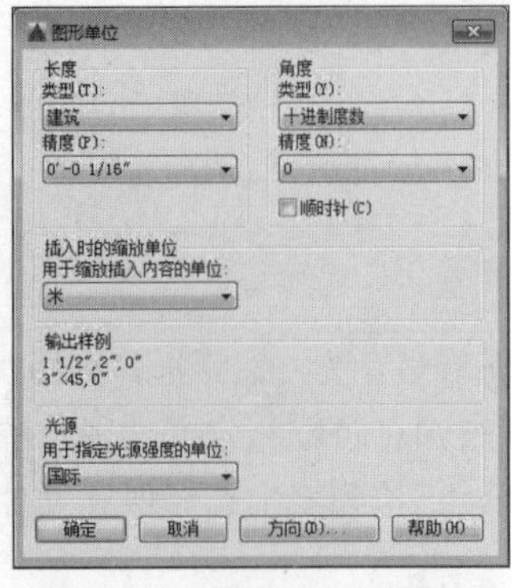

图2-17 “图形单位”对话框

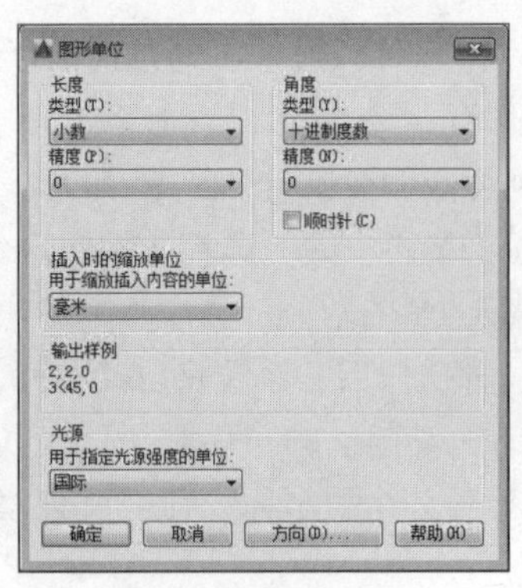

图2-18 设置图形单位

2.3 坐标系统

任意物体在空间中的位置都是通过一个坐标系来定位的，坐标系是确定对象位置的基本手段。在AutoCAD的图形绘制中，用户可以通过坐标系来确定相应图形对象的位置的。

2.3.1 世界坐标系

世界坐标系（World Coordinate System，简称WCS）是由三个垂直并相交的坐标轴，即X轴、Y轴和Z轴构成，一般显示在绘图区域的左下角，如图2-19所示。在世界坐标系中，X轴和Y轴的交点就是坐标原点O（0,0），X轴正方向为水平向右，Y轴正方向为垂直向上，Z轴正方向为垂直于XOY平面，指向操作者。在二维绘图状态下，Z轴是不可见的。

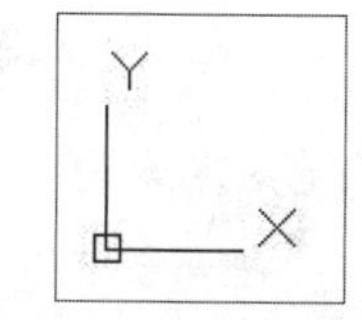

图2-19　世界坐标系

2.3.2 用户坐标系

相对于世界坐标系WCS，用户可根据需要创建无限多的坐标系，这些坐标系称为用户坐标系。在进行复杂绘图操作，尤其是三维造型操作时，固定不变的世界坐标系已经无法满足用户的需要，这时可以使用AutoCAD定义一个可以移动的用户坐标系（User Coordinate System，简称UCS），即可在需要的位置上设置原点和坐标轴的方向，更加便于绘图。

在默认情况下，用户坐标系和世界坐标系完全重合，但是用户坐标系的图标少了原点处的小方格，如图2-20所示。

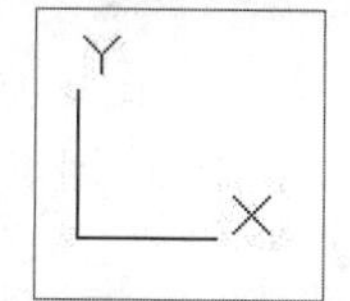

图2-20　用户坐标系

2.4 图层管理

在使用AutoCAD软件制图时，通常需创建不同类型的图层，从而方便用户编辑和调整图形对象。

图层设置功能可以将一张图分成若干层，将表示不同性质的图形分门别类地绘制在不同的图层上，以便于图形的管理、编辑和检查，而图层设置通常都是利用“图层特性管理器”面板执行的，如图2-21所示。

用户可以通过以下几种方法打开“图层特性管理器”面板。

- 在“默认”选项卡的“图层”面板中单击“图层特性”按钮。
- 执行“格式>图层”命令。

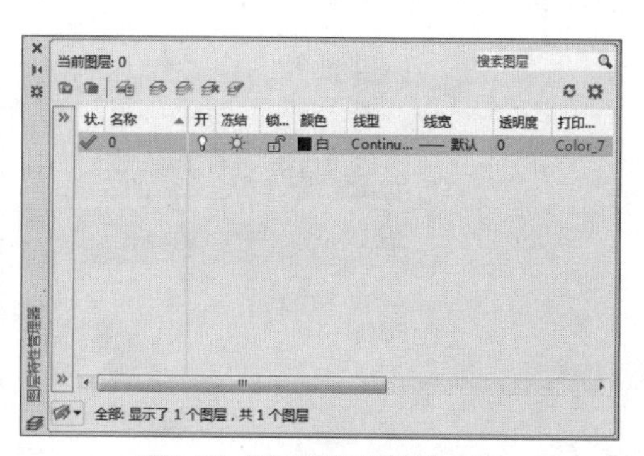

图2-21 “图层特性管理器”面板

● 在命令行输入LAYER命令并按回车键。

“图层特性管理器”面板打开以后，会自动创建名为0的图层，且该图层不可被删除。

2.4.1 图层的创建与删除

在AutoCAD 2016中，创建和删除图层以及对图层的其他管理都是通过“图层特性管理器”对话框来实现的。用户可以通过以下方法删除图层：

● 在图层特性管理器中单击“删除图层”按钮。

● 右键单击要删除的图层，在弹出的快捷菜单中单击“删除图层”选项。

● 在键盘上按Delete键进行删除操作。

1. 创建新图层

在“图层特性管理器”面板中，单击“新建图层”按钮，系统将自动创建一个名称为“图层1”的图层，如图2-22所示。图层名称是可以更改的。用户也可以在面板中右击，在弹出的快捷菜单中选择“新建图层”命令，创建一个新图层。

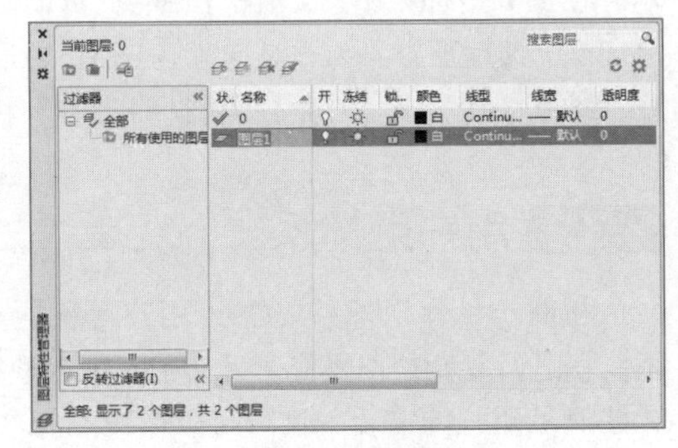

图2-22 新建图层

2. 删除图层

在“图层特性管理器”面板中，选择某图层后，单击“删除图层”按钮，即可删除该图层。

2.4.2 设置图层的颜色、线型和线宽

在“图层特性管理器”面板中，用户可对图层的颜色、线型和线宽进行相应的设置。

1. 图层颜色设置

在“图层特性管理器”面板中，单击颜色图标■ 白，打开“选择颜色”对话框，如图2-23所示，用户可根据需要在“索引颜色”、“真彩色”和“配色系统”选项卡中选择所需的颜色。其中标准颜色名称仅适用于1~7号颜色，分别为：红、黄、绿、青、蓝、洋红、白/黑。

2. 图层线型设置

在“图层特性管理器”面板中，单击线型图标Continuous，系统将打开“选择线型”对话框，如图2-24所示。

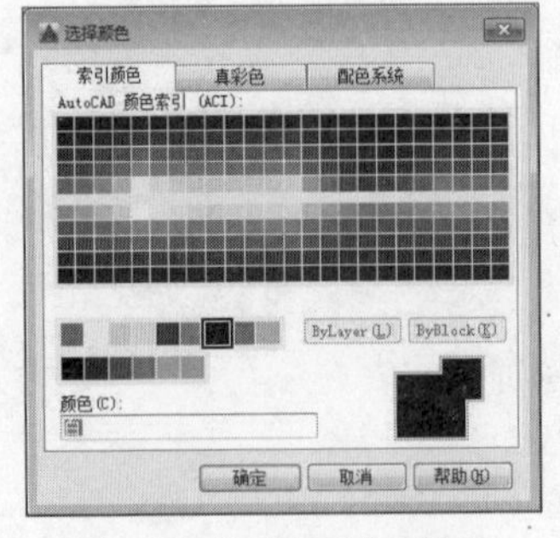

图2-23 “选择颜色”对话框

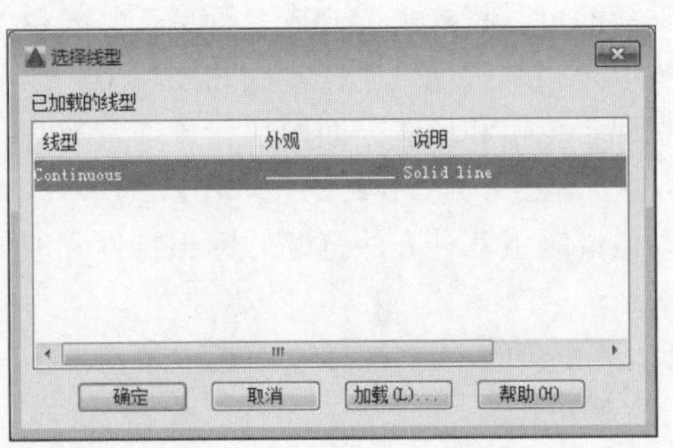

图2-24 “选择线型”对话框

默认情况下，系统仅加载一种Continuous（连续）线型。若需要选择其他线型，则要先加载该线型，即在“选择线型”对话框中单击“加载”按钮，打开“加载或重载线型”对话框，如图2-25所示。选择所需的线型之后，单击“确定”按钮，所选线型即可出现在“选择线型”对话框中。

3. 图层线宽设置

在“图层特性管理器”面板中，单击线宽图标— 默认，打开“线宽”对话框，如图2-26所示。选择所需线宽后，单击“确定”按钮即可。

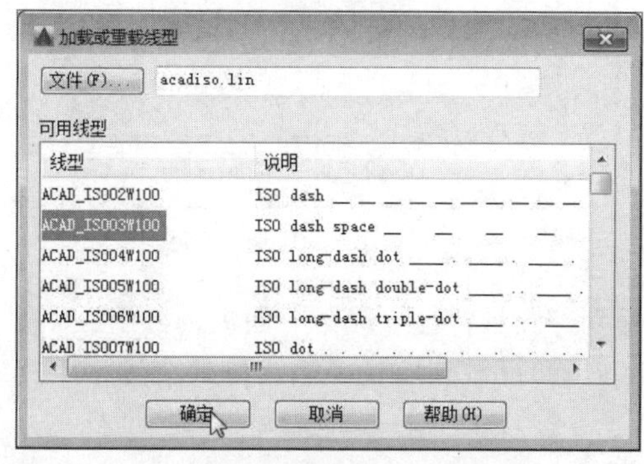

图2-25 “加载或重载线型”对话框

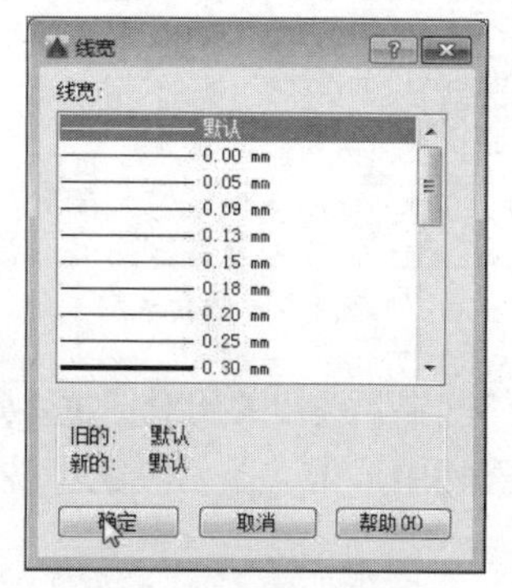

图2-26 “线宽”对话框

示例2-2 为平面布置图设置颜色及线宽

步骤01 打开素材文件，可以看到一个两居室平面布置图，如图2-27所示。

步骤02 单击“图层特性”按钮，打开“图层特性管理器”面板，可见该图纸中已经创建好了墙体、家具、门窗、标注等图层，如图2-28所示。

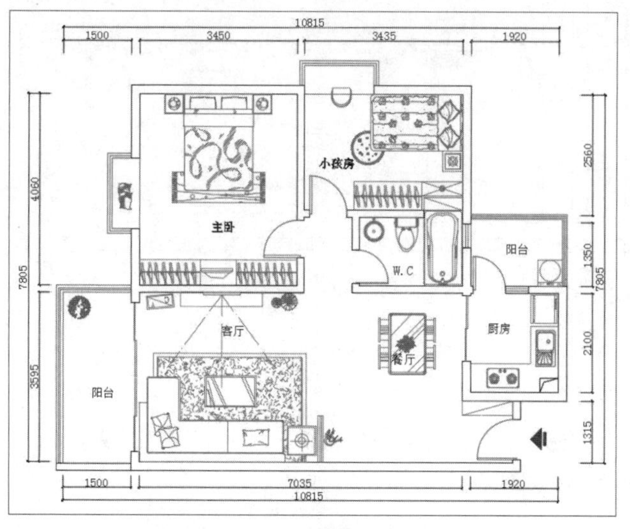

图2-27 打开素材文件

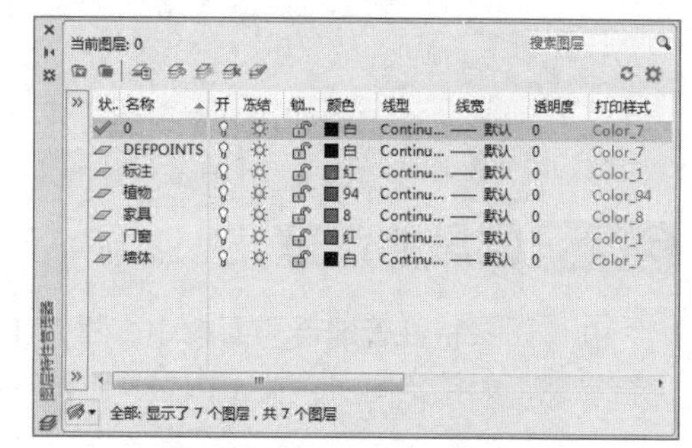

图2-28 “图层特性管理器”面板

步骤03 单击“墙体”图层的线宽设置按钮，打开“线宽”对话框，从中选择合适的线宽，这里选择0.30mm选项，如图2-29所示。

步骤04 单击“确定”按钮关闭对话框，返回到“图层特性管理器”面板，再单击颜色设置按钮，打开“选择颜色”对话框，从中选择灰色颜色选项，如图2-30所示。

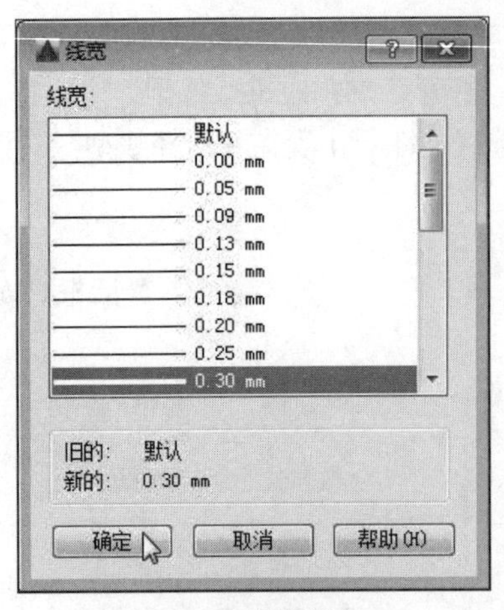

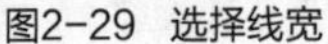

图2-29 选择线宽

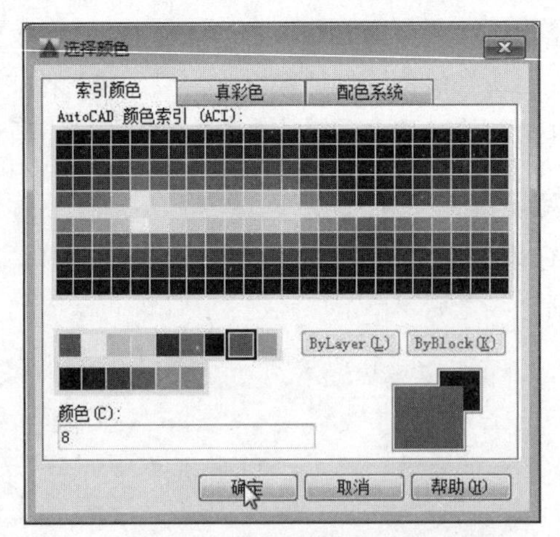

图2-30 选择颜色

步骤05 单击“确定”按钮关闭对话框，返回到“图层特性管理器”面板，如图2-31所示。

步骤06 在状态栏中单击“显示线宽”按钮，即可看到场景中的墙体轮廓发生了改变，如图2-32所示。

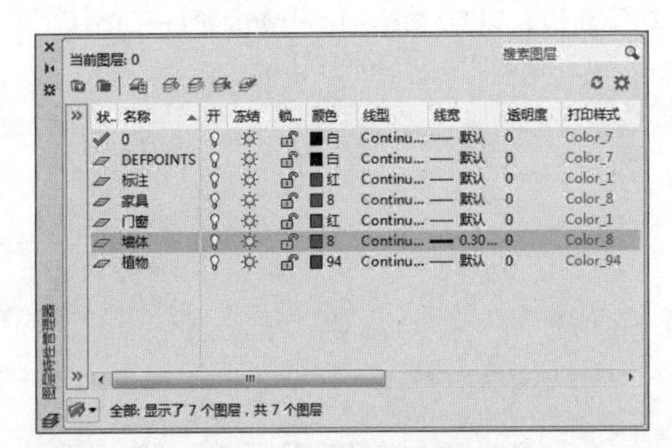

图2-31 图层特性管理器

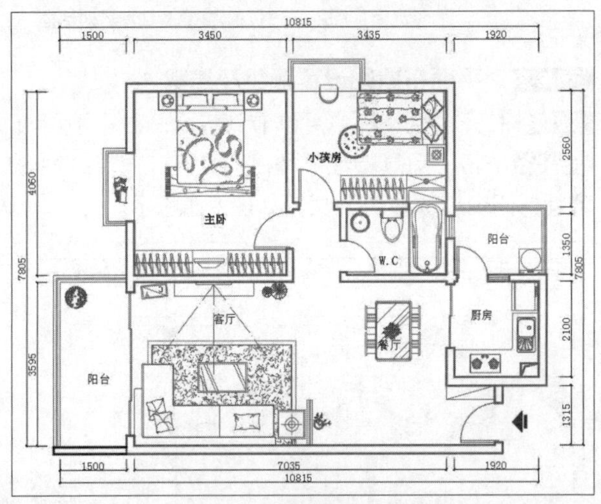

图2-32 设置图层效果

2.4.3 图层的管理

在“图层特性管理器”面板中，用户不仅可创建图层、设置图层特性，还可以对创建好的图层进行管理，如锁定图层、关闭图层、过滤图层、删除图层等。

1. 图层状态控制

在“图层特性管理器”面板中，提供了一组状态开关图标，用以控制图层状态，如关闭、冻结、锁定等。

(1) 开/关图层

单击“打开”图层按钮，图层即被关闭，图标将变成形状。图层关闭后，该图层上的实体不能在屏幕上显示或打印输出，重新生成图形时，图层上的实体将重新生成。

若关闭当前图层，系统会询问是否关闭当前层，只需选择“关闭当前图层”选项即可，如图

2-33所示。但是当前层被关闭后，若要在该层中绘制图形，其结果将不显示。

图层 - 关闭当前图层

当前图层将被关闭。希望执行什么操作？

关闭当前图层

从现在起，创建的对象将不会显示在图形中，直至重新打开图层。

使当前图层保持打开状态

图2-33 “关闭当前图层”对话框

（2）冻结/解冻图层

单击“冻结”按钮☼，当其变成雪花形状❄时，即可完成图层的冻结。图层冻结后，该图层上的实体不能在屏幕上显示或打印输出，重新生成图形时，图层上的实体不会重新生成。

（3）锁定/解锁图层

单击“锁定”按钮🔓，当其变成闭合的锁形状🔒时，图层即被锁定。图层锁定后，用户只能查看、捕捉位于该图层上的对象，可以在该图层上绘制新的对象，但不能编辑或修改位于该图层上的图形对象，但实体仍可以显示和输出。

2. 置为当前层

AutoCAD 2016只能在当前图层上绘制图形实体，系统默认当前图层为0图层，用户可以通过以下方式将所需的图层设置为当前层。

- 在“图层特性管理器”面板中选中所需图层，然后单击“置为当前”按钮✔。
- 在“图层”面板中，单击“图层”下拉按钮，然后选择所需图层名。
- 在“默认”选项卡的“图层”面板中单击“将对象的图层设为当前层”按钮，根据命令行的提示，选择一个实体对象，即可将该对象所在的图层设置为当前层。

3. 改变图形对象所在的图层

用户可以通过下列方式改变图形对象所在的图层。

选中图形对象，然后在“图层”面板的下拉列表中选择所需图层。

选中图形对象并右击，在打开的快捷菜单中选择“特性”命令，在“特性”面板的“常规”选项组中单击“图层”选项右侧的下拉按钮，从下拉列表中选择所需的图层，如图2-34所示。

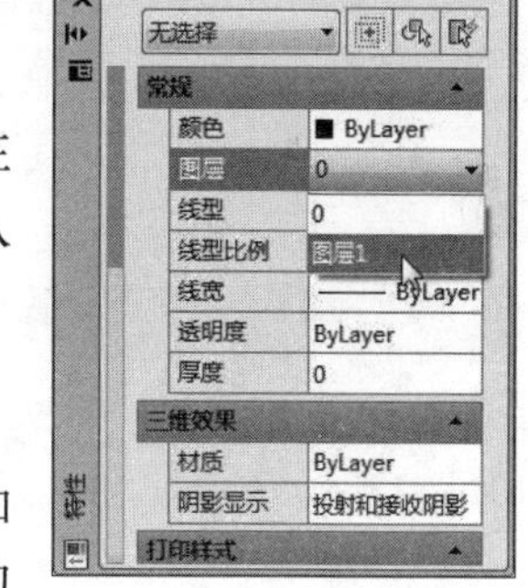

图2-34 “特性”面板

4. 改变对象的默认属性

默认情况下，用户所绘制的图形对象将使用当前图层的颜色、线型和线宽。用户可选中图形对象后，利用“特性”面板的“常规”选项组里的各选项，为该图形对象设置不同于所在图层的相关属性。

5. 线宽显示控制

由于线宽属性属于打印设置，在默认情况下系统并不显示线宽设置效果。用户可执行“格式>线宽”菜单命令，打开“线宽设置”对话框，勾选“显示线宽”复选框即可。

工程师点拨

【2-3】创建图层

如果要建立不只一个图层，无须重复单击“新建”按钮。最有效的方法是：在建立一个新的“图层1”图层后，改变图层名，在其后输入一个逗号“，”，这样就会自动创建一个新的“图层1”图层，继续改变图层名，再输入一个逗号，就又创建一个新的图层了。用户也可以在创建一个图层后，按回车键两次，即可创建一个新的图层，双击图层名，即可更改图层名称。

2.5 绘图辅助功能

在绘制图形时，尽管可以通过移动光标来指定点的位置，却很难精确指定对象的某些特殊位置。这时使用AutoCAD的捕捉工具，能够精确、快速地绘制图形。AutoCAD 2016软件提供了多种捕捉功能，下面将分别对其功能进行介绍。

2.5.1 栅格、捕捉和正交模式

在绘制图形时，使用捕捉和栅格功能有助于创建和对齐图形中的对象。一般情况下，捕捉和栅格功能是配合使用的，即捕捉间距与栅格的X、Y轴间距分别一致，这样就能保证鼠标拾取到精确的位置。

1. 栅格

栅格是按照设置的间距显示在图形区域中的点，它能提供直观的距离和位置参照，类似于坐标轴中方格的作用，栅格只在图形界限内显示，如图2-35所示。

在AutoCAD 2016中，用户可以通过以下方式打开或关闭栅格显示。

- 在状态栏中单击“栅格显示”按钮▦。
- 在状态栏中右击“栅格显示”按钮，然后选择或取消选择“启用”命令。
- 在“草图设置”对话框中勾选或取消勾选“启用栅格”复选框。
- 按F7键或Ctrl＋G组合键进行切换。

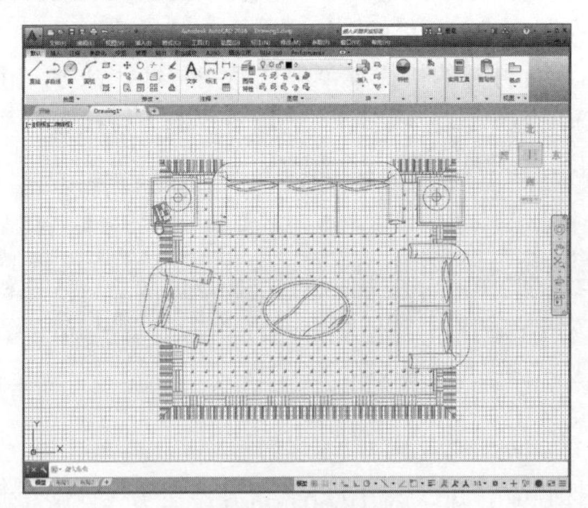

图2-35 显示栅格

2. 捕捉

捕捉模式用于设置鼠标指针移动的距离，分为栅格捕捉和极轴捕捉两种。当栅格捕捉呈打开状态时，光标只能在栅格方向上精确移动；当极轴捕捉呈打开状态时，光标则可在极轴方向上移动。用户可以通过下列方式打开或关闭栅格捕捉模式。

- 在状态栏中单击“捕捉模式”按钮▦。
- 在状态栏中右击“捕捉模式”按钮，然后选择“启用栅格捕捉”或“关”命令。
- 按F9键进行切换。

3. 正交模式

正交模式是在任意角度和直角之间进行切换，在绘图过程中使用正交功能，可以将光标限制在水平或垂直方向上移动，以便于精确地创建和修改对象，取消该模式则可沿任意角度进行绘制。用户可以通过以下方法打开或关闭正交模式。

- 在状态栏中单击“正交模式”按钮。
- 按F8键进行切换。

2.5.2 对象捕捉

使用对象捕捉功能可指定对象上的精确位置，用户可自定义对象捕捉的距离。对象捕捉有两种方式，一种是自动对象捕捉，另一种是临时对象捕捉。

临时对象捕捉主要通过“对象捕捉”工具栏实现，执行“工具>工具栏>AutoCAD>对象捕捉”菜单命令，即可打开“对象捕捉”工具栏，如图2-36所示。

图2-36 “对象捕捉”工具栏

要执行自动对象捕捉操作，首先要设置好需要的对象捕捉点，以后当光标移动到这些对象捕捉点附近时，系统就会自动捕捉到这些点。如果把光标放在捕捉点上多停留一会，系统还会显示捕捉的提示。这样，在选点之前，就可以预览和确认捕捉点。用户可以通过以下方法打开或关闭对象捕捉模式。

- 单击状态栏中的“对象捕捉”按钮。
- 在状态栏中右击“对象捕捉”按钮，然后选择或取消选择“启用”命令。
- 按F3键进行切换。

在“草图设置”对话框中选择“对象捕捉”选项卡，可以设置自动对象捕捉模式，如图2-37所示。

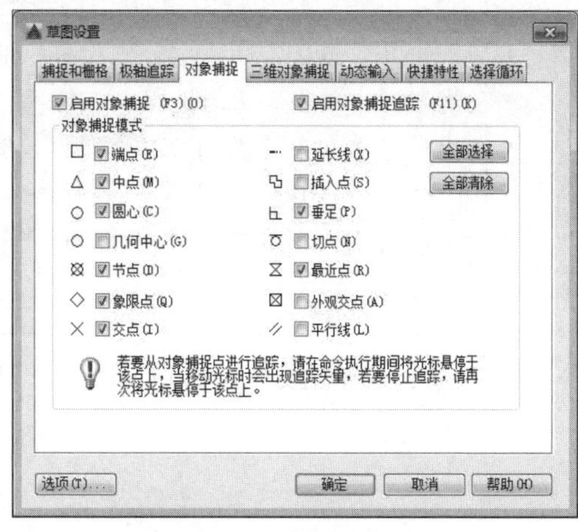

图2-37 “对象捕捉”选项卡

在该选项卡的“对象捕捉模式”选项组中，列出了13种对象捕捉点和对应的捕捉标记，需要捕捉哪些对象捕捉点，就勾选对应复选框。各个捕捉点的含义介绍如下。

- 端点□：捕捉直线、圆弧或多段线离拾取点最近的端点，以及离拾取点最近的填充直线、填充多边形或3D面的封闭角点。
- 中点△：捕捉直线、多段线、圆弧的中点。
- 圆心○：捕捉圆弧、圆、椭圆的中心。
- 节点⊠：捕捉点对象，包括尺寸的定义点。
- 象限点◇：捕捉圆弧、圆和椭圆上0°、90°、180°和270°处的点。
- 交点×：捕捉直线、圆弧、圆、多段线和另一直线、多段线、圆弧或圆任何组合最近的交点。如果第一次拾取时选择了一个对象，命令行提示输入第二个对象，并捕捉两个对象真实的或延伸的交点。该模式不能和“外观交点”模式同时有效。
- 延长线--：用于捕捉直线延长线上的点。当光标移出对象的端点时，系统将显示沿对象轨迹延伸出来的虚拟点。

- 插入点⧉：捕捉图形文件中的文本、属性和符号的插入点。
- 垂足⊾：捕捉直线、圆弧、圆、椭圆或多段线上的一点，已选定的点到该捕捉点的连线与所选择的实体垂直。
- 切点Ō：捕捉圆弧、圆或椭圆上的切点，该点和另一点的连线与捕捉对象相切。
- 最近点⌧：用于捕捉直线、弧或其他实体上离靶区中线最近的点。一般是端点、垂直点或交点。
- 外观交点⊠：与“交点”模式相同，只是该捕捉模式还可以捕捉3D空间中两个对象的视图交点（这两个对象实际上不一定相交，但看上去相交）。在2D空间中，捕捉外观交点和捕捉交点模式是等效的。
- 平行线∥：用于捕捉通过已知点且与已知直线平行直线的位置。

2.5.3 对象捕捉追踪

对象捕捉追踪与极轴追踪是AutoCAD 2016提供的两个可以进行自动追踪的辅助绘图功能，即可以自动追踪记忆同一命令操作中光标所经过的捕捉点，从而以其中某一捕捉点的X坐标或Y坐标控制用户所要选择的定位点。

用户可以通过以下方法打开或关闭“对象捕捉追踪”功能。

- 在状态栏中单击“对象捕捉追踪”按钮。
- 在状态栏中右击“对象捕捉追踪”按钮，然后选择或取消选择“启用”命令。
- 按F3键进行切换。

2.5.4 极轴追踪

极轴追踪的追踪路径是由相对于命令起点和端点的极轴定义的。极轴角是指极轴与X轴或前面绘制对象的夹角，如图2-38所示。用户可以通过以下方法打开或关闭极轴追踪功能。

- 在状态栏中单击“极轴追踪”按钮。
- 在状态栏中右击“极轴追踪”按钮，然后选择或取消选择“启用”命令。
- 按F10键进行切换。

在“草图设置”对话框的“极轴追踪”选项卡中，可对极轴追踪功能进行相关设置，如图2-39所示。

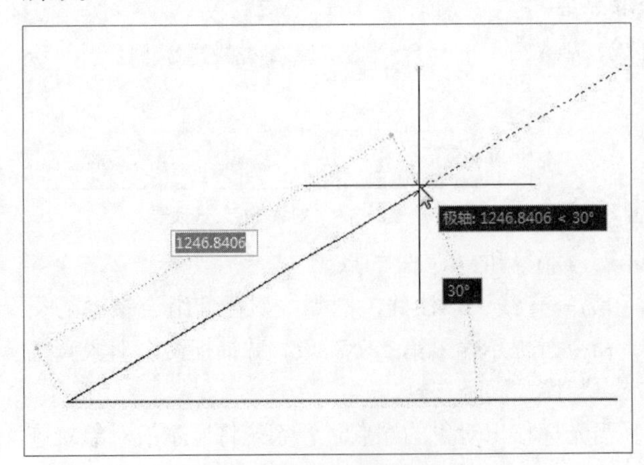

图2-38 极轴追踪绘图

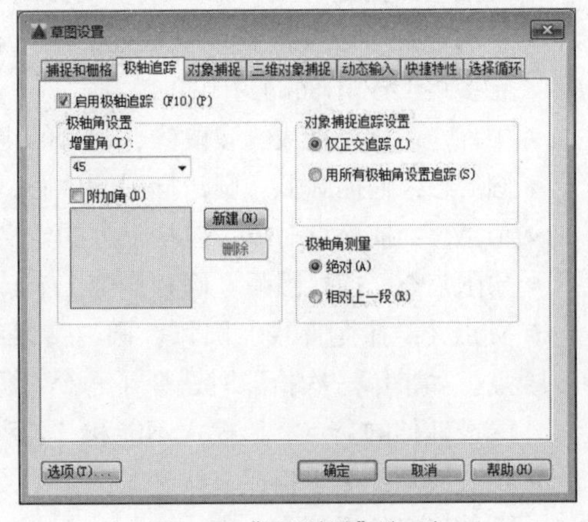

图2-39 “极轴追踪”选项卡

"极轴追踪"选项卡下各选项功能介绍如下：

- 启用极轴追踪：打开或关闭极轴追踪模式。
- 增量角：选择极轴角的递增角度，AutoCAD 2016按增量角的整体倍数确定追踪路径。
- 附加角：可沿某些特殊方向进行极轴追踪。例如，若需要按30°增量角的整数倍角度追踪的同时，追踪15°角的路径，可勾选"附加角"复选框，单击"新建"按钮，在文本框中输入15即可。
- 对象捕捉追踪设置：设置对象捕捉追踪的方式。
- 极轴角测量：定义极轴角的测量方式。选择"绝对"单选按钮，表示以当前UCS的X轴为基准计算极轴角；选择"相对上一段"单选按钮，表示以最后创建的对象为基准计算极轴角。

工程师点拨

【2-4】正交模式和极轴追踪功能

在AutoCAD中，不能同时打开正交模式和极轴追踪功能。当打开正交模式时，系统会自动关闭极轴追踪功能；如果再次打开极轴追踪，则会自动关闭正交模式。

2.5.5 查询功能的使用

AutoCAD的查询功能主要是通过查询工具，对图形的面积、周长、图形之间的距离以及图形面域质量等信息进行查询。使用该功能可帮助用户更方便地了解当前绘制图形的所有相关信息，以便于对图形进行编辑操作。用户可以通过以下方法使用查询功能。

- 执行"工具>查询"命令，在级联菜单中选择需要的工具。
- 在"默认"选项卡的"实用工具"面板中单击查询工具下拉按钮，在打开的列表中选择需要的工具。

上机实践：设置界面背景色和右键菜单的功能

■**实践目的：**通过本实训可掌握"选项"对话框的使用，为后期绘图做好准备。

■**实践内容：**用户根据自己的操作习惯，更改AutoCAD操作界面的背景颜色和鼠标右键的功能。

■**实践步骤：**在"选项"对话框的"显示"和"用户系统配置"选项卡中进行设置。

步骤01 启动AutoCAD 2016软件，在绘图区域中单击鼠标右键，在弹出的快捷菜单中选择"选项"命令，如图2-40所示。

步骤02 系统将弹出"选项"对话框，在"显示"选项卡中，单击"窗口元素"选项组的"颜色"按钮，如图2-41所示。

步骤03 在弹出的"图形窗口颜色"对话框中，单击"颜色"下拉按钮，选择需要替换的颜色，如图2-42所示。

步骤04 在"预览"窗口中显示预览效果，设置完成后单击"应用并关闭"按钮，如图2-43所示。

图2-40 选择“选项”命令

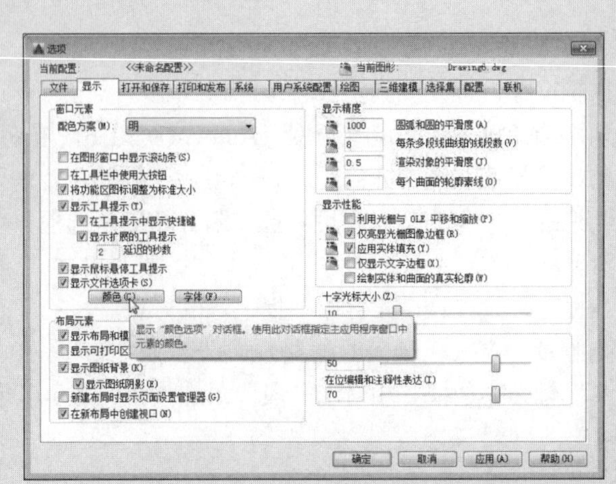

图2-41 单击“颜色”按钮

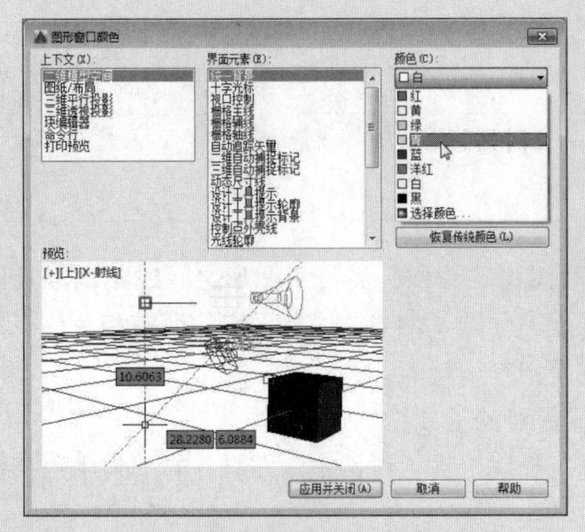

图2-42 选择颜色

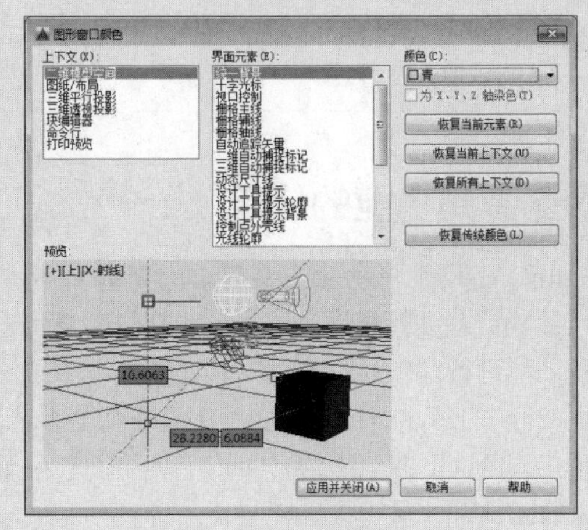

图2-43 单击“应用并关闭”按钮

步骤05 返回到“选项”对话框，在“用户系统配置”选项卡中，单击“自定义右键单击”按钮，如图2-44所示。

步骤06 弹出“自定义右键单击”对话框，在“编辑模式”选项组中选择“重复上一个命令”单选按钮，如图2-45所示。然后单击“应用并关闭”按钮，返回到上一对话框，最后单击“确定”按钮，即可完成相关设置。

图2-44 单击“自定义右键单击”按钮

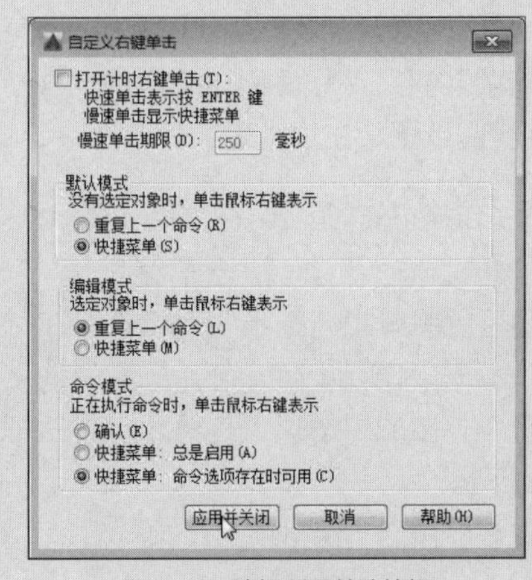

图2-45 选择所需单选按钮

课后练习

通过本章的学习，使用户对AutoCAD 2016的工作界面、文件的打开与保存，以及系统选项设置有了一定的认识。下面再结合习题，回顾AutoCAD的常见操作知识。

1. 填空题

（1）_______是记录AutoCAD历史命令的窗口，是一个独立的窗口。

（2）在AutoCAD 2016中，执行“文件>打开”命令后，将打开_______对话框。

（3）在AutoCAD 2016中，单击“默认”选项卡“图层”面板中的_______命令，可打开_______面板，从而设置和管理图层。

（4）中文版AutoCAD 2016为用户提供了“________”、“二维草图与注释”和“三维建模”3种工作空间模式。

（5）图形文件可以以“打开”、“以只读方式打开”、“局部打开”和“以只读方式局部打开”4种方式打开，如果以“打开”和“________”方式打开图形文件时，可以对图形文件进行编辑；如果以“_______”和“以只读方式局部打开”方式打开图形，则无法对图形文件进行编辑。

2. 选择题

（1）AutoCAD的（　　）菜单中包含丰富的绘图命令，使用它们可以绘制直线、构造线、多段线、圆、矩形、多边形、椭圆等基本图形，也可以将绘制的图形转换为面域，对其进行填充。

A、文件　　B、工具

C、格式　　D、绘图

（2）使用极轴追踪绘图模式时，必须指定（　　）。

A、基点　　B、附加角

C、增量角　　D、长度

（3）在AutoCAD中不可以设置“自动隐藏”特性的对话框是（　　）。

A、“选项”对话框　　B、“设计中心”对话框

C、“特性”对话框　　D、“工具选项板”对话框

（4）在AutoCAD中提供了多种切换工作空间的方式，以下（　　）选项无法切换工作空间。

A、使用浏览器菜单选项切换　　B、使用状态栏按钮切换

C、使用菜单栏选项切换　　D、使用专用工具栏工具切换

（5）在“选项”对话框的（　　）选项卡下，可以设置夹点大小和颜色。

A、选择集　　B、系统

C、显示　　D、打开和保存

3. 操作题

（1）为电脑上的AutoCAD 2016软件设置一个自己喜欢的绘图环境，如界面颜色、绘图背景颜色、十字光标的显示以及夹点颜色的显示等。

（2）以只读方式打开任意一个.dwf格式的图形文件。

二维图形的绘制

课题概述

在AutoCAD中，使用绘图菜单中的命令，可以绘制点、直线、圆、圆弧和多边形等二维图形。二维图形对象是整个AutoCAD的绘图基础，因此要熟练地掌握它们的绘制方法和技巧。

教学目标

通过本章的学习，使读者掌握在AutoCAD中绘制二维图形对象的基本方法，熟练绘制点对象，直线、射线和构造线，矩形和正多边形，以及圆、圆弧、椭圆等对象。

章节重点

★★★★　绘制椭圆、椭圆弧
★★★★　绘制正多边形
★★★　绘制矩形
★★　绘制线
★★　绘制点

光盘路径

上机实践：实例文件\第3章\上机实践
课后练习：实例文件\第3章\课后练习

3.1 点的绘制

无论是直线、曲线还是其他线段，都是由多个点连接而成的，所以点是组成图形最基本的元素。在AutoCAD软件中，点样式是可以根据需要进行设置的。

3.1.1 点样式的设置

在绘制图形过程中，往往需要将某个对象的等分点标记出来，默认的点样式在图中是不显示的，因此需要对点样式进行重新定义。点的样式有多种，用户只需根据绘图习惯来进行选择。

在菜单栏执行“格式>点样式”命令，打开“点样式”对话框，如图3-1所示。在该对话框中，用户可以根据需要选择相应的点样式。若选中“相对于屏幕设置大小”单选按钮，则在“点大小”文本框中输入的是百分数；若选中“按绝对单位设置大小”单选按钮，则在文本框中输入的是实际单位。

上述设置完成后，执行“点”命令，新绘制的点以及先前绘制的点的样式，将会以新的点类型和尺寸显示。

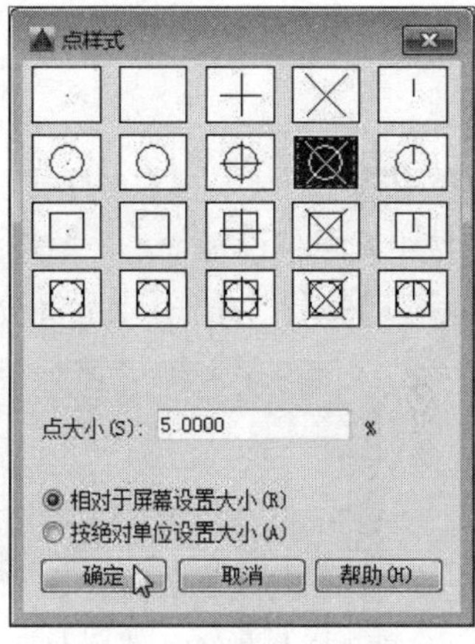

图3-1 “点样式”对话框

工程师点拨

【3-1】打开“点样式”对话框

在命令行中输入DDPTYPE命令，然后按回车键，即可打开“点样式”对话框。

3.1.2 绘制点

设置点样式后，在菜单栏执行“绘图>点>单点”命令，通过在绘图区中单击鼠标左键或输入点的坐标值指定点，即可绘制单点。

在菜单栏执行“绘图>点>多点”命令，即可连续绘制多个点。多点的绘制与单点绘制相同，只不过在菜单栏执行“单点，命令后，一次只能创建一个点；而在菜单栏执行“多点”命令，则一次能创建多个点。

3.1.3 绘制等分点

在AutoCAD中，除了可以绘制单独的点，还可以绘制等分点和等距点，即定数等分点和定距等分点，利用该功能可将对象按指定数目或指定长度等分。等分点操作并不是将对象实际等分为单独对象，仅仅是标明等分的位置，以便将它们作为几何参考点。

1. 定数等分

使用“定数等分”命令，可以将所选对象按指定的线段数目进行平均等分。在AutoCAD 2016

中，用户可以通过以下方法执行“定数等分”命令。

- 在菜单栏执行“绘图>点>定数等分”命令。
- 在“默认”选项卡的“绘图”面板中单击“定数等分”按钮。
- 在命令行中输入DIVIDE，然后按回车键。

示例3-1 对直线执行“定数等分”操作

步骤01 执行“绘图>直线”命令，在绘图区中绘制一条长400mm的直线，如图3-2所示。

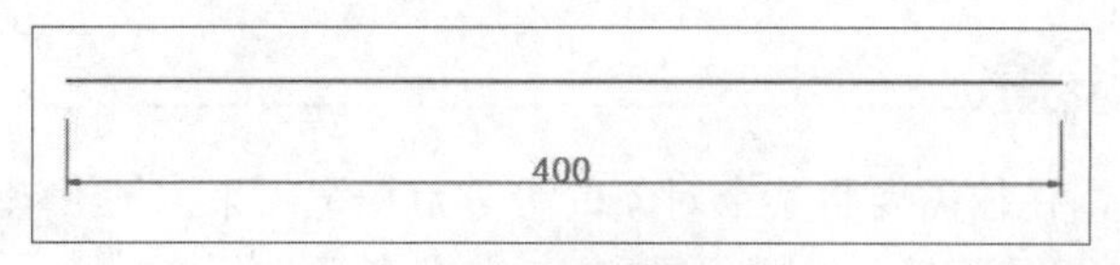

图3-2 绘制直线

步骤02 执行“格式>点样式”命令，打开“点样式”对话框，选择点样式并设置点大小后，选择“按绝对单位设置大小”单选按钮，如图3-3所示。

步骤03 执行“绘图>定数等分”命令，根据命令行提示选择要定数等分的对象，如图3-4所示。

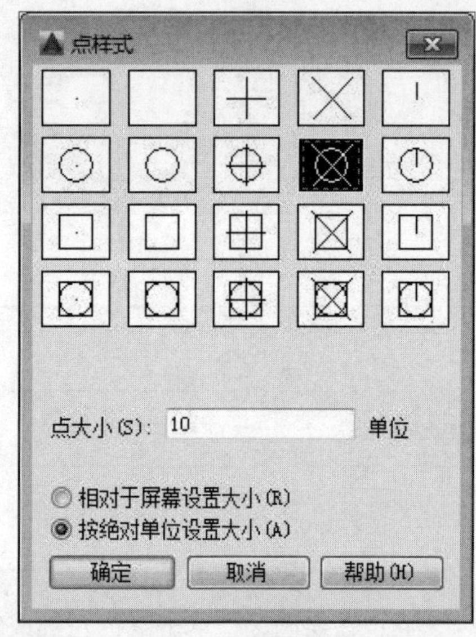

图3-3 设置点样式

图3-4 选择直线

步骤04 单击选择直线后，根据命令行提示输入线段数目为4，如图3-5所示。

步骤05 按回车键，即可完成定数等分操作，如图3-6所示。

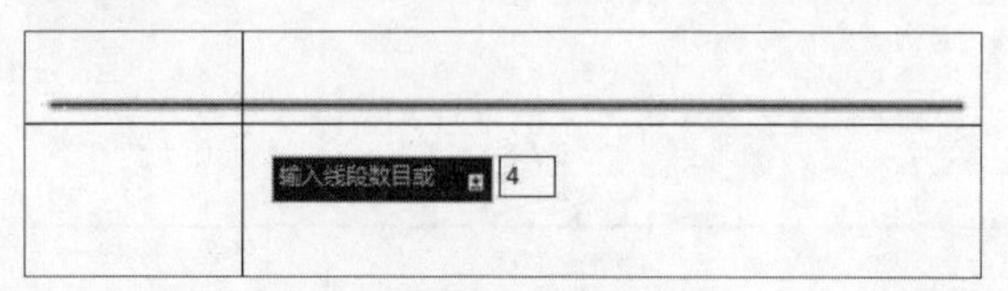

图3-5 输入分段数

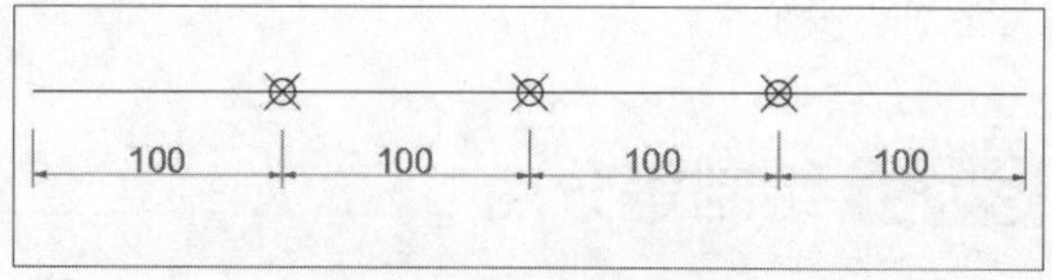

图3-6 定数等分效果

2. 定距等分

使用“定距等分”命令，可以从选定对象的某一个端点开始，按照指定的长度开始划分，等分对象的最后一段可能要比指定的间隔短。在AutoCAD 2016中，用户可以通过以下方法执行“定距等分”命令。

- 在菜单栏执行“绘图>点>定距等分”命令。
- 在“默认”选项卡的“绘图”面板中单击“定距等分”按钮。
- 在命令行中输入MEASURE，然后按回车键 。

示例3-2 对直线执行“定距等分”操作

步骤01 执行“绘图>直线”命令，在绘图区中绘制一条长400mm的直线，如图3-7所示。

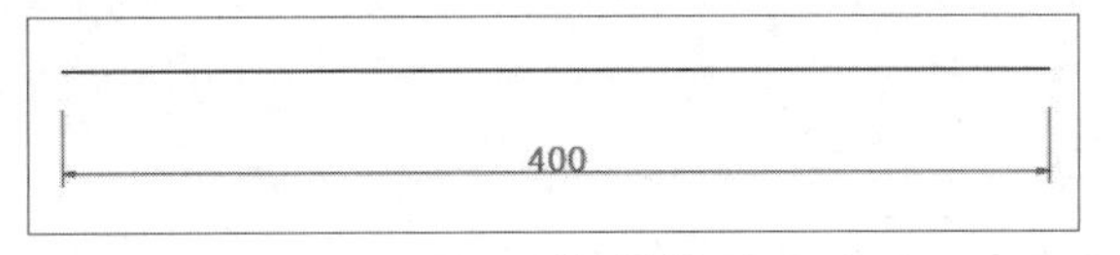

图3-7 绘制直线

步骤02 执行“格式>点样式”命令，打开“点样式”对话框，选择点样式并设置点大小后，选择“按绝对单位设置大小”单选按钮，如图3-8所示。

步骤03 执行“绘图>定距等分”命令，根据命令行提示选择要定距等分的对象，如图3-9所示。

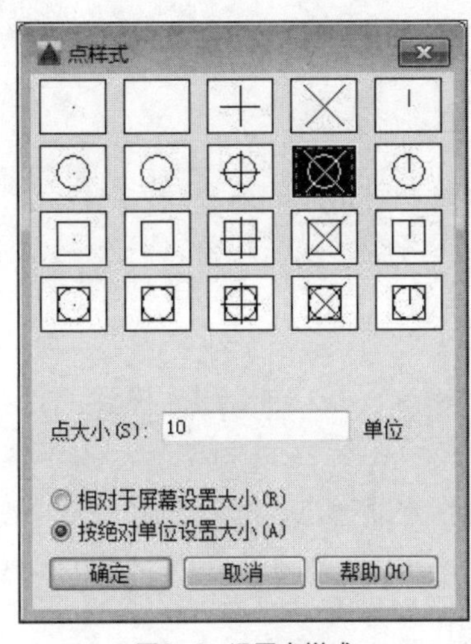

图3-8 设置点样式

图3-9 选择直线

步骤04 单击选择直线后，根据命令行提示指定线段长度，如图3-10所示。

步骤05 按回车键，即可完成定距等分操作，如图3-11所示。

图3-10 指定线段长度

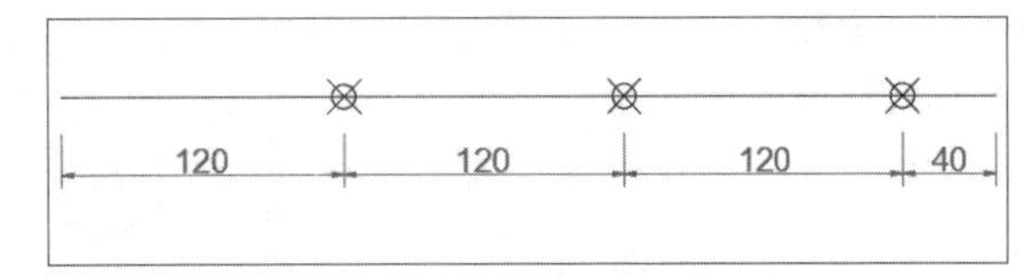

图3-11 定距等分效果

工程师点拨

【3-2】等分起点

定距等分或定数等分的起点随对象类型变化，对于直线或非闭合的多段线，起点是距离选择点最近的端点；对于闭合的多段线，起点是多段线的起点；对于圆，起点是以圆心为点、当前捕捉角度为方向的捕捉路径与圆的交点。

3.2 线段的绘制

在AutoCAD中，直线、构造线、射线等是最简单的线性对象。各线型具有不同的特征，应根据绘图需要选择不同的线型。

3.2.1 绘制直线

直线是各种绘图中最常用、最简单的一类图形对象，在AutoCAD中只要指定了起点和终点，即可绘制一条直线。用户可以通过以下方法执行"直线"命令。

- 在菜单栏执行"绘图>直线"命令。
- 在"默认"选项卡的"绘图"面板中单击"直线"按钮。
- 在命令行中输入快捷命令L，然后按回车键 。

3.2.2 绘制射线

射线是由两点确定的一条单方向无限长的线性图形，在绘制时指定的第一点为射线起点，第二点的位置决定了射线的延伸方向。该工具常用于绘制标高的参考辅助线以及角的平分线。用户可以通过以下方法执行"射线"命令。

- 在菜单栏执行"绘图>射线"命令。
- 在"默认"选项卡的"绘图"面板中单击"射线"按钮。
- 在命令行中输入RAY，然后按回车键 。

在菜单栏执行"射线"命令后，先指定射线的起点，再指定通过点，即可绘制一条射线，如图3-12所示。指定射线的起点后，可在"指定通过点:"提示下指定多个通过点，绘制以起点为端点的多条射线，直到按Esc 键或回车键退出为止，如图3-13所示。

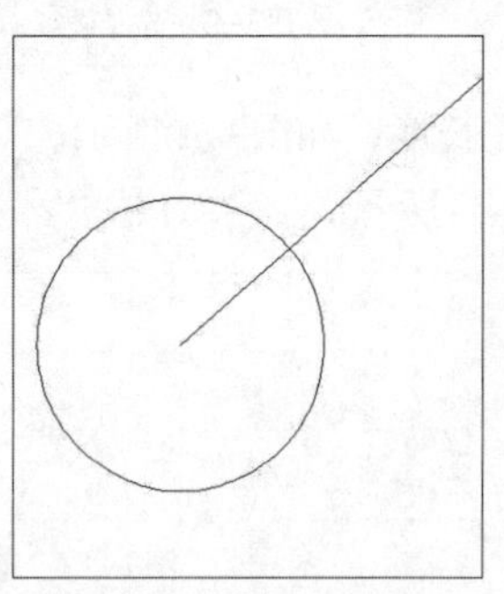

图3-12 绘制一条射线

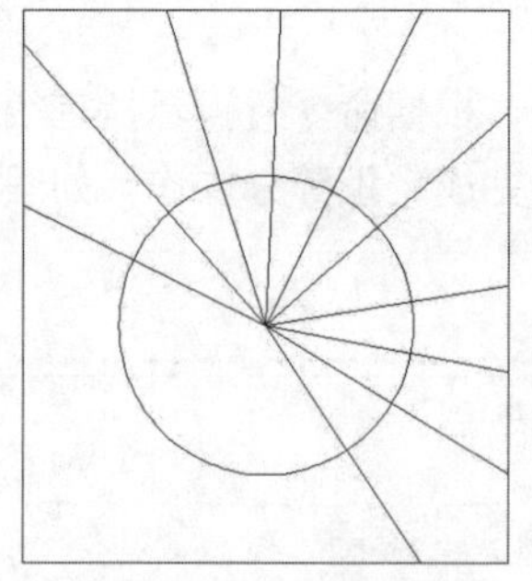

图3-13 绘制多条射线

3.2.3 绘制构造线

构造线是无限延伸的线，可以用来作为创建其他直线的参照，创建出水平、垂直或具有一定角度的构造线。在AutoCAD中，构造线也起到辅助制图的作用，用户可以通过以下方法执行"构造线"命令。

- 在菜单栏执行"绘图>构造线"命令。

- 在“默认”选项卡的“绘图”面板中单击“构造线”按钮。
- 在命令行中输入快捷命令XL，然后按回车键。

3.2.4 绘制多段线

多段线是由相连的直线段和弧线段序列组成的，可作为单一对象使用，并作为整体对象来编辑。多段线可以设置宽度，并且可以在不同的段中设置不同的线宽，也可以使其中的一段线段始末端点具有不同的线宽，这在绘制起跑方向线上经常用到。用户可通过下列方法执行“多段线”命令。

- 在菜单栏执行“绘图>多段线”命令。
- 在“默认”选项卡的“绘图”面板中单击“多段线”按钮。
- 在命令行中输入快捷命令PL，然后按回车键。

示例3-3 使用“多段线”命令绘制箭头符号

步骤01 执行“绘图>多段线”命令，在绘图区中指定任意一点并单击，设置为起点，根据命令行提示输入w命令，如图3-14所示。

步骤02 按回车键确认操作，根据命令行提示指定起点的宽度和端点的宽度都为20，如图3-15所示。

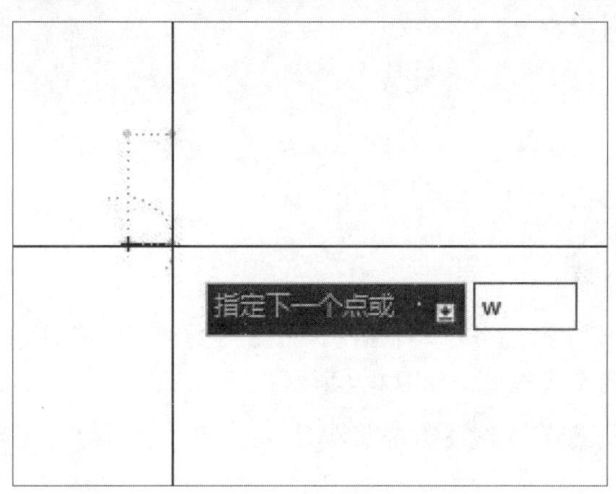

图3-14 输入w命令

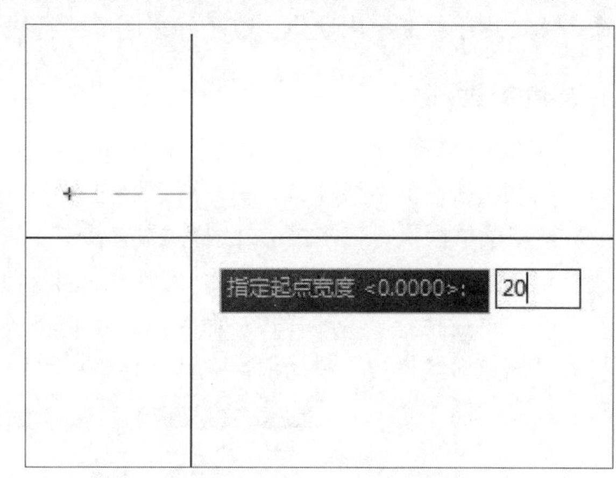

图3-15 指定起点和端点宽度

步骤03 按回车键确认操作，移动光标，在命令行输入长度值为50，如图3-16所示。

步骤04 按回车键确认操作，继续在命令行中输入w命令，设置起点宽度为80，端点宽度为0，如图3-17所示。

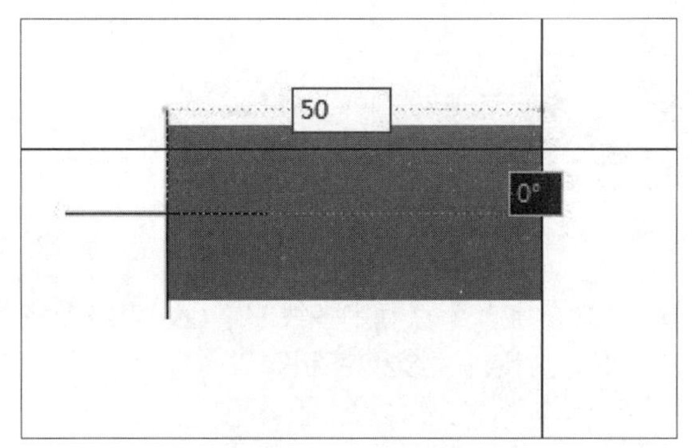

图3-16 输入长度值

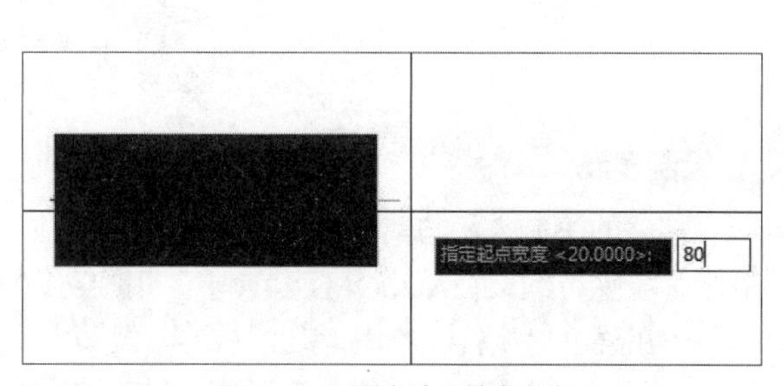

图3-17 设置起点和端点宽度

步骤05 按回车键确认操作后，根据命令行提示输入距离值为50，如图3-18所示。

步骤06 再次按回车键确认操作，即可完成箭头图形的绘制，如图3-19所示。

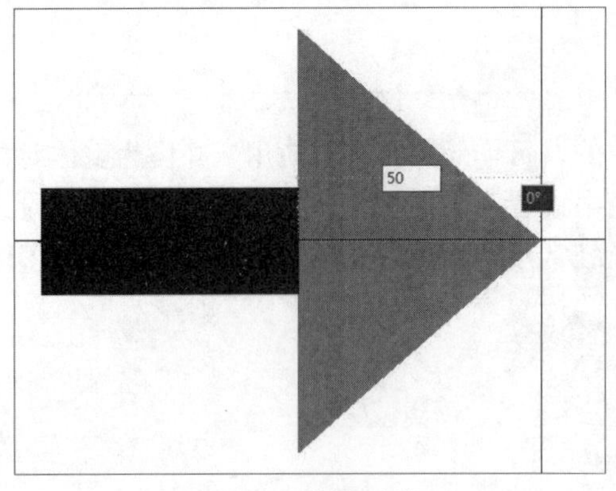

图3-18　输入长度值

图3-19　完成绘制

3.2.5 绘制多线

多线是一种由多条平行线组成的组合对象，平行线之间的间距和数目是可以调整的。“多线”命令主要用于绘制室内墙体、电子线路图等平行线对象。

1. 创建多线样式

在AutoCAD 2016中，可以通过设置多线的样式，来指定线条数目、对齐方式和线型等属性，以便绘制出所需的多线样式。用户可以通过以下方法执行“多线样式”命令。

- 在菜单栏执行“格式>多线样式”命令。
- 在命令行中输入MLSTYLE，然后按回车键。

在菜单栏执行“多线样式”命令后，系统将弹出“多线样式”对话框，单击“新建”按钮即可打开“新建多线样式”对话框，在该对话框中可设置多线样式，如图3-20所示。

图3-20　“新建多线样式”对话框

2. 绘制多线

多线的绘制方法与其他线型对象的绘制方法一样，依次指定多个点确定多线的路径，沿路径将显示多条平行线。在AutoCAD 2016中，用户可以通过以下方法执行“多线”命令。

- 在菜单栏执行“绘图>多线”命令。
- 在命令行中输入快捷命令ML，然后按回车键。

3.3 矩形和正多边形的绘制

矩形和多边形均是由直线组成的封闭图形，在使用AutoCAD进行图形绘制过程中，用户需要经常绘制方形、多边形对象，例如矩形、正方形及正多边形等。

3.3.1 绘制矩形

矩形是最常用的几何图形，用户可以通过以下方式调用“矩形”命令。

- 在菜单栏执行“绘图>矩形”命令。
- 在“默认”选项卡的“绘图”面板中单击“矩形”按钮 。
- 在命令行输入RECTANG命令并按回车键。

矩形分为普通矩形、倒角矩形和圆角矩形，用户可以随意指定矩形的两个对角点创建矩形，也可以指定面积和尺寸创建矩形。下面将对其绘制方法进行介绍。

1. 绘制普通矩形

在“默认”选项卡的“绘图”面板中单击“矩形”按钮 ，在任意位置指定第一个角点，输入矩形的长度和宽度值后，按回车键，即可绘制一个普通矩形。

2. 绘制倒角矩形

在菜单栏执行“绘图>矩形”命令，根据命令行提示输入C，然后输入倒角距离，再输入长度和宽度值，即可绘制倒角矩形。

3. 绘制圆角矩形

在命令行输入RECTANG命令并按回车键，根据提示输入F，设置半径值，然后指定两个对角点，即可完成圆角矩形的绘制操作。

示例3-4 绘制有一定线宽的圆角矩形

步骤01 执行“绘图>矩形”命令，根据命令行提示输入f命令，如图3-21所示。

步骤02 按回车键确认操作，根据命令行提示指定矩形的圆角半径值为20，如图3-22所示。

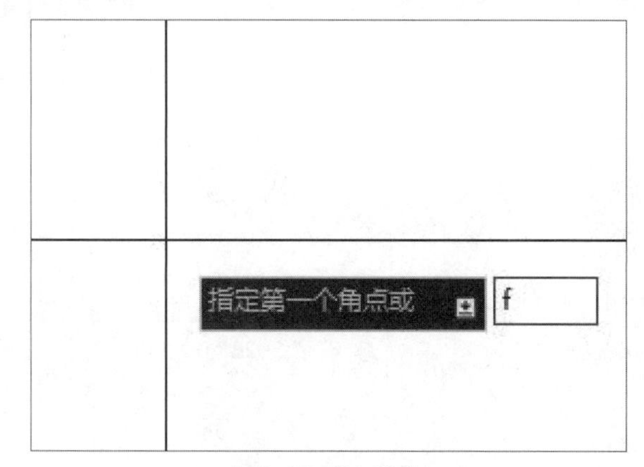

图3-21 输入f命令

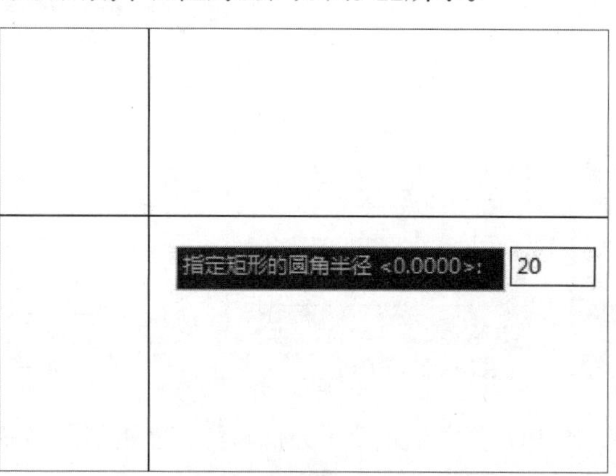

图3-22 指定圆角半径值

步骤03 按回车键确认操作后，输入w命令，如图3-23所示。

步骤04 按回车键后根据命令行提示指定矩形的线宽为5，如图3-24所示。

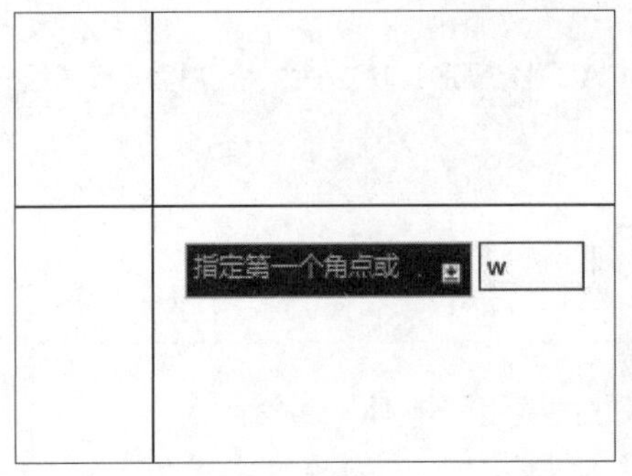

图3-23 输入w命令

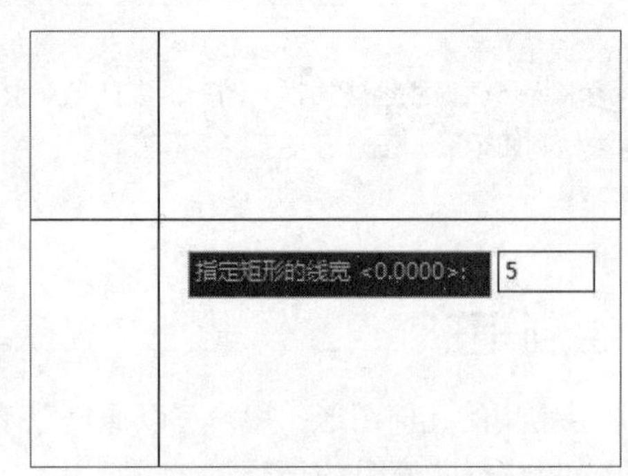

图3-24 指定矩形线宽

步骤05 按回车键后指定对角点，即可绘制矩形，如图3-25所示。

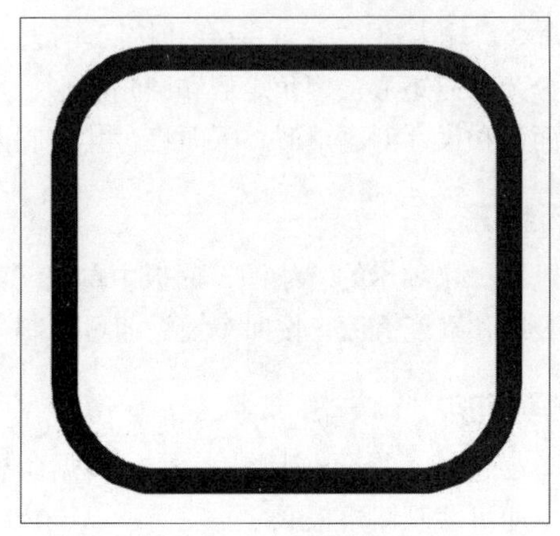

图3-25 绘制矩形

3.3.2 绘制正多边形

正多边形是由多条边长相等的闭合线段组合而成的，各边相等，各角也相等。默认情况下，正多边形的边数为4。如图3-26、3-27、3-28所示为正方形、正五边形以及正八边形。

图3-26 正方形

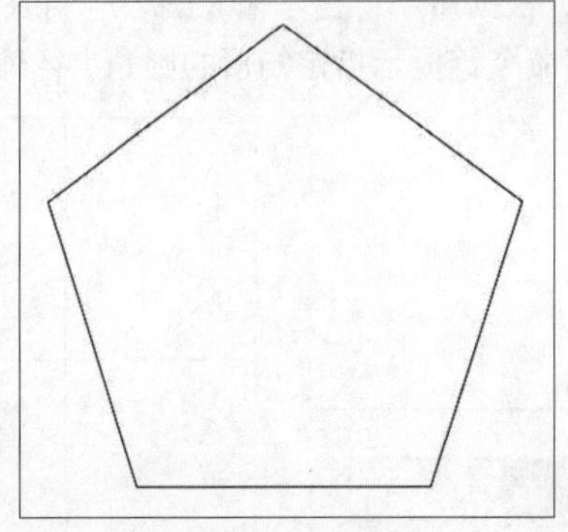

图3-27 正五边形

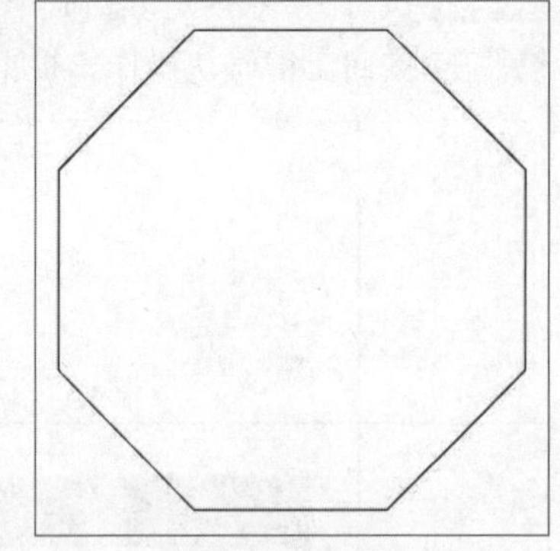

图3-28 正八边形

用户可以通过以下方法执行“多边形”命令。

- 在菜单栏执行“绘图>多边形”命令。
- 在“默认”选项卡的“绘图”面板中单击“多边形”按钮⬠。

● 在命令行中输入快捷命令POL，然后按回车键。

根据命令提示的选项可以看出，正多边形可以通过与假想的圆内接或外切的方法来绘制，也可以通过指定正多边形某一边端点的方法来绘制。下面介绍几种常用的绘制多边形的方法。

1. 内接于圆

该方法是先确定正多边形的中心位置，然后输入外接圆的半径。所输入的半径值是多边形的中心点到多边形任意端点间的距离，整个多边形位于一个虚构的圆中。

2. 外切于圆

该方法同“内接于圆”的方法一样，先确定中心位置，输入圆的半径，但所输入的半径值为多边形的中心点到边线中点的垂直距离。

3. 边长确定正多边形

该方法是通过输入长度数值或指定两个端点来确定正多边形的一条边，来绘制多边形。在绘图区域指定两点或在指定一点后输入边长数值，即可绘制出所需的多边形。

3.4 绘制曲线图形

曲线绘图是最常用的绘图绘制方式之一，在AutoCAD软件中，曲线图形主要包括圆弧、圆、椭圆和椭圆弧等，本小节将详细介绍几种常用曲线图形的绘制方法。

3.4.1 绘制圆

使用AutoCAD进行图形绘制过程中，经常使用“圆”命令绘图。圆弧是圆的一部分。用户可以通过以下方法执行“圆”命令。

- 在菜单栏执行“绘图>圆”命令子列表中的命令。
- 在“默认”选项卡的“绘图”面板中单击“圆”下拉按钮，在展开的下拉列表中显示了6种绘制圆的选项，从中选择合适的选项即可。
- 在命令行中输入快捷命令C，然后按回车键。

1. “圆心、半径或直径”命令

该命令是绘制圆时最为常用的方法，用户只需要在屏幕上指定一点作为圆心，然后输入半径值或直径值，即可完成圆的绘制。

2. “相切、相切、半径”命令

在绘图过程中，如果需要绘制与两条对象相切的圆，可一次选取这两条相切线，然后输入所绘制圆的半径值即可。

在进行圆绘制过程中，如果指定圆的半径或直径值无效，系统会提示“需要数值距离或第二点”、“值必须为正且非零”等信息，或提示重新输入，或者退出该命令。

工程师点拨

【3-3】“相切、相切、半径”命令

在使用“相切、相切、半径”命令时，需要先指定与圆相切的两个对象，系统总是在拾取点最近的位置绘制相切的圆。拾取相切对象时，所拾取的位置不同，最后得到的结果有可能也不同。

3.4.2 绘制圆弧

绘制圆弧一般需要指定三个点，圆弧的起点、圆弧上的点和圆弧的端点。在AutoCAD 2016中，绘制圆弧的方法有11种，“三点”命令为系统默认绘制方式，用户可以通过以下方法执行“圆弧”命令。

- 在菜单栏中执行“绘图>圆弧”命令子列表中的命令。
- 在“默认”选项卡的“绘图”面板中单击“圆弧”下拉按钮，在展开的下拉列表中选择合适的选项即可，如图3-29所示。

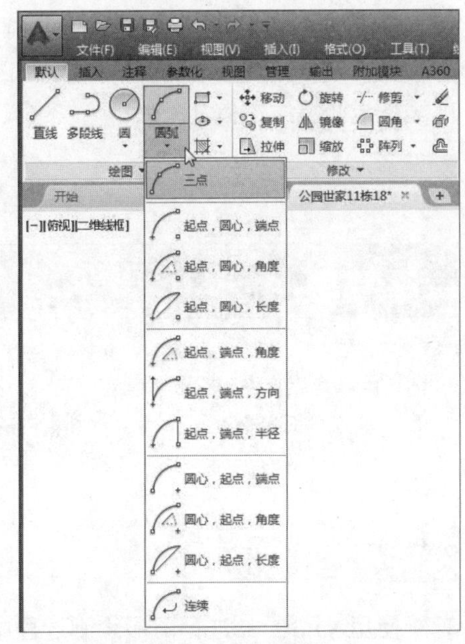

图3-29 绘制圆弧的命令

下面将对“圆弧”下拉列表中的每一种命令的功能进行介绍。

- 三点：通过指定三个点来创建一条圆弧曲线。
- 起点、圆心、端点：通过指定圆弧的起点、圆心和端点来进行绘制。
- 起点、圆心、角度：通过指定圆弧的起点、圆心和角度来进行绘制。
- 起点、圆心、长度：通过指定圆弧的起点、圆心和长度来进行绘制。
- 起点、端点、角度：通过指定圆弧的起点、端点和角度来进行绘制。
- 起点、端点、方向：通过指定圆弧的起点、端点和方向绘制。
- 起点、端点、半径：通过指定圆弧的起点、端点和半径来进行绘制。
- 圆心、起点命令组：指定圆弧的圆心和起点后，再根据需要指定圆弧的端点、角度或长度值，即可进行圆弧的绘制。
- 连续：使用该命令绘制的圆弧将与最后一个创建的对象相切。

3.4.3 绘制圆环

圆环是由两个圆心相同、半径不同的圆组成的。圆环分为填充环和实体填充圆（即带有宽度的闭合多段线）两种。绘制圆环时，应首先指定圆环的内径、外径，然后再指定圆环的中心点，即可完成圆环的绘制。用户可通过以下方法执行“圆环”命令。

- 在菜单栏执行“绘图>圆环”命令。
- 在“默认”选项卡的“绘图”面板中单击“圆环”按钮◎。
- 在命令行输入快捷命令DO，然后按回车键。

3.4.4 绘制椭圆

椭圆曲线有长半轴和短半轴之分，长半轴与短半轴的值决定了椭圆曲线的形状。在AutoCAD中，通过设置椭圆的起始角度和终止角度，可以绘制椭圆弧。用户可以通过以下方法执行“椭圆”命令。

- 在菜单栏执行“绘图>椭圆”子列表中的“圆心”或“轴，端点”命令。
- 在“默认”选项卡的“绘图”面板中单击“椭圆”下拉按钮，在展开的下拉列表中选择“圆心”或“轴，端点”选项。
- 在命令行中输入快捷命令EL，然后按回车键。

在AutoCAD 2016中，常用的绘制椭圆的方法有以下两种。

1. 中心点

该方式是通过指定椭圆的圆心、长半轴的端点以及短半轴的长度，来绘制椭圆。

2. 轴、端点

该方式是在绘图区域直接指定椭圆一轴的两个端点，并输入另一条半轴的长度，来完成椭圆弧的绘制。

工程师点拨

【3-4】系统变量 Pellipse

系统变量Pellipse决定椭圆的类型，当该变量为0时，所绘制的椭圆是由NURBS曲线表示的真椭圆；当该变量设置为1时，所绘制的椭圆是由多段线近似表示的椭圆。调用ellipse命令后，没有“圆弧”选项。

3.4.5 绘制修订云线

修订云线是由连续圆弧组成的多段线，用于在检查阶段提醒用户注意图形的某个部分。用户可以通过以下方法执行“修订云线”命令。

- 在菜单栏执行“绘图>修订云线”命令。
- 在“默认”选项卡的“绘图”面板中单击“修订云线”按钮。
- 在命令行中输入REVCLOUD，然后按回车键。

3.4.6 绘制样条曲线

样条曲线是一种比较特别的线段，是通过一系列指定点的光滑曲线。“样条曲线”命令用于绘制不规则的曲线图形，适用于表达各种具有不规则变化曲率半径的曲线。用户可以通过以下方法执行“样条曲线”命令。

- 在菜单栏执行“绘图>样条曲线”命令子列表中的命令。
- 在“默认”选项卡的“绘图”面板中单击“样条曲线拟合”按钮或“样条曲线控制点”按钮。
- 在命令行中输入快捷命令SPL，然后按回车键。

在菜单栏执行“样条曲线”命令后，根据命令行提示，依次指定起点、中间点和终点，即可绘制出样条曲线，如图3-30所示。

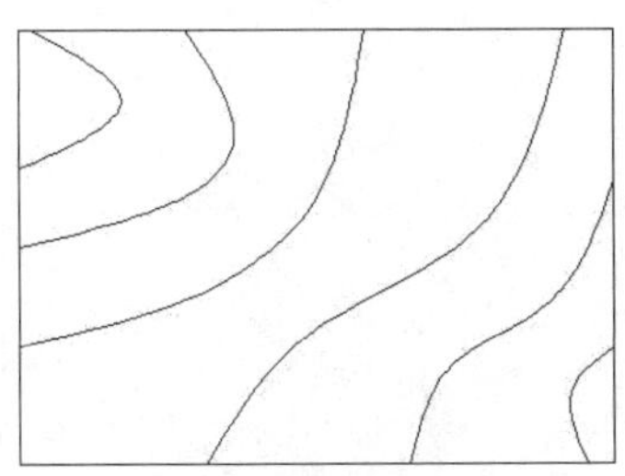

图3-30 绘制样条曲线

样条曲线绘制完毕，可对其进行修改，用户可以通过以下方法执行“编辑样条曲线”命令。

- 在菜单栏执行“修改>对象>样条曲线”命令。
- 在“默认”选项卡的“修改”面板中单击“编辑样条曲线”按钮。
- 在命令行中输入SPLINEDIT，然后按回车键。
- 双击样条曲线。

上机实践：绘制洗手台图形

■**实践目的**：通过本实训，帮助读者掌握多边形、圆、矩形等图形的绘制操作。

■**实践内容**：应用本章所学知识绘制一个洗手台图形。

■**实践步骤**：首先利用“多边形”、“圆”命令绘制洗手盆轮廓，然后再绘制矩形作为洗手台轮廓，具体操作介绍如下。

步骤01 新建图形文件，执行“绘图>多边形”命令，绘制内切于圆、半径为250的正六边形，如图3-31所示。

步骤02 执行“修改>偏移”命令，设置偏移尺寸为10，将六边形向内执行偏移操作，如图3-32所示。

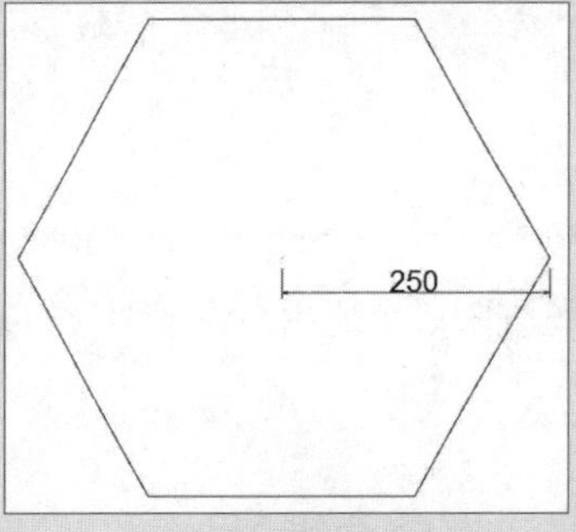

图3-31 绘制六边形

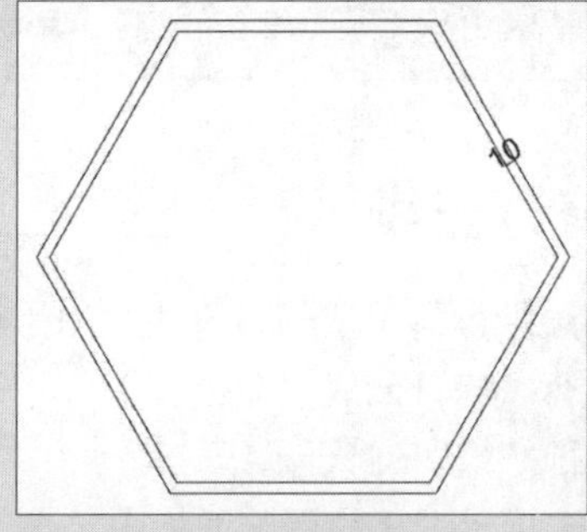

图3-32 偏移图形

步骤03 执行“绘图>圆”命令，捕捉正六边形的中心绘制两个半径分别为20和25的同心圆，如图3-33所示。

步骤04 继续执行“绘图>圆”命令，捕捉正六边形的中心，绘制两个半径分别为16和20的同心圆，如图3-34所示。

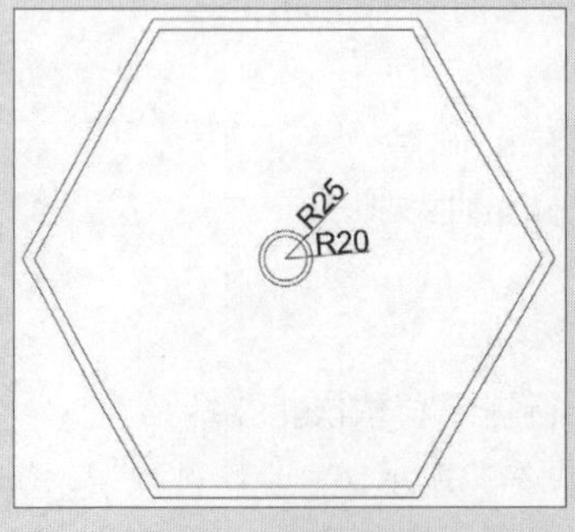

图3-33 绘制同心圆

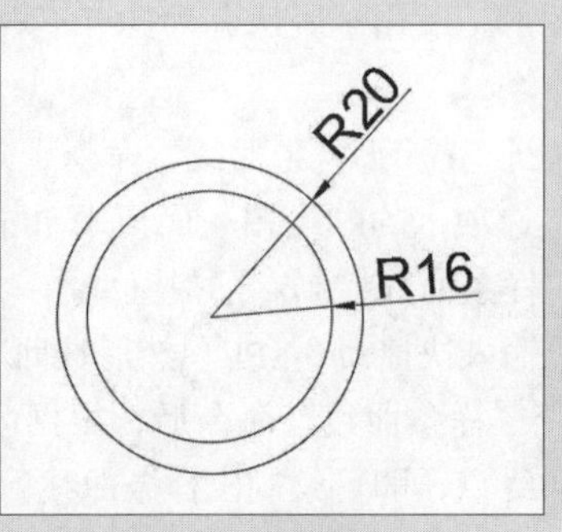

图3-34 绘制同心圆

步骤05 执行“绘图>矩形”命令，绘制尺寸为15*80的矩形，放置到合适的位置，如图3-35所示。

步骤06 执行“修改>修剪”命令，修剪图形相交的位置，如图3-36所示。

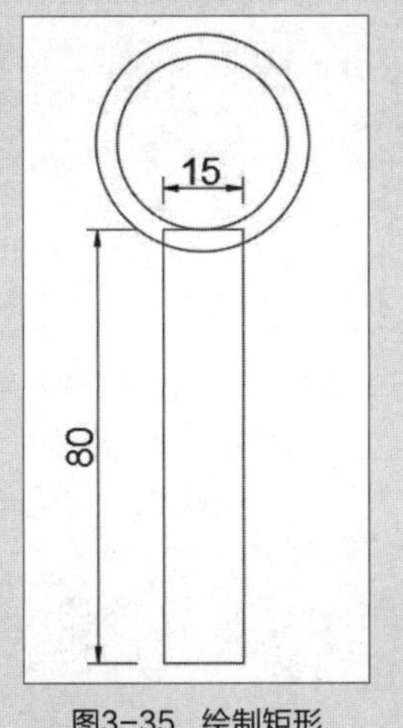

图3-35 绘制矩形

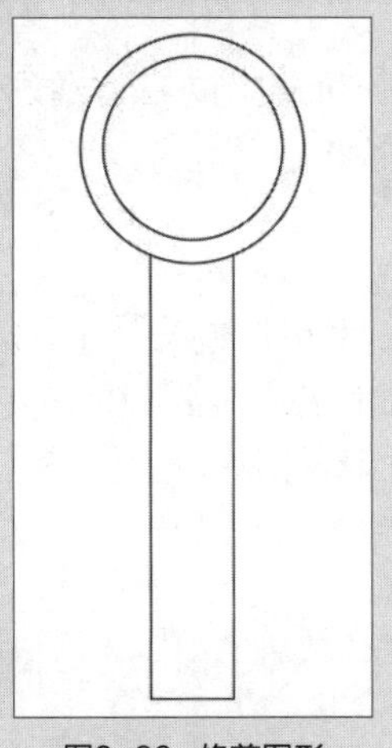
图3-36 修剪图形

步骤07 执行“修改>旋转”命令，移动图形到合适的位置，如图3-37所示。

步骤08 执行“修改>修剪”命令，修剪被覆盖的图形，如图3-38所示。

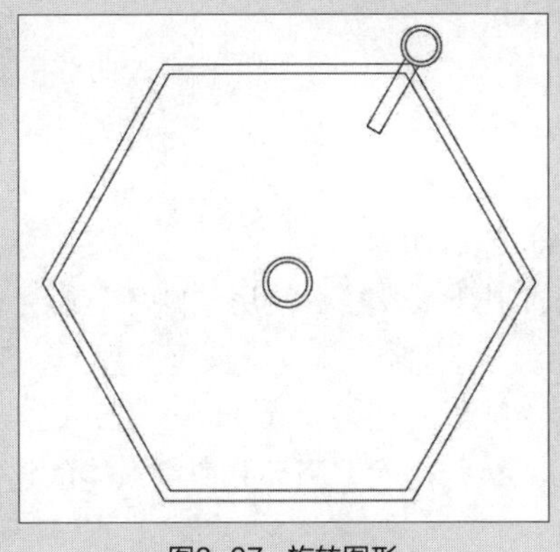
图3-37 旋转图形

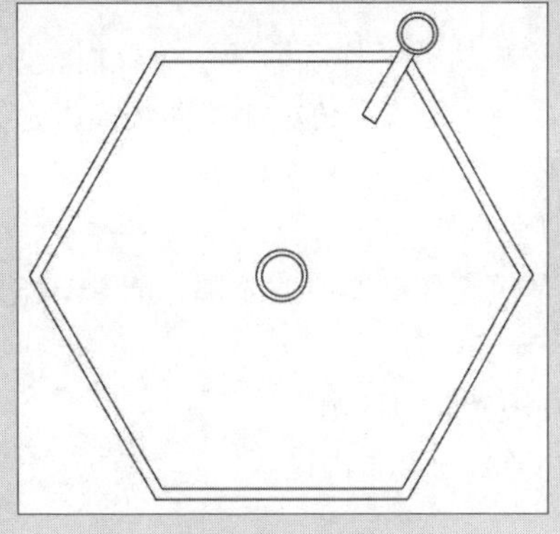
图3-38 修剪图形

步骤09 最后执行“绘图>矩形”命令，绘制800×550的矩形，即可完成洗手台的绘制，如图3-39所示。

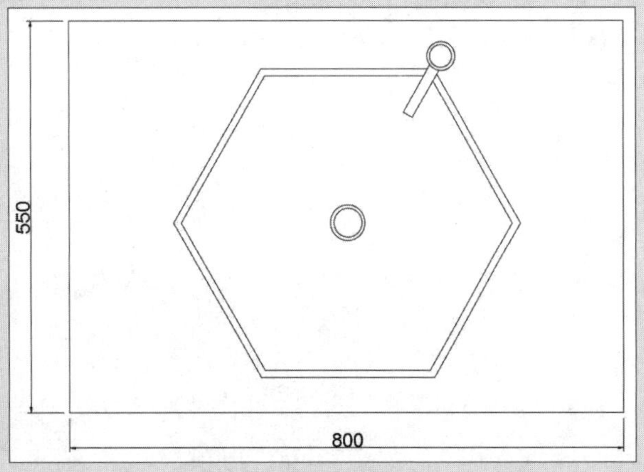

图3-39 完成绘制

课后练习

本章介绍了一些简单图形的绘制方法，通过学习，用户可以掌握二维图形的绘制方法。下面通过练习题来回顾本章所学的知识。

1. 填空题

（1）用户可以在_______对话框中设置点的样式。

（2）在AutoCAD中，绘制多边形常用的有_______和_______两种方式。

（3）在AutoCAD中，绘制椭圆有_______和_______两种方式。

2. 选择题

（1）使用“直线”命令绘制一个矩形，该矩形中有（　　）个图元实体。

A、1个　　B、2个

C、3个　　D、4个

（2）系统默认的多段线快捷命令是（　　）。

A、p　　B、D

C、pli　　D、pl

（3）在菜单栏执行“样条曲线”命令后，下列（　　）选项用来输入曲线的偏差值。值越大，曲线越远离指定的点；值越小，曲线离指定的点越近。

A、闭合　　B、端点切向

C、拟合公差　　D、起点切向

（4）圆环是填充环或实体填充圆，即带有宽度的闭合多段线，使用“圆环”命令创建圆环对象时（　　）。

A、必须指定圆环圆心　　B、圆环内径必须大于0

C、外径必须大于内径　　D、执行一次“圆环”命令只能创建一个圆环对象

3. 操作题

（1）利用“矩形”、“圆弧”等命令绘制餐桌椅图形，如图3-40所示。

（2）绘制如图3-41所示的冰箱图形。首先利用“矩形”、“圆弧”等命令绘制冰箱箱体及门造型，然后使用“矩形”和“圆”命令绘制连接件等图形。

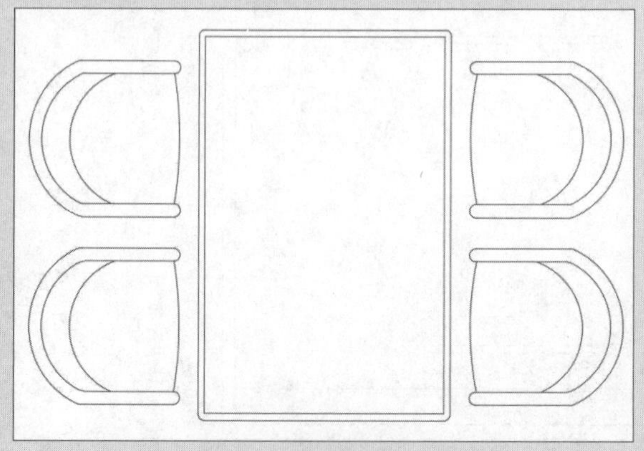
图3-40　绘制餐桌椅图形

图3-41　绘制冰箱图形

二维图形的编辑

课题概述

单纯地使用绘图命令只能创建一些基本图形对象，要绘制较为复杂的图形，就必须借助于AuotoCAD的图形编辑命令。AuotoCAD 2016提供了丰富的图形编辑工具，利用它们可以合理地构造和组织图形，保证绘图的准确性，简化绘图操作，提高绘图效率。

教学目标

通过对本章内容的学习，读者可以熟悉并掌握绘图的编辑命令，包括镜像、旋转、阵列、偏移以及修剪等，综合应用这些编辑命令，可以绘制出复杂的图形。

章节重点

★★★★　移动、旋转、缩放、偏移、复制、阵列、镜像图形
★★★★　倒角、修剪、延伸、拉伸图形
★★★　多线、多段线编辑
★★　图案填充
★　图形选择

光盘路径

上机实践：实例文件\第4章\上机实践
课后练习：实例文件\第4章\课后练习

4.1 选择图形对象

在编辑图形之前，首先要指定一个或多个编辑对象，指定编辑对象的过程就是选择操作。在AutoCAD中，图形的选取方式有多种，准确熟练地选择对象是对图形进行编辑操作的前提。

4.1.1 对象的选择方式

在AutoCAD中，用户可通过点选图形的方式进行对象的选择，也可通过框选的方式进行对象的选择，当然也可通过围选或栏选的方式来选择对象。

1. 点选图形对象

点选的方法较为简单，用户只需直接选取图形对象即可。当用户在选择某图形时，只需将光标放置在该图形上，其后单击即可选中。当图形被选中后，将会显示该图形的夹点。

2. 框选图形对象

在选择大量图形时，使用框选方式较为合适。选择图形时，用户只需在绘图区中指定框选起点，移动光标至合适位置。此时在绘图区中会显示矩形窗口，在该窗口内的图形将被选中，选择完成后再次单击鼠标左键即可。

框选的方式分为两种，一种是从左至右框选，另一种则是从右至左框选。

- 从左至右框选，又称为窗口选择，此时位于矩形窗口内的图形将被选中，窗口外图形将不能被选中。
- 从右至左框选，又称为窗交选择，其操作方法与窗口选择相似，同样也可创建矩形窗口，并选中窗口内所有图形，而与窗口方式不同的是，在进行框选时，与矩形窗口相交的图形也可被选中。

3. 围选图形对象

使用围选的方式来选择图形，其灵活性较大，可通过不规则图形围选所需选择图形。而围选的方式可分为圈选和圈交两种。

（1）圈选

圈选是一种多边形窗口选择方法，用户在要选择图形任意位置指定一点，然后在命令行中输入WP并按回车键，接着在绘图区中指定其他拾取点，通过不同的拾取点构成任意多边形，多边形内的图形将被选中，随后按回车键即可。

（2）圈交

圈交与窗交方式相似，是以绘制一个不规则的封闭多边形作为交叉窗口来选择图形对象的，完全包围在多边形中的图形与多边形相交的图形将被选中。用户只需在命令行中，输入CP并按回车键，即可进行选取操作。

4. 栏选图形对象

栏选方式则是利用一条开放的多段线进行图形的选择，所有与该线段相交的图形都会被选中。在对复杂图形进行编辑时，使用栏选方式，可方便地选择连续的图形。用户只需在命令行中输入F

并按回车键，即可选中图形。

4.1.2 快速选择图形对象

当需要选择具有某些共同特性的对象时，可通过“快速选择”对话框进行相应的设置，根据图形对象的图层、颜色、图案填充等特性和类型来创建选择集。

在AutoCAD 2016中，用户可以通过以下方法执行“快速选择”命令。

- 执行“工具>快速选择”命令。
- 在“默认”选项卡的“实用工具”面板中单击“快速选择”按钮。
- 在命令行中输入QSELECT，然后按回车键。

执行以上任意一种操作后，将打开“快速选择”对话框，如图4-1所示。

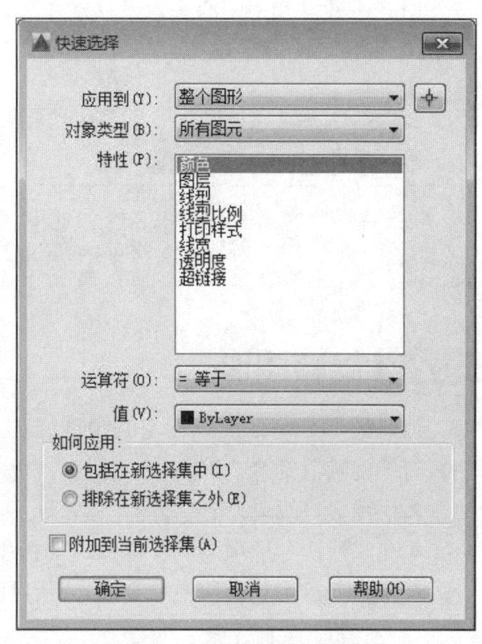

图4-1 “快速选择”对话框

在“如何应用”选项组中可选择应用的范围，若选中“包括在新选择集中”单选按钮，则表示将按设定的条件创建新选择集；若选中“排除在新选择集之外”单选按钮，则表示按设定条件选择对象，选择的对象将被排除在选择集之外，即根据这些对象之外的其他对象创建选择集。

4.2 移动、复制图形对象

在AutoCAD软件中，若想要快速绘制多个图形，可以使用复制、偏移、镜像、阵列等命令进行绘制。若想调整图形位置、角度及大小，则可以使用移动、旋转、缩放命令进行绘制。灵活运用这些命令，可大大提高绘图效率。

4.2.1 移动图形

移动图形对象是指在不改变对象的方向和大小的情况下，从当前位置移动到新的位置。用户可以通过以下方式执行移动操作。

- 执行“修改>移动”命令。
- 在“默认”选项卡的“修改”面板中单击“移动”按钮。
- 在命令行输入MOVE命令并按回车键。

命令行提示如下：

```
命令：_move
选择对象：找到 1 个
选择对象：
指定基点或 [位移(D)] <位移>:
指定第二个点或 <使用第一个点作为位移>:
```

用户还可以利用中心夹点来移动图形，选择图形后，单击图形中心夹点，根据命令行提示输入命令c，按回车键确定操作，即可指定新图形的中心点。

工程师点拨

【4-1】通过夹点移动对象

通过选择并移动夹点，可以将对象拉伸或移动到新的位置。因为对于某些夹点，移动时只能移动对象而不能拉伸，如文字、块、直线中点、圆心、椭圆中心点、圆弧圆心和点对象上的夹点。

4.2.2 旋转图形

旋转图形是将图形以指定的角度绕基点进行旋转，在AutoCAD 2016中，用户可以通过以下方法执行“旋转”命令。

- 执行“修改>旋转”命令。
- 在“默认”选项卡的“修改”面板中单击“旋转”按钮。
- 在命令行中输入快捷命令RO，然后按回车键。

命令行提示如下：

```
命令：_rotate
UCS 当前的正角方向：  ANGDIR=逆时针  ANGBASE=0
选择对象：找到 1 个
选择对象：
指定基点：
指定旋转角度，或 [复制(C)/参照(R)] <0>:
```

4.2.3 缩放图形

比例缩放是将选择的对象按照一定的比例来进行放大或缩小，在AutoCAD 2016中，用户可以通过以下方法执行“缩放”命令。

- 执行“修改>缩放”命令。
- 在“默认”选项卡的“修改”面板中单击“缩放”按钮。
- 在命令行中输入快捷命令SC，然后按回车键。

命令行提示如下：

```
命令：SCALE
选择对象：指定对角点：找到 1 个
选择对象：
指定基点：
指定比例因子或 [复制(C)/参照(R)]: 1.5
```

4.2.4 偏移图形

对选择的对象执行偏移操作后，对象与原来的对象具有相同的形状。在AutoCAD 2016中，用户可以通过以下方法执行“偏移”命令。

- 在菜单栏中单击“修改>偏移”命令。
- 单击“常用>修改>偏移”命令。
- 在命令行中输入快捷命令O，然后按回车键。

命令行提示如下：

```
命令：_offset
当前设置：删除源＝否  图层＝源  OFFSETGAPTYPE=0
指定偏移距离或 [通过(T)/删除(E)/图层(L)] <20.0000>: 150
选择要偏移的对象，或 [退出(E)/放弃(U)] <退出>:
指定要偏移的那一侧上的点，或 [退出(E)/多个(M)/放弃(U)] <退出>:
```

工程师点拨

【4-2】偏移复制圆、圆弧和椭圆

对圆弧进行偏移复制后，新圆弧与旧圆弧有同样的包含角，但新圆弧的长度发生了改变；当对圆或椭圆进行偏移复制后，新圆半径和新椭圆轴长会发生变化，圆心不会改变。

4.2.5 复制图形

复制对象是将原对象保留，移动原对象的副本图形，复制后的对象将继承原对象的属性。在AutoCAD 2016中，用户可以通过以下方法执行“复制”命令。

- 执行“修改>复制”命令。
- 在“默认”选项卡的“修改”面板中单击“复制”按钮。
- 在命令行中输入快捷命令CO，然后按回车键。

命令行提示如下：

```
命令：_copy
选择对象：找到 1 个
选择对象：
当前设置：  复制模式 = 多个
指定基点或 [位移(D)/模式(O)] <位移>:
指定第二个点或 [阵列(A)] <使用第一个点作为位移>:
指定第二个点或 [阵列(A)/退出(E)/放弃(U)] <退出>:
```

执行复制操作时，系统将所选对象按两点的位移矢量进行复制。如果选择“使用第一点作为位移”选项，系统将基点的各坐标分量作为复制位移量进行复制。

4.2.6 阵列图形

阵列图形是一种有规则的复制图形命令，当绘制的图形需要有规则地分布时，可以执行“阵列”命令。阵列图形包括矩形阵列、环形阵列和路径阵列3种。

用户可以通过以下方式调用“阵列”命令。

- 执行“修改>阵列”命令子列表中的命令，如图4-2所示。
- 在“默认”选项卡的“修改”面板中，单击“阵列”下拉按钮，选择阵列方式，如图4-3所示。
- 在命令行输入AR命令并按回车键。

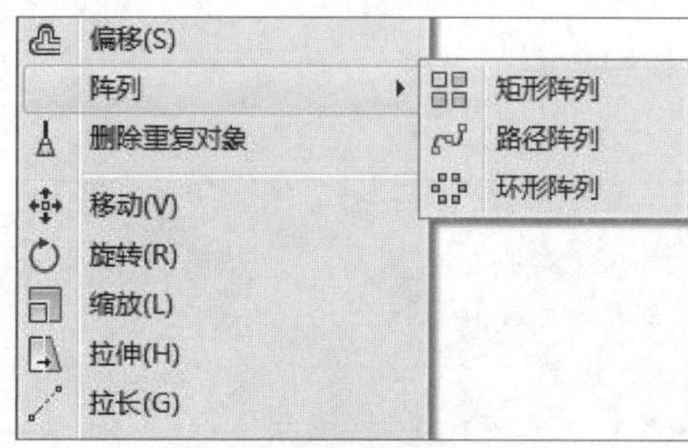

图4-2 菜单栏命令

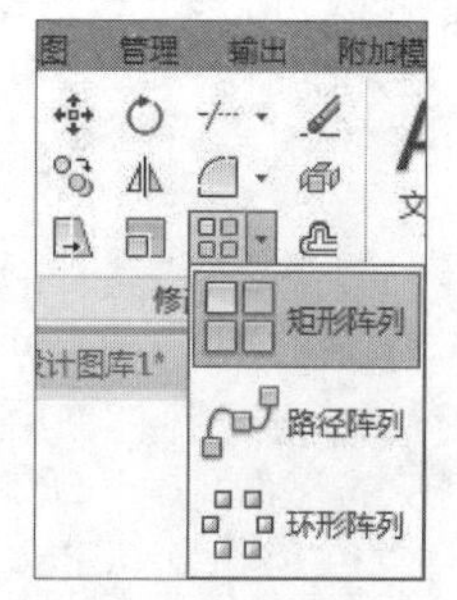

图4-3 功能区选项

1. 矩形阵列

矩形阵列是指图形呈矩形结构阵列，执行“矩形阵列”命令后，命令行会出现相应的设置选项，命令行提示内容如下：

```
命令：_arrayrect
选择对象：找到 1 个
选择对象：
类型 = 矩形  关联 = 是
选择夹点以编辑阵列或 [关联(AS)/基点(B)/计数(COU)/间距(S)/列数(COL)/行数(R)/层数(L)/退出(X)]
<退出>:
```

其中，命令行中部分选项含义介绍如下。

- 关联：指定阵列中的对象是关联的还是独立的。
- 基点：指定需要阵列基点和夹点的位置。
- 计数：指定行数和列数，并可以动态观察变化。
- 间距：指定行间距和列间距，在移动光标时可以动态观察结果。
- 列数：编辑列数和列间距。“列数”选项用于指定阵列中图形的列数，“列间距”选项用于指定每列之间的距离。
- 行数：指定阵列中的行数、行间距和行之间的增量标高。“行数”选项用于指定阵列中图形的行数，“行间距”选项用于指定各行之间的距离，“总计”选项用于指定起点和端点行数之间的总距离，“增量标高”选项用于设置每个后续行的增大或减少。
- 层数：指定阵列图形的层数和层间距，“层数”选项用于指定阵列中的层数，“层间距”选项用于Z标值中指定每个对象等效位置之间的差值。“总计”选项在Z坐标值中指定第一个和最后一个层中对象等效位置之间的总差值。
- 退出：退出阵列操作。

2. 环形阵列

环形阵列是指图形呈环形结构阵列。环形阵列需要指定有关参数，在执行“环形阵列”命令后，命令行会显示关于环形阵列的选项，命令行提示内容如下：

```
指定阵列的中心点或 [基点(B)/旋转轴(A)]:
选择夹点以编辑阵列或 [关联(AS)/基点(B)/项目(I)/项目间角度(A)/填充角度(F)/行(ROW)/层(L)/旋转项目(ROT)/退出(X)] <退出>:
```

其中，命令行中部分选项含义介绍如下。

- 中心点：指定环形阵列的围绕点。
- 旋转轴：指定由两个点定义的自定义旋转轴。
- 项目：指定阵列图形的数值。
- 项目间角度：设置阵列图形对象和表达式指定项目之间的角度。
- 填充角度：指定阵列中第一个和最后一个图形之间的角度。
- 旋转项目：控制是否旋转图形本身。
- 退出：退出“环形阵列”命令。

3. 路径阵列

路径阵列是图形根据指定的路径进行阵列，路径可以是曲线、弧线、折线等线段。执行“路径阵列”命令后，命令行会显示关于路径阵列的相关选项，命令行提示内容如下：

```
命令：_arraypath
选择对象：找到 1 个
选择对象：
类型 = 路径  关联 = 是
选择路径曲线：
选择夹点以编辑阵列或 [关联(AS)/方法(M)/基点(B)/切向(T)/项目(I)/行(R)/层(L)/对齐项目(A)/Z 方向(Z)/退出(X)]
```

其中，命令行中部分选项含义介绍如下。

- 选择路径曲线：指定用于阵列的路径对象。
- 方法：指定阵列的方法，包括定数等分和定距等分两种。
- 切向：指定阵列的图形如何相对于路径的起始方向对齐。
- 项目：指定图形数和图形对象之间的距离。“沿路径项目数”选项用于指定阵列图形数，“沿路径项目之间的距离”选项用于指定阵列图形之间的距离。
- 对齐项目：控制阵列图形是否与路径对齐。
- Z方向：控制图形是否保持原始Z方向或沿三维路径自然倾斜。

4.2.7 镜像图形

镜像功能可以按指定的镜像线翻转对象，创建出对称的镜像图像，该功能经常用于绘制对称图形。在AutoCAD 2016中，用户可以通过以下方法执行“镜像”命令。

- 执行“修改>镜像”命令。
- 在“默认”选项卡的“修改”面板中单击“镜像”按钮⚠。
- 在命令行中输入快捷命令MI，然后按回车键。

4.3 修改图形对象

图形绘制完毕后，有时需要对图形进行修改。AutoCAD软件提供了多种图形修改命令，包括“倒角”、“分解”、“打断”、“修剪”、“延伸”以及“拉伸”命令等。

4.3.1 倒角与圆角

“倒角”和“圆角”功能可以修饰图形，对于两条相邻的边界多出的线段，执行“倒角”和“圆角”命令可以进行修剪操作。倒角是对图形相邻的两条边进行修饰，圆角则是根据指定圆弧半径来进行倒角。可以进行倒角或圆角的对象有圆弧、圆、椭圆、椭圆弧、直线、多段线、构造线、三维对象等。图4-4和4-5分别为执行倒角和圆角操作后的效果。

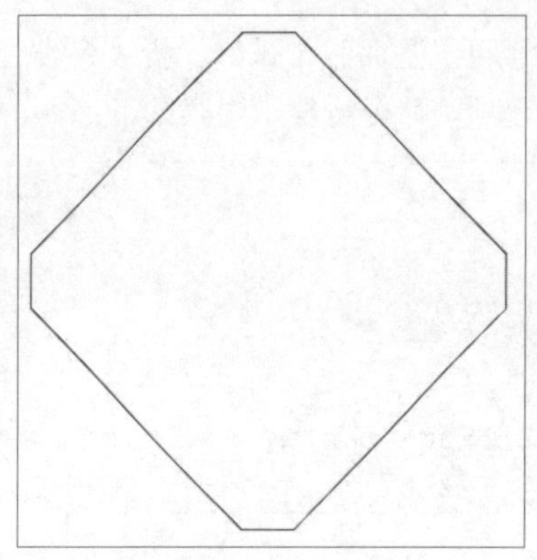
图4-4 倒角图形

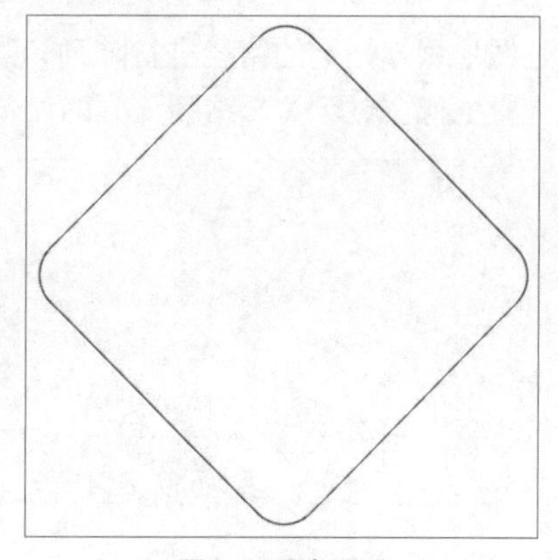
图4-5 圆角图形

1. 倒角

执行“倒角”命令，可以对绘制的图形进行倒角操作，既可以修剪多余的线段，还可以设置图形中两条边的倒角距离和角度。

用户可以通过以下方式调用“倒角”命令。

- 执行“修改>倒角”命令。
- 在“默认”选项卡的“修改”面板中单击“倒角”按钮。
- 在命令行输入CHA命令并按回车键。

命令行提示如下：

```
命令：_chamfer
(“修剪”模式) 当前倒角距离 1 = 10.0000，距离 2 = 10.0000
选择第一条直线或 [放弃(U)/多段线(P)/距离(D)/角度(A)/修剪(T)/方式(E)/多个(M)]:
```

2. 圆角

圆角是指通过指定的圆弧半径大小，将多边形的边界棱角部分光滑连接起来，圆角是倒角的一种表现形式。

用户可以通过以下方式调用“圆角”命令：

- 执行“修改>圆角”命令。

- 在“默认”选项卡的“修改”面板中单击“圆角”按钮。
- 在命令行输入F命令并按回车键。

命令行提示如下：

```
命令：_fillet
当前设置：模式 = 修剪，半径 = 0.0000
选择第一个对象或 [放弃(U)/多段线(P)/半径(R)/修剪(T)/多个(M)]:
```

工程师点拨

【4-3】正确设置倒角

执行倒角操作时，如果倒角距离设置太大或距离角度无效，系统将会给出提示。如果因两条直线平行或发散造成不能倒角，系统也会提示。对相交两边进行倒角且倒角后修建倒角边时，AutoCAD总会保留选择倒角对象时所选取的那一部分。将两个倒角距离均设为0，则利用“倒角”命令可延伸两条直线使它们相交。

4.3.2 打断图形

打断图形指的是删除图形上的某一部分或将图形分成两部分。在AutoCAD 2016中，用户可以通过以下方法执行“打断”命令。

- 在菜单栏中选择“修改>打断”命令。
- 单击“常用>修改>打断”按钮。
- 在命令行中输入快捷命令BR，然后按回车键。

命令行提示如下：

```
命令：_break
选择对象：
指定第二个打断点 或 [第一点(F)]:
```

工程师点拨

【4-4】“打断”命令的使用技巧

如果对圆执行“打断”命令，系统将沿逆时针方向将圆上从第一个打断点到第二个打断点之间的那段圆弧删除。

4.3.3 修剪/延伸图形

在AutoCAD中，“修剪”命令是图形编辑命令中使用频率非常高的一个命令，“延伸”命令和“修剪”命令效果相反，两个命令在使用过程中可以通过按Shift键相互转换。“修剪”和“延伸”命令可以缩短或拉长图形，也可以删除图形多余部分，使图形与其他图形的边相接。因为有这两个命令，我们在图形绘制时可以不用特别精确控制长度，甚至可以用构造线、射线来代替直线，然后通过“修剪”和“延伸”命令对图形进行修整。

1. 修剪图形

“修剪”命令可对超出图形边界的线段进行修剪。在AutoCAD 2016中，用户可以通过以下方法执行“修剪”命令。

- 执行“修改>修剪”命令。
- 在“默认”选项卡的“修改”面板中单击“修剪”按钮-/--。
- 在命令行中输入快捷命令TR，然后按回车键。

命令行提示如下：

```
命令： _trim
当前设置：投影 =UCS，边 = 无
选择剪切边 ...
选择对象或 <全部选择>： 找到 1 个
选择对象：
选择要修剪的对象，或按住 Shift 键选择要延伸的对象，或
[栏选 (F)/ 窗交 (C)/ 投影 (P)/ 边 (E)/ 删除 (R)/ 放弃 (U)]:
选择要修剪的对象，或按住 Shift 键选择要延伸的对象，或
[栏选 (F)/ 窗交 (C)/ 投影 (P)/ 边 (E)/ 删除 (R)/ 放弃 (U)]:
```

2. 延伸图形

“延伸”命令是将指定的图形对象延伸到指定的边界，通过下列方法可执行“延伸”命令。

- 执行“修改>延伸”命令。
- 在“默认”选项卡的“修改”面板中单击“延伸”按钮--/。
- 在命令行中输入快捷命令EX，然后按回车键。

命令行提示如下：

```
命令： _extend
当前设置：投影 =UCS，边 = 无
选择边界的边 ...
选择对象或 <全部选择>： 找到 1 个
选择对象：
选择要延伸的对象，或按住 Shift 键选择要修剪的对象，或
[栏选 (F)/ 窗交 (C)/ 投影 (P)/ 边 (E)/ 放弃 (U)]:
选择要延伸的对象，或按住 Shift 键选择要修剪的对象，或
[栏选 (F)/ 窗交 (C)/ 投影 (P)/ 边 (E)/ 放弃 (U)]:
```

4.3.4 拉伸图形

“拉伸”命令是拉伸窗交窗口部分包围的对象。移动完全包含在窗交窗口中的对象或单独选定的对象，但圆、椭圆和块无法拉伸。

在AutoCAD 2016中，用户可以通过以下方法执行“拉伸”命令。

- 执行“修改>拉伸”命令。
- 在“默认”选项卡的“修改”面板中单击“拉伸”按钮。
- 在命令行中输入快捷命令S，然后按回车键。

命令行提示如下：

```
命令： _stretch
以交叉窗口或交叉多边形选择要拉伸的对象 ...
选择对象： 指定对角点： 找到 1 个
选择对象：
```

```
指定基点或 [位移(D)] <位移>:
指定第二个点或 <使用第一个点作为位移>:
```

在“选择对象”命令提示下，可输入C（交叉窗口方式）或CP（不规则交叉窗口方式），对位于选择窗口之内的对象进行位移，与窗口边界相交的对象按规则拉伸、压缩和移动。

对于直线、圆弧、区域填充等图形对象，如果所有部分均在选择窗口内，则被移动；如果只有一部分在选择窗口内，则有以下拉伸规则。

- 直线：位于窗口外的端点不动，位于窗口内的端点移动。
- 圆弧：与直线类似，但在圆弧改变的过程中，圆弧的弦高保持不变，同时调整圆心的位置和圆弧的起始角、终止角的值。
- 区域填充：位于窗口外的端点不动，位于窗口内的端点移动。
- 多段线：与直线和圆弧相似，但多段线两端的宽度、切线方向及曲线拟合信息均不变。
- 其他对象：如果其定义点在选择窗口内，则对象发生移动；否则不动。其中，圆的定义点为圆心，图形和块的定义点为插入点，文字和属性的定义点为字符串基线的左端点。

工程师点拨

【4-5】拉伸图形

在执行拉伸操作时，矩形和块图形是不能被拉伸的。如要将其拉伸，需将其进行分解后才可进行拉伸。选择拉伸图形时，通常需要执行窗交方式来选取图形。

4.4 多线、多段线及样条曲线的编辑

在上一章中，用户介绍了如何使用“多线”、“多段线”以及“样条曲线”命令来绘制图形，下面将介绍如何对这些特殊线段进行修改编辑操作。

4.4.1 编辑多线

多线绘制完毕，通常需要对该多线进行修改编辑，才能达到预期的效果。在AutoCAD中，用户可以利用“多线编辑工具”对话框对多线进行设置，如图4-6所示。用户可以通过以下方式打开该对话框。

- 执行“修改>对象>多线”命令。
- 在命令行输入MLEDIT命令并按回车键。

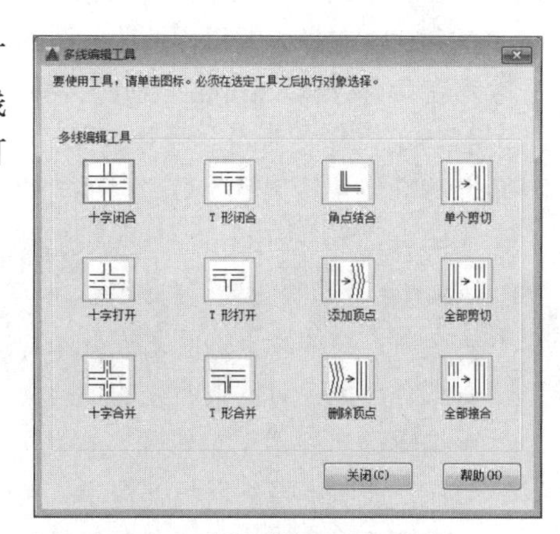

图4-6 “多线编辑工具”对话框

4.4.2 编辑多段线

创建完多段线之后，用户可对多段线进行相应的编辑操作。单击“默认”选项卡“修改”面板中的“编辑多段线”按钮，根据命令行提示进行操作。命令行提示内容如下。

```
命令：_pedit
选择多段线或 [多条(M)]:
输入选项 [打开(O)/合并(J)/宽度(W)/编辑顶点(E)/拟合(F)/样条曲线(S)/非曲线化(D)/线型生成(L)/反转(R)/放弃(U)]:
```

其中，命令行中部分选项含义介绍如下。

- 合并：只用于二维多段线，该选项可把其他圆弧、直线、多段线连接到已有的多段线上，不过连接端点必须精确重合。
- 宽度：只用于二维多段线，指定多段线宽度。输入新宽度值后，先前生成宽度不同的多段线都统一使用该宽度值。
- 编辑顶点：用于提供一组子选项，是用户能够编辑顶点和与顶点相邻的线段。
- 拟合：用于创建圆弧拟合多段线（即由圆弧连接每对顶点），该曲线将通过多段线的所有顶点并使用指定的切线方向。
- 样条曲线：可生成由多段线顶点控制的样条曲线，所生成的多段线并不一定通过这些顶点，样条类型分辨率由系统变量控制。
- 非曲线化：用于取消拟合或样条曲线，回到初始状态。
- 线型生成：可控制非连续线型多段线顶点处的线型。如“线型生成”选项为关闭状态，在多段线顶点处将采用连续线型，否则在多段线顶点处将采用多段线自身的非连续线型。
- 反转：用于反转多段线。

4.4.3 编辑样条曲线

样条曲线是经过或接近影响曲线形状的一系列点的平滑曲线。创建样条曲线后，用户可以增加、删除样条曲线上的移动点，还可以打开或者闭合路径。在AutoCAD 2016中，用户可以通过以下方式调用编辑样条曲线命令。

- 执行“修改>对象>样条曲线”命令。
- 在“默认”选项卡的“修改”面板中单击“修改”下拉按钮修改▾，在下拉列表中选择“编辑样条曲线”选项。
- 在命令行输入Splinedit命令并按回车键。

执行编辑样条曲线命令并选择样条曲线后，会出现如图4-7所示的快捷菜单。下面具体介绍快捷菜单中各命令的含义。

输入选项
闭合(C)
合并(J)
拟合数据(F)
编辑顶点(E)
转换为多段线(P)
反转(R)
放弃(U)
退出(X)

图4-7 快捷菜单

- 闭合：将未闭合的图形进行闭合操作。如果选中的样条曲线为闭合，则“闭合”选项变为“打开”。
- 合并：将线段上的两条或几条样条线合并成一条样条线。
- 拟合数据：对样条曲线的拟合点、起点以及端点进行拟合编辑。
- 编辑顶点：用于编辑顶点操作，其中，“提升阶数”参数用于控制样条曲线的阶数，阶数越高，控制点越高，根据提示，可输入需要的阶数。“权值”参数用于改变控制点的权重。
- 转换为多段线：将样条曲线转换为多段线。

- 反转：改变样条曲线的方向。
- 放弃：取消上一次的编辑操作。
- 退出：退出编辑样条曲线操作状态。

4.5 图形图案的填充

图案填充是使用图形图案对指定的图形区域进行填充的操作，用户可使用图案进行填充，也可使用渐变色进行填充。填充完毕后，还可对填充的图形进行编辑操作。

4.5.1 图案填充

在AutoCAD 2016中，用户可以通过以下方式调用“图案填充”命令：

- 执行“绘图>图案填充”命令。
- 在“默认”选项卡“修改”面板中单击“修改”下拉按钮 修改▾，在弹出的列表中选择“编辑图案填充”选项。
- 在命令行输入H命令，然后按下回车键。

要进行图案填充，用户既可以通过“图案填充创建”选项卡进行设置，如图4-8所示。又可以在“图案填充和渐变色”对话框中进行设置，如图4-9所示。

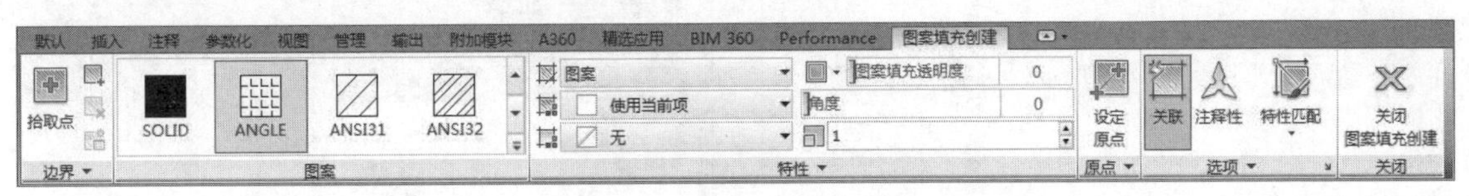

图4-8 “图案填充创建”选项卡

用户可以使用以下方式打开“图案填充和渐变色”对话框。

- 执行“绘图>图案填充”命令，打开“图案填充”选项卡。
- 在“图案填充创建”选项卡的“选项”面板中单击对话框启动器按钮。
- 在命令行输入H命令，按回车键，再输入T命令。

下面将对“图案填充和渐变色”对话框中的各主要选项和选项组的应用进行介绍，具体如下。

图4-9 “图案填充和渐变色”对话框

1. 类型

“类型”下拉列表中包括3个选项，若选择“预定义”选项，则可以使用系统填充的图案；若选择“用户定义”选项，则需要定义由一组平行线或者相互垂直的两组平行线组成的图案；若选择“自定义”选项，则可以使用事先自定义好的图案。

2. 图案

单击“图案”下拉按钮，即可选择图案名称，如图4-10所示。用户也可以单击“图案”选项右侧的按钮⋯，在“填充图案选项板”对话框预览填充图案，如图4-11所示。

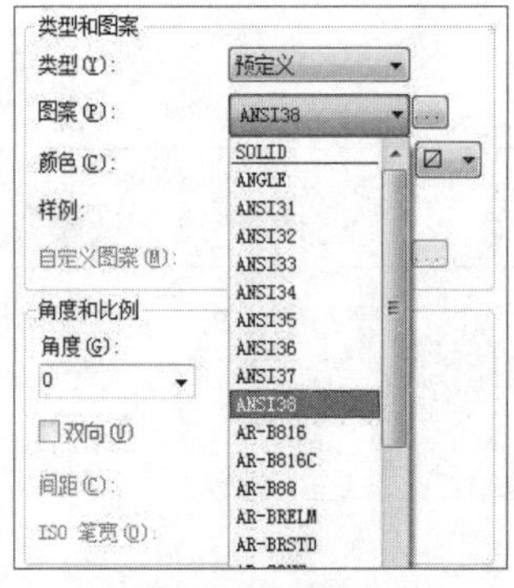

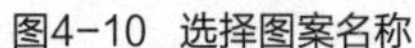
图4-10 选择图案名称

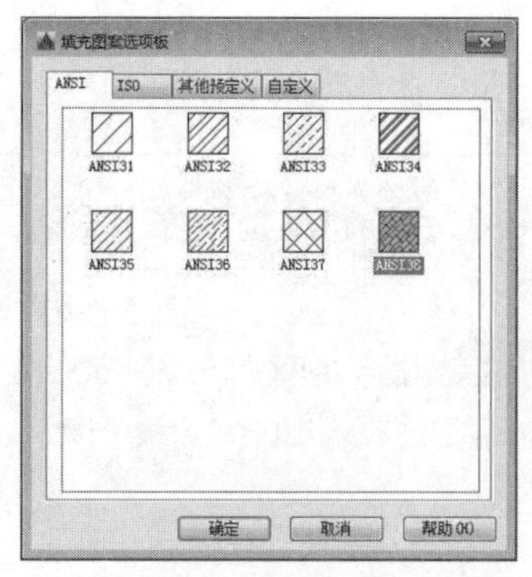

图4-11 预览图案

3. 颜色

在“类型和图案”选项组的“颜色”下拉列表中指定所需颜色，如图4-12所示。若列表中并没有需要的颜色，可以在下拉列表中选择“选择颜色”选项，打开“选择颜色”对话框，选择所需颜色，如图4-13所示。

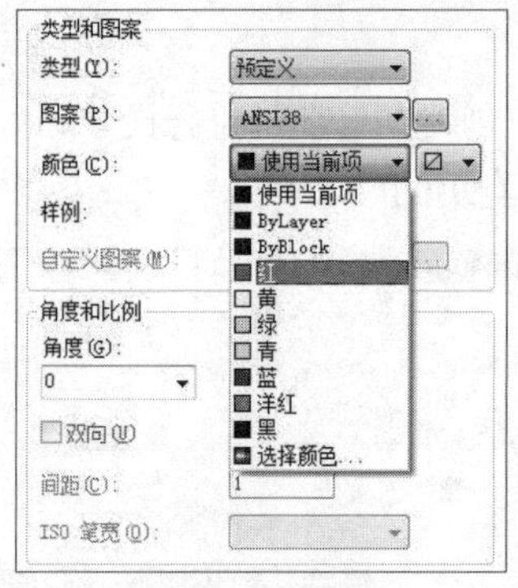

图4-12 设置颜色

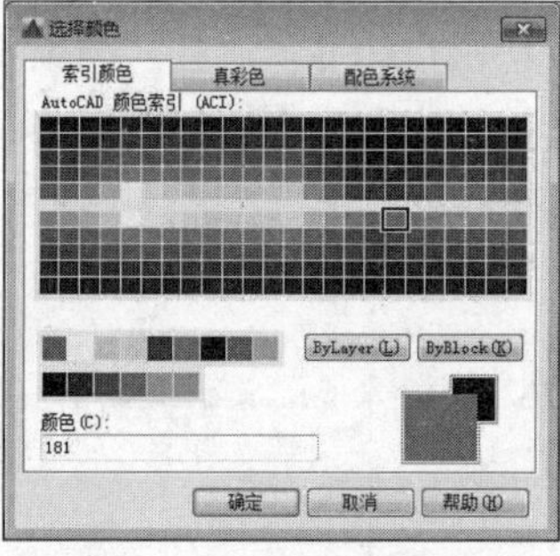

图4-13 “选择颜色”对话框

4. 样例

在“样例”下拉列表中同样可以设置填充图案。单击“样例”按钮，如图4-14所示，弹出“填充图案选项板”对话框，从中选择需要的图案，单击“确定”按钮即可完成操作，如图4-15所示。

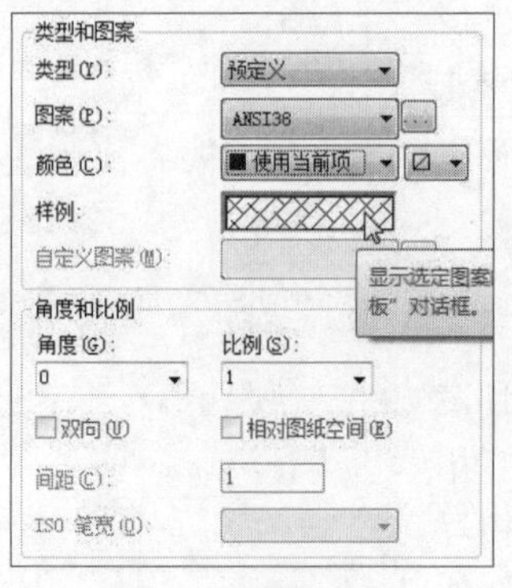

图4-14 样例选项框

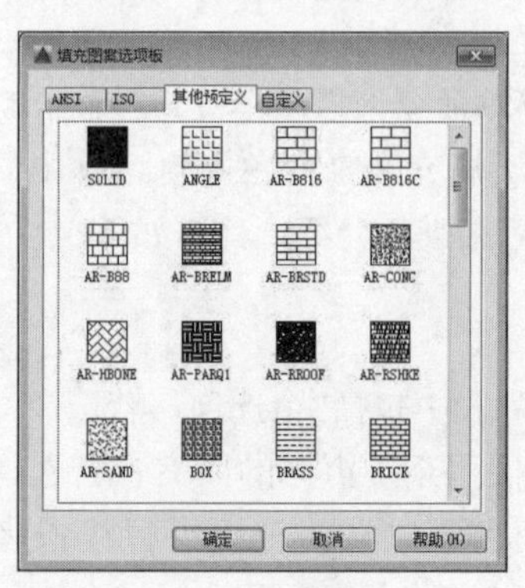

图4-15 选择图案

5. 角度和比例

“角度和比例”选项组用于设置图案的角度和比例，该选项组可以进行以下两个方面的设置。

（1）设置角度和比例

当图案类型为“预定义”选项时，“角度”和“比例”选项是激活状态，“角度”选项用于设置填充图案的角度，“比例”选项用于设置填充图案的比例。

（2）设置角度和间距

当图案类型为“用户定义”选项时，“角度”和“间距”选项属于激活状态，用户可以设置角度和间距值，如图4-16所示。

6. 图案填充原点

许多图案填充需要对齐填充边界上的某一点，在“图案填充原点”选项组中可以设置图案填充原点的位置。设置原点位置包括“使用当前原点”和“指定的原点”两个单选按钮，如图4-17所示。

（1）使用当前原点

选择该单选按钮，可以使用当前UCS的原点（0，0）作为图案填充的原点。

（2）指定的原点

选择该单选按钮，可以自定义原点位置，通过指定一点位置作为图案填充的原点。

- 单击“单击以设置新原点按钮”，可以在绘图区指定一点作为图案填充的原点。
- 勾选“默认为边界范围”复选框，可以以填充边界的左上角、右上角、左下角、右下角和圆心作为原点。
- 勾选“存储为默认原点”复选框，可以将指定的原点存储为默认的填充图案原点。

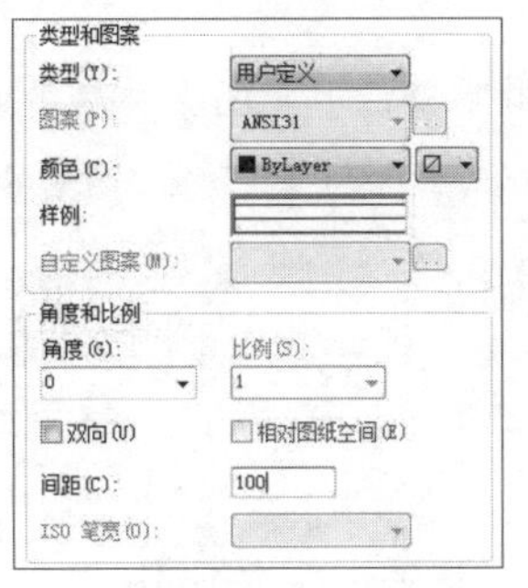

图4-16 设置图案填充的角度和间距

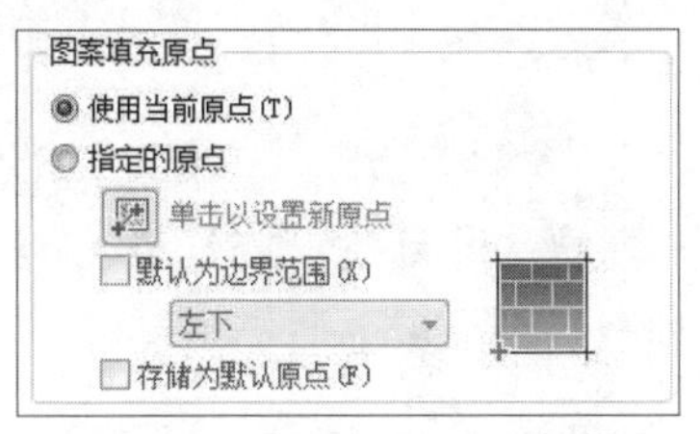

图4-17 “图案填充原点”选项组

7. 边界

该选项组主要用于选择填充图案的边界，也可以进行删除边界、重新创建边界等操作。

- “添加：拾取点”按钮：将拾取点任意放置在填充区域上，就会预览填充效果，单击鼠标左键，即可完成图案填充。
- “添加：选择对象”按钮：根据选择的边界填充图形，随着选择的边界增加，填充的图案面积也会增加；若选择的边界不是封闭状态，则会显示错误提示信息。
- “删除边界”按钮：在利用拾取点或者选择对象定义边界后，单击“删除边界”按钮，可以取消系统自动选取或用户选取的边界，形成新的填充区域。

8. 选项

该选项组用于设置图案填充的一些附属功能，其中包括注释性、关联、创建独立的图案填充、绘图次序和继承特性等功能，如图4-18所示。

下面将对常用选项的含义进行介绍：

- “注释性”复选框：将图案填充为注释性，此特性会自动完成缩放注释过程，从而使注释能够以正确的大小在图纸上打印或显示。
- “关联”复选框：在未勾选“注释性”复选框时，“关联”复选框处于激活状态，关联图案填充随边界的更改自动更新，而非关联的图案填充则不会随边界的更改而自动更新。
- “创建独立的图案填充”复选框：创建独立的图案填充，它不随边界的修改而修改图案填充。
- “绘图次序”复选框：该复选框用于指定图案填充的绘图次序。
- “继承特性”按钮：将现有图案填充的特性应用到其他图案填充上。

9. 孤岛

孤岛是指定义好填充区域内的封闭区域。在“图案填充和渐变色”对话框的右下角单击“更多选项”按钮⊙，即可展开对话框，显示“弧岛”选项组，如图4-19所示。

下面将对“孤岛”选项组中各选项的含义进行介绍。

- “孤岛显示样式”选项区域：“普通”是指从外部向内部填充，如果遇到内部孤岛，就断开填充，直到遇到另一个孤岛后，再进行填充。“外部”是指遇到孤岛后断开填充图案，不再继续向里填充。“忽略”是指系统忽略孤岛对象，所有内部结构都将被填充图案覆盖。
- “边界保留”选项区域：勾选保留边界复选框，将保留填充的边界。
- “边界集”选项区域：用来定义填充边界的对象集。默认情况下，系统根据当前视口确定填充边界。
- “允许间隙”选项区域：在“公差”数值框中设置允许的间隙大小，默认值为0，这时对象是完整封闭的区域。
- “继承选项”选项区域：用于设置用户在使用继承特性填充图案时是否继承图案填充原点。

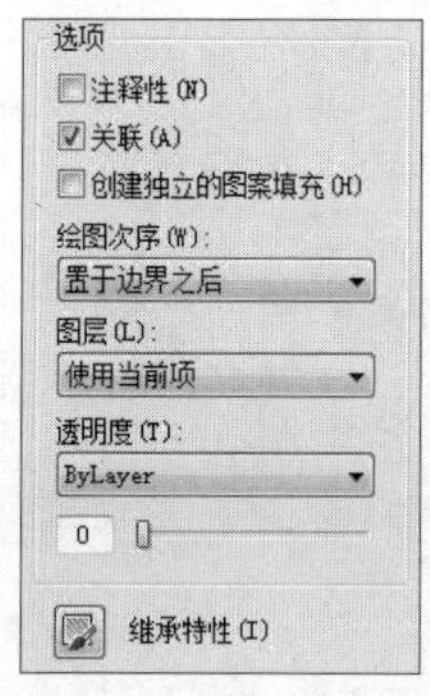

图4-18 “选项”选项组

图4-19 展开“图案填充和渐变色”对话框

4.5.2 渐变色填充

在AutoCAD软件中，除了可对图形进行图案填充，也可对图形进行渐变色填充。用户既可以通过“图案填充创建”选项卡进行设置，如图4-20所示。又可以在“图案填充和渐变色”对话框中进行设置。

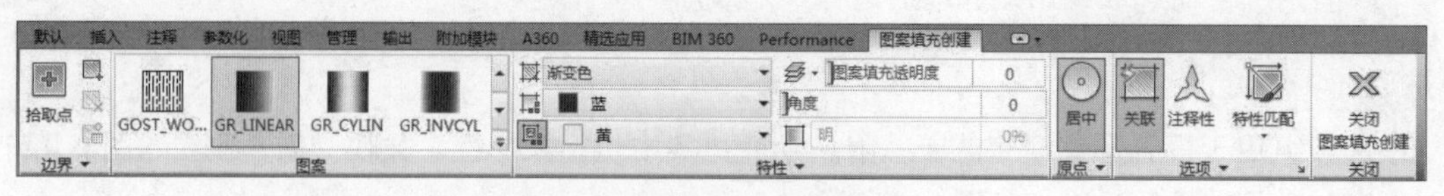

图4-20 “图案填充创建”选项卡

在命令行输入H命令，按回车键，再输入命令T，打开“图案填充和渐变色”对话框，切换到“渐变色”选项卡。图4-21、4-22所示分别为单色渐变色的设置面板和双色渐变色的设置面板。下面将对“渐变色”选项卡中主要选项的含义进行介绍。

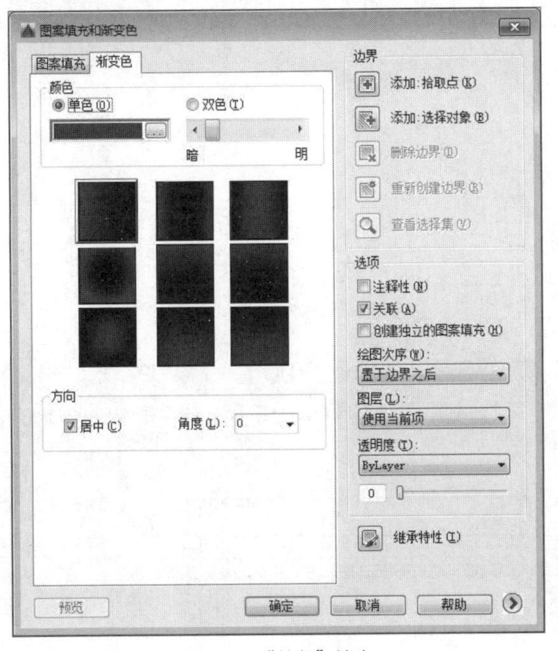

图4-21 “单色”填充

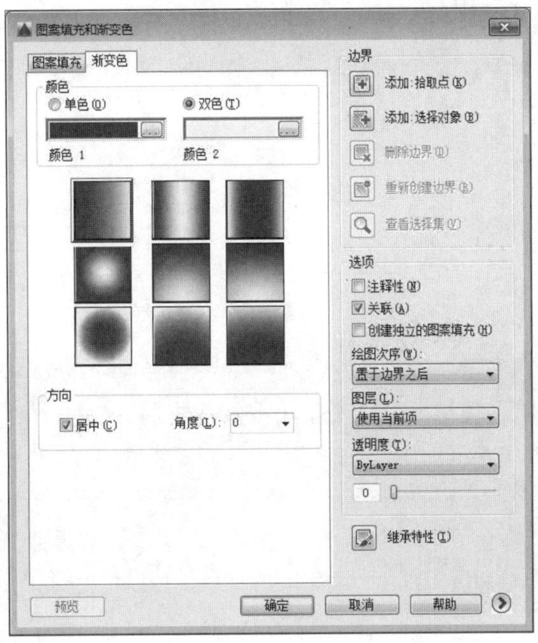

图4-22 “双色”填充

- “单色”/“双色”单选按钮：两个单选按钮用于确定是以一种颜色还是两种颜色进行填充。
- 明暗滑块：拖动滑块可调整单色渐变色搭配颜色的显示。
- 图像选择按钮：九个图像选择按钮用于确定渐变色的显示方式。
- “居中”复选框：指定对称的渐变配置。
- “角度”数值框：设置渐变色填充时的旋转角度。

上机实践：绘制沙发图形

■**实践目的：**通过练习本实训，帮助读者掌握偏移、修剪、镜像、图案填充等命令的使用方法。

■**实践内容：**应用本章所学的知识绘制一个沙发组合图形。

■**实践步骤：**首先利用直线、偏移、修剪等命令绘制单人沙发图形，然后利用复制、拉伸等命令绘制多人沙发，再利用圆弧命令绘制抱枕，利用矩形、偏移、图案填充等命令绘制地毯，其具体操作过程介绍如下。

步骤01 启动AutoCAD 2016软件，执行“绘图>直线”命令，绘制一个长、宽各1000mm的长方形，如图6-23所示。

步骤02 执行“修改>偏移”命令，将偏移距离设为200mm，将上、下、右三侧的边线向内偏移，再设置偏移距离为40mm，将左侧边线向内偏移，如图6-24所示。

图6-23　绘制长方形　　图6-24　偏移直线

步骤03 执行“修改>修剪”命令，修剪掉沙发左侧多余的线条，如图6-25所示。

步骤04 执行“修改>偏移”命令，将沙发扶手内部轮廓线依次向外偏移5、10、15、20、25、30mm，如图6-26所示。

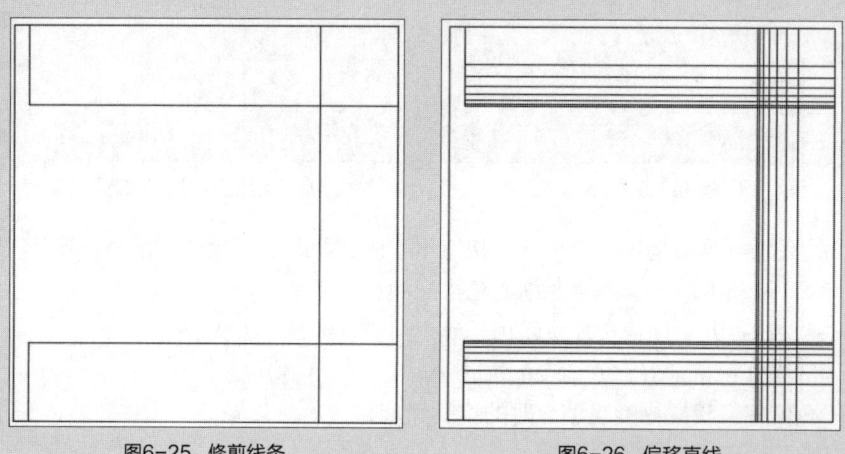

图6-25　修剪线条　　图6-26　偏移直线

步骤05 执行“修改>修剪”命令，修剪掉多余的线条，制作出沙发扶手装饰线，如图6-27所示。

步骤06 执行“修改>圆角”命令，设置圆角半径尺寸为50mm，对沙发的两个角执行圆角操作，如图6-28所示。

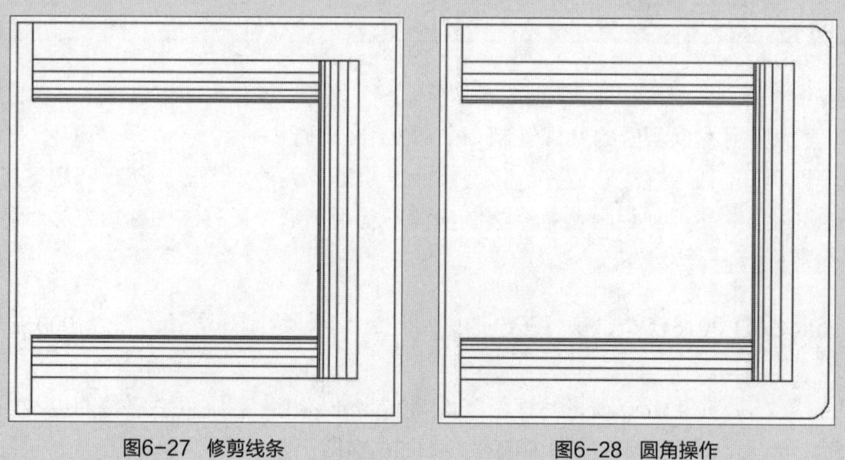

图6-27　修剪线条　　图6-28　圆角操作

步骤07 执行“绘图>矩形”命令，绘制一个长2600mm、宽1600mm的矩形，再执行“修改>移动”命令，将其移动对齐到沙发的一侧，如图6-29所示。

步骤08 再次执行“修改>移动”命令，将沙发图形向左移动100mm，如图6-30所示。

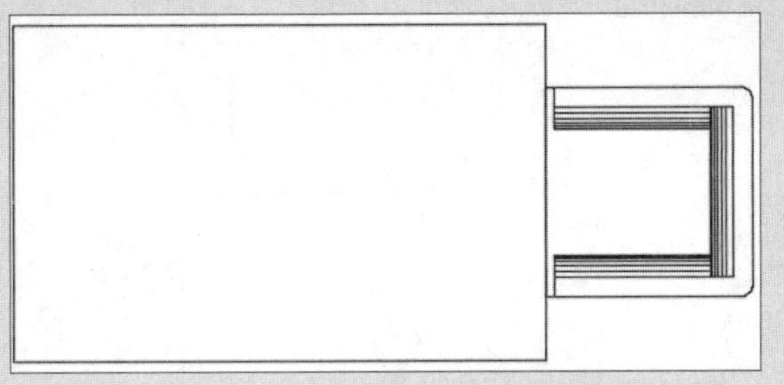

图6-29 绘制矩形并对齐沙发

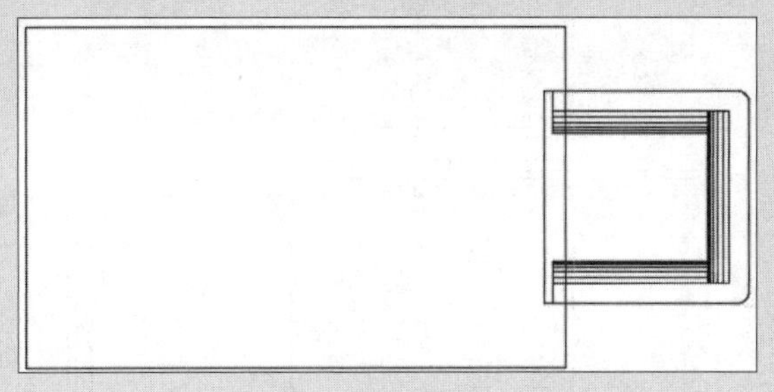

图6-30 移动沙发

步骤09 执行“修改>镜像”命令，根据命令行提示选择沙发图形，指定矩形长边的上下两个中点为镜像点，如图6-31所示。

步骤10 执行“修改>复制”命令，对沙发图形执行复制操作。再执行“修改>旋转”命令，设置旋转角度为90°，对复制的沙发图形进行旋转，如图6-32所示。

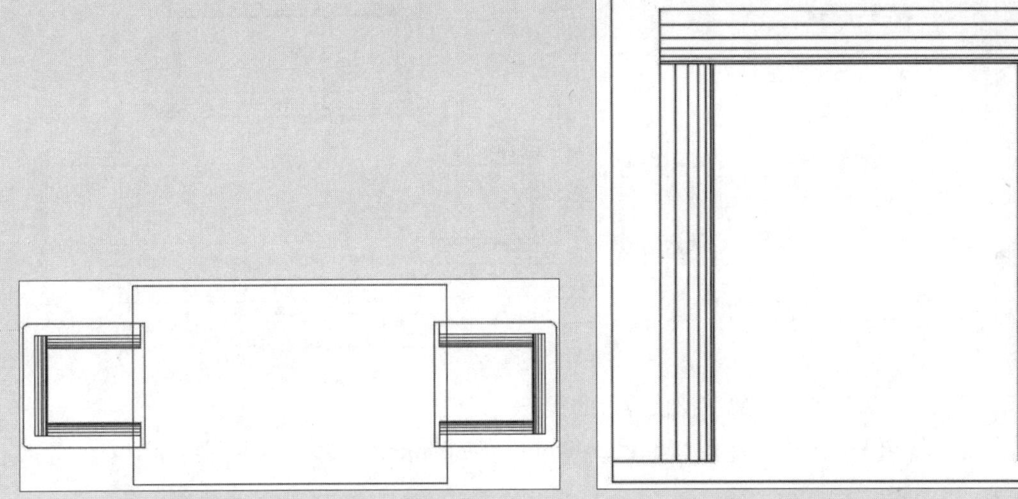

图6-31 镜像沙发

图6-32 复制并旋转沙发

步骤11 执行“修改>拉伸”命令，将沙发的一侧向外延伸，设置拉伸距离为1200mm，如图6-33所示。

步骤12 执行“修改>偏移”命令，设置偏移距离为600mm，将沙发扶手的边线向内依次偏移，如图6-34所示。

图6-33 拉伸图形

图6-34 偏移直线

步骤13 执行“修改>延伸”命令，将偏移出的线条延伸至沙发边线，完成多人沙发的绘制，如图6-35所示。

步骤14 执行“修改>移动”命令，选择多人沙发，将其移动对齐到矩形边上，如图6-36所示。

图6-35 延伸直线

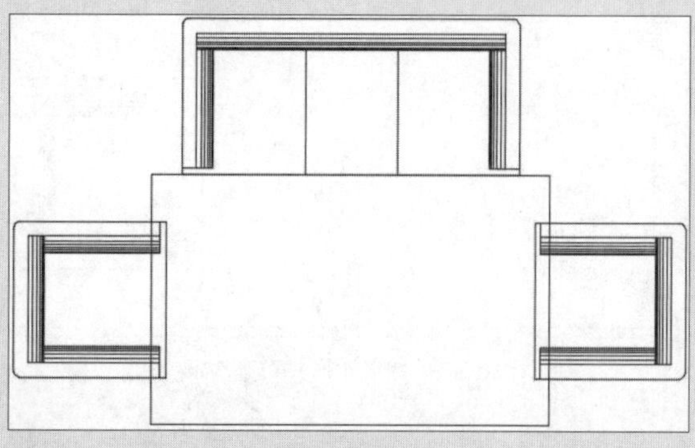

图6-36 移动沙发

步骤15 再次执行“修改>移动”命令，将沙发向下移动100mm，如图6-37所示。

步骤16 执行“修改>偏移”命令，设置偏移尺寸为40mm，将矩形向内偏移，再设置偏移尺寸为100mm，将外侧的矩形向外偏移，如图6-38所示。

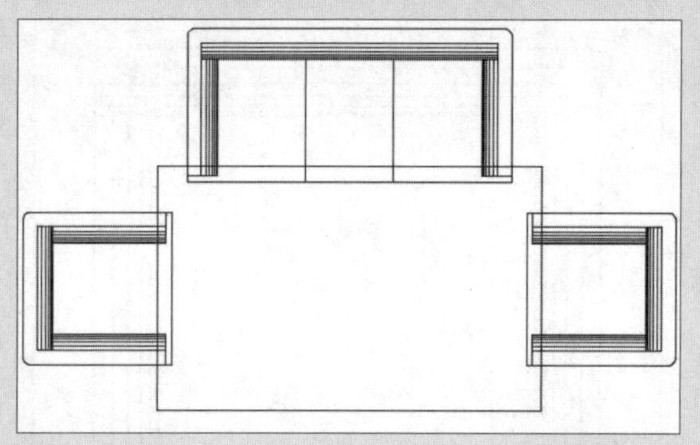

图6-37 移动沙发

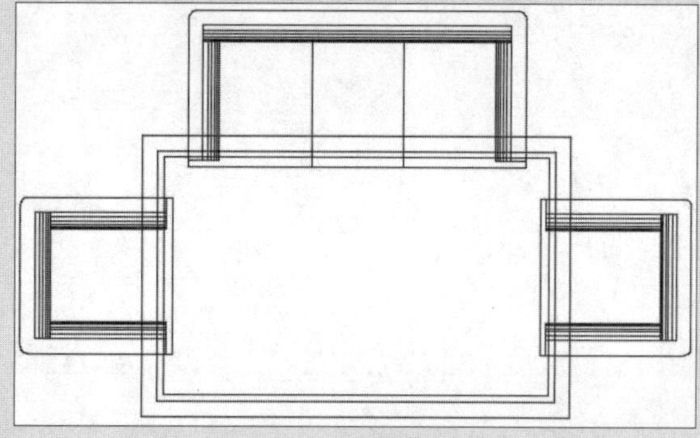

图6-38 偏移图形

步骤17 执行“修改>修剪”命令，修剪掉被覆盖的线条，如图6-39所示。

步骤18 执行“绘图>矩形”命令，绘制一个长1200mm、宽800mm的矩形，放置到地毯中心位置，如图6-40所示。

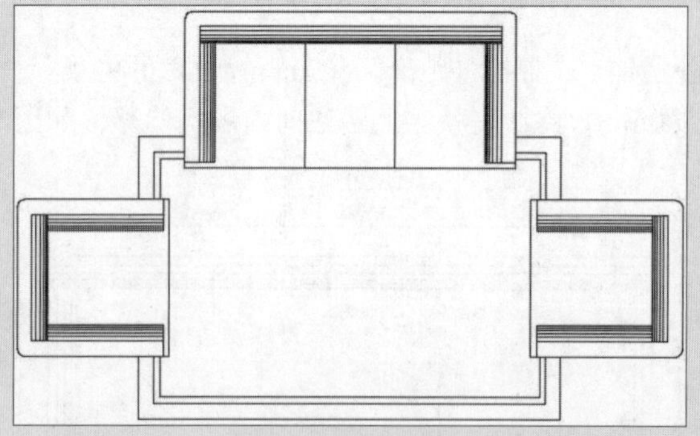

图6-39 修剪图形

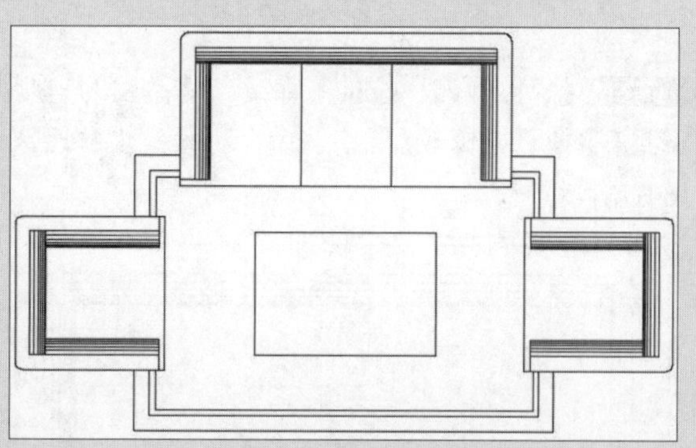

图6-40 绘制矩形

步骤19 执行“修改>偏移”命令，设置偏移距离为50mm，将矩形向内偏移，如图6-41所示。

步骤20 执行“绘图>圆弧”命令，绘制抱枕图形，如图6-42所示。

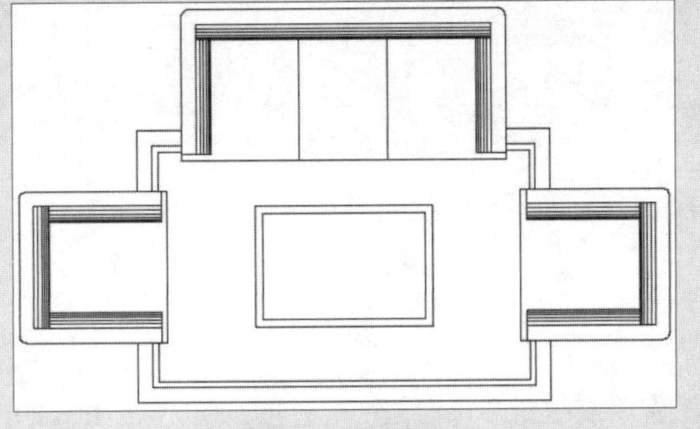

图6-41 偏移图形

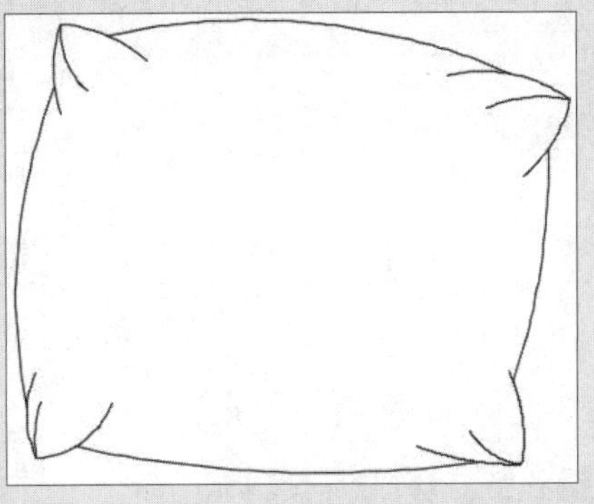

图6-42 绘制抱枕图形

步骤21 执行“修改>移动”命令，将抱枕移动到单人沙发上，再利用“复制”、“旋转”、“移动”命令，复制出多个抱枕并调整位置和角度，如图6-43所示。

步骤22 执行“修改>修剪”命令，修剪掉被覆盖的线条，再删除多余的线条，如图6-44所示。

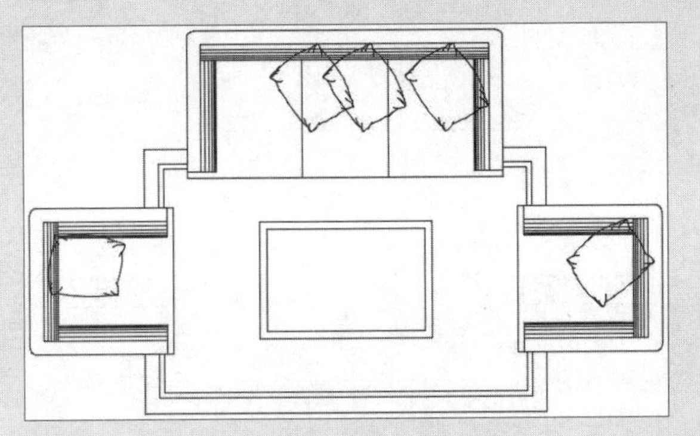

图6-43 复制并旋转抱枕图形

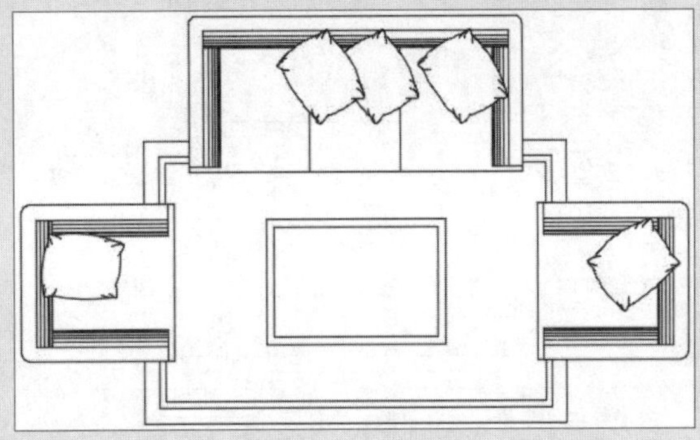

图6-44 修剪图形

步骤23 执行“绘图>矩形”命令，绘制两个长、宽各500mm的矩形，并移动到多人沙发两侧，如图6-45所示。

步骤24 执行“绘图>圆”命令，分别绘制半径为120mm和60mm的内切圆，如图6-46所示。

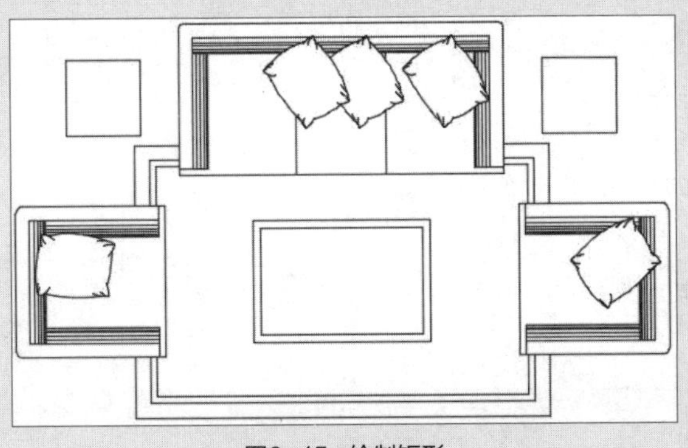

图6-45 绘制矩形

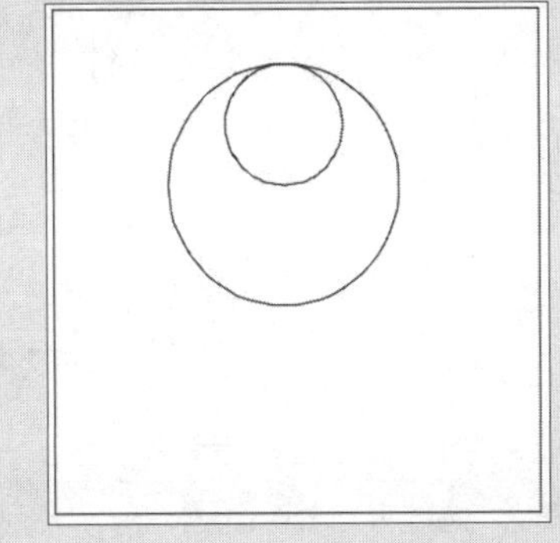

图6-46 绘制圆

步骤25 执行“绘图>直线”命令，绘制两条长300mm的直线，并相互垂直，垂足为直线中点，绘制出台灯图形，如图6-47所示。

步骤26 执行“修改>复制”命令，为另一侧复制一个台灯图形，如图6-48所示。

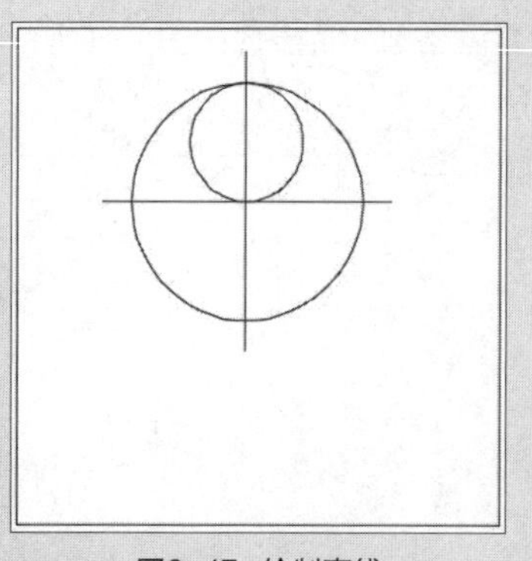

图6-47 绘制直线

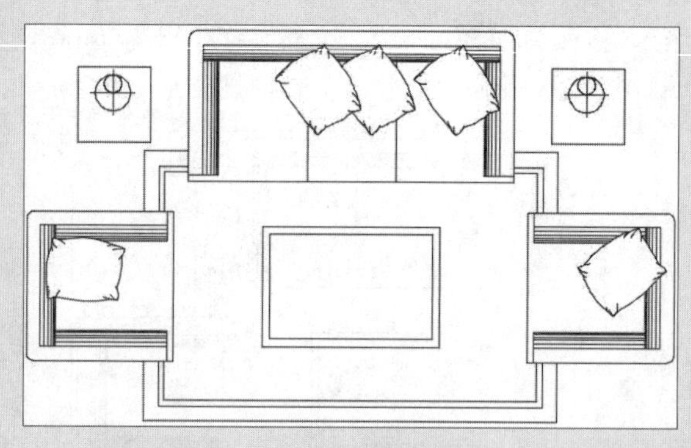

图6-48 复制台灯

步骤27 执行“绘图>图案填充”命令，在“图案填充编辑器”面板中选择填充图案AR-RROOF，并设置比例为20，角度为45，颜色为灰色，选择茶几区域进行填充，如图6-49所示。

步骤28 再执行“绘图>图案填充”命令，选择填充图案为CROSS，并设置比例为20，角度为0，颜色为灰色，选择地毯内部区域进行填充，如图6-50所示。

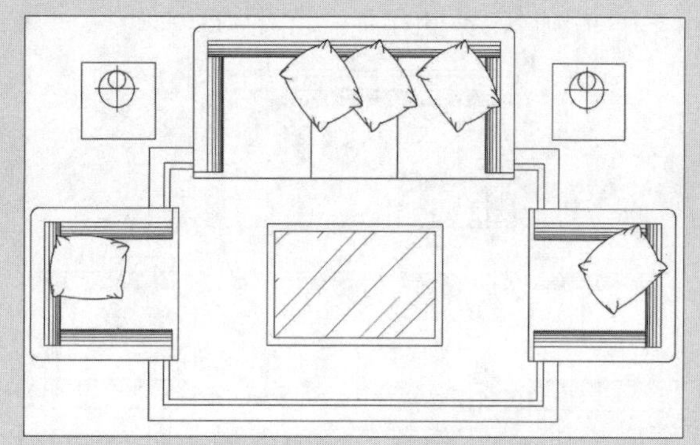

图6-49 填充茶几

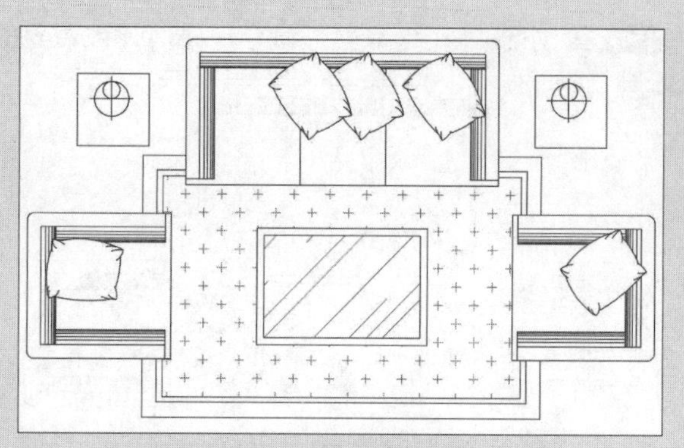

图6-50 填充地毯内部

步骤29 继续执行“绘图>图案填充”命令，选择填充图案为HOUND，并设置比例为15，角度为0，颜色为灰色，选择地毯外部区域进行填充，如图6-51所示。

步骤30 删除地毯外部线条，再调整沙发图形颜色，即可完成沙发组合图形的绘制，如图6-52所示。

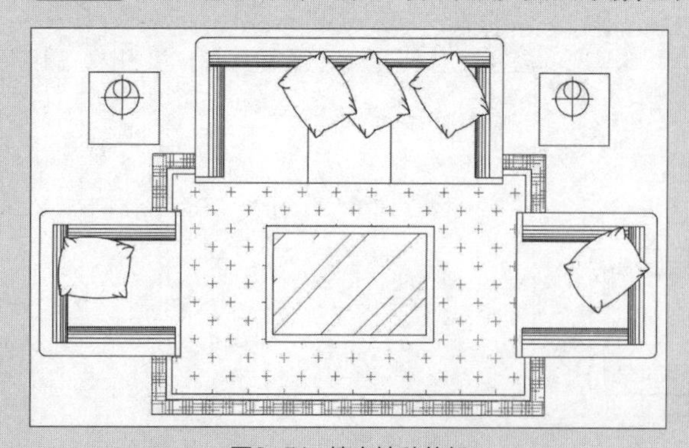

图6-51 填充地毯外部

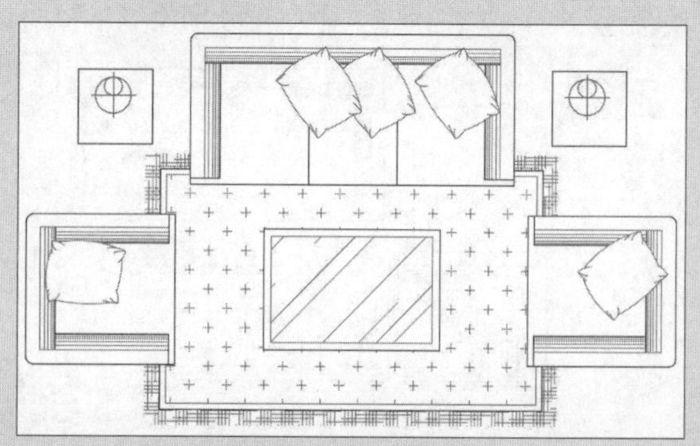

图6-52 完成绘制

课后练习

图形编辑是AutoCAD绘制图形中必不可少的一部分，下面通过一些练习题来温习本章所学的知识点，如阵列、旋转、偏移、镜像等。

1. 填空题

（1）使用_______命令可以增加或减少视图区域，使对象的真实尺寸保持不变。

（2）偏移图形指对指定圆弧和圆等做_______复制。对于_______而言，由于圆心为无穷远，因此可以平行复制。

（3）使用_______命令可以按指定的镜像线翻转对象，创建出对称的镜像图像。

2. 选择题

（1）使用“旋转”命令旋转对象时，（　　）。

A、必须指定旋转角度　　B、必须指定旋转基点

C、必须使用参考方式　　D、可以在三维空间旋转对象

（2）使用“延伸”命令进行对象延伸时，（　　）。

A、必须在二维空间中延伸　　B、可以在三维空间中延伸

C、可以延伸封闭线框　　D、可以延伸文字对象

（3）在执行“圆角”命令时，应先设置（　　）。

A、圆角半径　　B、距离　　C、角度值　　D、内部块

（4）使用“拉伸”命令拉伸对象时，不能（　　）。

A、把圆拉伸为椭圆　　B、把正方形拉伸成长方形

C、移动对象特殊点　　D、整体移动对象

3. 操作题

（1）利用“矩形”、“直线”、“偏移”命令，绘制桌子图形；再利用“样条曲线”、“圆”、“直线”、“图案填充”等命令，绘制座椅图形，如图4-53所示。

（2）绘制如图4-54所示的台灯图形。首先利用“直线”、“定数等分”命令绘制台灯灯罩区域，然后使用“矩形”、“圆弧”、“样条曲线”及“镜像”等命令绘制台灯灯座。

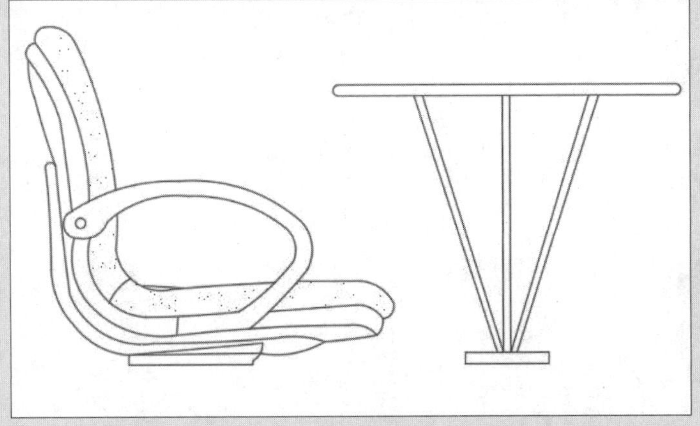

图4-53　绘制桌椅

图4-54　绘制台灯

图块、外部参照及设计中心

课题概述

在绘制图形时，如果图形中有大量相同或相似的内容，或者所绘图形与已有图形相同，则可以把要重复绘制的图形创建成块（也称为图块），并根据需要为块创建属性，指定块的名称、用途及设计者等信息，在需要时直接插入到图形中。通过对本章内容的学习，使用户学会应用AutoCAD图块和外部参照功能来简化绘图时的操作步骤，从而有效地提高绘图的效率。

教学目标

通过对本章内容的学习，用户可以熟悉并掌握块的创建与编辑、块属性的设置、外部参照以及设计中心的应用。

章节重点

★★★★　外部参照的应用
★★★　块属性与设计中心设置
★★　块的创建与编辑
★　块的概念

光盘路径

上机实践：实例文件\第5章\上机实践
课后练习：实例文件\第5章\课后练习

5.1 图块的应用

图块是由一个或多个对象形成的对象集合，常用于绘制复杂、重复的图形。将一组对象组合成块后，用户就可以根据作图需要将这组对象插入到图中任意指定位置，而且还可以按不同的比例和旋转角度插入。

5.1.1 创建块

内部图块是跟随定义它的图形文件一起保存的，存储在图形文件内部，因此只能在当前图形文件中调用，不能在其他图形中调用。创建块可以通过以下几种方法来实现。

- 执行“绘图>块>创建”命令。
- 在“默认”选项卡的“块”面板中单击“创建”按钮。
- 在命令行中输入快捷命令B，然后按回车键。

执行以上任意一种操作后，即可打开“块定义”对话框，如图5-1所示。在该对话框中进行相关的设置，即可将图形对象创建成块。

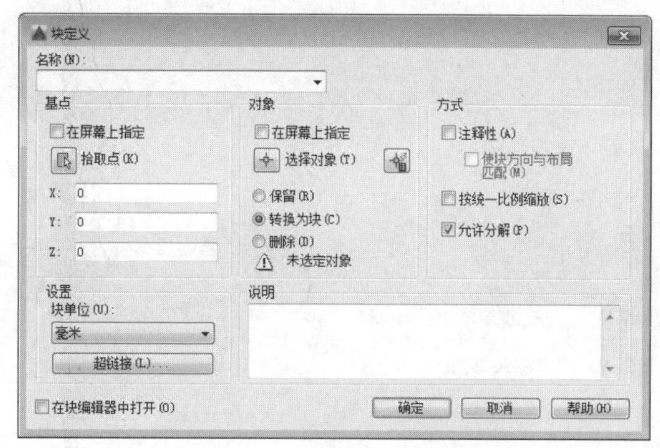

图5-1 “块定义”对话框

示例5-1 将单人沙发图形创建成块

步骤01 打开素材图形，如图5-2所示。

步骤02 执行“绘图>块>创建”命令，打开“块定义”对话框，输入块名称，如图5-3所示。

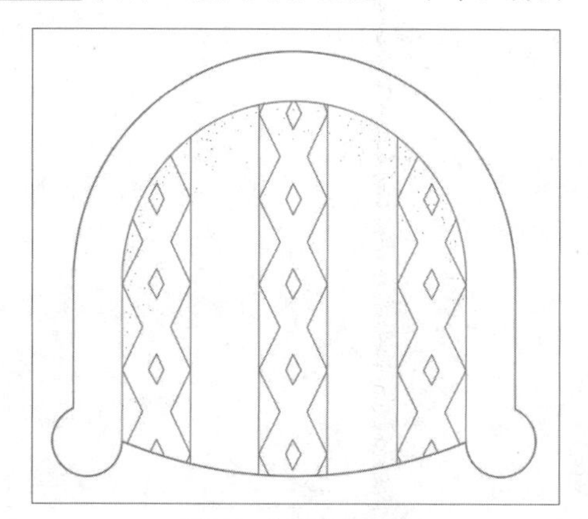

图5-2 打开素材图形

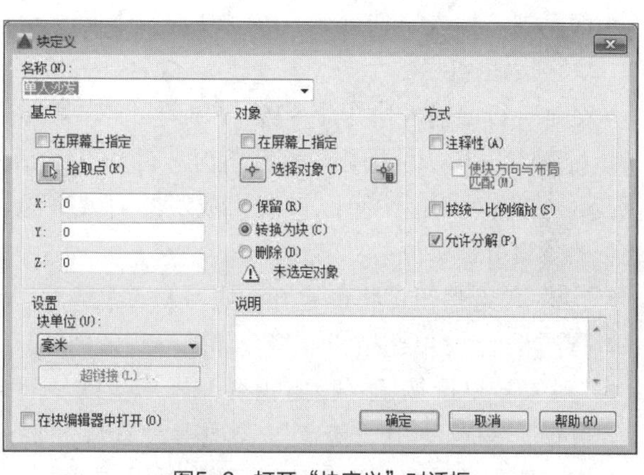

图5-3 打开“块定义”对话框

步骤03 单击“选择对象”按钮，在绘图区中选择图形对象，如图5-4所示。

步骤04 按回车键后返回“块定义”对话框，单击“拾取点”按钮，如图5-5所示。

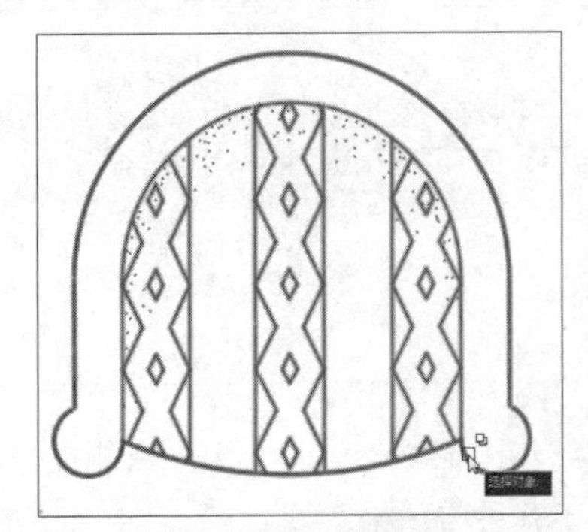

图5-4 选择图形对象

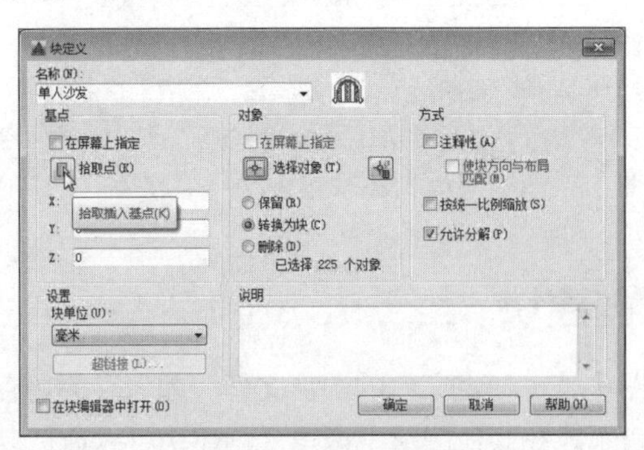

图5-5 单击“拾取点”按钮

步骤05 在绘图区中单击指定插入基点，如图5-6所示。

步骤06 返回“块定义”对话框，单击“确定”按钮关闭该对话框，即可完成块的创建，选择图形，可以看到图形成为了一个整体，如图5-7所示。

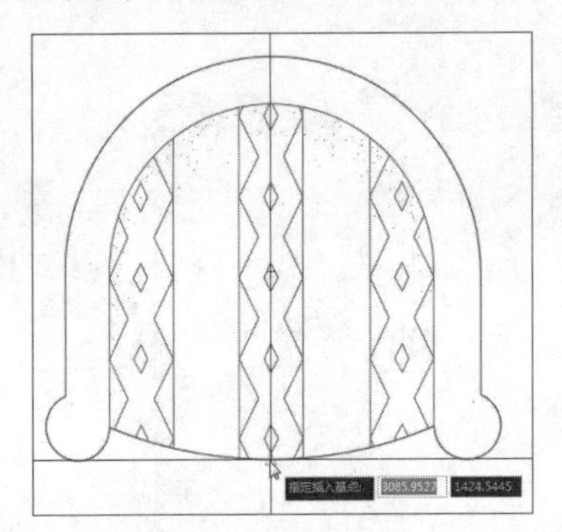

图5-6 指定插入基点

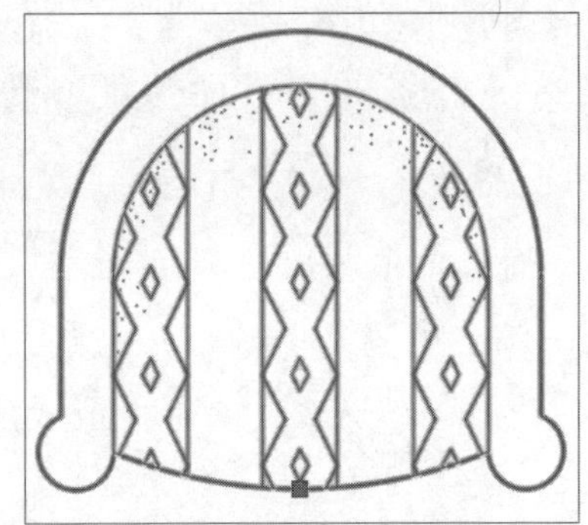

图5-7 查看效果

5.1.2 存储块

存储块就是将图形存储到本地磁盘中，之后用户可以根据需要将块插入到其他图形文件中。在AutoCAD 2016中，使用“写块”命令，可以将文件中的块作为单独的对象保存为一个新文件，被保存的新文件可以被其他对象使用。用户可以通过以下方法执行“写块”命令。

- 切换到“插入”选项卡，在“块定义”面板中单击“写块”按钮。
- 在命令行中输入快捷命令W，然后按回车键。

执行以上任意一种操作，即可打开“写块”对话框，如图5-8所示。在该对话框中可以设置组成块的对象来源，其中主要选项的含义介绍如下。

- “块”单选按钮：将创建好的块写入磁盘。
- “整个图形”单选按钮：将全部图形写入图块。
- “对象”单选按钮：指定需要写入磁盘的块对象，用户可根据需要使用“基点”选项组设置块的插入基点位置；使用“对象”选项组设置组成块的对象。

图5-8 “写块”对话框

示例5-2 **将图形创建为外部块**

步骤01 打开素材图形，如图5-9所示。

步骤02 在“默认”选项卡的“块”面板中单击“写块”按钮，打开“写块”对话框，如图5-10所示。

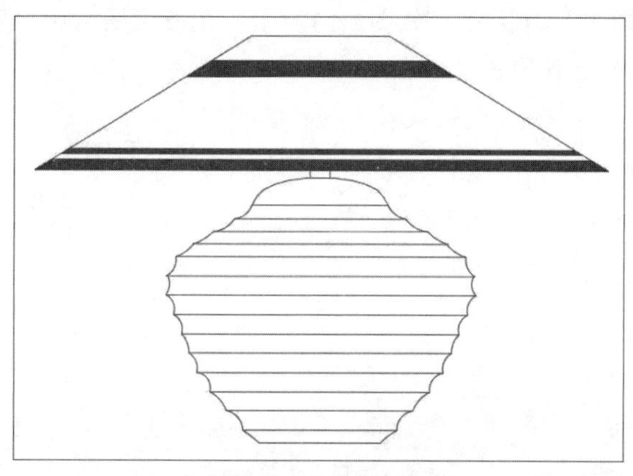

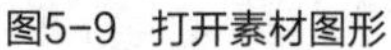

图5-9 打开素材图形

图5-10 打开“写块”对话框

步骤03 单击“选择对象”按钮，在绘图区中选择图形，如图5-11所示。

步骤04 按回车键返回“写块”对话框，单击“拾取点”按钮，在绘图区中单击来指定插入基点，如图5-12所示，在“写块”对话框中设置存储路径及文件名，即可完成操作。

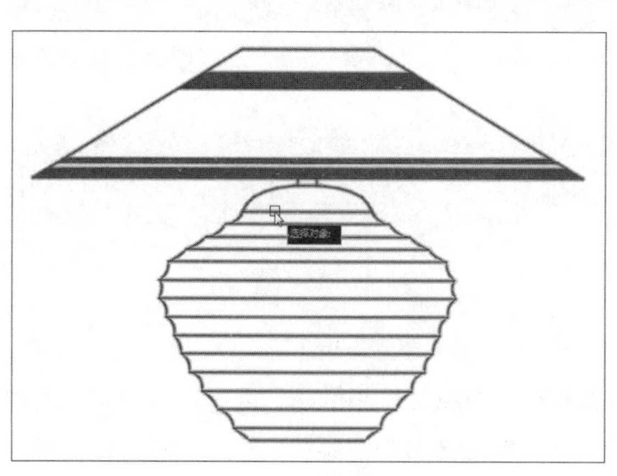

图5-11 选择图形

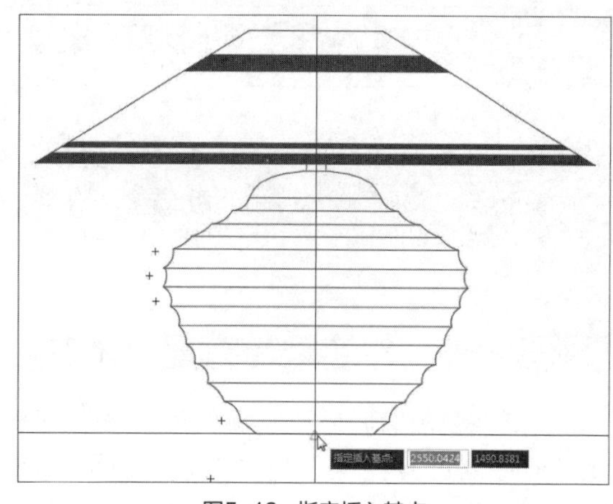

图5-12 指定插入基点

工程师点拨

【5-1】外部图块与内部图块的区别

“定义块”和“写块”都可以将对象转换为块对象，但是它们之间还是有区别的。“定义块”创建的块对象只能在当前文件中使用，不能用于其他文件中。“写块”创建的块对象可以用于其他文件。对于经常使用的图形对象，可以将其写块保存，下次使用时直接调用该文件，可以大大提高工作效率。

5.1.3 插入块

当图形被定义为块之后，就可以使用“插入块”命令插入到当前图形中。在AutoCAD 2016中，用户可以通过以下方法执行“插入块”命令。

- 执行“绘图>块>插入”命令。
- 在“默认”选项卡的“块”面板中单击“插入”按钮。
- 在命令行中输入快捷命令I，然后按回车键。

执行以上任意一种操作，即可打开“插入”对话框，如图5-13所示。在该对话框中单击“浏览”按钮，将打开“选择图形文件”对话框，选择所需文件选项，如图5-14所示。

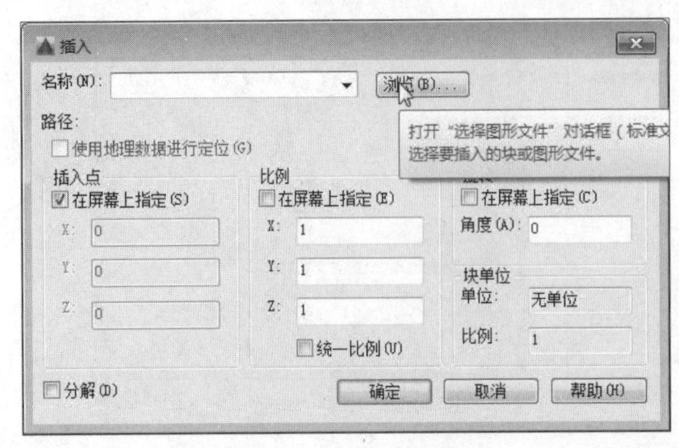

图5-13 “插入”对话框

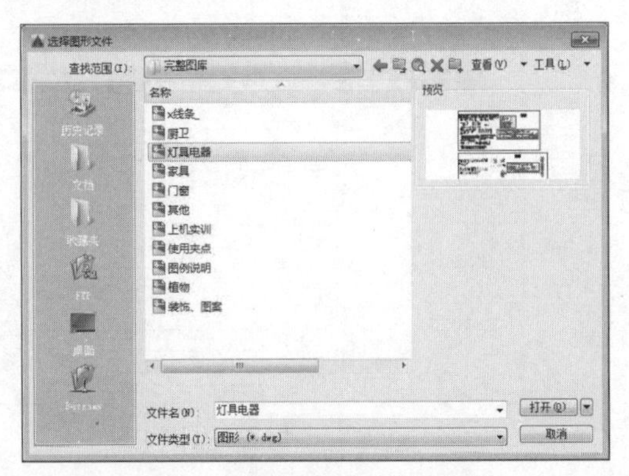

图5-14 “选择图形文件”对话框

5.2 编辑与管理块属性

块属性是附属于块的非图形信息，是块的组成部分，是特定的可包含在块定义中的文字对象。在定义块时，属性必须预先定义而后被选定，通常用于块插入过程中进行自动注释。

5.2.1 创建并使用带有属性的块

属性块是由图形对象和属性对象组成。对块增加属性，就是使块中的指定内容可以变化。要创建一个块属性，用户可以使用“定义属性”命令，建立属性定义来描述属性特征，包括标记、提示符、属性值、文本格式、位置以及可选模式等。

在AutoCAD 2016中，用户可以通过以下方法执行“定义属性”命令。

- 执行“绘图>块>定义属性”命令。
- 在“默认”选项卡的“块”面板中单击“定义属性”按钮。
- 在命令行中输入ATTDEF，然后按回车键。

执行以上任意一种操作后，系统将自动打开“属性定义”对话框，如图5-15所示。该对话框中各选项的含义介绍如下。

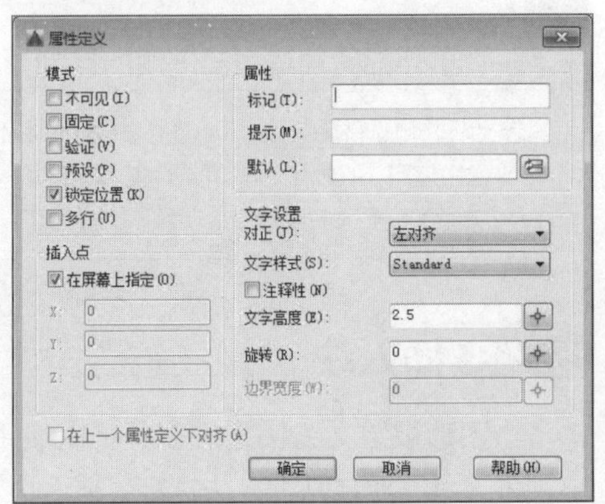

图5-15 “属性定义”对话框

1. 模式

“模式”选项组用于在图形中插入块时，设定与块关联的属性值选项。

- “不可见”复选框：指定插入块时不显示或不打印属性值。
- “固定”复选框：在插入块时赋予属性固定值。勾选该复选框，插入块时属性值不发生变化。
- “验证”复选框：插入块时提示验证属性值是否正确。勾选该复选框，插入块时，系统将提示用户验证所输入的属性值是否正确。
- “预设”复选框：插入包含预设属性值的块时，将属性设定为默认值。勾选该复选框，插入块时，系统将把“默认”文本框中输入的默认值自动设置为实际属性值，不再要求用户输入新值。
- “锁定位置”复选框：锁定块参照中属性的位置。解锁后，属性可以相对于使用夹点编辑的块的其他部分移动，并且可以调整多行文字属性的大小。
- “多行”复选框：指定属性值可以包含多行文字。勾选该复选框后，可以指定属性的边界宽度。

2. 属性

“属性”选项组用于设定属性数据。

- “标记”选项：标识图形中每次出现的属性。
- “提示”选项：指定在插入包含该属性定义的块时显示的提示。如果不输入提示，属性标记将用作提示。如果在“模式”区域选择“常数”模式，“属性提示”选项将不可用。
- “默认”选项：指定默认属性值。单击后面的“插入字段”按钮，显示“字段”对话框，可以插入一个字段作为属性的全部或部分值；选定“多行”模式后，显示“多行编辑器”按钮，单击此按钮，将弹出具有“文字格式”工具栏和标尺的在位文字编辑器。

3. 插入点

“插入点”选项组用于指定属性位置。输入坐标值或者勾选“在屏幕上指定”复选框，并使用定点设备根据与属性关联的对象指定属性的位置。

4. 文字设置

“文字设置”选项组用于设定属性文字的对正、样式、高度和旋转。

- “对正”选项：用于设置属性文字相对于参照点的排列方式。
- “文字样式”选项：指定属性文字的预定义样式。显示当前加载的文字样式。
- “注释性”复选框：指定属性为注释性。如果块是注释性的，则属性将与块的方向相匹配。
- “文字高度”数值框：指定属性文字的高度。
- “旋转”数值框：指定属性文字的旋转角度。
- “边界宽度”数值框：换行至下一行前，指定多行文字属性中一行文字的最大长度。此选项不适用于单行文字属性。

5. 在上一个属性定义下对齐

该复选框用于将属性标记直接置于之前定义的属性的下面。如果之前没有创建属性定义，则此复选框不可用。

5.2.2 块属性管理器

当图块中包含属性定义时，属性将作为一种特殊的文本对象一同被插入。此时即可使用“块属性管理器”工具编辑之前定义的块属性，然后使用“增强属性管理器”工具将属性标记赋予新值，使之符合相似图形对象的设置要求。

1.“块属性管理器”对话框

要编辑图形文件中多个图块的属性定义，可以使用“块属性管理器”对话框重新设置属性定义的构成、文字特性和图形特性等。

在“插入”选项卡的“块定义”面板中单击“管理属性”按钮，将打开“块属性管理器”对话框，如图5-16所示。

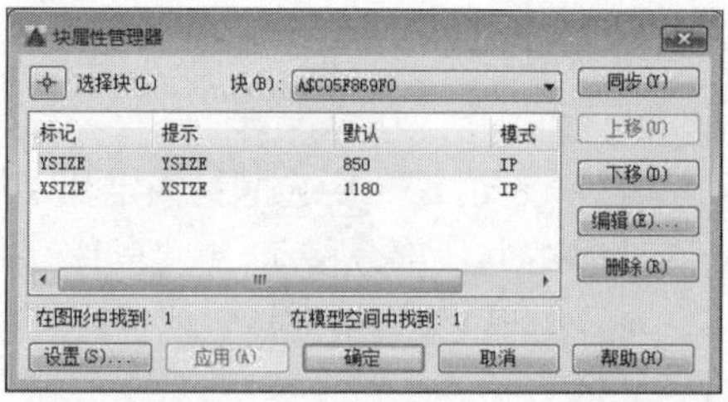

图5-16 “块属性管理器”对话框

在该对话框中各选项含义介绍如下。

- “块”选项列表：列出具有属性的当前图形中的所有块定义，可以选择要修改属性的块。
- 属性列表：显示所选块中每个属性的特性。
- “同步”按钮：更新具有当前定义的属性特性的选定块的全部实例。
- “上移”按钮：在提示序列的早期阶段移动选定的属性标签。选定固定属性时，“上移”按钮不可用。
- “下移”按钮：在提示序列的后期阶段移动选定的属性标签。选定常量属性时，“下移”按钮不可使用。
- “编辑”按钮：单击该按钮可打开“编辑属性”对话框，从中可以修改属性特性，如图5-17所示。
- “删除”按钮：从块定义中删除选定的属性。
- “设置”按钮：单击该按钮打开“块属性设置”对话框，从中可以自定义“块属性管理器”对话框中属性信息的列出方式，如图5-18所示。

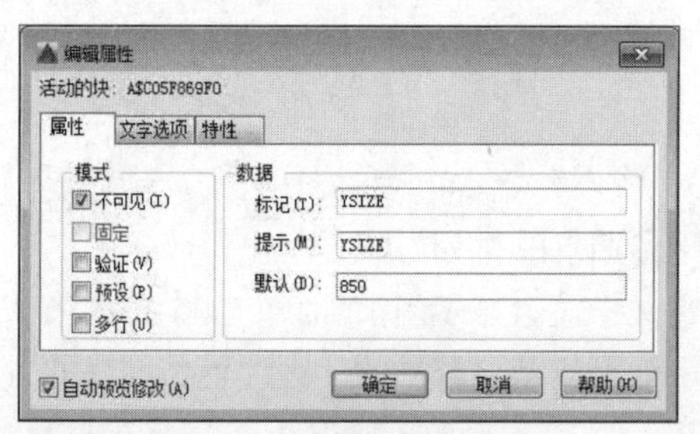

图5-17 “编辑属性”对话框

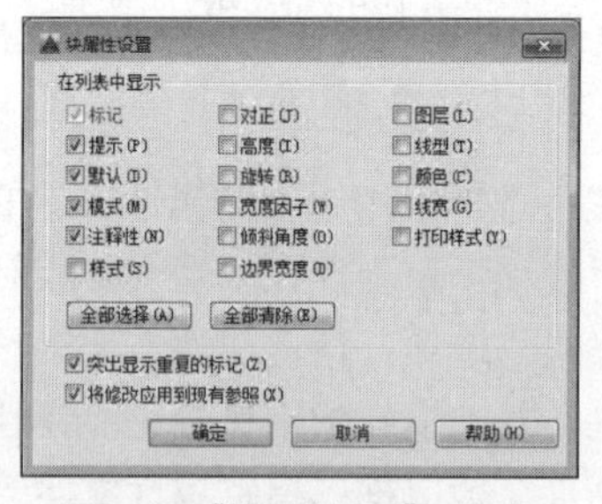

图5-18 “块属性设置”对话框

2.“增强属性编辑器”对话框

“增强属性编辑器”对话框主要用于编辑块中定义的标记和值属性，与块属性管理器设置方法基本相同。

在“插入”选项卡的“块”面板中单击“编辑属性”下拉按钮，在展开的下拉列表中选择“单个”选项，然后选择属性块，或者直接双击属性块，都将打开“增强属性编辑器”对话框，如图5-19所示。

在该对话框中可指定属性块标记，在“值”数值框为属性块标记赋予值。此外，还可以分别利用“文字选项”和“特性”选项卡设置图块不同的文字格式和特性，如更改文字的格式、文字的图层、线宽以及颜色等属性。

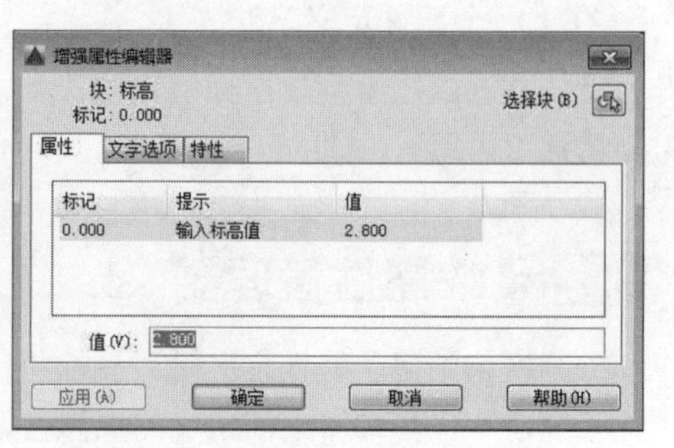

图5-19 “增强属性编辑器”对话框

5.3 外部参照的应用

外部参照与块有相似的地方，但它们的主要区别是：一旦插入了块，该块就永久性地插入到当前图形中，成为当前图形的一部分，而以外部参照方式将图形插入到某一图形中后，被插入图形文件的信息并不直接加入到主图形中，主图形只是记录参照的关系。另外，对主图形的操作不会改变外部参照图形文件的内容，当打开具有外部参照的图形时，系统会自动把各外部参照图形文件重新调入内存并在当前图形中显示出来。

5.3.1 附着外部参照

要使用外部参照图形，先要附着外部参照文件。在“插入”选项卡的“参照”面板中单击“附着”按钮，打开“参照文件”对话框，选择合适的文件，单击“打开”按钮，即可打开“附着外部参照”对话框，如图5-20所示。然后将图形文件以外部参照的形式插入到当前图形中。

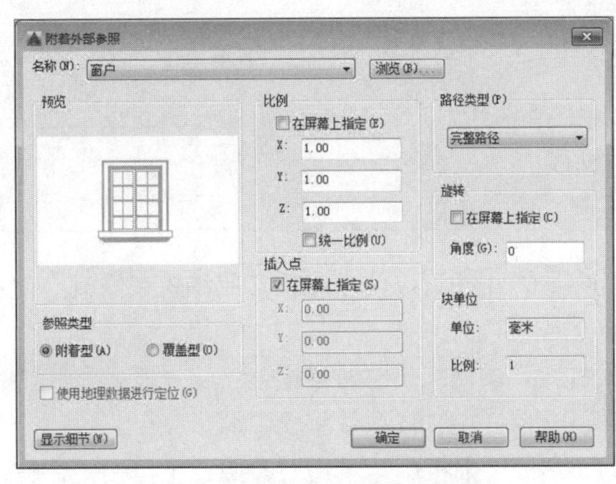

图5-20 “附着外部参照”对话框

在“附着外部参照”对话框中，各主要选项的含义介绍如下。

- “浏览”按钮：单击该按钮将打开“选择参照文件”对话框，从中可以为当前图形选择新的外部参照。
- “参照类型”选项组：用于指定外部参照为附着型还是覆盖型。与附着型的外部参照不同，当附着覆盖型外部参照的图形作为外部参照附着到另一图形时，将忽略该覆盖型外部参照。
- “比例”选项组：用于指定所选外部参照的比例因子。
- “插入点”选项组：用于指定所选外部参照的插入点。
- “路径类型”选项组：设置是否保存外部参照的完整路径。如果选择该选项，外部参照的路径将保存到数据库中，否则将只保存外部参照的名称而不保存其路径。
- “旋转”选项组：为外部参照引用指定旋转角度。

5.3.2 管理外部参照

用户可利用参照管理器对外部参照文件进行管理，如查看附着到DWG文件的文件参照，或者编辑附件的路径。参照管理器是一种外部应用程序，可以检查图形文件可能附着的任何文件。用户可以通过以下方式打开“外部参照”面板。

- 执行“插入>外部参照”命令。
- 在“插入”选项卡的“参照”面板中单击“外部参照”按钮。
- 在命令行输入XREF命令并按回车键。

执行以上任意一种操作，即可打开“外部参照”面板，如图5-21所示。其中各选项的含义介绍如下。

- “附着”按钮：单击“附着”按钮，可添加不同格式的外部参照文件。
- “文件参照”区域：显示当前图形中各种外部参照的文件的名称。
- “详细信息”区域：显示外部参照文件的详细信息。
- “列表图”按钮：单击该按钮，设置图形以列表的形式显示。
- “树状图”按钮：单击该按钮，设置图形以树的形式显示。

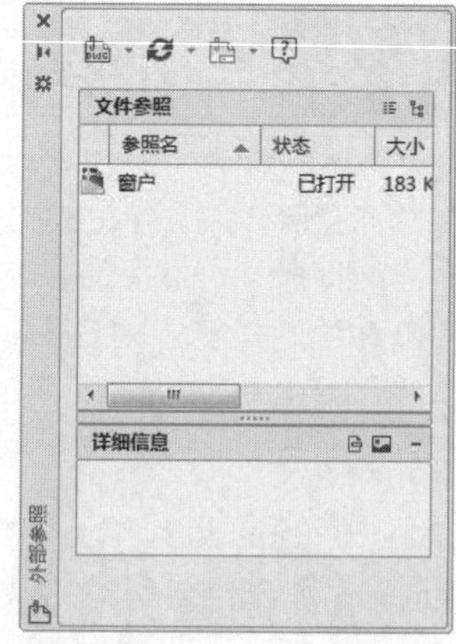

图5-21 “外部参照”面板

工程师点拨

【5-2】编辑外部文件

在文件参照列表框中的外部文件上单击鼠标右键，即可打开快捷菜单，用户可以通过快捷菜单的命令编辑外部文件。

5.3.3 编辑外部参照

块和外部参照都被视为参照，用户可以使用在位参照编辑来修改当前图形中的外部参照，也可以冲定义当前图形中的块定义。

用户可以通过以下方式打开“参照编辑”对话框：

- 执行“工具>外部参照和块在位编辑>在位编辑参照”命令。
- 在“插入”选项卡的“参照”面板中，单击“参照”下拉按钮，在弹出的列中选择“编辑参照”选项。
- 在命令行输入REFEDIT命令并按回车键。
- 双击需要编辑的外部参照图形。

5.4 设计中心的使用

在AutoCAD设计中心中，用户可以浏览、查找、预览和管理AutoCAD图形，不仅可以将原图形中的任何内容拖动到当前图形中，还可以对图形进行修改，使用起来非常方便。下面向大家介绍打开“设计中心”面板和插入设计中心内容的操作方法。

5.4.1 “设计中心”面板

AutoCAD设计中心向用户提供了一个高效且直观的工具，在“设计中心”面板中，可以浏览、查找、预览和管理AutoCAD图形。

在AutoCAD 2016中，用户可以通过以下方法打开如图5-22所示的面板。

- 执行“工具>选项板>设计中心”命令。
- 在“视图”选项卡的“选项板”面板中单击“设计中心”按钮。
- 按Ctrl+2组合键。

从图5-22中可以看到，“设计中心”面板主要由工具栏、选项卡、内容窗口、树状视图窗口、预览窗口和说明窗口6个部分组成。

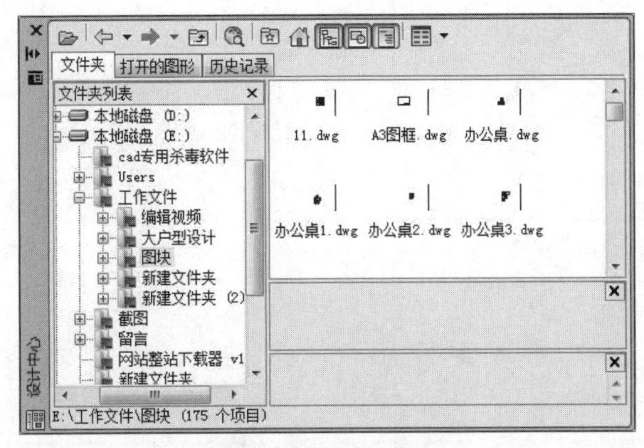

图5-22 “设计中心”面板

1. 工具栏

工具栏控制着树状图和内容区中信息的显示。各选项作用如下。

- “加载”按钮：单击显示“加载”对话框（标准文件选择对话框）。使用“加载”浏览本地和网络驱动器或 Web 上的文件，然后选择内容加载到内容区域。
- “上一级”按钮：单击该按钮将会在内容窗口或树状视图中显示上一级内容、内容类型、内容源、文件夹、驱动器等内容。
- “主页”按钮：将设计中心返回到默认文件夹，可以使用树状图中的快捷菜单更改默认文件夹。
- “树状图切换”按钮：显示和隐藏树状视图。若绘图区域需要更多的空间，则可以隐藏树状图。树状图隐藏后，可以使用内容区域浏览容器并加载内容。在树状图中使用“历史记录”列表时，“树状图切换”按钮不可用。
- “预览”按钮：显示和隐藏内容区域窗格中选定项目的预览。
- “说明”按钮：显示和隐藏内容区域窗格中选定项目的文字说明。

2. 选项卡

设计中心共由3个选项卡组成，分别为“文件夹”、“打开的图形”和“历史记录”。

- “文件夹”选项卡：该选项卡可方便地浏览本地磁盘或局域网中所有的文件夹、图形和项目内容。
- “打开的图形”选项卡：该选项卡显示了所有打开的图形，以便查看或复制图形内容。
- “历史记录”选项卡：该选项卡主要用于显示最近编辑过的图形名称及目录。

5.4.2 插入设计中心内容

使用AutoCAD 2016设计中心，可以很方便地在当前图形中插入图块、引用图像和外部参照，及在图形之间复制图层、图块、线型、文字样式、标注样式和用户定义等内容。

打开“设计中心”对话框，在“文件夹列表”列表中，查找文件的保存目录，并在内容区域选择需要插入为块的图形并右击，在打开的快捷菜单中选择“插入为块”命令，如图5-23所示。打开“插入”对话框，从中进行相应的设置，单击“确定”按钮即可，如图5-24所示。

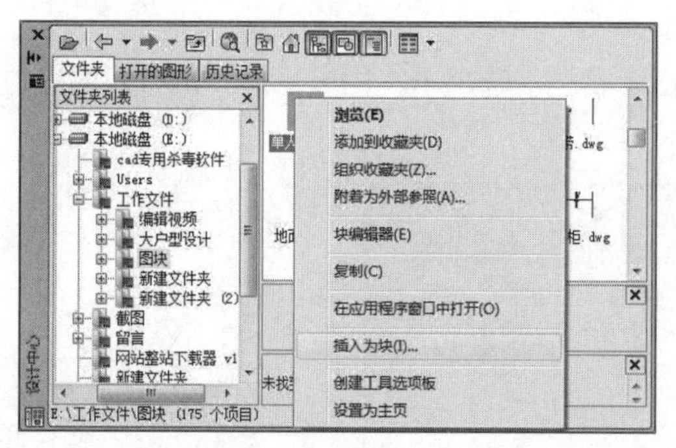

图5-23 选择“插入为块”命令

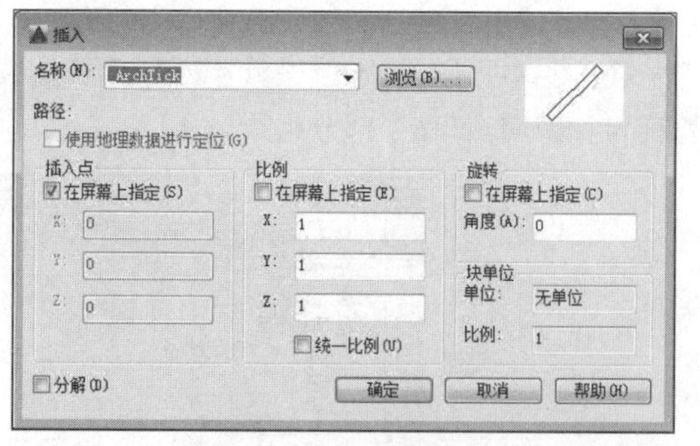

图5-24 “插入”对话框

上机实践：为平面图的客厅区域插入方向指示符图块

- **实践目的：**通过本实训练习创建带有属性的方向指示符图块，将其插入到平面图中并修改内容等操作。
- **实践内容：**应用本章所学的知识完善平面布置图。
- **实践步骤：**首先创建带有属性的标高图块，再将其插入到平面图形中，根据需要修改图块参数，具体操作介绍如下。

步骤01 利用“直线”、“矩形”、“圆形”、“旋转”、“修剪”、“图案填充”命令，绘制如图5-25所示的图形。

步骤02 执行“绘图>块>定义属性”命令，打开“属性定义”对话框，设置各项参数，如图5-26所示。

图5-25 绘制标高符号

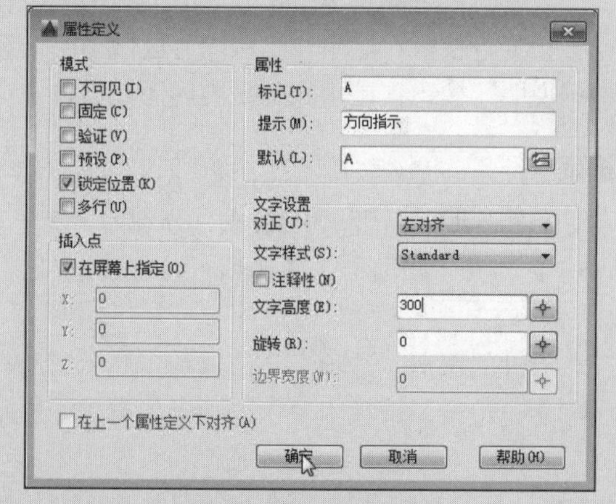

图5-26 设置参数

步骤03 单击“确定”按钮返回绘图区，指定标记符号的基点，如图5-27所示。

步骤04 单击完成创建，如图5-28所示。

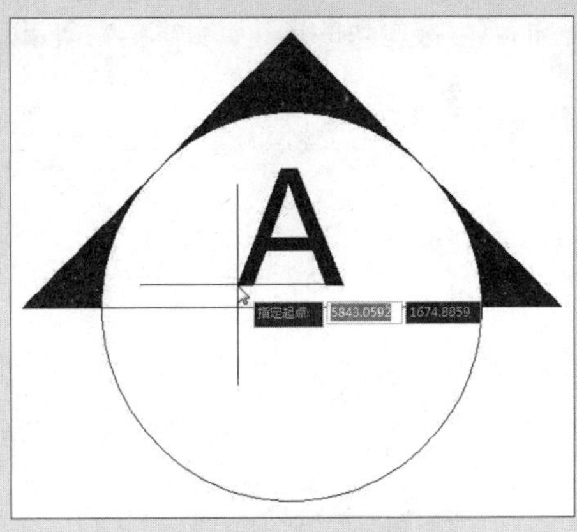

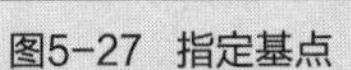
图5-27　指定基点

图5-28　完成创建

步骤05 设置完成后，在“插入”选项卡的“块定义”面板中单击“写块”按钮，打开“写块”对话框，如图5-29所示。

步骤06 单击“选择对象”按钮，在绘图区中选择图形，如图5-30所示。

图5-29　打开“写块”对话框

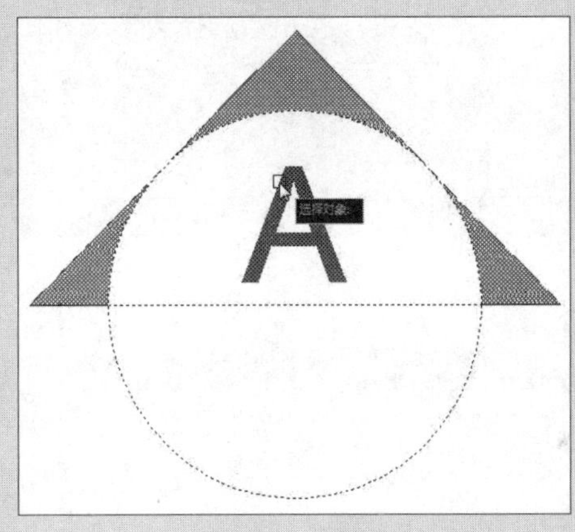

图5-30　选择图形

步骤07 按回车键返回到“写块”对话框，单击“拾取点”按钮，在绘图区中指定插入基点，如图5-31所示。

步骤08 单击指定插入点，即可返回到“写块”对话框，设置目标的文件名和路径，单击“确定”按钮即可，如图5-32所示。

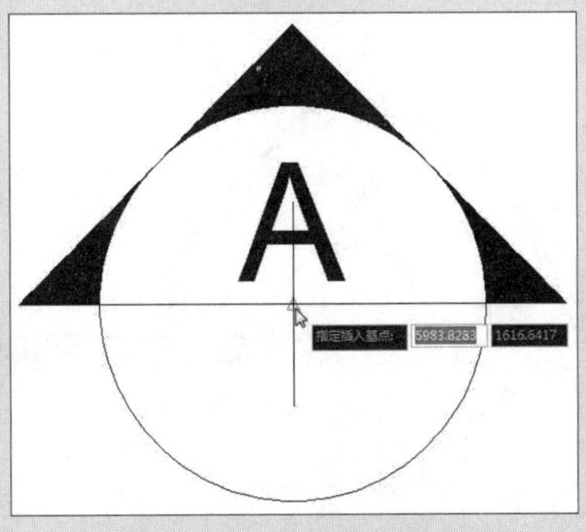

图5-31　指定插入基点

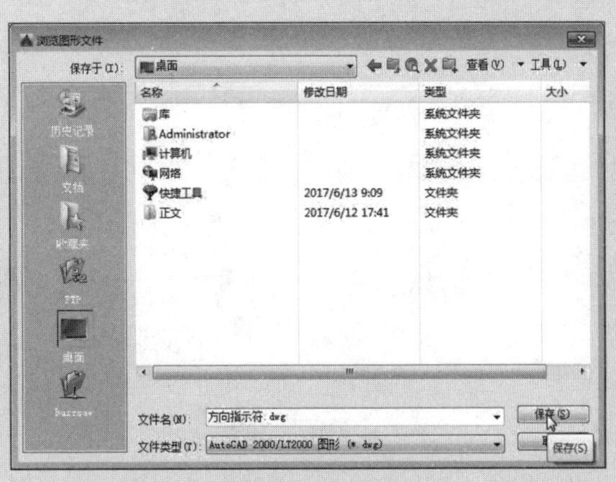

图5-32　指定存储路径及文件名

步骤09 返回到“写块”对话框，单击“确定”按钮，即可完成写块的创建，如图5-33所示。

步骤10 打开平面布置图，如图5-34所示。

图5-33 返回“写块”对话框

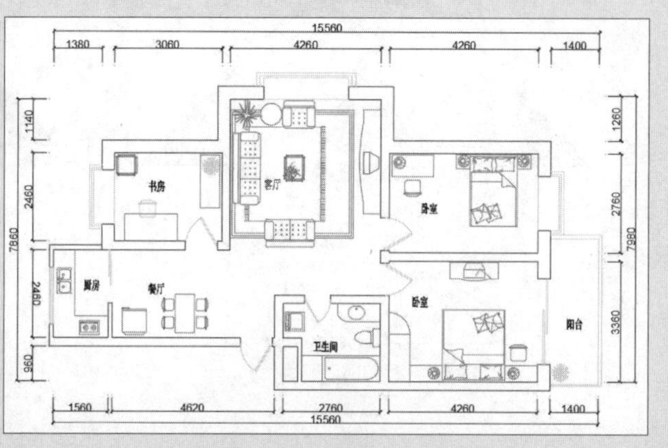

图5-34 打开平面布置图

步骤11 执行“插入>块”命令，打开“插入”对话框，如图5-35所示。

步骤12 单击“浏览”按钮，打开“选择图形文件”对话框，选择需要的图块，单击“确定”按钮，如图5-36所示。

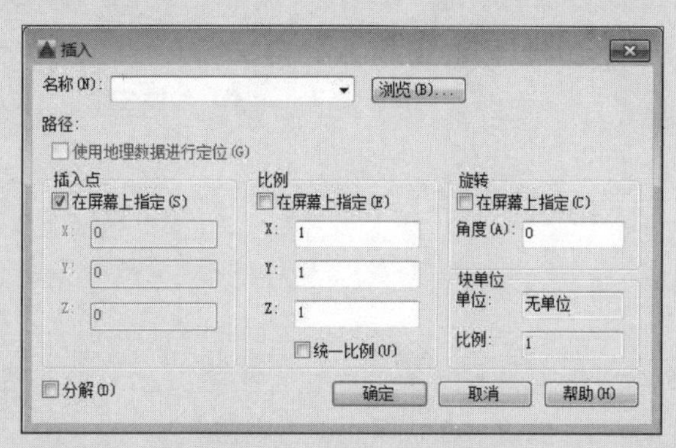

图5-35 打开“插入”对话框

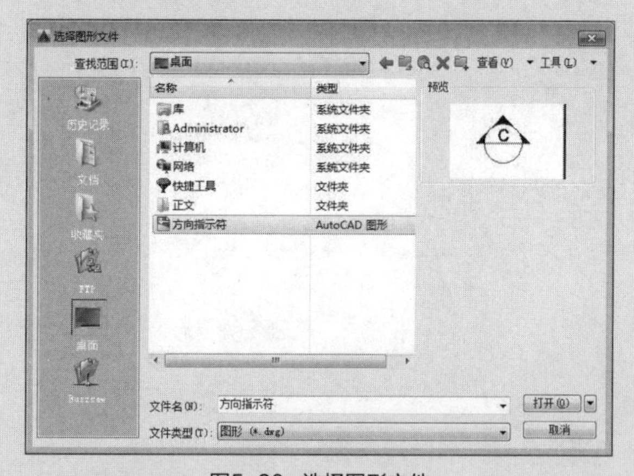

图5-36 选择图形文件

步骤13 返回到“插入”对话框，单击“确定”按钮，如图5-37所示。

步骤14 在绘图区中指定插入点，如图5-38所示。

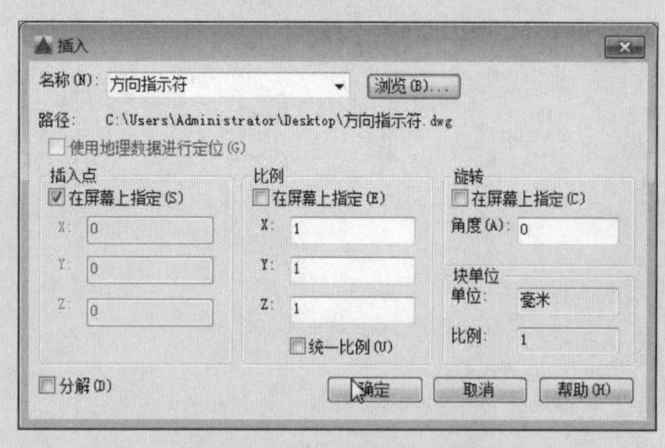

图5-37 返回“插入”对话框

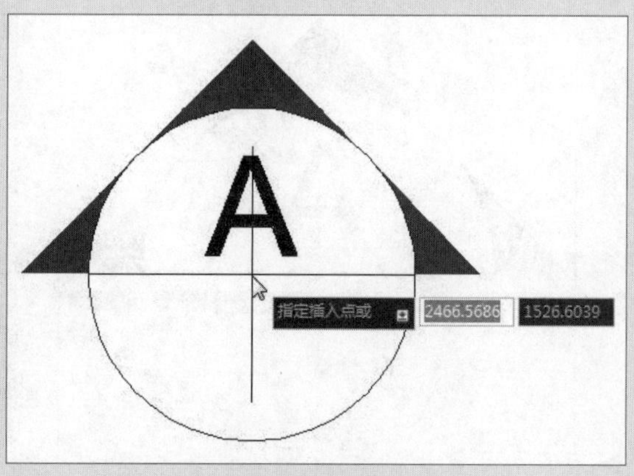

图5-38 指定插入点

步骤15 单击将弹出“编辑属性”对话框，直接单击“确定”按钮，将方向指示符插入到平面图中，如图5-39所示。

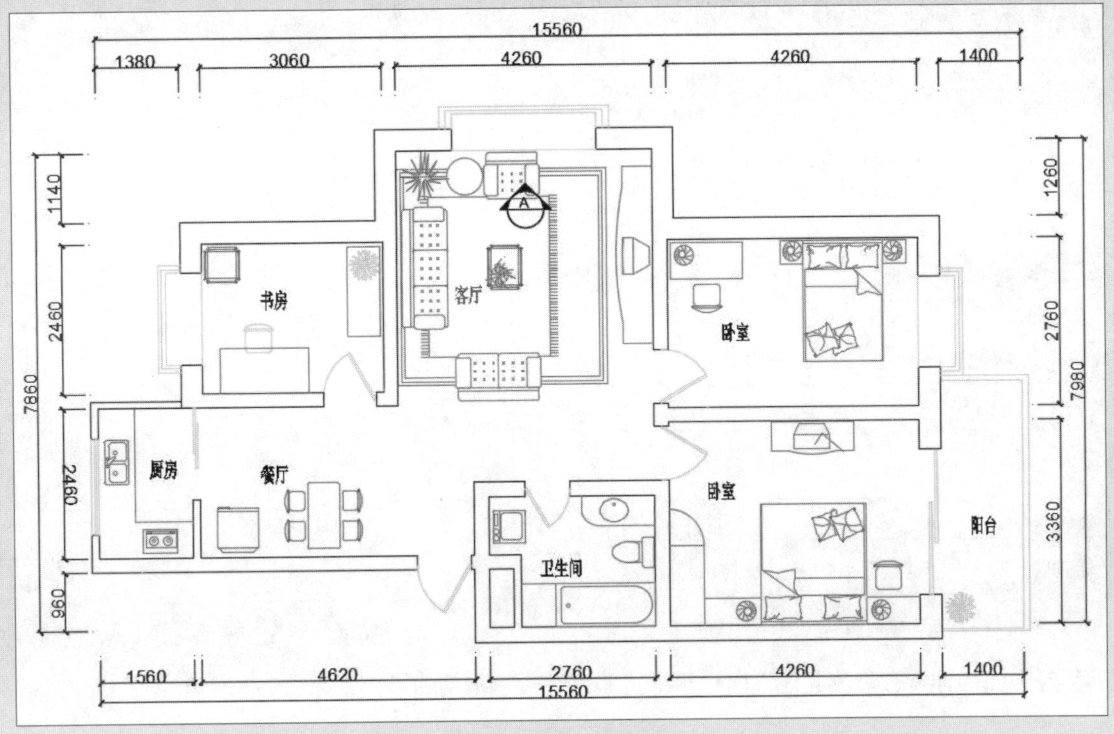

图5-39 插入方向指示符

步骤16 执行“复制”、“旋转”命令，复制方向指示符并进行旋转操作，如图5-40所示。

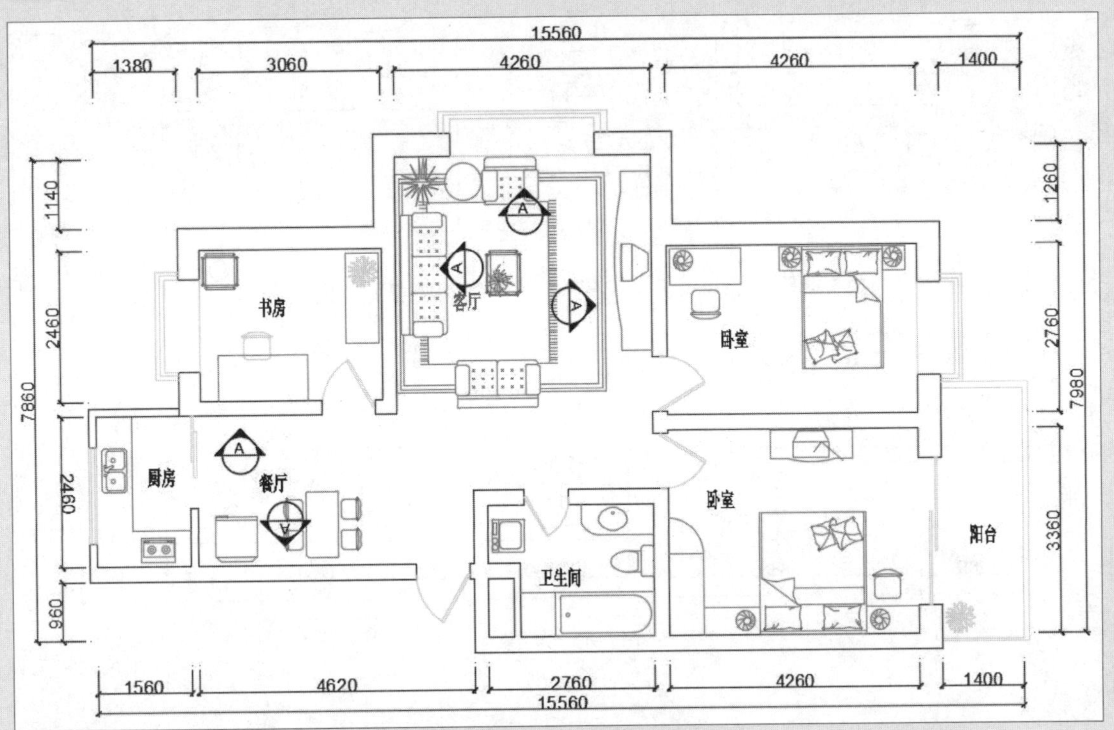

图5-40 复制并旋转方向指示符

步骤17 双击其中一个指示符，即会弹出“增强属性编辑器”对话框，修改属性值为B，如图5-41所示。

步骤18 单击“确定”按钮，可以看到修改后的符号，如图5-42所示。

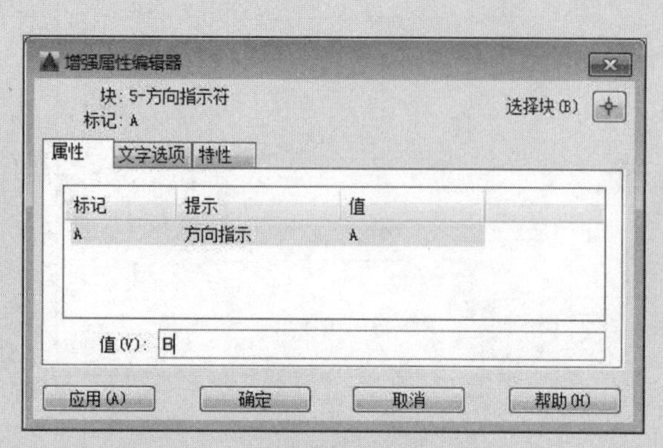

图5-41 “增强属性编辑器”对话框

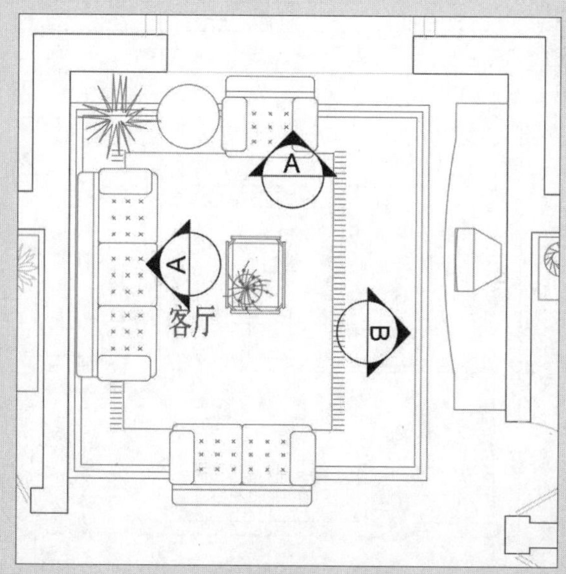

图5-42 查看修改后的符号

步骤19 照此操作步骤修改其他方向指示符，即可完成本案例的操作，如图5-43所示。

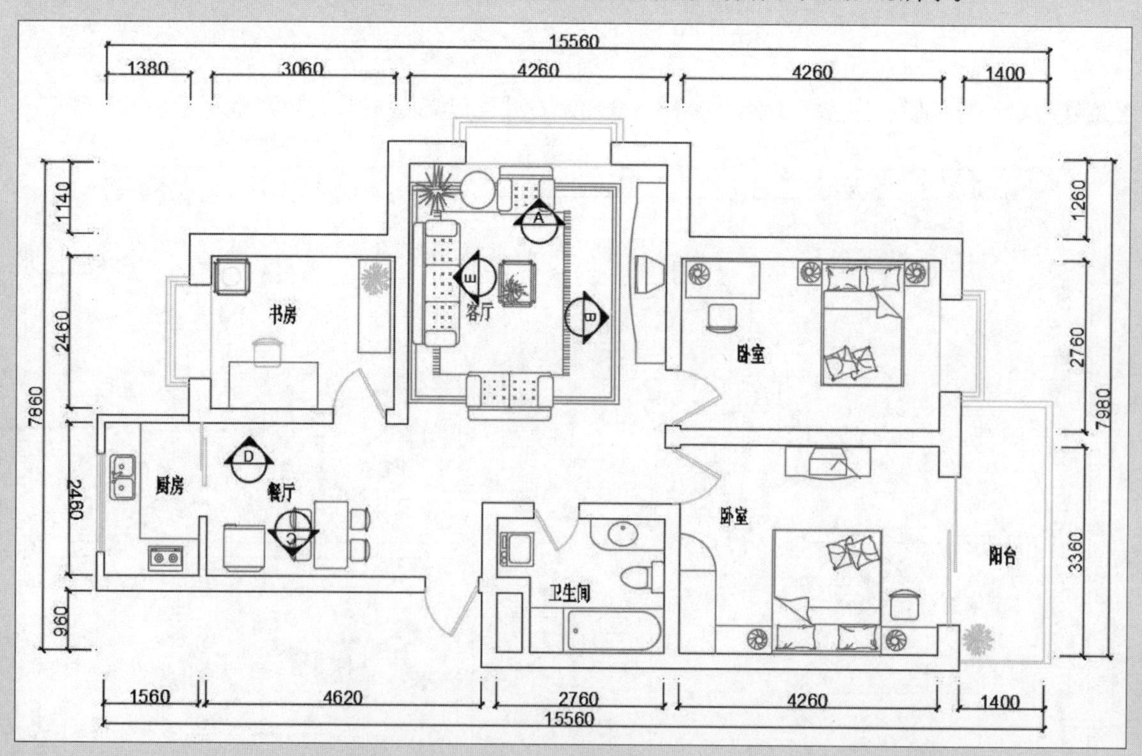

图5-43 完成操作

课后练习

学习完图块、外部参照和设计中心的应用操作后，接下来将通过一些练习题来巩固本章所学的知识。

1. 填空题

（1）块是一个或多个对象组成的_______，常用于绘制复杂、重复的图形。

（2）使用________命令，可以将文件中的块作为单独的对象保存为一个新文件，被保存的新文件可以被其他对象使用。

（3）_______功能主要用于编辑块中定义的标记和值属性。

2. 选择题

（1）AutoCAD中块定义属性的快捷键是（　　）。

A、Ctrl+1　　B、W

C、ATT　　D、B

（2）下列哪个选项不能用块属性管理器进行修改（　　）。

A、属性的可见性　　B、属性文字的显示

C、属性所在图层和属性行的颜色、宽度及类型　　D、属性的个数

（3）创建对象编组和定义块的不同在于（　　）。

A、是否定义名称　　B、是否选择包含对象

C、是否有基点　　D、是否有说明

（4）在AutoCAD中，打开“设计中心”面板的组合键是（　　）。

A、Ctrl+1　　B、Ctrl+2

C、Ctrl+3　　D、Ctrl+4

3. 操作题

（1）创建植物图块，如图5-44所示。

（2）为沙发组合图形插入人物图块，如图5-45所示。

图5-44　创建植物图块

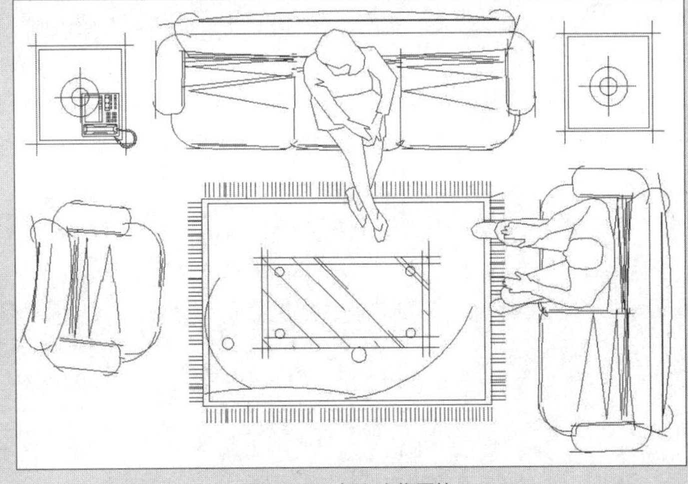

图5-45　插入人物图块

为室内施工图添加文本标注

课题概述

文本注释是图纸非常重要的组成部分，能够轻松解决图纸中使用几何图形难以表达的内容。在装潢图纸中常见的文本注释有：图纸说明、材质注释、材料明细表等，这些注释是对工程图形的必要补充。本章将向用户介绍文本注释与表格的添加操作。

教学目标

通过对本章内容的学习，用户可以熟悉并掌握文字样式的设置、文本内容的添加以及表格制作等内容，从而轻松绘制出更加完善的图纸。

章节重点

★★★★　创建与编辑表格内容
★★★★　创建表格样式
★★★　创建与编辑多行文本
★★★　创建与编辑单行文本
★★　创建文字样式

光盘路径

上机实践：实例文件\第6章\上机实践
课后练习：实例文件\第6章\课后练习

6.1 创建文字样式

在创建文本内容前，需要对文本样式进行设置操作，这样可保持图纸中文本外观样式的统一、美观。在AutoCAD 2016中，可以使用“文字样式”对话框来创建和修改文本样式。

在AutoCAD 2016中，用户可以通过以下方法打开“文字样式”对话框。

- 执行“格式>文字样式”命令。
- 在“默认”选项卡中单击“注释”面板下拉按钮注释▾，在打开的列表中选择“文字样式”选项即可。
- 在“注释”选项卡的“文字”面板中，单击右下角的对话框启动器按钮↘。
- 在命令行中输入快捷命令ST，然后按回车键。

执行以上任意一种操作后，都可打开“文字样式”对话框，在该对话框中用户可根据需要创建新的文字样式，如图6-1所示。

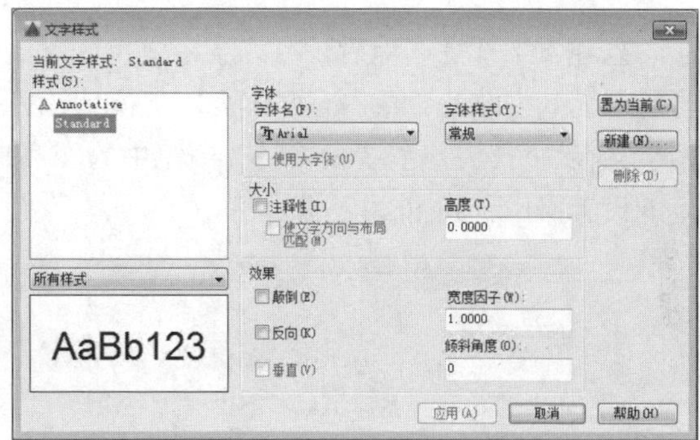

图6-1 “文字样式”对话框

6.1.1 创建新文字样式

执行“格式>文字样式”命令，打开“文字样式”对话框，在该对话框中单击“新建”按钮，如图6-2所示。在打开的“新建文字样式”对话框中，根据需要在“样式名”文本框中输入新的样式名称，单击“确定”按钮即可，如图6-3所示。

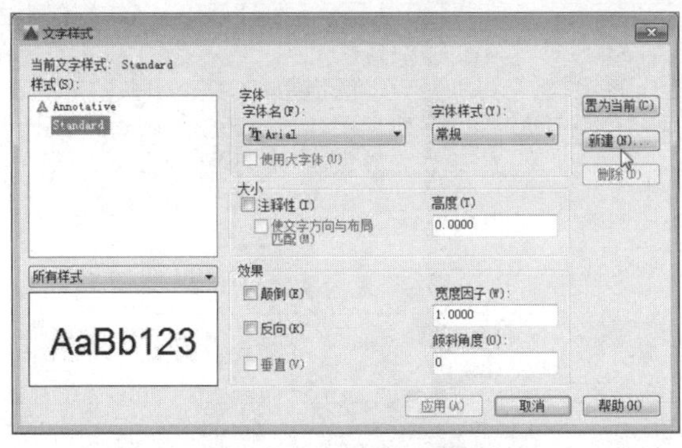

图6-2 单击“新建”按钮

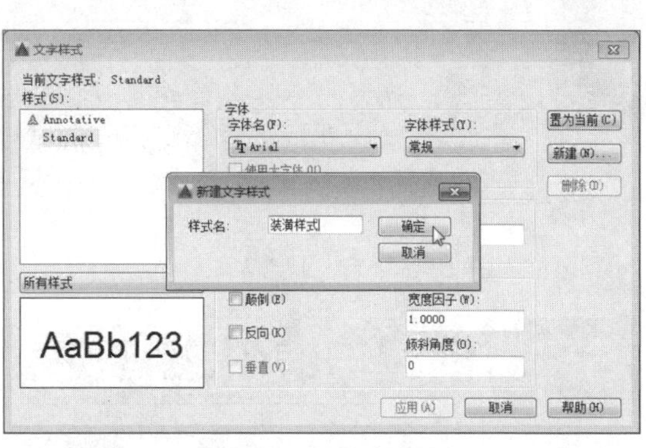

图6-3 输入新样式名

如需要删除多余的文字样式，可在“文字样式”对话框的“样式”列表中选择要删除的文字样式，单击“删除”按钮即可，如图6-4所示。而在该对话框中单击“置为当前”按钮，可将选中文字样式设置为当前使用的样式，如图6-5所示。

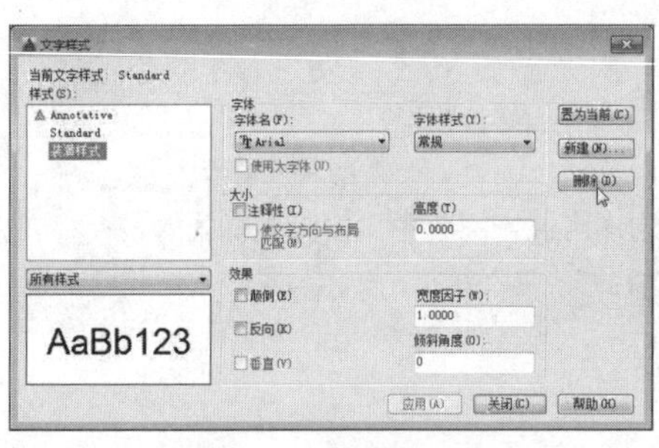

图6-4 删除文字样式

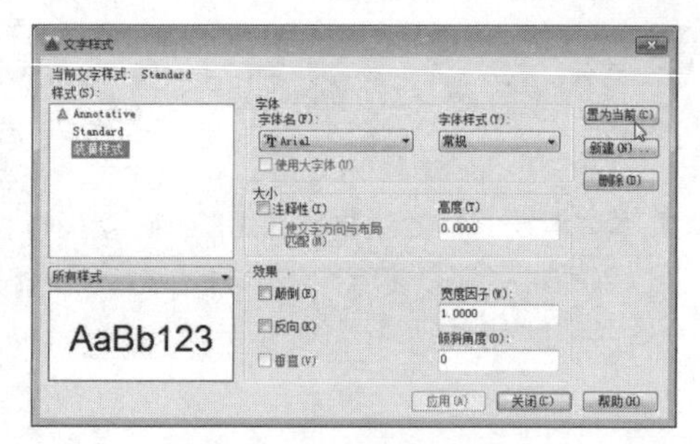

图6-5 设置为当前样式

6.1.2 设置字体与文本高度

新建文字样式名称后，在“文字样式”对话框中，用户可根据需求对文本的字体与文本高度进行设置。其方法为：单击“字体名”下拉按钮，在打开的字体列表中选择满意的字体名称即可，如图6-6所示。其后，在“大小”选项组中的“高度”文本框中，输入文本高度值，即可完成文本高度的设置操作，如图6-7所示。

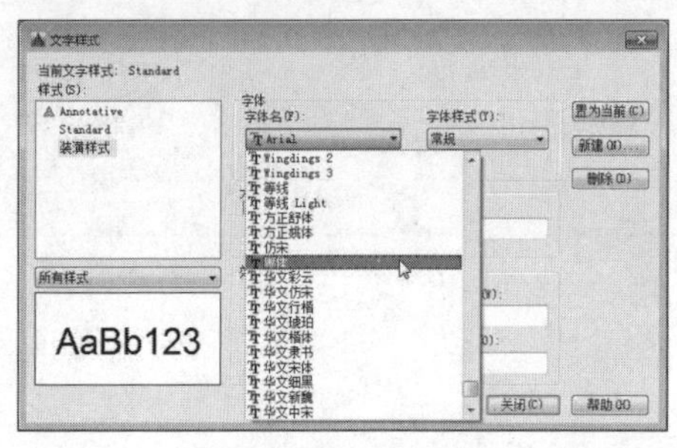

图6-6 设置文本字体

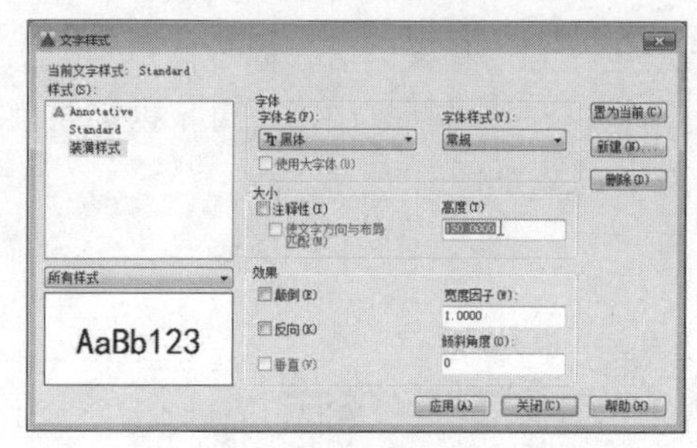

图6-7 设置文本高度

工程师点拨

【6-1】文本字体的类型

在AutoCAD 2016系统中，字体的类型可分为两种：一种为普通字体类型，即为TrueType字体文件；另一种是CAD特有的文字字体，即（**.shx）字体类型。在“字体名”下拉列表中，用户还可以看到带有@符号开头的字体类型，选中该类型的字体样式，当前标注文字则向左旋转90°。

6.2 创建与编辑单行文本

单行文字是在图纸中的任意位置添加的一组文本内容，并形成一个单独的文本对象，下面将介绍在图纸中创建并编辑单行文本的操作方法。

6.2.1 创建单行文本

在AutoCAD 2016中，用户可以通过以下方法执行“单行文字”命令。

- 执行“绘图>文字>单行文字”命令。
- 在“默认”选项卡的“注释”面板中，单击“单行文字”按钮A即可。
- 在“注释”选项卡的“文字”面板中，单击“单行文字”按钮A即可。
- 在命令行中输入命令TEXT，然后按回车键。

执行以上任意一种操作后，根据命令行的提示指定文字的起点与文字高度，即可输入文本内容，如图6-8、6-9、6-10所示。

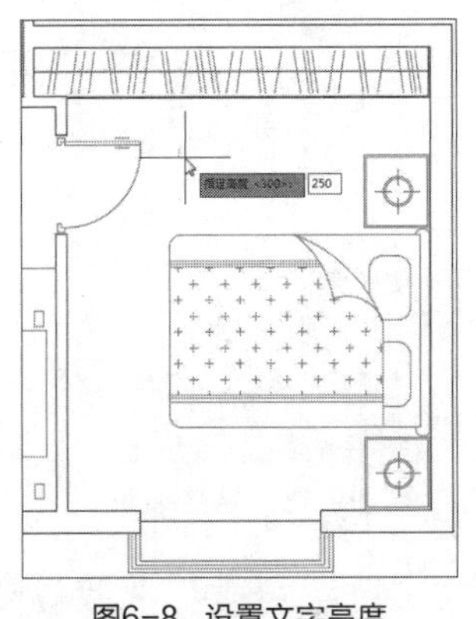
图6-8 设置文字高度

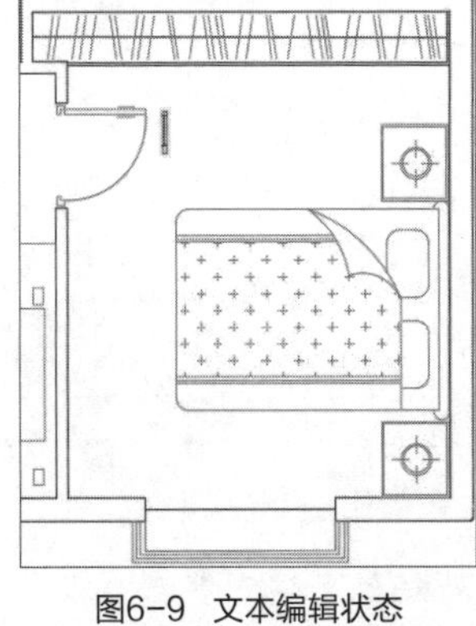
图6-9 文本编辑状态

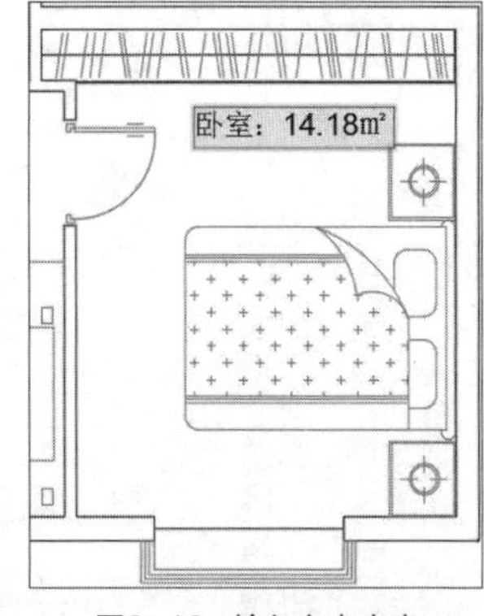

图6-10 输入文本内容

命令行提示的信息如下：

```
命令：_text
当前文字样式："Standard" 文字高度： 2.5000 注释性： 否 对正： 左
指定文字的起点 或 [对正(J)/样式(S)]:                (指定文字起点)
指定高度 <2.5000>: 250                              (输入文字高度值)
指定文字的旋转角度 <0>:                              (设置旋转角度值)
```

文字输入完成后，单击图纸空白处并按Esc键，完成文本输入操作。

工程师点拨

【6-2】快速对齐单行文本

在执行“单行文本”命令后，直接按回车键，系统将跳过命令行提示的“指定文字的起点”、“指定高度”以及“指定文字的旋转角度”信息，自动以对齐上一段单行文本的位置为文字起始点，然后输入文字内容即可。

6.2.2 编辑单行文本

用户要想对单行文本进行修改编辑，可使用DDEDIT命令以及“特性”面板功能来操作。

1. 用DDEDIT命令编辑单行文本

在AutoCAD 2016中，用户可以在命令行中输入DDEDIT命令，然后按回车键。在绘图区选中要编辑的单行文字，即可进入文字编辑状态，此时，用户即可对文本内容进行相应的修改，如图6-11所示。

卧室：20.5㎡

图6-11 使用DDEDIT命令编辑文本

2. 用“特性”面板编辑单行文本

选择要编辑的单行文本，单击鼠标右键，在弹出快捷菜单中选择“特性”命令，打开“特性”面板，在“文字”选项区域中，可对文字进行所需的修改，如图6-12、6-13所示。

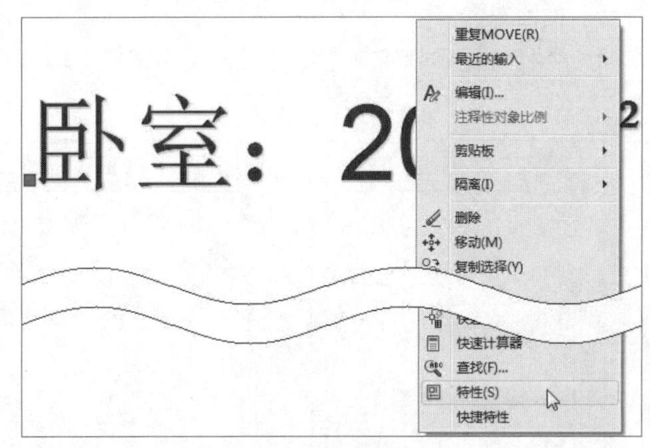

图6-12 右键菜单

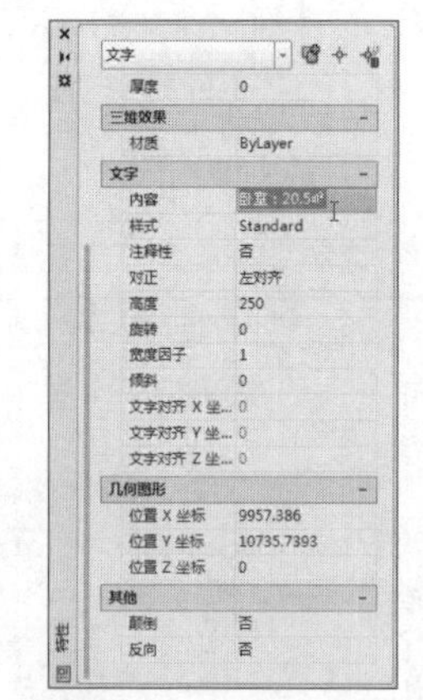

图6-13 “特性”面板

在“特性”面板中，用户可根据需要对文本的颜色、效果、文字内容、样式、高度等参数进行设置。

示例6-1 为“会议室立面图”添加图纸名称

步骤01 打开“会议室立面图（原图）.dwg”素材文件。在“默认”选项卡的“注释”面板中，单击“单行文字”按钮，在绘图区中指定要输入文字的起始位置，如图6-14所示。

步骤02 根据命令行提示，将文字高度设为200，旋转角度为0，如图6-15所示。

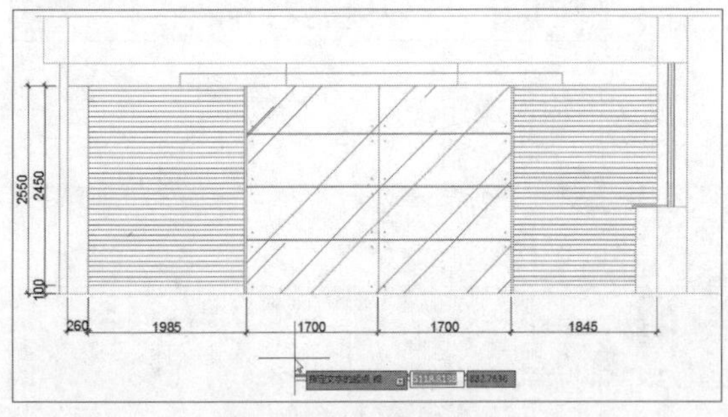

图6-14 指定文字起始点

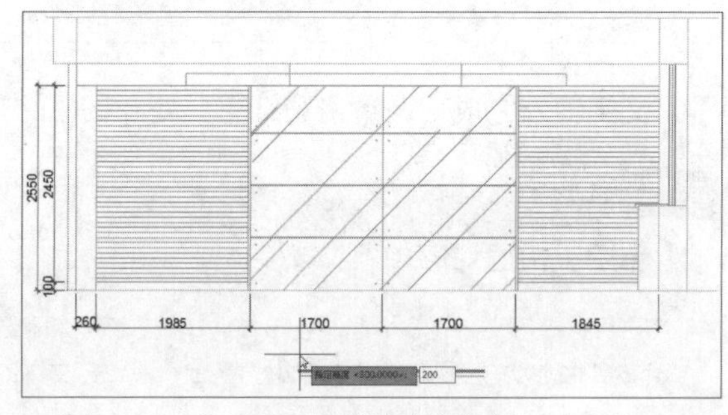

图6-15 指定文字高度

步骤03 设置完成后，在光标处输入图纸名称，如图6-16所示。

步骤04 单击图纸空白处，并按Esc键，完成输入操作，如图6-17所示。

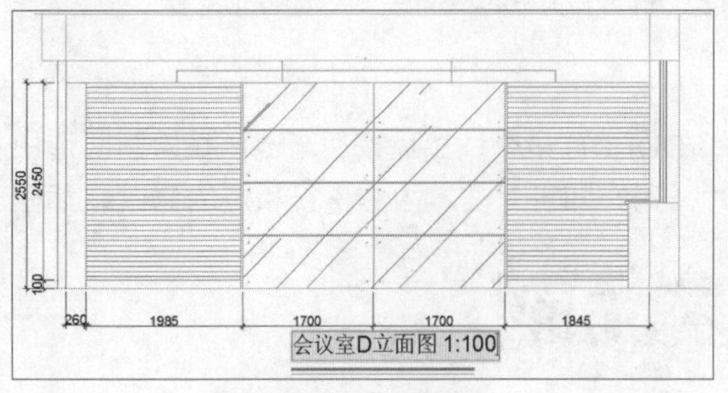

图6-16 输入图纸名称

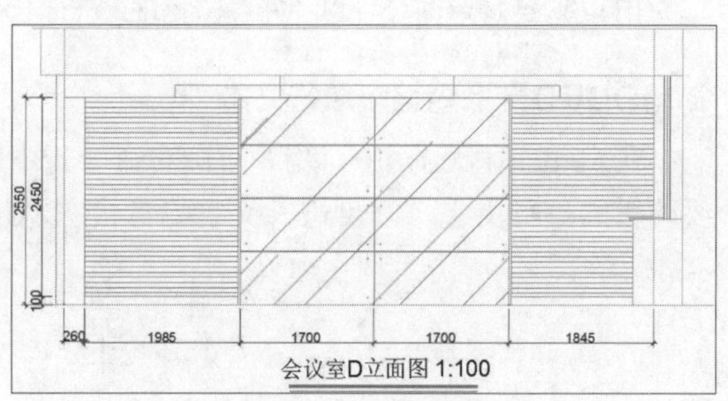

图6-17 完成输入操作

6.3 创建与编辑多行文本

利用“多行文字”命令可创建包含一个或多个文字的段落，创建好的多行文字可作为单一对象处理。下面将介绍多行文本的创建与编辑操作。

6.3.1 创建多行文本

在AutoCAD 2016中，用户可以通过以下方法执行“多行文字”命令。

- 执行“绘图>文字>多行文字”命令。
- 在“默认”选项卡的“注释”面板中单击“多行文字”按钮A。
- 在“注释”选项卡的“文字”面板中单击“多行文字”按钮A。
- 在命令行中输入快捷命令T，然后按回车键。

执行“绘图>文字>多行文字”命令，在绘图区域中通过指定对角点框选出文字输入范围，如图6-18所示。在文本框中即可输入文字，如图6-19所示。

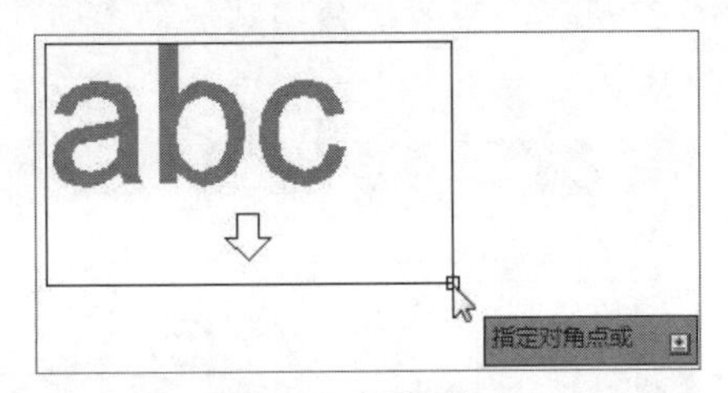

图6-18 指定对角点

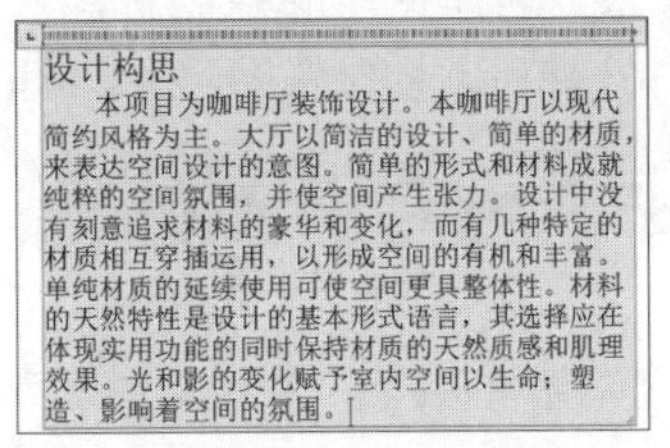

图6-19 输入文字

当文本处于编辑状态时，用户可在“文字编辑器”选项卡中对文字的样式、字体、加粗以及颜色等属性进行设置，如图6-20所示。

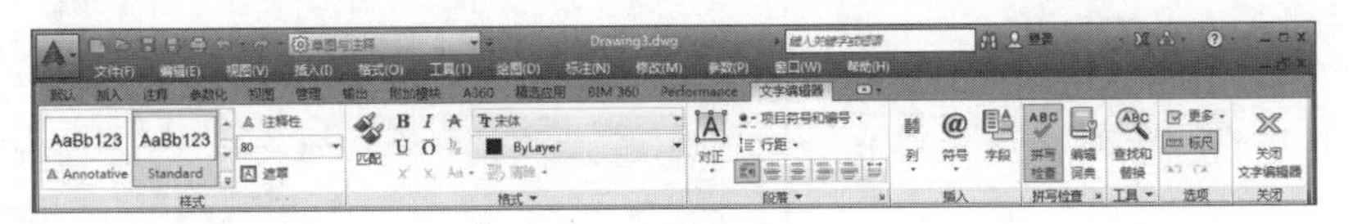

图6-20 “文字编辑器”选项卡

6.3.2 编辑多行文本

编辑多行文本与编辑单行文本操作相同，用户可以使用DDEDIT命令和“特性”面板进行多行文字的编辑。

1. 用DDEDIT命令编辑多行文本

执行“修改>对象>文字>编辑”命令，选择多行文本作为编辑对象，将会弹出“文字编辑器”面板和文本编辑框。同创建单行文字一样，在“文字编辑器”面板中，对多行文字进行字体属性的设置。

2. 用“特性”面板编辑多行文本

右击多行文本，在打开的快捷菜单中选择“特性”命令，打开“特性”面板。在该面板中，可对多行文本内容、格式等进行修改编辑。

6.3.3 使用文字控制符

在执行“单行文字”命令时，功能区中的命令将无法使用，此时如果需要输入一些特殊的字符，只能通过输入控制符来实现，例如输入“%%C”后，系统会自动显示“Ø”（直径）符号。在单行文本标注和多行文本标注中，控制符的使用方法有所不同，如表6-1所示。

表6-1　特殊字符控制符

控制符	对应特殊字符	控制符	对应特殊字符
%%C	直径（Φ）符号	%%D	度（°）符号
%%O	上划线符号	%%P	正负公差（±）符号
%%U	下划线符号	\U+2238	约等于（≈）符号
%%%	百分号（%）符号	\U+2220	角度（∠）符号

除了表6-1所示的控制符之外，用户还可以在“文字编辑器”选项卡的“插入”面板中，单击“符号”下拉按钮，选择相应的控制符，如图6-21所示。或者选择“其他”选项，在“字符映射表”对话框中，选择所需控制符即可，如图6-22所示。

图6-21　选择控制符

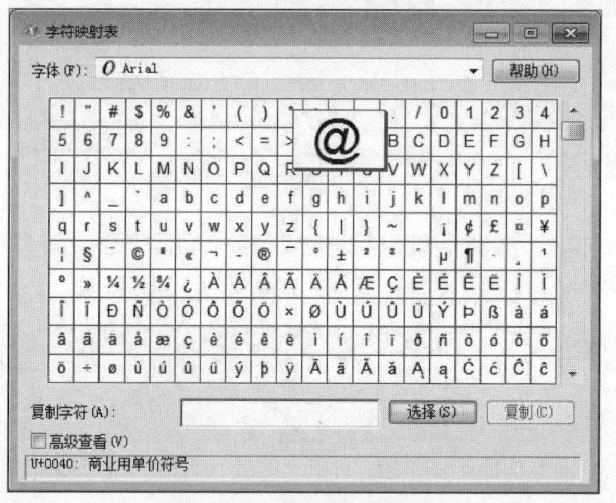

图6-22　“字符映射表”对话框

在“字符映射表”对话框中，选择所需字符后，先单击“选择”按钮，再单击“复制”按钮，其后在绘图区所需位置按Crtl+V组合键，执行粘贴操作即可。

6.3.4 调用外部文本

在AutoCAD 2016中，使用插入外部文本功能，可将其他应用程序中的文本直接调用至Auto-CAD图纸中，来节省文字录入的时间，提高绘图效率。

示例6-2 将Word文档文件调入AutoCAD图纸文件中

步骤01 打开“三室两厅户型图（原图）.dwg”文件，在“插入”选项卡的“数据”面板中，单击“OLE对象”按钮，打开“插入对象”对话框，如图6-23所示。

步骤02 在该对话框中单击“由文件创建”单选按钮，其后单击“浏览”按钮，如图6-24所示。

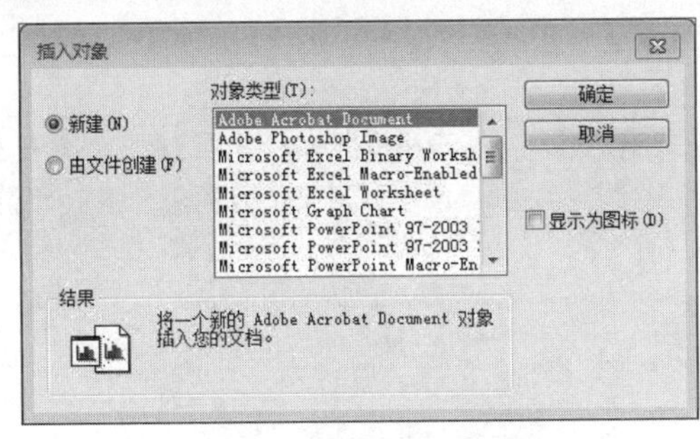

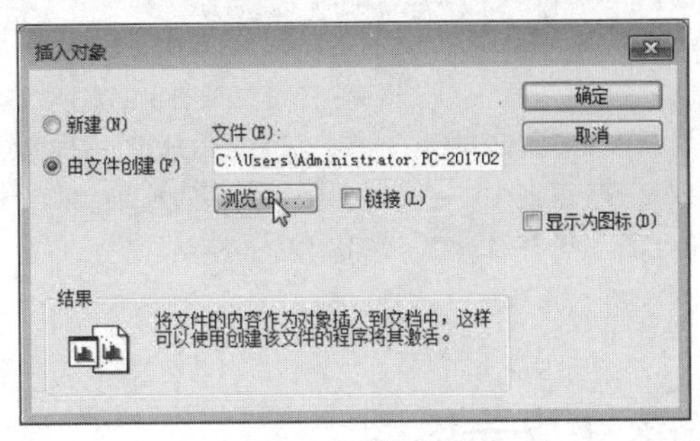

图6-23 “插入对象”对话框

图6-24 浏览文件

步骤03 在打开的“浏览”对话框中，选择所要调入的Word文件，单击“打开”按钮，如图6-25所示。

步骤04 返回到“插入对象”对话框，单击“确定”按钮，如图6-26所示。

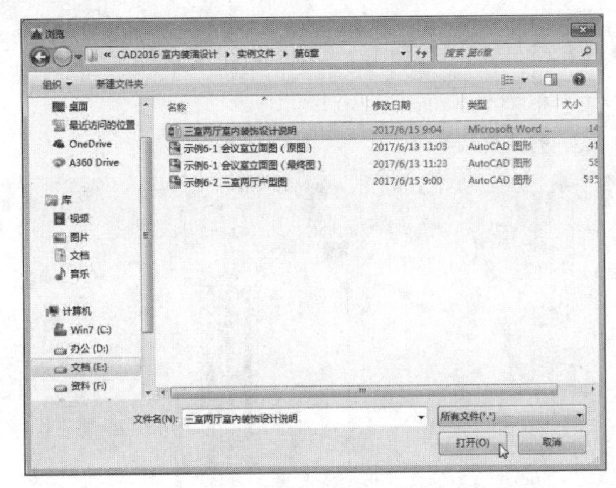

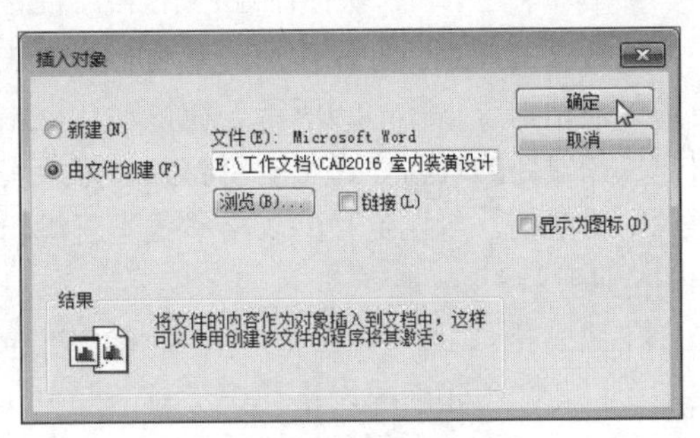

图6-25 选择要调入的Word文件

图6-26 确认操作

步骤05 此时在绘图区中，会显示调入的Word文档。执行“移动”命令，将该Word文档移动至图纸合适位置，如图6-27所示。

步骤06 若要对调入的文件进行修改，则双击该文件，系统将自动启动Word程序，并打开相应的Word文档，用户根据需要对文档进行修改。修改完成后，关闭Word文档，此时CAD图纸中的文档内容已发生了改变，如图6-28所示。

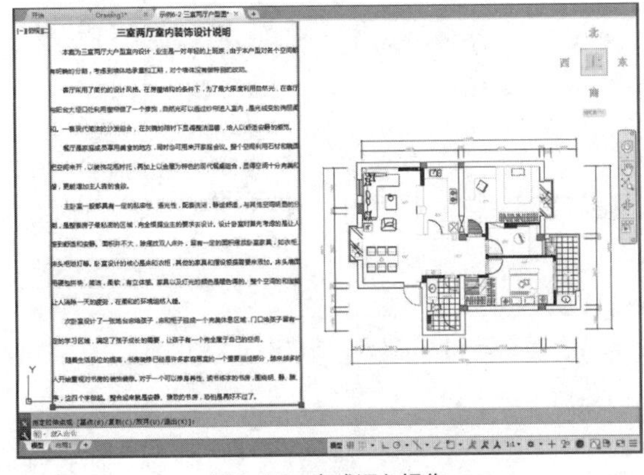

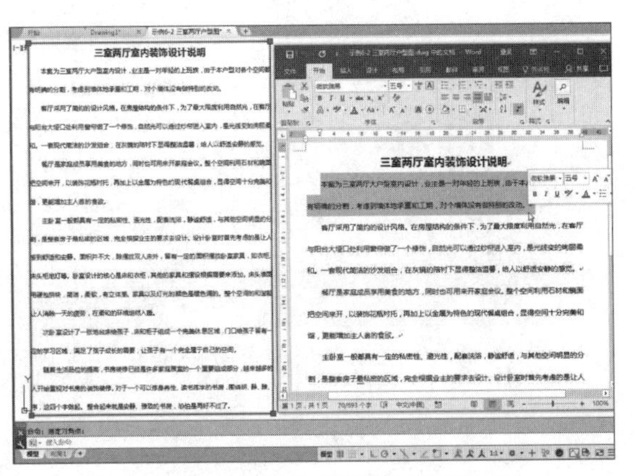

图6-27 完成调入操作

图6-28 修改调入的Word文档

6.4 使用表格功能

使用AutoCAD 2016进行图形绘制时，有时需根据绘图要求，插入一些表格数据来对图纸进行说明。在室内装潢施工图纸中，一些图例数据需要表格来说明，例如门窗图例、插座图例、开关图例等。下面将介绍在AutoCAD 2016软件中，表格功能的使用方法。

6.4.1 定义表格样式

表格的创建与文本创建方法相似，在创建表格前，需要对表格样式进行系统的设置。在AutoCAD 2016中，可使用“表格样式”对话框来创建和修改表格样式。用户可通过以下方法打开“表格样式”对话框。

- 执行“格式>表格样式”命令。
- 在“默认”选项卡的“注释”面板中单击“表格样式”按钮。
- 在“注释”选项卡的“表格”面板中单击右下角的对话框启动器按钮。
- 在命令行中输入快捷命令TABLESTYLE，然后按回车键。

执行以上任意一种操作后，都将打开“表格样式”对话框，如图6-29所示。在该对话框中，用户可创建新的表格样式，也可打开“修改表格样式”对话框，对已定义的表格样式进行编辑，如图6-30所示。

在“表格样式”对话框中，单击“新建”按钮，打开“创建新的表格样式”对话框中，用户可在“新样式名”文本框中输入新表格样式名称，单击“继续”按钮，完成新样式的创建操作，如图6-31所示。

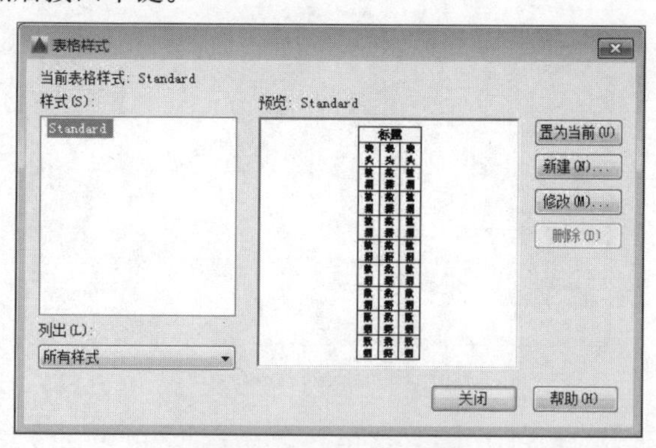

图6-29 “表格样式”对话框

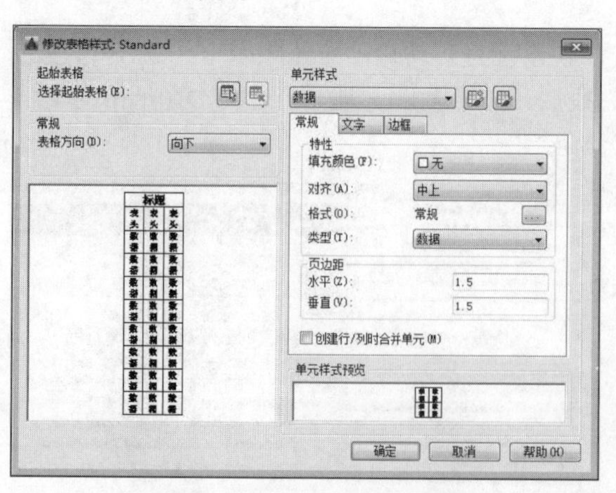

图6-30 “修改表格样式”对话框

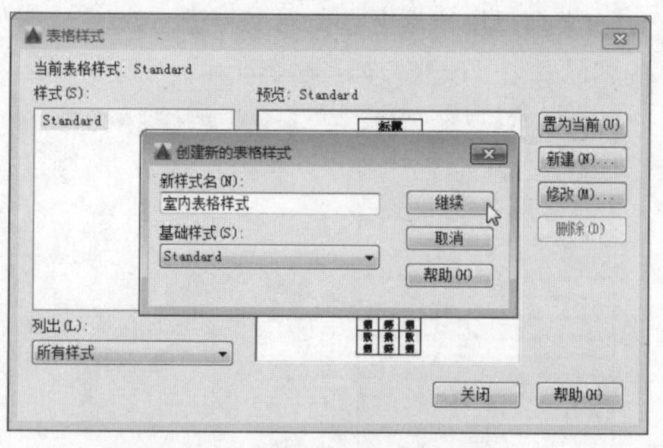

图6-31 “创建新的表格样式”对话框

在打开的“新建表格样式”对话框中，用户可对表格的“数据”、“表头”、“标题”样式进行设置。单击“单元样式”下拉按钮，选择所需样式选项，其后根据需要在“常规”、“文字”或“边框”选项卡中对样式参数进行设置即可，如图6-32所示。

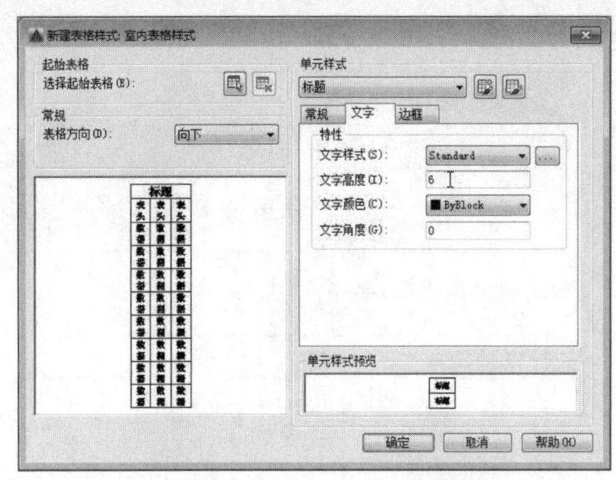

图6-32 设置“文字”选项参数

6.4.2 插入表格

表格样式设置完成后，接下来可使用插入表格功能，插入并制作表格。用户也可为了节省绘图时间，将制作好的Excel电子表格直接调入CAD图纸中。下面将介绍表格创建的具体操作方法。

1. 插入并制作表格内容

在AutoCAD 2016中，用户可以通过以下方法执行插入表格的操作。

- 执行“绘图>表格”命令。
- 在“默认”选项卡的“注释”面板中单击“表格”按钮。
- 在“注释”选项卡的“表格”面板中单击“表格”按钮。
- 在命令行中输入快捷命令TABLE，然后按回车键。

执行以上任意一种操作，都可打开“插入表格”对话框，在该对话框中用户可定义表格样式、插入方式和行/列设置等表格参数，如图6-33所示。

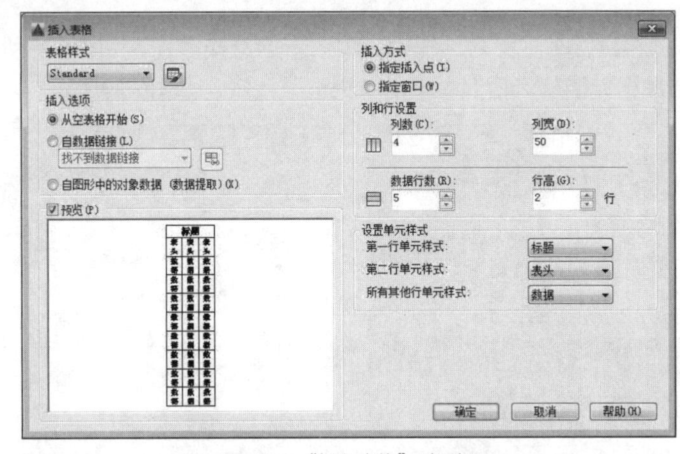

图6-33 “插入表格”对话框

在“插入表格”对话框中，设置完表格参数后，单击“确定”按钮，在绘图区中指定好表格的起始位置，完成表格的插入操作，如图6-34所示。此时，系统将直接进入文本编辑状态，在此输入表格内容即可，如图6-35所示。按回车键，系统将按照表格顺序自动进入下一单元格内容的输入操作。

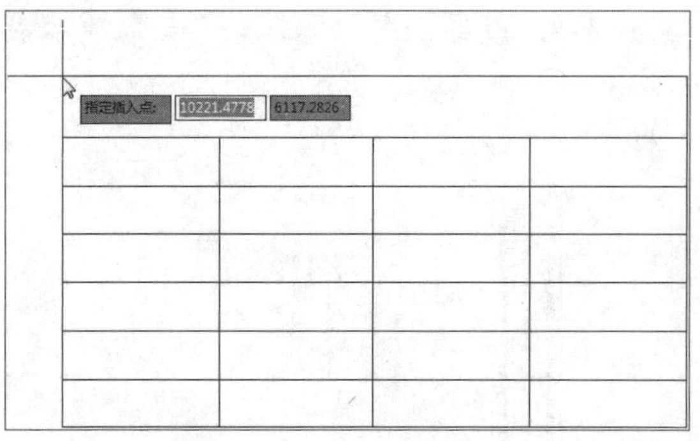

图6-34　指定表格起始位置

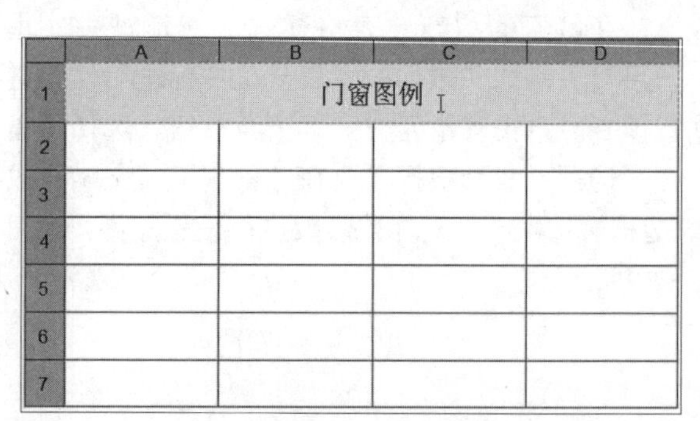

图6-35　输入表格内容

2. 调用外部表格

在“注释”选项卡的“表格”面板中，单击“表格”按钮，在“插入表格”对话框中的“插入选项”选项组中单击“自数据链接”单选按钮，并单击“启动‘数据链接管理器’对话框▣”按钮，如图6-36所示。打开“选择数据链接”对话框，选择“创建新的Excel数据链接”选项，如图6-37所示。

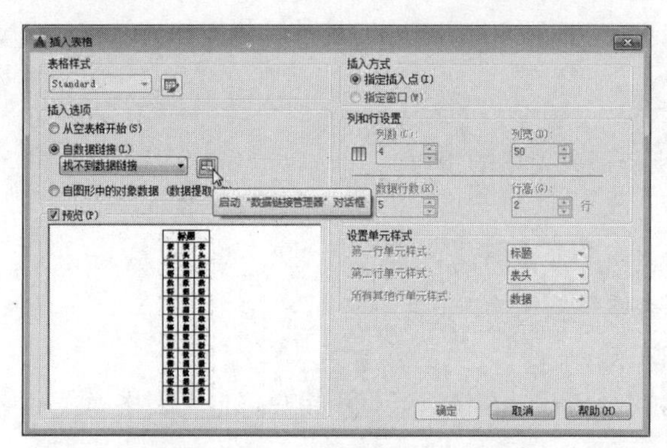

图6-36　单击“启动‘数据链接管理器’对话框”按钮

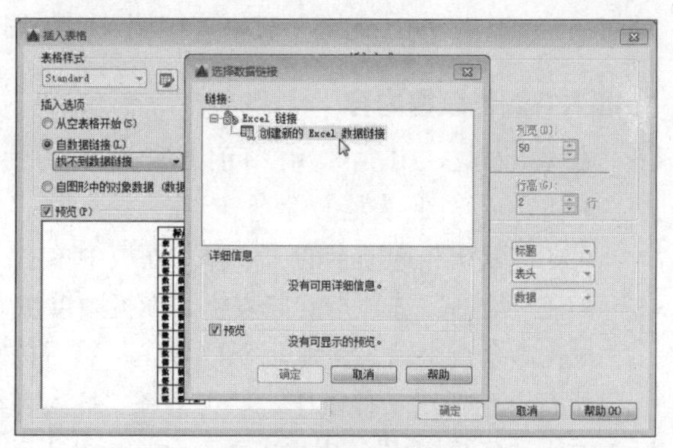

图6-37　选择“创建新的数据链接”选项

在打开的“输入数据链接名称”对话框中，输入新的链接名称，如图6-38所示。单击“确定”按钮，在“新建Excel数据链接”对话框中单击“浏览”按钮，如图6-39所示。

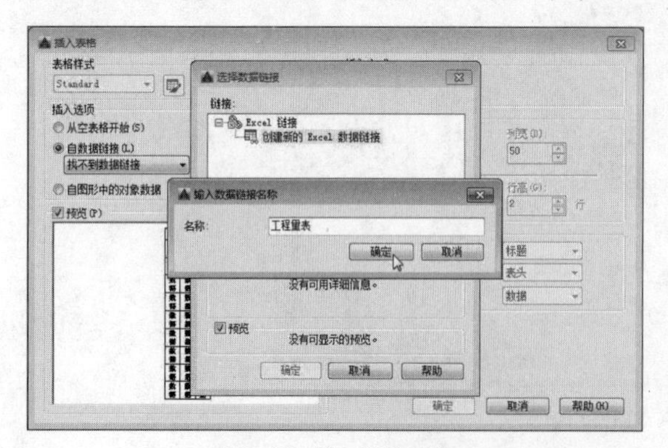

图6-38　输入链接名称

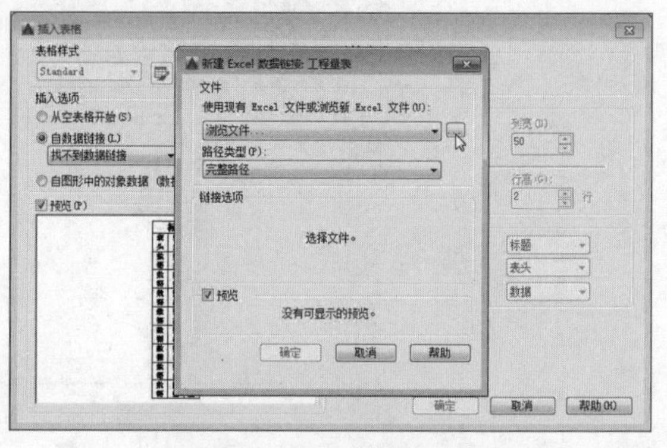

图6-39　单击“浏览”按钮

在“另存为”对话框中，选择要链接的Excel电子表格，单击“打开”按钮，如图6-40所示。返回到上一层对话框，依次单击“确定”按钮，返回至“插入表格”对话框，再次单击“确定”按钮，在绘图区中指定好表格的起始位置即可完成操作，如图6-41所示。

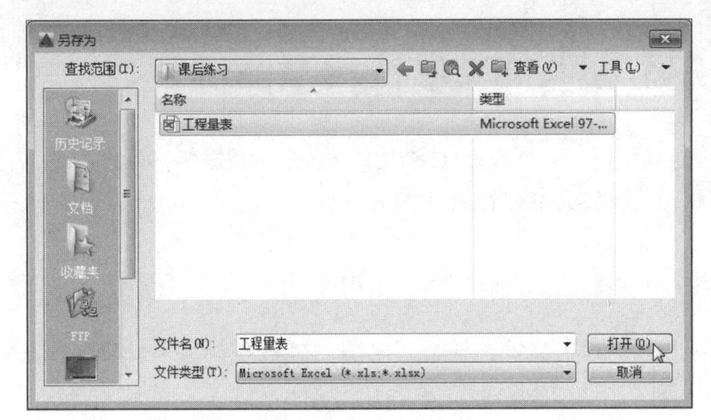

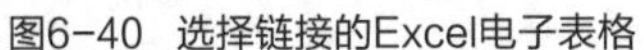
图6-40 选择链接的Excel电子表格

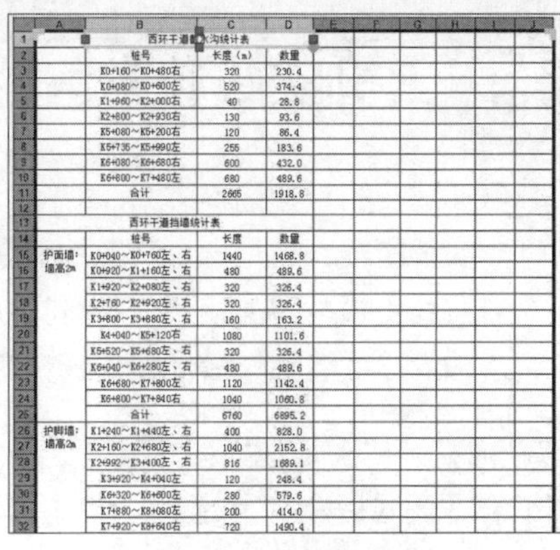
图6-41 完成表格调入操作

6.4.3 编辑表格

创建表格后，用户可对表格进行剪切、复制、删除、缩放或旋转等操作，也可对表格内文字进行编辑。

选中需编辑的单元格，在“表格单元”选项卡中，用户可根据需要对表格的行、列、单元样式、单元格式等元素进行编辑操作，如图6-42所示。

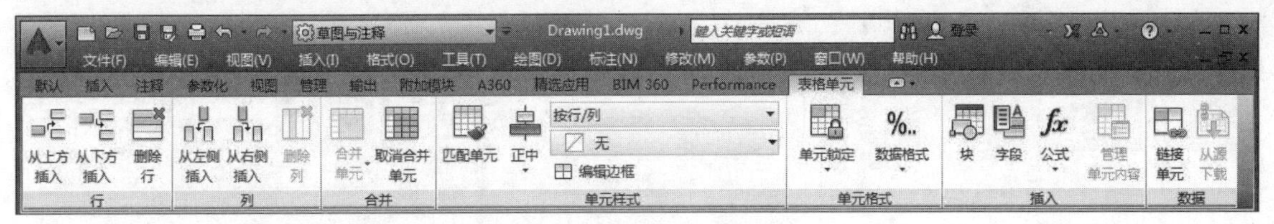

图6-42 “表格单元”选项卡

下面将对该选项卡中主要参数进行说明。

- 行：在该面板中，用户可对单元格的行进行相应操作，例如插入行、删除行。
- 列：在该面板中，用于可对选定的单元列进行操作，例如插入列、删除列。
- 合并：在该面板中，用户可将多个单元格合并成一个单元格，也可将已合并的单元格进行取消合并操作。
- 单元样式：在该面板中，用户可设置表格文字的对齐方式、单元格的颜色以及表格的边框样式等。
- 单元格式：在该面板中，用户可确定是否将选择的单元格进行锁定操作，也可以设置单元格的数据类型。
- 插入：在该面板中，用户可插入图块、字段以及公式等特殊符号。
- 数据：在该面板中，用户可设置表格数据，如将Excel电子表格中的数据与当前表格中的数据进行链接操作。

工程师点拨

【6-3】设置表格中单元格宽度或高度值

用户如果需要对表格的单元格宽度或高度进行调整，可右键单击所需设置的单元格，在快捷菜单中选择“特性”命令，在打开的“特性”面板中，对“单元宽度”或“单元高度”参数进行修改即可。

上机实践：为室内户型图添加文字注释及图例表格

- **实践目的：** 通过本实训，希望用户能够快速地掌握在CAD图纸中插入文本及表格的操作方法。
- **实践内容：** 应用本章所学知识在图纸中添加文本注释及图例表格。
- **实践步骤：** 首先使用“多行文字”命令，输入图纸注释内容；其次使用“单行文字”命令，输入图纸名称；最后使用表格功能，创建插座图例表，具体操作如下。

步骤01 打开“大户型插座布置图（原图）.dwg”素材文件，执行“绘图>文字>多行文字”命令，在图纸合适区域指定文字起点，并按住鼠标左键，拖动至满意位置，放开鼠标，进入文字编辑状态，如图6-43所示。

步骤02 输入图纸注释内容后，选中所有文字，在“文字编辑器”选项卡的“样式”面板中，将字体高度设为200，如图6-44所示。

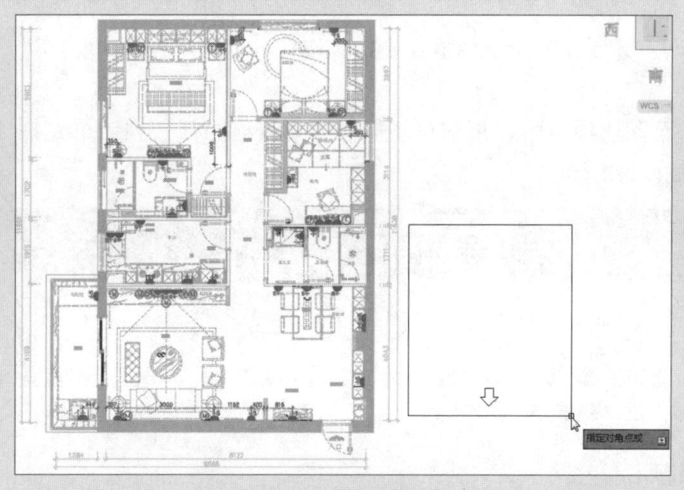

图6-43 框选文字范围

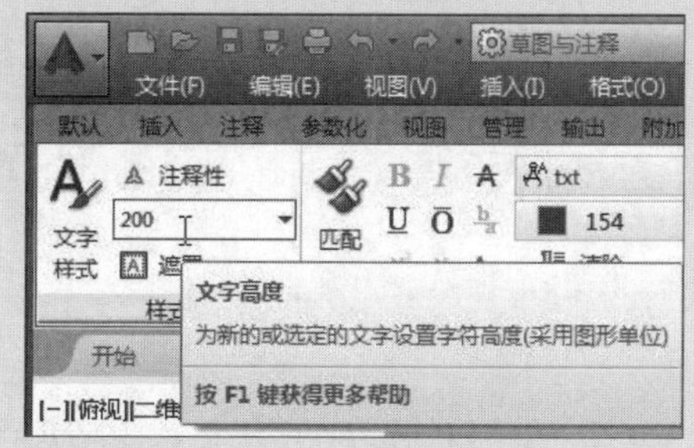

图6-44 设置文字高度

步骤03 选中文字，在“格式”面板中将字体设置为宋体，标题文本为加粗显示，如图6-45所示。

步骤04 设置完成后，将光标移至文本编辑框上方标尺控制点上，当光标呈双向箭头时，按住鼠标左键拖动该控制点至满意位置，放开鼠标即可调整文字显示范围，如图6-46所示。

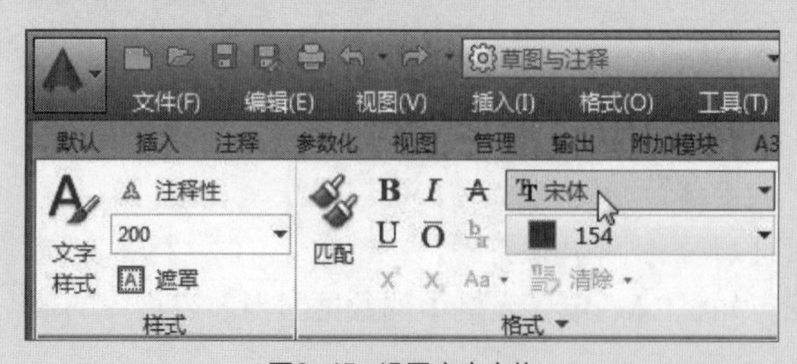

图6-45 设置文字字体

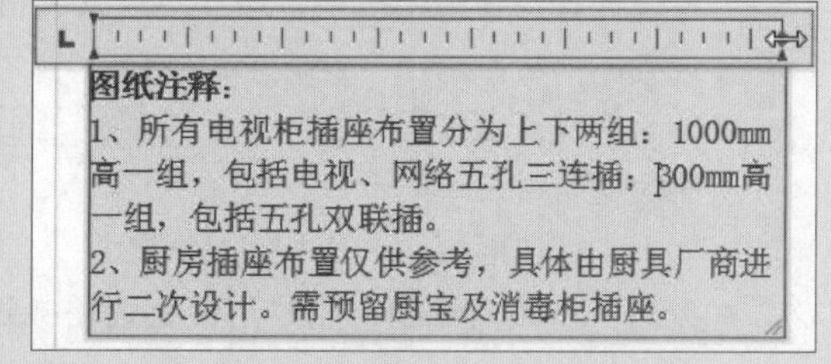

图6-46 调整文字显示范围

步骤05 然后单击图纸空白处，即可完成文本输入操作，结果如图6-47所示。

步骤06 执行“多段线”命令，将起点与端点宽度设为80，其后在图纸下方中心位置绘制长5000mm的多段线，如图6-48所示。

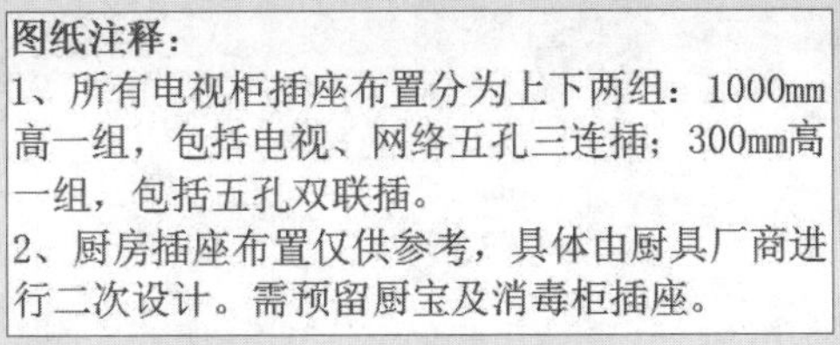

图纸注释：
1、所有电视柜插座布置分为上下两组：1000mm高一组，包括电视、网络五孔三连插；300mm高一组，包括五孔双联插。
2、厨房插座布置仅供参考，具体由厨具厂商进行二次设计。需预留厨宝及消毒柜插座。

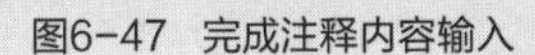

图6-47 完成注释内容输入

图6-48 绘制多段线

步骤07 在执行“绘图>文字>单行文字”命令，在多段线上方指定文字起始点，其后将文字高度设为300，旋转角度为0，如图6-49所示。

步骤08 在光标处输入图纸名称及比例值，按Esc键完成输入操作，如图6-50所示。

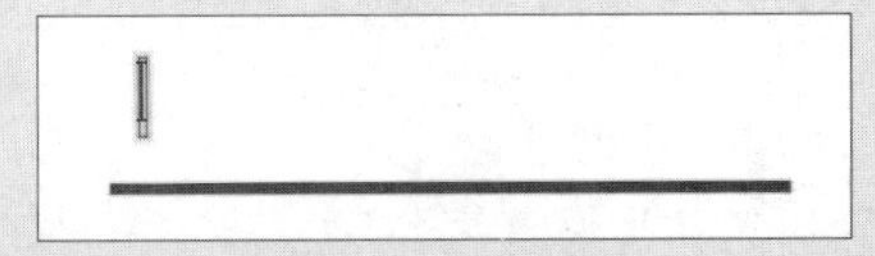

图6-49 设置文字高度

插座平面布置图 1:100

图6-50 输入图纸名称及比例值

步骤09 右键单击输入的图纸名，在快捷菜单中选择“特性”命令，如图6-51所示。

步骤10 在打开“特性”面板的“文字”选项区域中，单击“样式”下拉按钮，选择满意的文字样式，这里选择TITLE选项，如图6-52所示。

图6-51 选择“特性”命令

图6-52 设置文字样式

步骤11 设置完成后，关闭“特性”面板，此时被选中的文字已发生了变化，结果如图6-53所示。

插座平面布置图 1:100

图6-53 完成图纸名称文本样式设置

步骤12 执行“格式>表格样式”命令，打开“表格样式”对话框，单击“新建”按钮，打开“创建新的表格样式”对话框，如图6-54所示。

步骤13 输入新的表格样式名称，单击“继续”按钮，打开“新建表格样式”对话框，单击“单元样式”下拉按钮，选择“标题”选项，如图6-55所示。

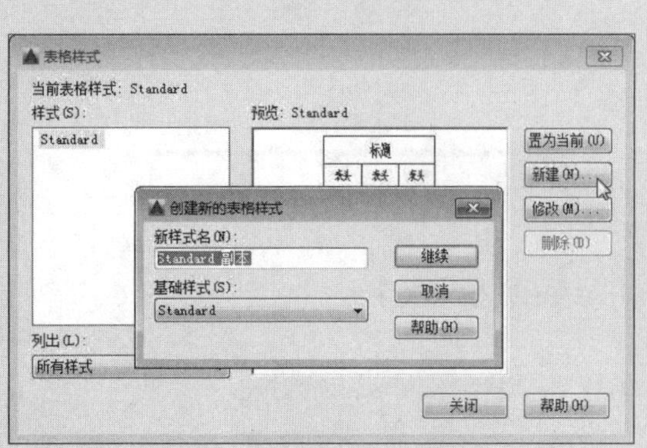

图6-54　新建表格样式名称

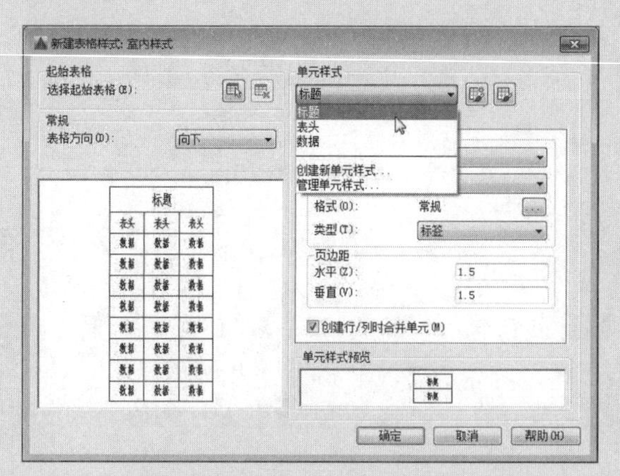

图6-55　选择“标题”单元样式

步骤14 在“常规”选项卡的“页边距”选项组中，将“水平”值设为0，将“垂直”值设为30，其他参数为默认设置，如图6-56所示。

步骤15 单击“文字”选项卡，将“文字高度”值设为150，将“文字样式”设为宋体，如图6-57所示。

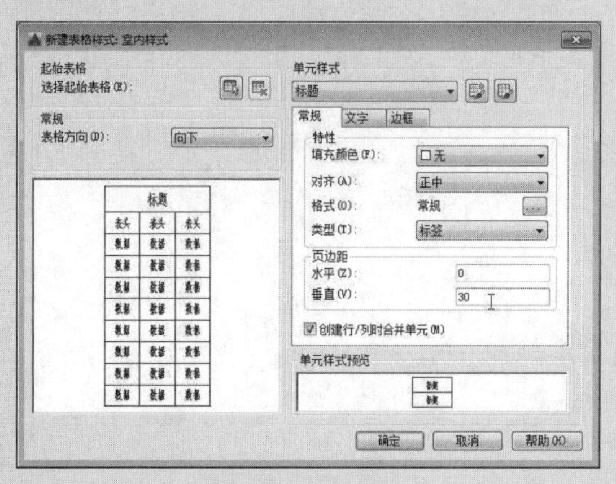

图6-56　设置页边距

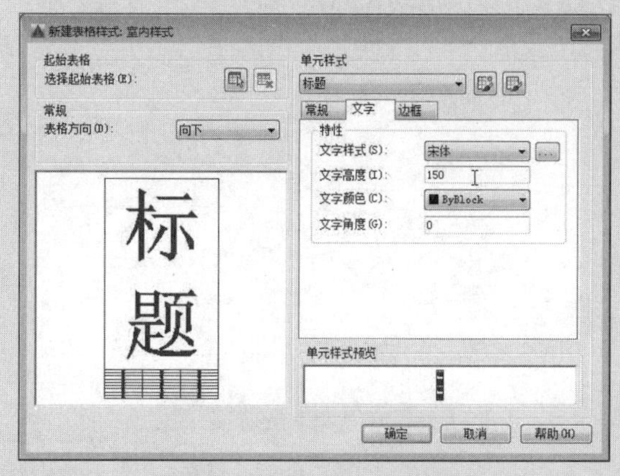

图6-57　设置字体及文字高度

步骤16 选中“表头”单元样式，在“页边距”选项组中将“水平”值设为0，“垂直”值设为30，单击“文字”选项卡，将文字高度设为100，字体设为宋体，如图6-58所示。

步骤17 选中“数据”单元样式，同样将页边距的“水平”值设为0，“垂直”值设为30，单击“文字”选项卡，将文字高度设为80，字体设为宋体，如图6-59所示。

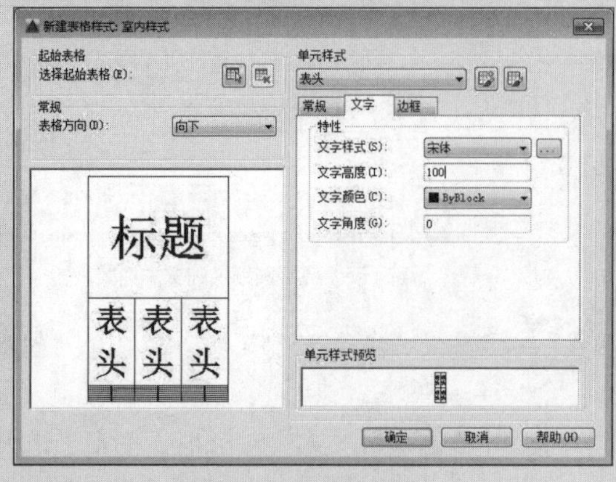

图6-58　设置表头样式

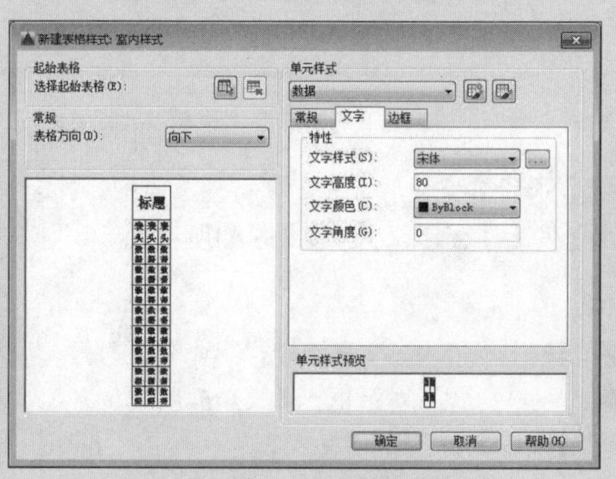

图6-59　设置数据样式

步骤18 设置完成后，单击“确定”按钮，返回上一层对话框，单击“置为当前”按钮即可，如图6-60所示。

步骤19 执行“绘图>表格”命令，打开“插入表格”对话框，在“列和行设置”选项组中，将“列数”设为2，将“数据行数”设为9，将“列宽”设为1500，“行高”设为2，如图6-61所示。

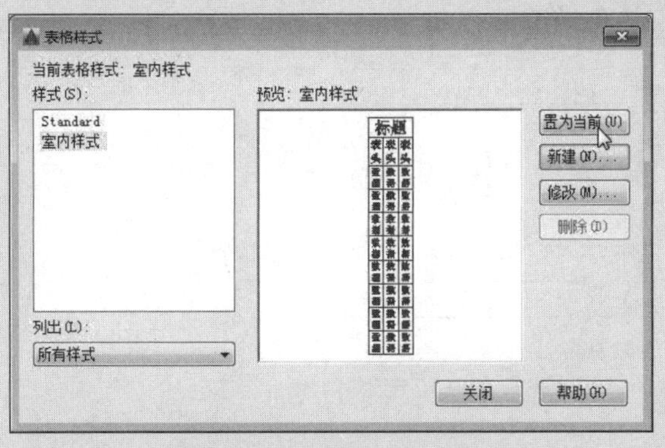

图6-60 将表格样式置为当前

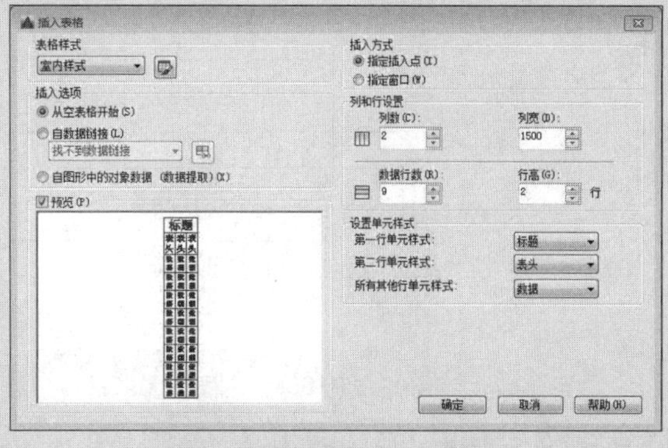

图6-61 设置表格相关参数

步骤20 单击“确定”按钮，在绘图区合适位置指定表格起始位置，如图6-62所示。

步骤21 按Esc键完成表格插入操作后，选中表格A11和B11单元格，如图6-63所示。

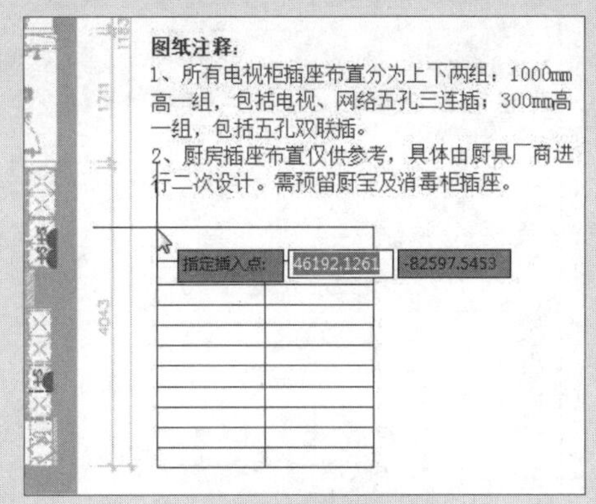

图6-62 指定表格起始位置

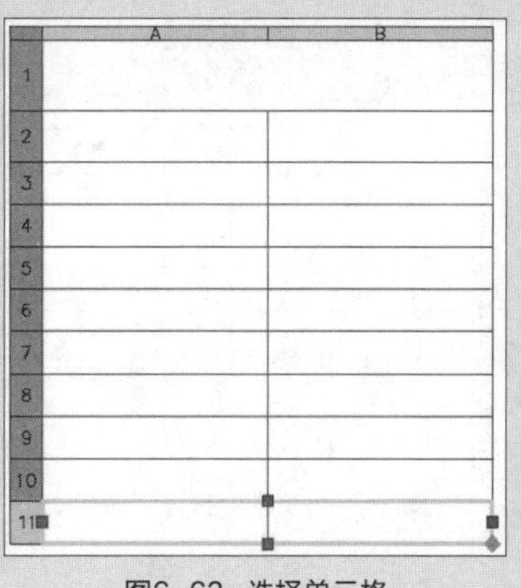

图6-63 选择单元格

步骤22 在“表格单元”选项卡的“合并”面板中，单击“合并单元”下拉按钮，选择“按行合并”选项，如图6-64所示。

步骤23 此时，被选中的两个单元格已执行合并操作，结果如图6-65所示。

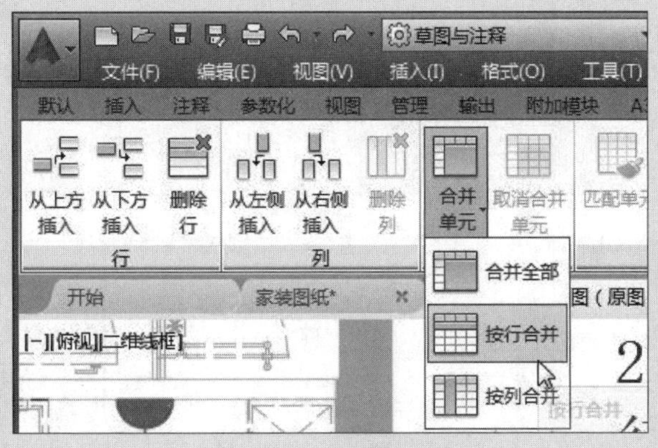

图6-64 合并单元格

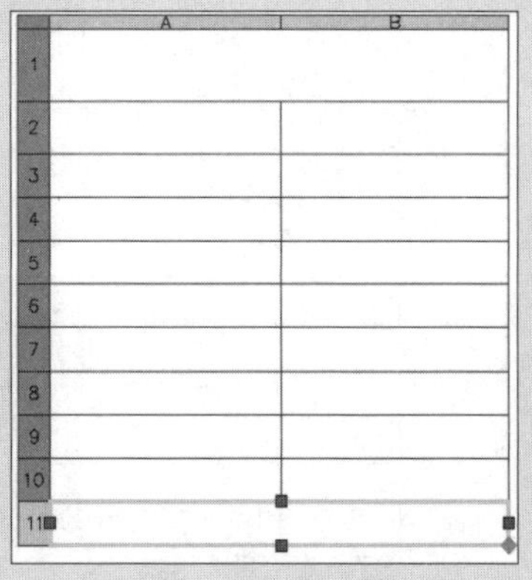

图6-65 完成合并操作

步骤24 双击首行单元格，当该单元格处于编辑状态时，输入表格名称，如图6-66所示。

步骤25 双击A2单元格，输入内容，如图6-67所示。

图6-66 输入表格标题名称

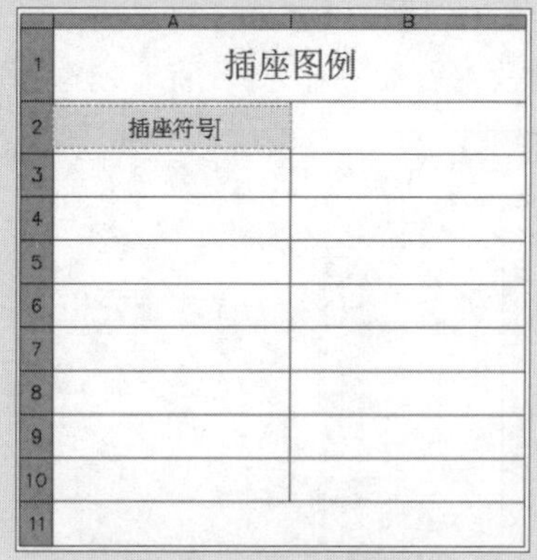

	A	B
1	插座图例	
2	插座符号	
3		
4		
5		
6		
7		
8		
9		
10		
11		

图6-67 输入A2单元格内容

步骤26 按照以上同样操作，输入B2:B8以及合并后单元格的内容，如图6-68所示。

步骤27 选中A9:B10单元格区域，在“表格单元”选项卡的“行”面板中，单击“删除行”按钮，如图6-69所示。

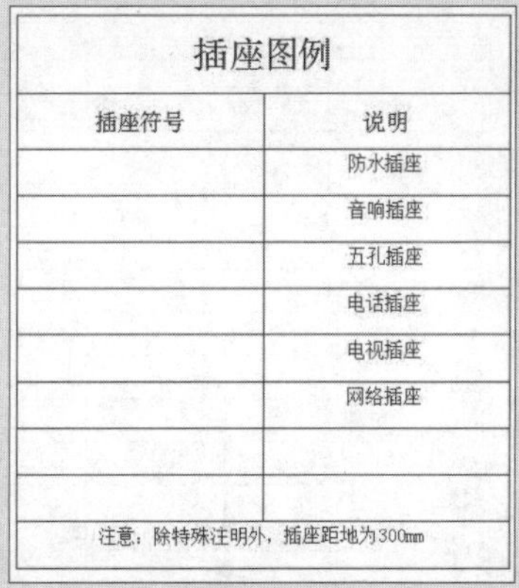

插座图例	
插座符号	说明
	防水插座
	音响插座
	五孔插座
	电话插座
	电视插座
	网络插座
注意，除特殊注明外，插座距地为300mm	

图6-68 输入表格其他单元格内容

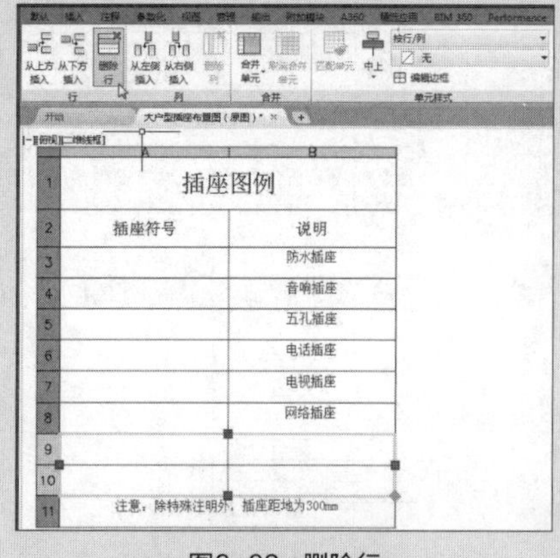

图6-69 删除行

步骤28 删除结果如图6-70所示。

步骤29 选中A3:B8单元格区域，在“表格单元”选项卡的“单元样式”面板中，单击“中上”下拉按钮，选择“正中”选项，如图6-71所示。

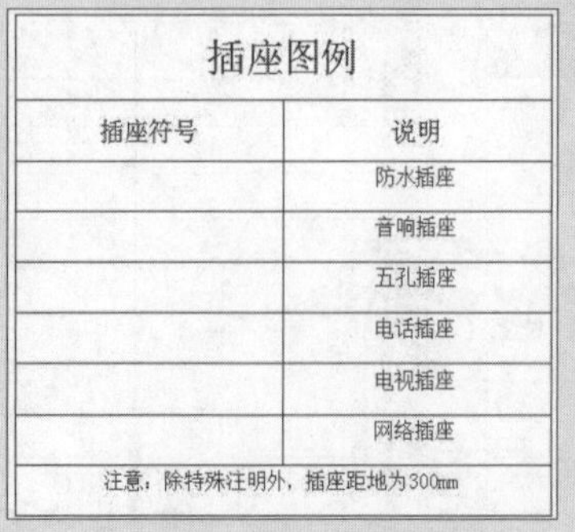

插座图例	
插座符号	说明
	防水插座
	音响插座
	五孔插座
	电话插座
	电视插座
	网络插座
注意，除特殊注明外，插座距地为300mm	

图6-70 查看删除结果

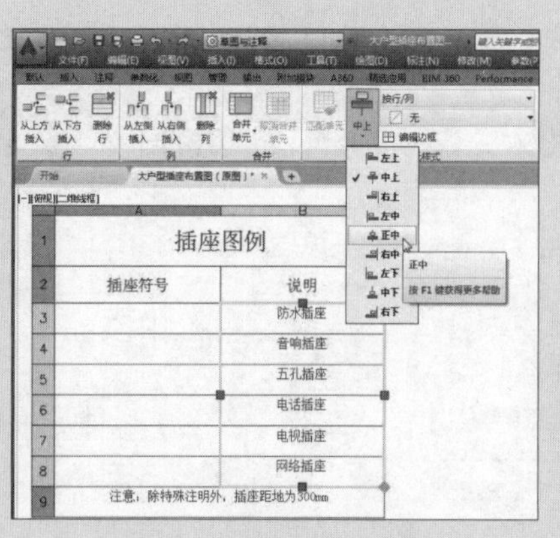

图6-71 设置单元格对齐模式

步骤30 选中第9行，在“单元样式”面板中，将其对齐模式设为“左中”，结果如图6-72所示。

步骤31 执行“插入>块”命令，打开“插入”对话框，单击“浏览”按钮，在“选择图形文件”对话框中，选择“防水插座”选项，单击“打开”按钮，如图6-73所示。

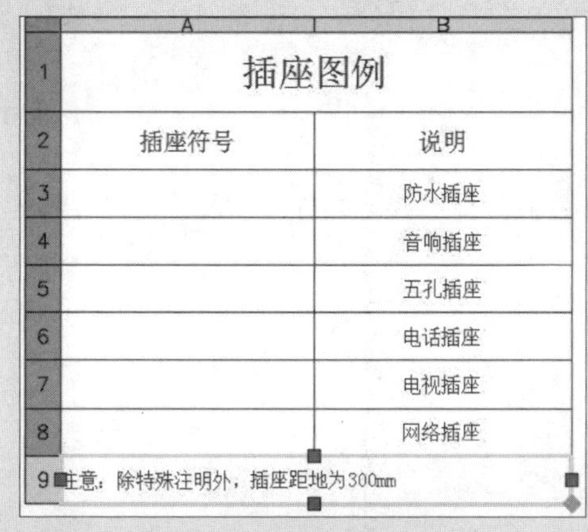

	A	B
1	插座图例	
2	插座符号	说明
3		防水插座
4		音响插座
5		五孔插座
6		电话插座
7		电视插座
8		网络插座
9	注意：除特殊注明外，插座距地为300mm	

图6-72 设置行对齐方式

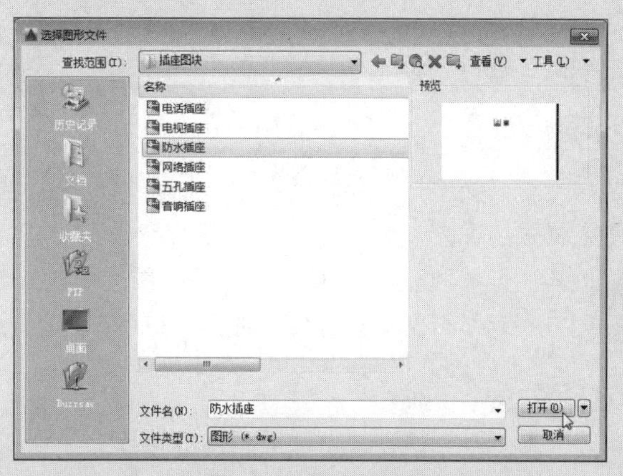

图6-73 选择所需图块

步骤32 返回至上一层对话框，单击“确定”按钮，如图6-74所示。

步骤33 在表格内指定图块插入点，其后在命令行中，输入SC快捷命令，指定图块缩放基点，输入缩放比例值，这里输入0.8，按回车键完成操作，结果如图6-75所示。

图6-74 插入图块

插座图例	
插座符号	说明
	防水插座
	音响插座
	五孔插座
	电话插座
	电视插座
	网络插座
注意：除特殊注明外，插座距地为300mm	

图6-75 缩放图块

步骤34 按照上一步操作，将其他插座图块分别插入表格合适位置。至此完成插座图例的制作，结果如图6-76所示。

插座图例	
插座符号	说明
	防水插座
M M	音响插座
S	五孔插座
T T	电话插座
TV TV	电视插座
CP CP	网络插座
注意：除特殊注明外，插座距地为300mm	

图6-76 完成插座图例的制作

课后练习

通过本章的学习，使读者了解了在图纸中添加文字以及表格的操作。下面将通过一些练习题来对本章内容进行巩固。

1. 填空题

（1）在“文字样式”对话框中，单击“________”按钮，可打开“新建文字样式”对话框，并在输入样式名称。

（2）执行“_______”命令，可在绘图区中输入单行文本。

（3）在对多行文本进行编辑时，用户可在功能区中“_______”选项卡进行相关设置。

2. 选择题

（1）在“文字样式”对话框中，设置（　　）选项，可对文字字体进行设置。

A、高度　　B、字体名　　C、字体样式　　D、注释性

（2）在“文字编辑器”选项卡中，单击（　　）按钮，可插入特殊字符。

A、符号　　B、字段

C、查找和替换　　D、匹配

（3）在以下哪一项面板中，可对多行文字高度进行设置（　　）。

A、段落　　B、格式　　C、选项　　D、样式

（4）执行下面哪个命令，可将外部文本调入CAD图纸中（　　）。

A、数据链接　　B、更新字段　　C、OLE对象　　D、输入

（5）在“表格样式”对话框中，单击（　　）按钮，可对当前表格样式进行更改操作。

A、修改　　B、删除　　C、新建　　D、置为当前

3. 操作题

（1）使用“单行文字”命令，为大户型平面布置图添加文本注释及图名，如图6-77所示。

（2）使用表格相关功能，创建如图6-78所示的表格。

图6-77　为平面图添加文本注释及图名

新拆墙体图示表

图示符号	图示说明	施工说明
	RC结构墙	
	新建粉刷砖墙	120mm厚材料双面粉光-施作厚度±50mm
	贴磁砖墙体	9mm厚材料，密接湿式施工法，填同磁砖色填缝剂-施作厚度±30mm
	贴大理石墙体	2cm厚材料，密接湿式施工法，填同大理石色填缝剂-施作厚度±50mm
	新建轻钢龙骨墙体	75mm轻钢骨料，上下10mmU型槽，双面单层9mm板，施作厚度±00mm
	拆除墙体	
	石膏板墙体	施作厚度±00mm

图6-78　创建墙体图示表

为室内施工图添加尺寸标注

课题概述

在图纸绘制过程中，除了绘制出所需的图形外，还必须准确无误地对图形进行尺寸标注，确定其大小，以便施工员作为施工参考依据，所以尺寸标注在图纸中占据着非常重要的地位。

教学目标

本章将介绍在室内施工图纸中添加尺寸及引线标注的方法。熟悉并掌握这些方法，可使用户能够更快、更好地绘制出满意的设计图来。

章节重点

★★★★　编辑尺寸及引线标注
★★★　添加尺寸及引线标注
★★　新建标注样式与引线样式
★　尺寸标注的规则与组成

光盘路径

上机实践：实例文件\第7章\上机实践
课后练习：实例文件\第7章\课后练习

7.1 尺寸标注的规则

尺寸标注有着明确的标注规则，在对图纸进行尺寸标注时，设计师必须按照标注规则进行标注，以免在施工过程中出现问题，从而影响施工进度。下面将介绍尺寸标注的一些相关规则，供用户参考。

1. 基本规则

国家标准《尺寸注法》(GB/4458.3-1984)，对尺寸标注时应遵循的有关规则作了明确规定。在AutoCAD 2016中，对绘制的图形进行尺寸标注时，应遵循以下规则。

- 图样上所标注的尺寸数为图形的真实大小，与绘图比例和绘图的准确度无关。
- 图形中的尺寸以系统默认的mm（毫米）为单位时，不需要计算单位代号或名称，如果采用其他单位，则必须注明相应计量的代号或名称，如度的符号“°”和英寸的符号“″”等。
- 图样上所标注的尺寸数值应为工程图形完工的实际尺寸，否则需要另外说明。
- 建筑图纸中的每个尺寸一般只标注一次，并标注在最能清晰表现该图形结构特征的视图上。
- 尺寸的配置要合理，功能尺寸应该直接标注，尽量避免在不可见的轮廓线上标注尺寸，数字之间不允许有任何图线穿过，必要时可以将图线断开。

2. 尺寸数字

- 线性尺寸的数字一般应注写在尺寸线的上方，也允许注写在尺寸线的中断处。
- 线性尺寸数字的方向，以平面坐标系的Y轴为分界线，左边按顺时针方向标注在尺寸线的上方，右边按逆时针方向标注在尺寸线的上方，但在与Y轴正负方向成30°角的范围内不标注尺寸数字。在不引起误解时，也允许采用引线标注，但在一张图样中，应尽可能采用一种方法。
- 角度的数字一律写成水平方向，一般注写在尺寸线的中断处。必要时也可使用引线标注。
- 尺寸数字不可被任何图线通过，否则必须将该图线断开。

3. 尺寸线

- 尺寸线用细实线绘制，其终端可以用箭头和斜线两种形式。箭头适用于各种类型的图样，但在实践中多用于机械制图，斜线多用于建筑制图。斜线用细实线绘制，当尺寸线的终端采用斜线形式时，尺寸线与尺寸界线必须相互垂直。
- 当尺寸线与尺寸界线相互垂直时，同一张图样中只能采用一种尺寸线终端的形式。当采用箭头时，在地位不够的情况下，允许用圆点或斜线代替箭头。
- 标注线性尺寸时，尺寸线必须与所标注的线段平行。尺寸线不能用其他图线代替，一般也不得与其他图线重合或画在其延长线上。
- 标注角度时，尺寸线应画成圆弧，其圆心是该角的顶点。
- 当对称机件的图形只画出一半或略大于一半时，尺寸线应略超过对称中心线或断裂处的边界线，此时仅在尺寸线的一端画出箭头。

4. 尺寸界线

- 尺寸界线用细实线绘制，并应由图形的轮廓线、轴线或对称中心线处引出，也可利用轮廓线、轴线或对称中心线作尺寸界线。

- 当表示曲线轮廓上各点的坐标时，可将尺寸线或其延长线作为尺寸界线。
- 尺寸界线一般应与尺寸线垂直，必要时才允许倾斜。在光滑过渡处标注尺寸时，必须用细实线将轮廓线延长，从它们的交点处引出尺寸界线。
- 标注角度的尺寸界线应径向引出。标注弦长或弧长的尺寸界线，应平行于该弦的垂直平分线，当弧度较大时，可沿径向引出。

5. 标注尺寸的符号

- 标注直径时，应在尺寸数字前加注符号“Φ”；标注半径时，应在尺寸数字前加注符号“R”；标注球面的直径或半径时，应在符号“Φ ”或“R”前再加注符号“S”。
- 标注弧长时，应在尺寸数字上方加注符号“⌒ ”。
- 标注参考尺寸时，应将尺寸数字加上圆括弧。
- 当需要指明半径尺寸是由其他尺寸所确定时，应用尺寸线和符号“R”标出，但不要注写尺寸数。

7.2 添加与编辑尺寸标注

了解尺寸标注的规则后，下面将介绍如何在室内施工图纸中使用尺寸标注功能来对图形进行标注操作。

7.2.1 设置标注样式

在绘图过程中，为了使标注外观能够统一、美观，需对其标注样式进行设置。在AutoCAD 2016中，利用“标注样式管理器”对话框可创建与设置标注样式，调出该对话框的方法如下。

- 执行“格式>标注样式”命令。
- 在“默认”选项卡的“注释”面板中单击“标注样式”按钮。
- 在“注释”选项卡的“标注”面板中单击右下角的对话框启动器按钮。
- 在命令行中输入快捷命令D或DS，然后按回车键。

执行以上任意一种操作，都将打开“标注样式管理器”对话框。在该对话框中，用户可以创建新的标注样式，也可以对已定义的标注样式进行设置。

1. 新建标注样式

在“标注样式管理器”对话框中，单击“新建”按钮，如图7-1所示。打开“创建新标注样式”对话框，在“新样式名”文本框中输入新的样式名称即可，如图7-2所示。

单击“继续”按钮，打开“新建标注样式”对话框，在该对话框中用户可根据需要对标注尺寸线的颜色、位置，箭头大小及符号，文字大小及颜色，尺寸精度等参数进行设置，如图7-3、7-4所示。

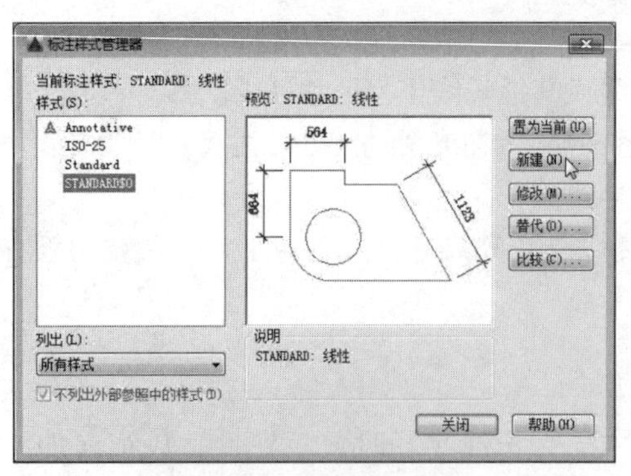

图7-1 单击“新建”按钮

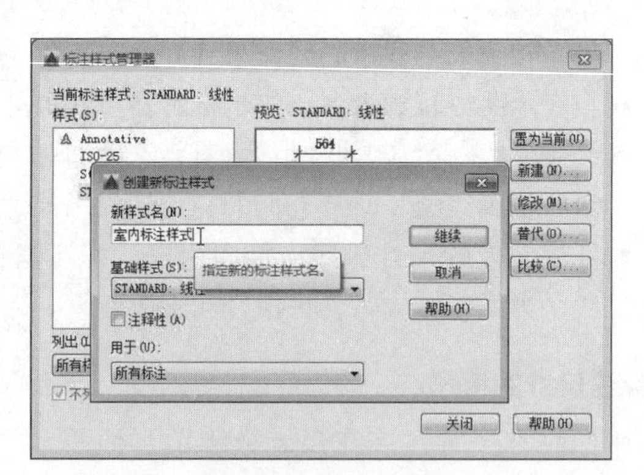

图7-2 新建样式名称

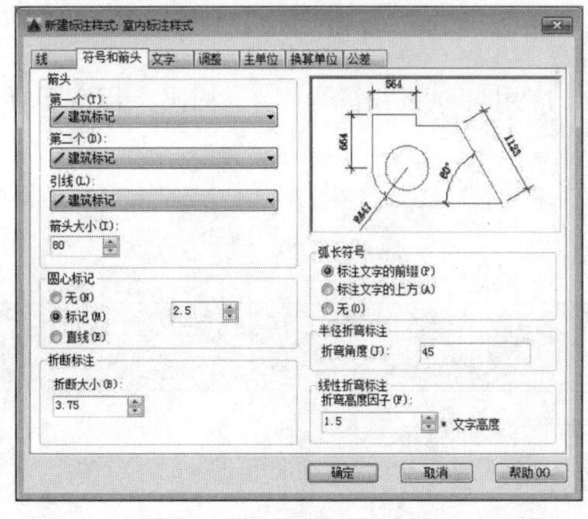

图7-3 “符号和箭头”选项卡

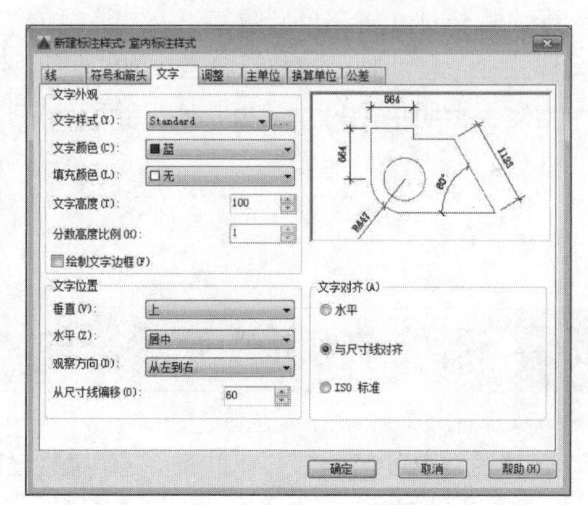

图7-4 “文字”选项卡

当所有参数设置完成后，单击“确定”按钮，返回到“标注样式管理器”对话框，在“样式”列表框中，会显示新建的样式名称。选中该样式选项，单击“置为当前”按钮，即可将其设为当前使用的样式。

2. 修改标注样式

要对新建的标注样式进行修改，只需在“标注样式管理器”对话框中，选中新建样式名，单击“修改”按钮，如图7-5所示。在打开的“修改标注样式”对话框中，单击相应的参数选项卡，并对其参数选项进行修改即可，如图7-6所示。

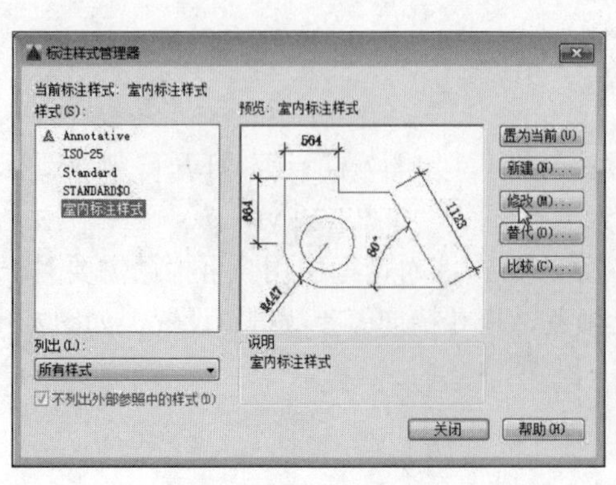

图7-5 单击“修改”按钮

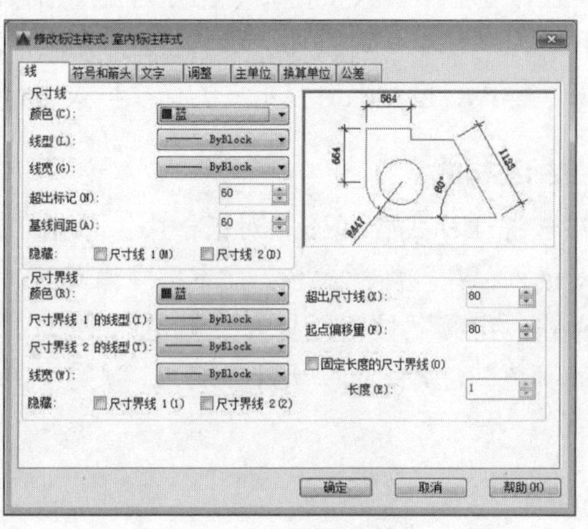

图7-6 修改参数选项

工程师点拨

【7-1】删除标注样式

若想删除多余的标注样式，可在“标注样式管理器”对话框中，右击要删除的样式名，在打开的快捷菜单中选择“删除”命令即可。需注意的是，当前使用的样式以及系统样式是无法删除的。

7.2.2 添加尺寸标注

在AutoCAD 2016中，系统提供了多种类型的标注命令，例如线性、弧长、角度、半径/直径等，用户可根据图纸需求选择相应的标注命令进行标注即可。

1. 线段类标注

线段类标注包括线性标注、对齐标注以及角度标注，该类标注主要是针对图形中某一条线段或某种角度进行标注。

（1）线性标注

在AutoCAD 2016中，用户可以通过以下方法执行“线性”标注命令。

- 执行“标注>线性”命令。
- 在“默认”选项卡的“注释”面板中单击“线性”按钮⊢⊣。
- 在“注释”选项卡的“标注”面板中单击“线性”按钮⊢⊣。
- 在命令行中输入快捷命令DIM，然后按回车键。

执行“线性”标注命令后，根据命令行的提示信息，指定好标注的起始点与终点，然后指定尺寸线位置，即可完成线性标注，如图7-7、7-8、7-9所示。

命令行提示内容如下：

```
命令：_dimlinear
指定第一个尺寸界线原点或 <选择对象>:                                      （指定标注起始点）
指定第二条尺寸界线原点：                                                  （指定标注端点）
指定尺寸线位置或 [多行文字(M)/ 文字(T)/ 角度(A)/ 水平(H)/ 垂直(V)/ 旋转(R)]:  （指定尺寸线位置）
标注文字 = 2100
```

图7-7 指定两个标注点

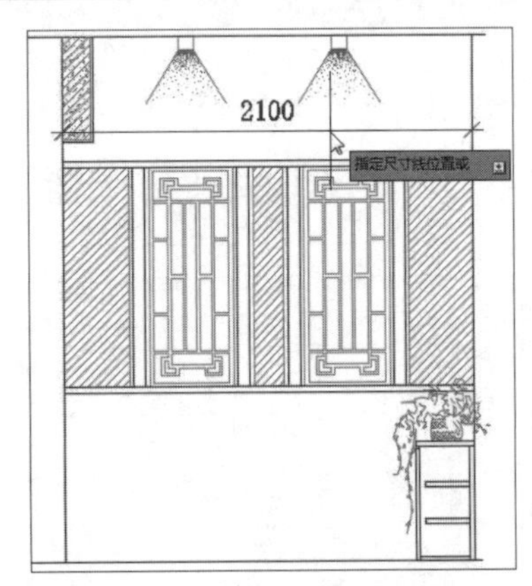

图7-8 指定尺寸线位置

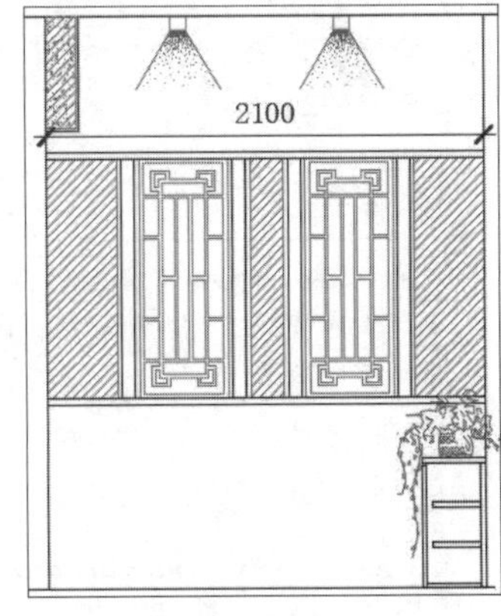

图7-9 完成标注

工程师点拨

【7-2】使用“线性”命令对旋转后的线段进行标注

利用“线性”命令，对图形旋转后有倾斜角度的线段进行标注，可先捕捉两个标注点，其后在命令行中输入R命令，并指定好旋转角度值，按回车键即可进行标注操作。

（2）对齐标注

对齐标注与线性标注的操作方法相同，不同之处在于尺寸线与用于指定尺寸界线两点之间的连线平行，因此广泛用于斜线、斜面等具有倾斜特征的线性尺寸标注。

在AutoCAD 2016中，用户可以通过以下方法执行“对齐”标注命令。

- 执行“标注>对齐”命令。
- 在“默认”选项卡的“注释”面板中单击“对齐”按钮。
- 在“注释”选项卡的“标注”面板中单击“对齐”按钮。
- 在命令行中输入快捷命令DAL，然后按回车键。

执行“对齐”标注命令后，根据命令行提示，指定要标注的起始点和终点，并指定好标注尺寸位置，即可完成对齐标注，如图7-10所示。

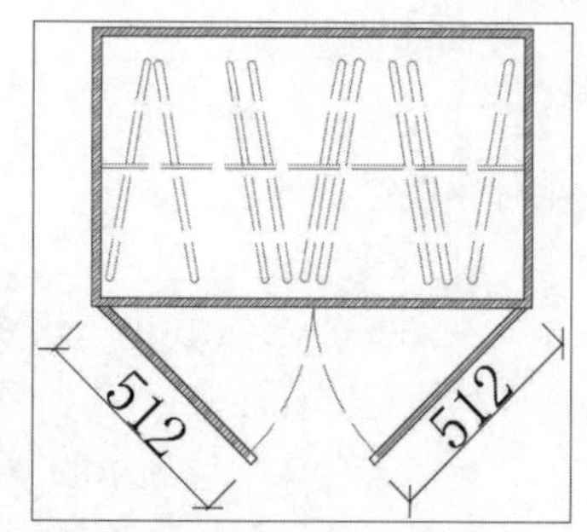

图7-10 对齐标注

（3）角度标注

角度标注用于标注两条非平行线之间的夹角或者不共线三点之间的夹角。要测量圆两条半径之间的圆度，可选择此圆，然后指定角度端点。

在AutoCAD 2016中，用户可以通过以下方法执行“角度”标注命令。

- 执行“标注>角度”命令。
- 在“注释”选项卡的“标注”面板中单击“角度”按钮。
- 在命令行中输入快捷命令DAN，然后按回车键。

执行以上任意一种操作后，根据命令行提示，选择两条夹角边线，并指定好角度位置即可，如图7-11、7-12、7-13所示。

命令行提示如下：

```
命令： _dimangular
选择圆弧、圆、直线或 <指定顶点>:                                   （选择第 1 条夹角线段）
选择第二条直线：                                                   （选择第 2 条夹角线段）
指定标注弧线位置或 [多行文字 (M)/ 文字 (T)/ 角度 (A)/ 象限点 (Q)]:  （指定角度标注位置）
标注文字 = 45
```

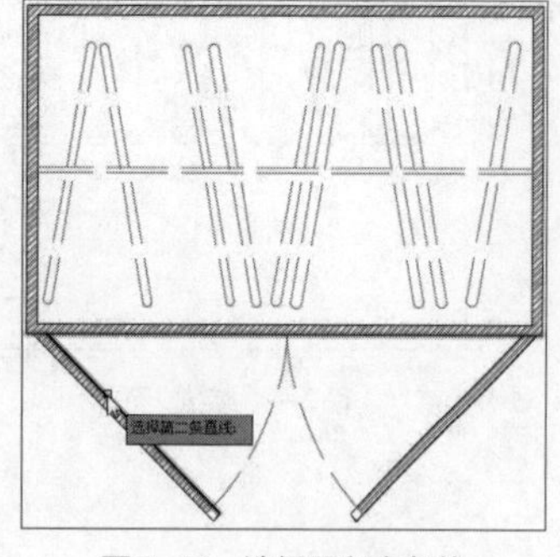
图7-11 选择两条夹角线

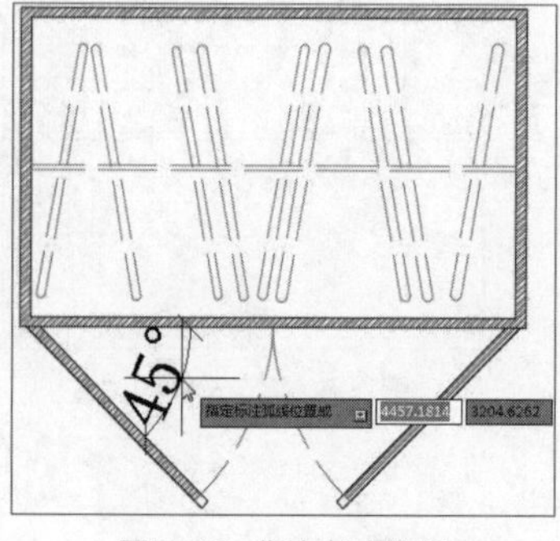

图7-12 指定角度位置

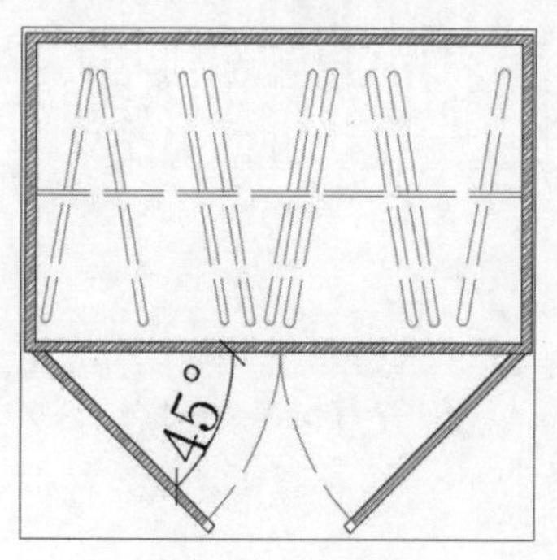

图7-13 完成标注

2. 圆类标注

通常圆形类标注主要包括半径标注、直径标注以及圆弧标注等，下面分别对其标注方法进行介绍。

(1) 半径/直径标注

半径和直径标注用于标注圆和圆弧的半径和直径尺寸，并在尺寸前面显示字母“R”或“ϕ”符号。在AutoCAD 2016中，用户可以通过以下方法执行半径和直径命令。

- 执行菜单栏中“标注>半径”/“直径”命令即可。
- 在“默认”选项卡的“注释”面板中，单击“线性”下拉按钮，选择“半径”或“直径”选项即可。
- 在“注释”选项卡的“标注”面板中，单击“线性”下拉按钮，选择“半径”或“直径”选项即可。

执行“半径”或“直径”命令，根据命令行的提示，选中所需的圆形，其后指定标注所在的位置即可，如图7-14、7-15所示。

命令行提示的信息如下：

```
命令：_dimdiameter
选择圆弧或圆：                                        （选择所需的圆或圆弧）
标注文字 = 280
指定尺寸线位置或 [多行文字(M)/文字(T)/角度(A)]:        （指定标注线位置）
```

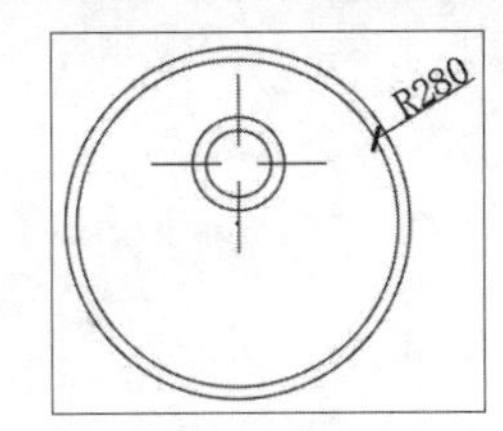

图7-14 半径标注

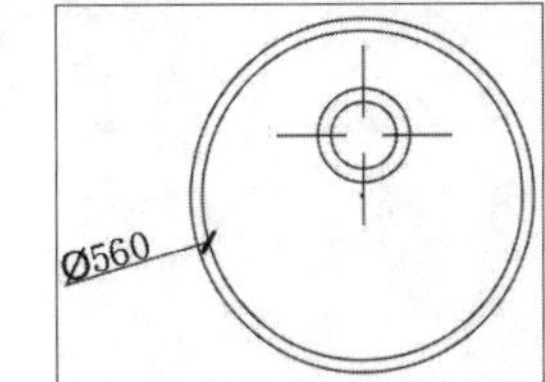

图7-15 直径标注

(2) 弧长标注

弧长标注是标注指定圆弧或多线段的距离。要标注圆弧和半圆的尺寸，用户可以通过以下方式调用弧长标注命令。

- 执行“标注>弧长”命令。
- 在“注释”选项卡的“标注”面板中单击“弧长”按钮。
- 在命令行输入DIMARC命令并按回车键。

执行以上任意一种操作后，根据命令行提示的信息，选择所需圆弧，其后指定好标注位置即可，如图7-16、7-17、7-18所示。

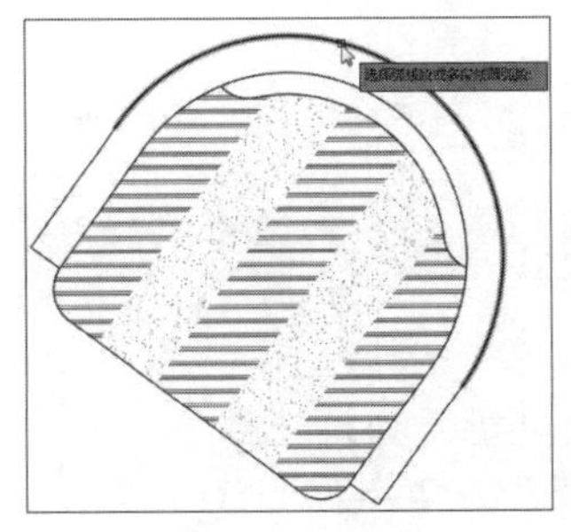
图7-16 选择所需弧线

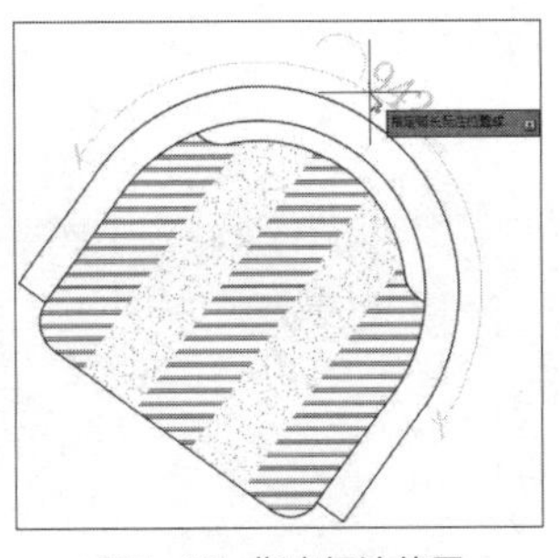

图7-17 指定标注位置

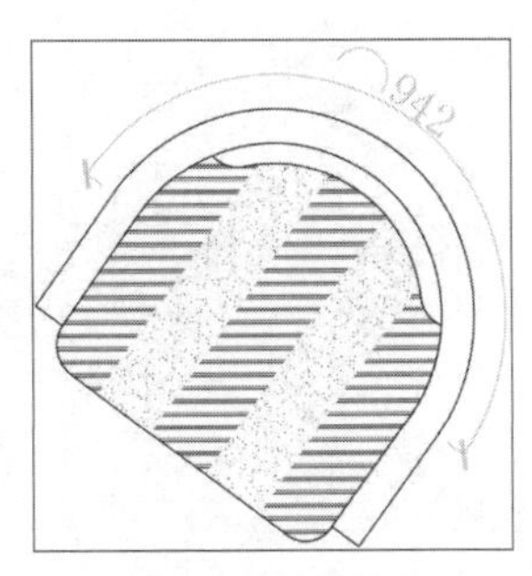

图7-18 完成标注

3. 其他类型标注

在AutoCAD 2016中，除了基本标注命令外，还有其他类型的标注，例如连续标注、基线标注、圆心标注、快速标注等。

（1）连续标注

连续标注是指连续地进行线性标注，用于创建系列标注。每个连续标注都从前一个标注的第二条尺寸界线处开始，在AutoCAD 2016中可通过以下方法进行连续标注操作。

- 执行菜单栏中“标注>连续”命令即可。
- 在“注释”选项卡的“标注”面板中，单击“连续”按钮即可。

执行“连续”命令，根据命令行提示，选择上一个线性标注线，其后连续捕捉下一个标注点，如图7-19所示。直到捕捉最后一个标注点，即可完成连续标注操作，结果如图7-20所示。

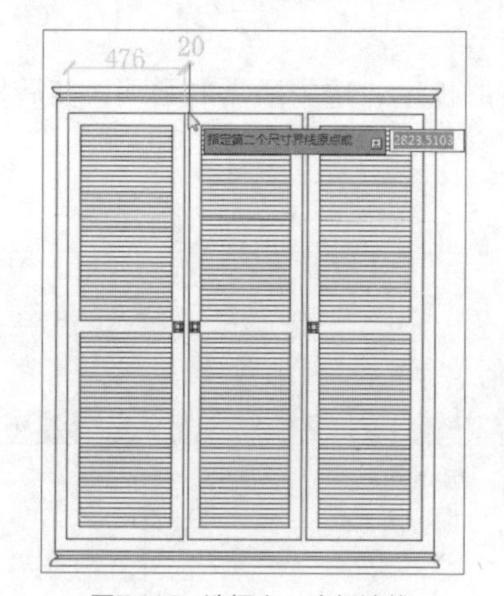

图7-19 选择上一个标注线

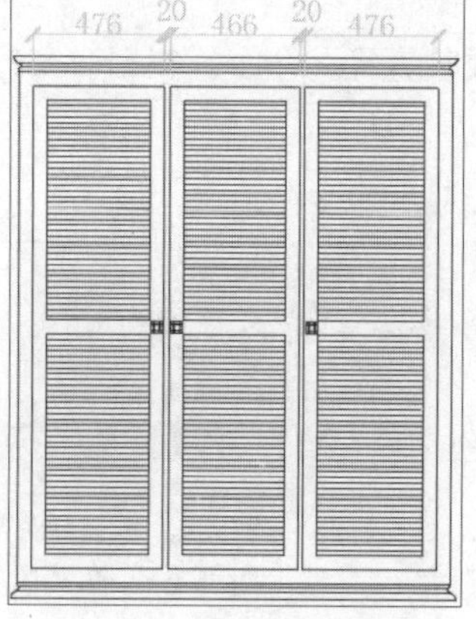

图7-20 查看连续标注结果

（2）基线标注

基线标注与连续标注相似，都是从一个标注或选定标注的基线各创建线性、角度或坐标标注。系统会使每一条新的尺寸线偏移一段距离，以避免与前一段尺寸线重合。

在AutoCAD 2016中，用户可通过以下方式执行基线标注操作。

- 执行菜单栏中“标注>基线”命令即可。
- 在“注释”选项卡的“标注”面板中，单击“基线”按钮即可。

执行“基线”命令，根据命令行提示，选择上一个线性标注线，其后连续捕捉下一个标注点，如图7-21所示。直到捕捉最后一个标注点，即可完成标注操作，如图7-22所示。

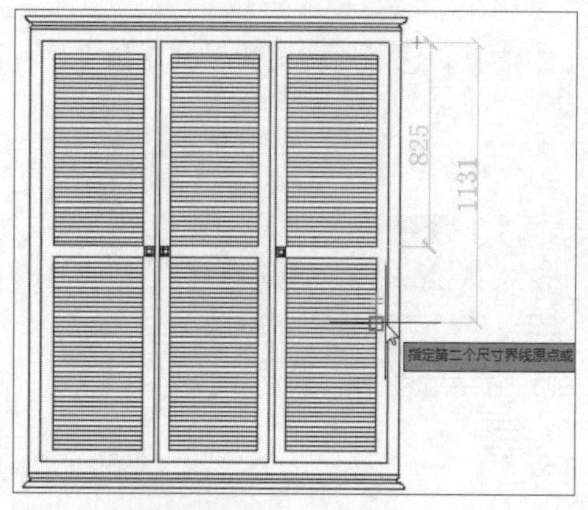

图7-21 捕捉第二个标注点

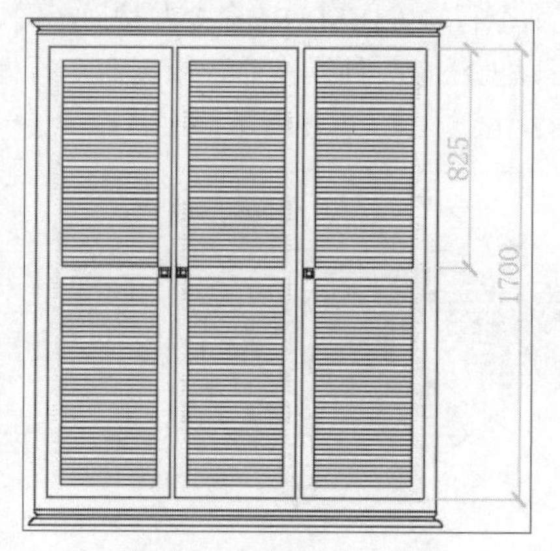

图7-22 查看基线标注结果

命令行提示的信息如下：

```
命令：_dimbaseline
选择基准标注：                                        （选择线性标注基准界线）
指定第二个尺寸界线原点或 [选择(S)/放弃(U)] <选择>:      （捕捉下一个标注点，直到结束）
标注文字 = 1700
指定第二个尺寸界线原点或 [选择(S)/放弃(U)] <选择>:
```

（3）快速标注

在AutoCAD 2016中，用户可以通过以下方法执行“快速标注”命令。

- 执行“标注>快速标注”命令即可。
- 在“注释”选项卡的“标注”面板中，单击“快速标注”按钮即可。
- 在命令行中输入QDIM，按回车键即可。

执行以上任意一种操作后，在绘图区中选择要标注的图形线段，按回车键指定好标注线位置，即可完成标注操作，如图7-23、7-24所示。

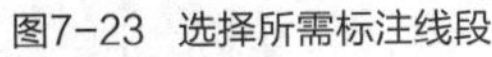

图7-23 选择所需标注线段

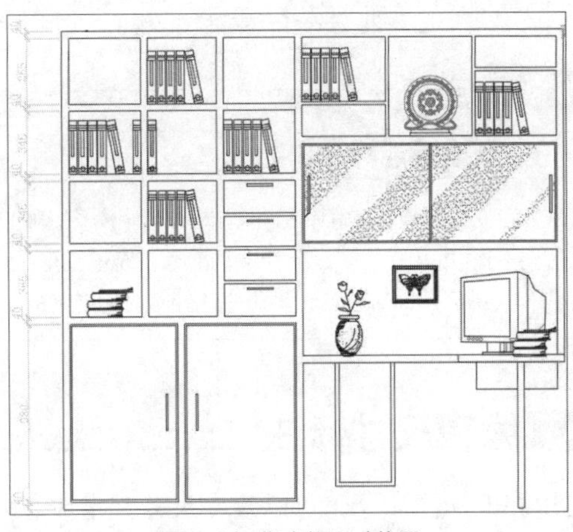

图7-24 指定好尺寸位置

命令行的提示信息如下：

```
命令：_qdim
关联标注优先级 = 端点
选择要标注的几何图形：找到 1 个                       （选择所有要标注的图形线段）
选择要标注的几何图形：找到 1 个，总计 12 个
选择要标注的几何图形：                                 （按回车键）
指定尺寸线位置或 [连续(C)/并列(S)/基线(B)/坐标(O)/半径(R)/直径(D)/基准点(P)/编辑(E)/设置(T)]
<连续>:                                               （指定好标注位置，完成操作）
```

（4）圆心标注

圆心标注用于给指定的圆或圆弧标注画出圆心符号，标记圆心，其标记可以是短十线，也可以是中心线。

在AutoCAD 2016中，用户可以通过以下方法执行“圆心标记”命令。

- 执行“标注>圆心标记”命令。
- 在“注释”选项卡的“标注”面板中单击“圆心标记”按钮⊕。
- 在命令行中输入DIMCENTER命令，然后按回车键。

执行“圆心标注”命令后，根据命令行的提示信息，选择所需圆弧或圆形，此时在圆心位置将自动显示圆心点，如图7-25、7-26所示。

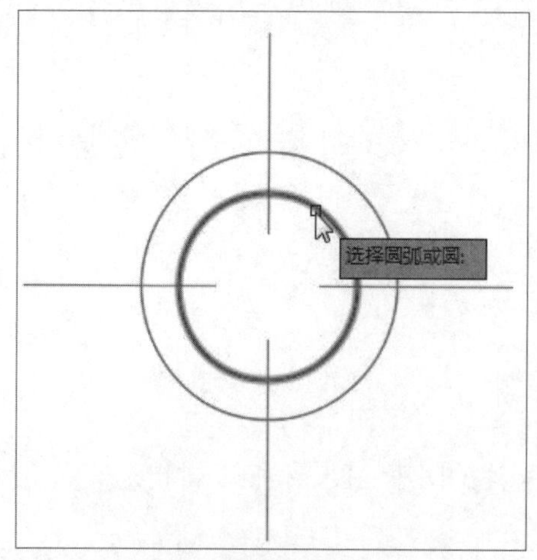

图7-25 选择所需圆形或圆弧

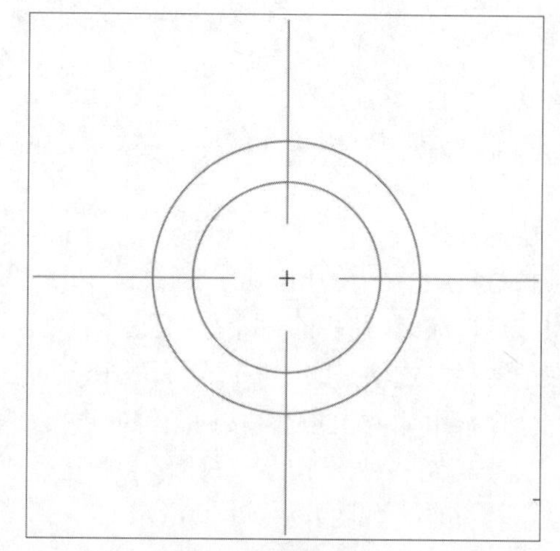

图7-26 显示圆心点

工程师点拨

【7-3】新增智能标注功能

AutoCAD 2016版本在原有标注基础上，新增了一种智能标注功能。在“默认”选项卡的“注释”面板中，单击“标注”按钮即可启用。在启用该功能后，无论图形是直线、圆形还是圆弧，系统将自动识别其图形，并快速进行标注操作。用户只需执行这一项命令就能够替代之前的线性、角度、弧长或直径等标注命令。

7.2.3 编辑尺寸标注

使用编辑标注命令，可以改变尺寸文本或者强制尺寸界线旋转一定的角度。在命令行中输入快捷命令DED并按回车键，根据命令提示进行编辑标注操作，命令行提示内容如下。

```
命令：DED DIMEDIT
输入标注编辑类型 [默认(H)/新建(N)/旋转(R)/倾斜(O)] <默认>:
```

- “默认”选项：将旋转标注文字移回默认位置，选定的标注文字移回到由标注样式指定的默认位置和旋转角。
- “新建”选项：使用在位文字编辑器更改标注文字。
- “旋转”选项：用于旋转指定对象中的标注文字，选择该选项系统将提示用户指定旋转角度，如果输入0，则把标注文字按缺省方向放置。
- “倾斜”选项：调整线性标注尺寸界线的倾斜角度，选择该选项后系统将提示用户选择对象并指定倾斜角度。当尺寸界线与图形的其他要素冲突时，“倾斜”选项将很有用处。

示例 为沙发背景墙添加尺寸标注

步骤01 打开“沙发背景（原图）.dwg”素材文件，执行“标注>线性”命令，捕捉吊顶立面的起始点与终点，并指定好尺寸线位置，完成吊顶立面尺寸的标注，如图7-27所示。

步骤02 执行“标注>连续”命令，选择吊顶尺寸线，然后按照顺序依次捕捉墙体立面标注点，完成一侧墙体立面的标注，如图7-28所示。

图7-27 标注吊顶立面

图7-28 标注背景墙立面

步骤03 执行“标注>线性”命令，捕捉沙发两个标注点，并指定好其尺寸线位置，完成沙发立面标注操作，如图7-29所示。

步骤04 执行“标注>连续”命令，指定沙发尺寸线为标注基点，依次捕捉装饰画及墙体标注点，完成墙体另一侧的立面标注，结果如图7-30所示。

图7-29 标注沙发立面

图7-30 标注墙体另一侧

步骤05 同样执行“线性”和“连续”命令，标注如图7-31所示的图形。

步骤06 执行“线性”命令，标注其他图形，结果如图7-32所示。

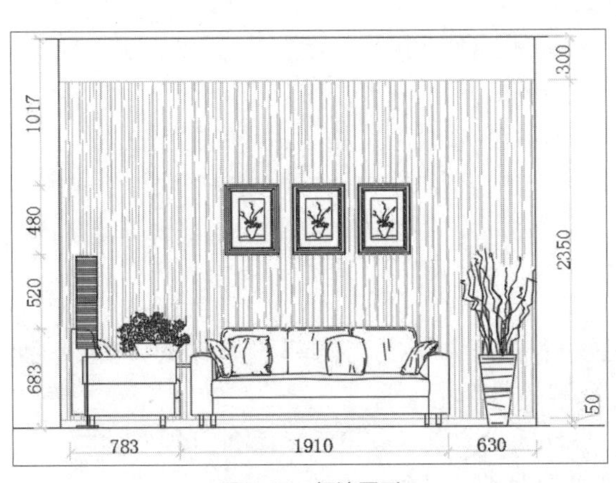

图7-31 标注图形

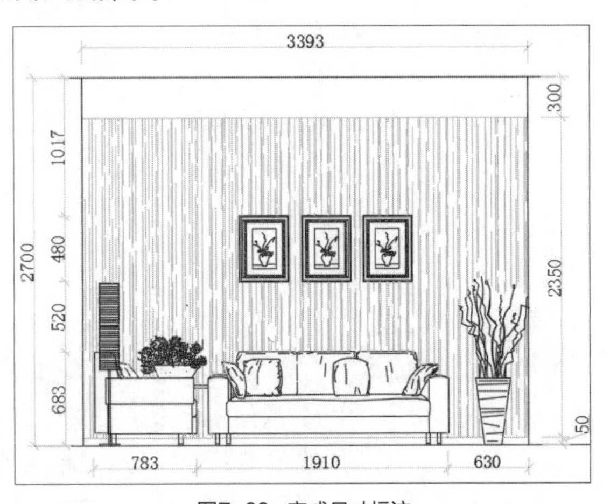

图7-32 完成尺寸标注

7.2.4 创建并编辑引线标注

引线对象是一条线或样条曲线，其一端带有箭头或设置没有箭头，另一端带有多行文字对象或块。多重引线标注命令常用于对图形中的某些特定对象进行说明，使图形表达更清楚。下面将介绍引线标注的添加与编辑操作。

1. 设置引线标注样式

添加引线标注之前，通常都需要对其样式进行统一设置。用户可通过以下方式打开“多重引线样式管理器”对话框。

- 执行“格式>多重引线样式”命令。
- 在“注释”选项卡的“引线”面板中单击右下角的对话框启动器按钮。
- 在命令行输入MLEADERSTYLE命令，按回车键。

在“多重引线样式管理器”对话框中，用户可新建引线样式，也可以对已定义的引线样式进行设置，如图7-33所示。在“修改多重引线样式”对话框中，用户可根据需要对引线格式、引线结构以及内容参数进行设置，其方法与设置标注样式相似，如图7-34所示。

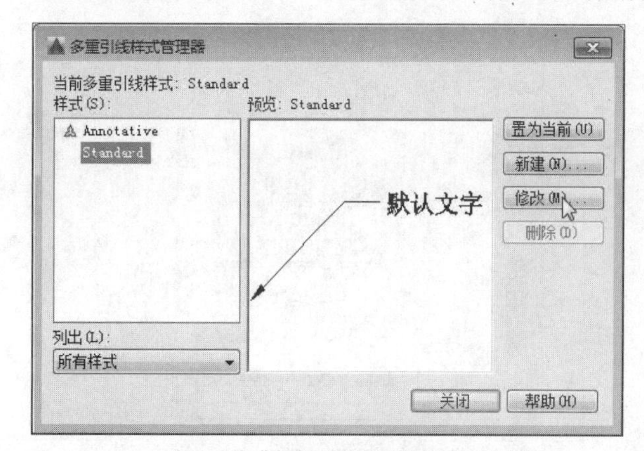

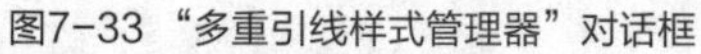
图7-33 “多重引线样式管理器”对话框

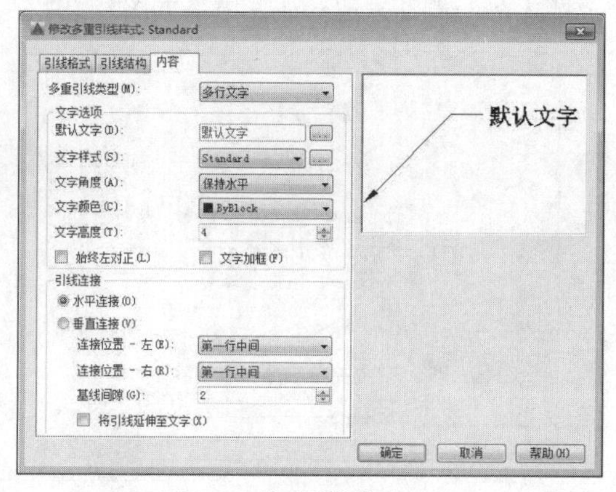

图7-34 修改引线样式

2. 添加引线标注

引线样式设置完成后，用户可通过以下方式启用多重引线命令进行引线标注。

- 执行“标注>多重引线”命令。
- 在“注释”选项卡的“引线”面板中，单击“多重引线”按钮。
- 在命令行输入MLEADER命令，按回车键。

执行以上任意一种操作后，在绘图区中，根据命令行提示的信息，指定引线的起点位置，然后指定引线的基线位置，最后在光标处输入注释文本内容，单击图纸空白处即可完成引线标注操作，如图7-35、7-36所示。

3. 编辑多重引线

引线标注创建完好后，如果想要对其内容或形式进行修改，可在“注释”选项卡的“引线”面板中，根据需要选择相应的编辑命令进行操作即可。

编辑多重引线的操作包括添加引线、删除引线、对齐和合并四个，下面具体介绍各选项的含义。

- 添加引线：在一条引线的基础上添加另一条引线，且标注是同一个。
- 删除引线：将选定的引线删除。

- 对齐：将选定的引线对象对齐并按一定间距排列。
- 合并：将包含块的选定多重引线组织到行或列中，并使用单引线显示结果。

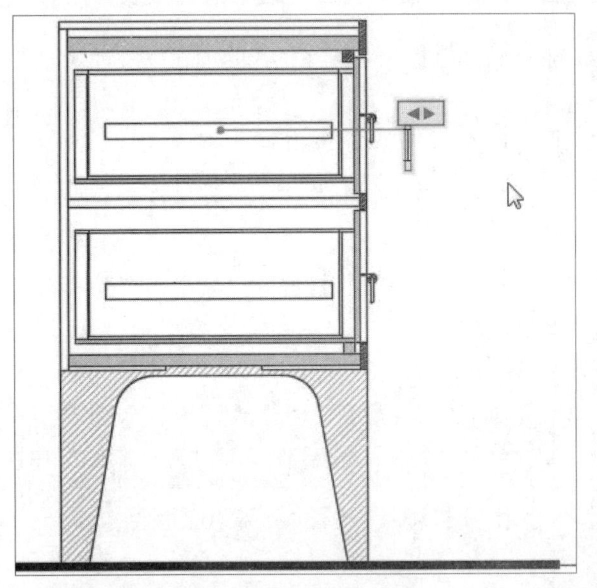
图7-35 指定引线基线位置

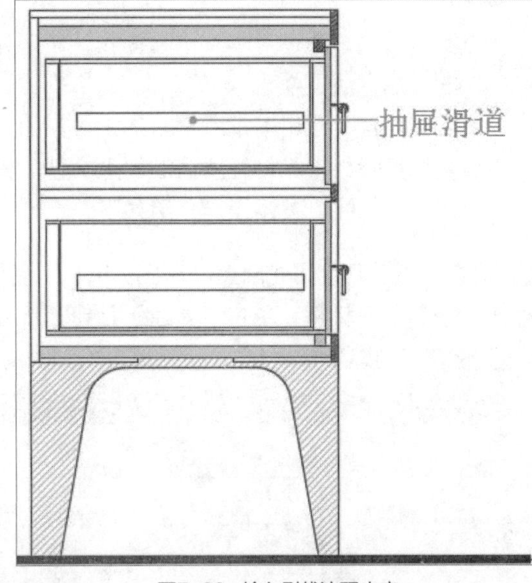

图7-36 输入引线注释内容

工程师点拨

【7-4】将文字放置引线上方

在AutoCAD 2016中，系统默认引线文字是跟随在引线后方的，有时为了制图需要，可将文字放置在引线上方。操作方法为：打开“多重引线样式管理器”对话框，选择当前所需的样式，单击“修改”按钮，切换至“内容”选项卡，在“引线连接”选项组中，单击“连接位置 - 左”下拉按钮，选择“最后一行加下划线”选项，单击“连接位置 - 右”下拉按钮，选择“最后一行加下划线”选项，单击“确定”按钮即可，如图7-37所示。

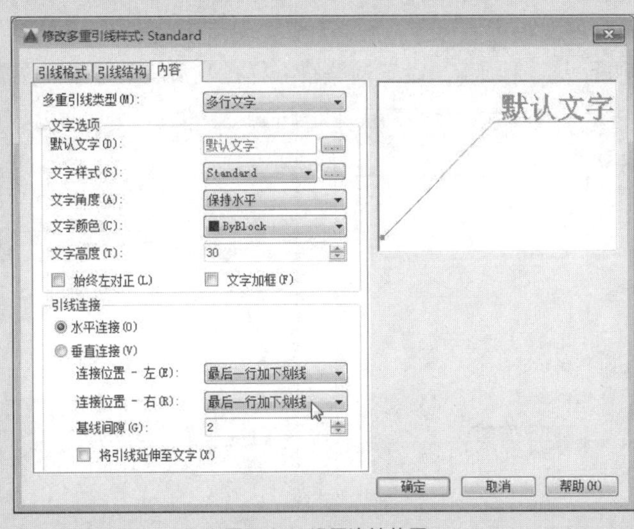

图7-37 设置连接位置

上机实践：为卫生间立面图添加尺寸标注

■**实践目的：**通过对本实例的操作，希望用户能够快速掌握尺寸标注样式的创建以及尺寸标注的添加方法。

■**实践内容：**应用本章所学的知识，在为卫生间立面图中添加尺寸标注。

■**实践步骤：**首先打开所需的图形文件，然后新建尺寸标注样式，最后运用尺寸标注命令对图形进行标注，具体操作介绍如下。

步骤01 打开“卫生间立面图（原图）.dwg”素材文件，执行“格式>标注样式”命令，打开“标注样式管理器”对话框，单击“新建”按钮，如图7-38所示。

步骤02 在“创建新标注样式”对话框中，输入新的样式名，如图7-39所示。

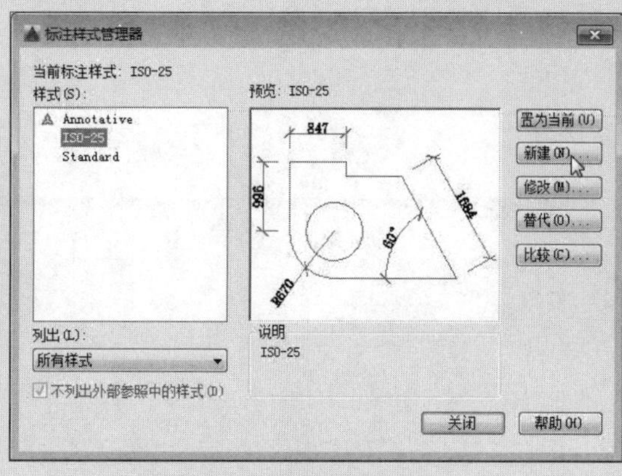

图7-38 新建标注样式

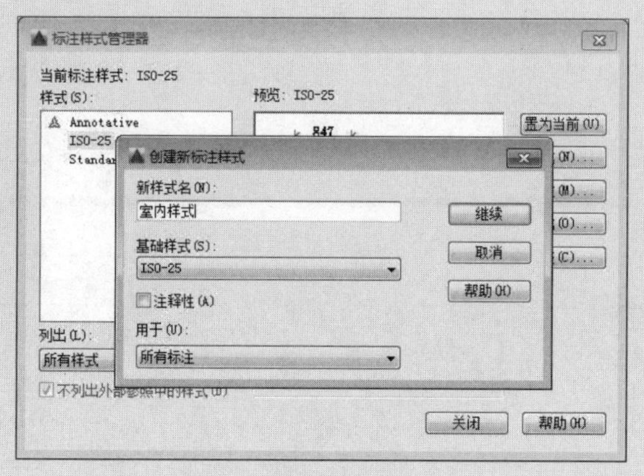

图7-39 输入新样式名

步骤03 单击“继续”按钮，打开“新建标注样式：室内样式”对话框，切换至“线”选项卡，设置尺寸线颜色、超出尺寸线及起点偏移量，结果如图7-40所示。

步骤04 切换至“符号和箭头”选项卡，设置箭头符号样式及大小，结果如图7-41所示。

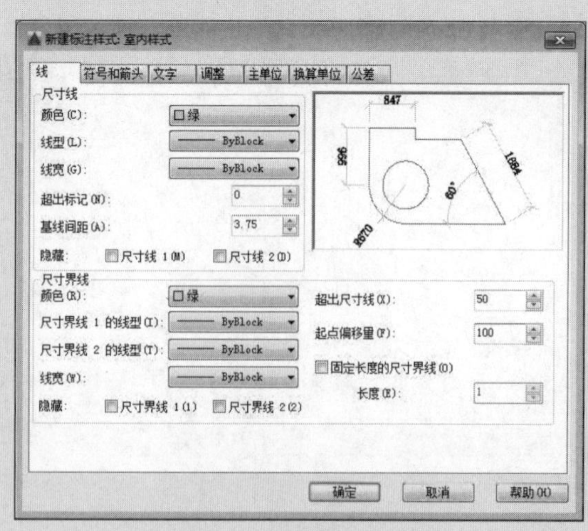

图7-40 设置尺寸线样式

图7-41 设置箭头符号样式及大小

步骤05 在“文字”选项卡中，将文字高度设为80，如图7-42所示。

步骤06 在“调整”选项卡中，单击“尺寸线上方，带引线”单选按钮，如图7-43所示。

图7-42　设置文字高度

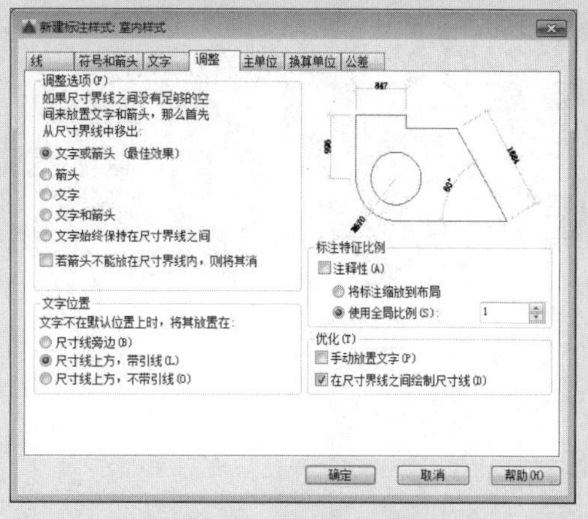

图7-43　设置文字位置

步骤07 单击“确定”按钮，返回上一层对话框，单击“置为当前”按钮，关闭对话框，如图7-44所示。

步骤08 执行“标注>线性”命令，捕捉地平线和洗手台面的两个标注点，并指定好尺寸线位置，完成洗手台面距地的标注，如图7-45所示。

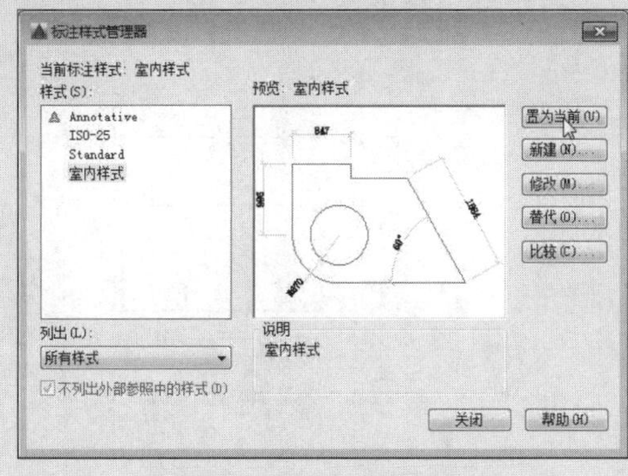

图7-44　置为当前样式

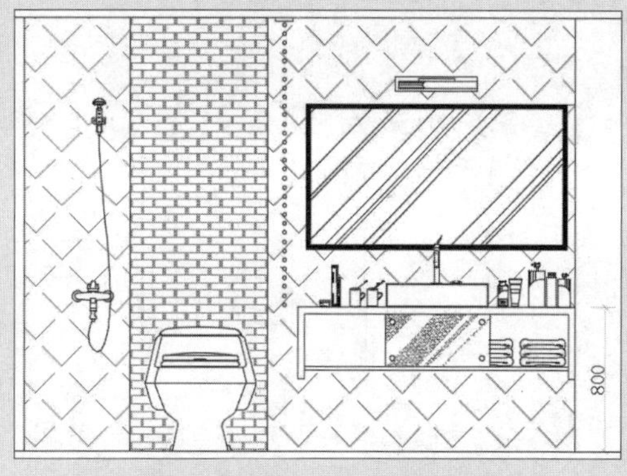

图7-45　标注洗手台面距地距离

步骤09 执行“标注>连续”命令，按照图形顺序连续进行标注，如图7-46所示。

步骤10 再次执行“线性”标注和“连续”标注命令，标注立面图横向尺寸，结果如图7-47所示。

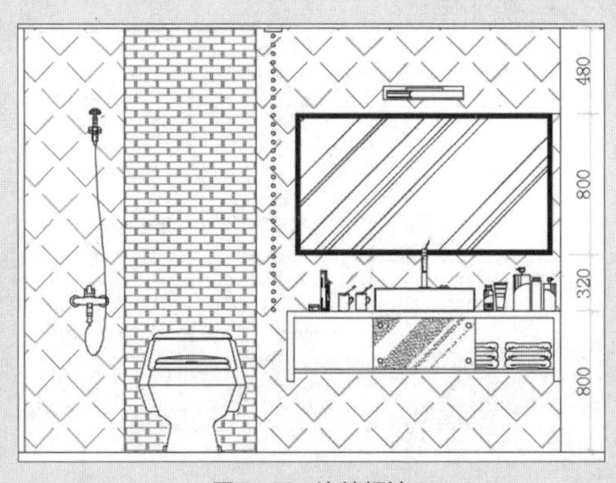

图7-46　连续标注

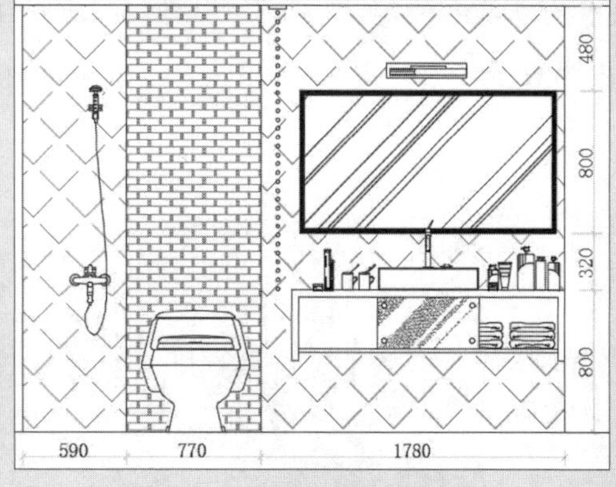

图7-47　标注立面图横向尺寸

步骤11 执行“线性”命令，标注立面图纸横向和纵向的大尺寸，结果如图7-48所示。

步骤12 执行“格式>多重引线样式”命令，打开“多重引线样式管理器”对话框，单击“修改”按钮，在“修改多重引线样式”对话框的“引线格式”选项卡中，设置箭头符号样式及大小，结果如图7-49所示。

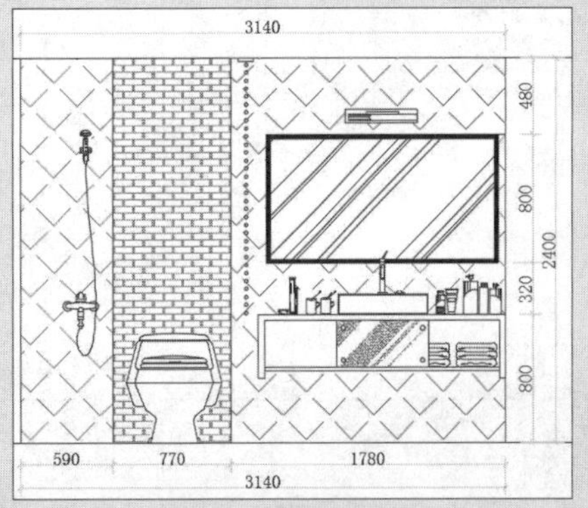

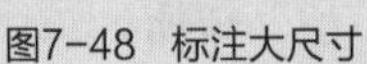
图7-48 标注大尺寸

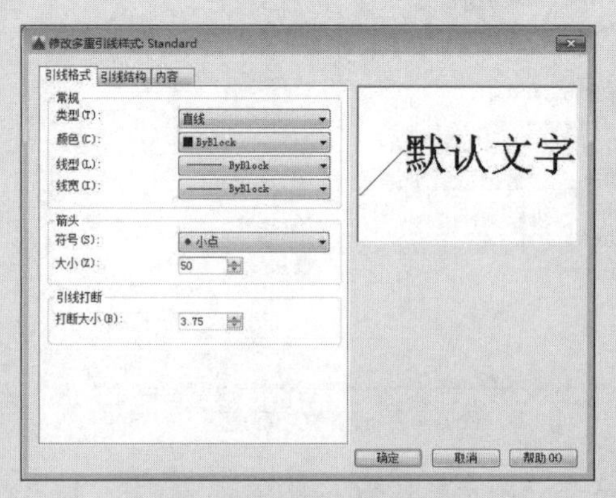

图7-49 修改引线箭头样式

步骤13 在“内容”选项卡中，将文字高度设为80，单击“确定”按钮，返回上一层对话框，单击“置为当前”按钮，完成引线样式的修改操作，如图7-50所示。

步骤14 执行“标注>多重引线”命令，在绘图区中，指定好引线的起始点基线位置，如图7-51所示。

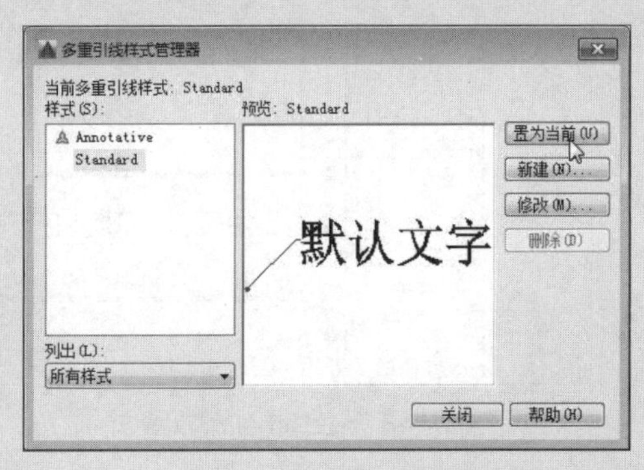

图7-50 置为当前引线样式

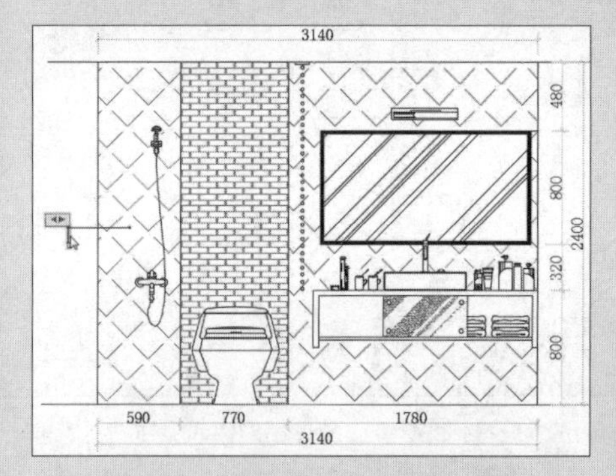

图7-51 指定引线起始点与基线位置

步骤15 输入引线注释内容，单击图纸空白处即可完成输入操作，如图7-52所示。

步骤16 按照同样的操作，对图纸其他部分进行注释，结果如图7-53所示。至此，卫生间立面图尺寸标注添加完毕。

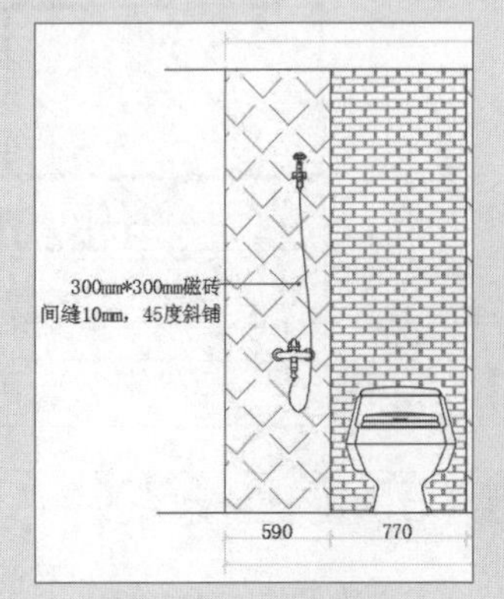

图7-52 输入引线注释内容

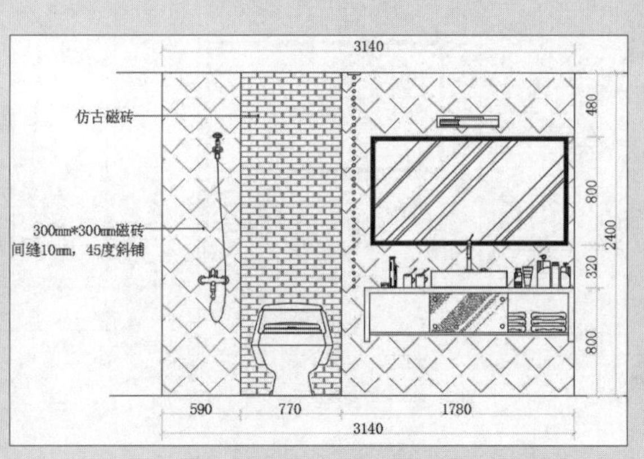

图7-53 标注其他引线注释

课后练习

本章主要介绍了各种尺寸标注的概念、用途以及标注方法，熟练掌握尺寸标注，在绘图中是十分必要的。

1. 填空题

（1）线性尺寸的数字一般应注写在尺寸线的_______，也允许注写在尺寸线的_______处。尺寸数字不可被任何图线所通过，否则必须将该图线_______。

（2）尺寸线用_______绘制，其终端可以用_______和_______两种形式。

（3）在对尺寸标注进行编辑时，有_______、_______、_______、_______4种编辑类型可选。

2. 选择题

（1）若要对标注的箭头大小进行设置，需在以下哪个选项卡中操作（　　）。

A、主单位　　B、文字

C、调整　　D、符号和箭头

（2）尺寸标注的快捷键是（　　）。

A、DIM　　B、DLI　　C、DOC　　D、QDIM

（3）在对多重引线进行编辑时，下面哪一项功能是不能实现的（　　）。

A、合并　　B、对齐　　C、分解　　D、删除

（4）对引线的文字参数进行设置时，需要在以下哪一个选项卡中进行操作（　　）。

A、内容　　B、文字　　C、引线格式　　D、调整

3. 操作题

（1）打开“梳妆台（原始）”素材文件，使用“线性”、“连续”、“半径”等标注命令，为梳妆台立面图添加尺寸标注，结果如图7-54所示。

（2）使用“多重引线”命令，对梳妆台立面图添加材料注释内容，如图7-55所示。

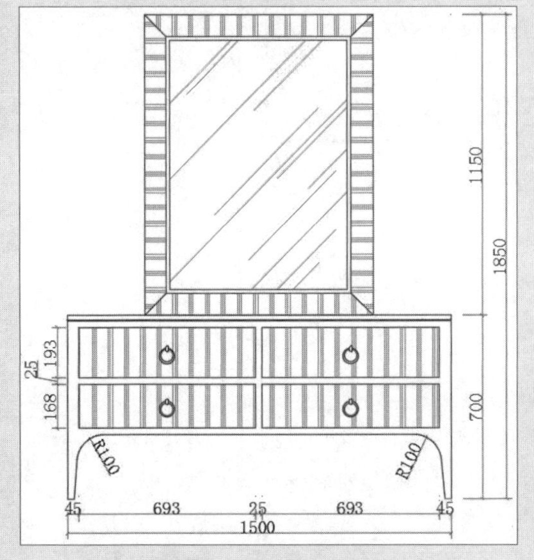

图7-54　标注梳妆台立面图

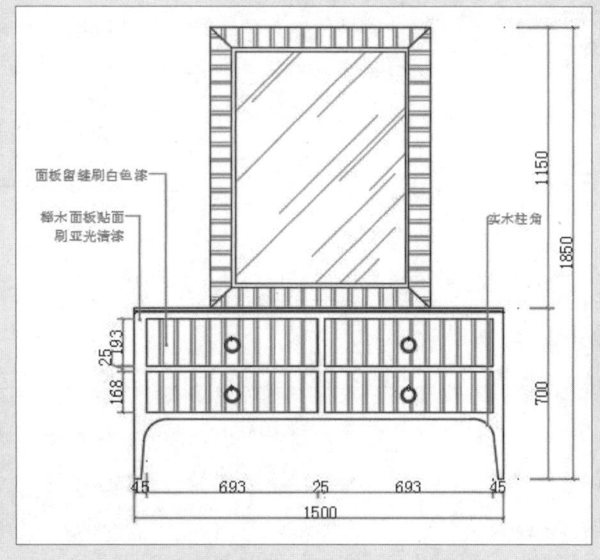

图7-55　为梳妆台立面图添加注释

室内模型的创建与渲染

课题概述

AutoCAD软件不仅能够绘制出漂亮的二维图形，还可以运用三维命令绘制出精美的三维模型图。

教学目标

本章将介绍三维绘图的相关知识，如创建各种实体模型、编辑与修改实体模型、赋予材质及渲染模型等。只有熟练地掌握这些操作命令，才可为创建室内效果图打下坚实的基础。

章节重点

★★★★　创建三维实体
★★★★　编辑三维实体
★★★　材质、灯光与渲染
★★　三维建模基本操作

光盘路径

上机实践：实例文件\第8章\上机实践
课后练习：实例文件\第8章\课后练习

8.1 三维建模基本要素

视图样式和视觉样式是三维建模过程较为重要的知识，在学习如何创建实体模型前，需先掌握视图样式与视觉样式的相关知识。

8.1.1 三维视图

在默认情况下，AutoCAD提供了10种三维视图。在绘制图形时，这些三维视图经常被用到。执行“视图>视图”命令，在子列表中用户可根据实际需要，选择相应的视图选项。

（1）俯视：该视图是从上往下查看模型，常以二维形式显示。

（2）仰视：该视图是从下往上查看模型，常以二维形式显示。

（3）左视：该视图是从左往右查看模型，常以二维形式显示。

（4）右视：该视图是从右往左查看模型，常以二维形式显示。

（5）前视：该视图是从前往后查看模型，常以二维形式显示。

（6）后视：该视图是从后往前查看模型，常以二维形式显示。

（7）西南等轴测：该视图是从西南方向以等轴测方式查看模型。

（8）东南等轴测：该视图从东南方向以等轴测方式查看模型。

（9）东北等轴测：该视图从东北方向以等轴测方式查看模型。

（10）西北等轴测：该视图从西北方向以等轴测方式查看模型。

8.1.2 视觉样式

AutoCAD中的视图样式分别为二维线框、概念、消隐、真实、着色、带边缘着色、灰度、勾画、线框和X射线10种。用户可根据需要来选择视图样式，从而更清楚地查看三维模型。执行“视图>视图样式”命令，在子列表中即可切换样式种类。

- 二维线框样式：该样式是以单纯的线框模式来表现当前模型效果，该样式是三维视图的默认显示样式，如图8-1所示。
- 概念样式：该样式是将模型背后不可见的部分进行遮挡，并以灰色面显示，从而形成比较直观的立体模型样式，如图8-2所示。

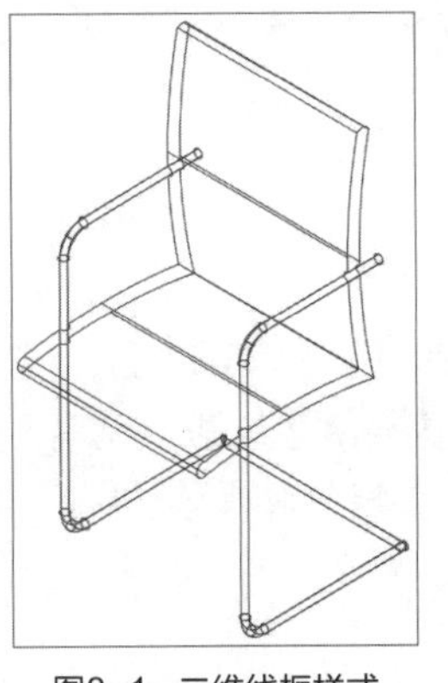

图8-1 二维线框样式

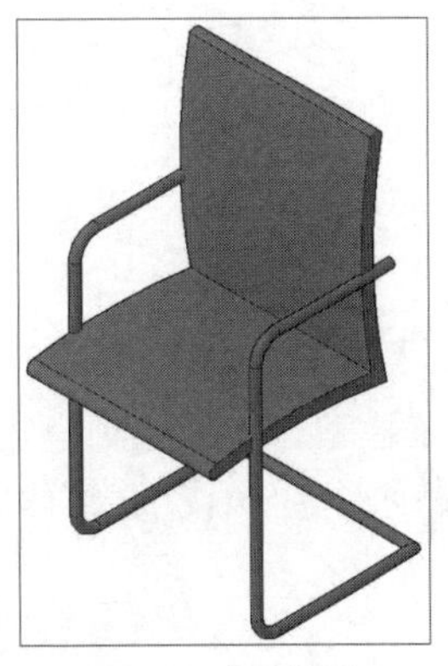

图8-2 概念样式

- 消隐样式：该视图样式与“概念”相似，概念样式是以灰度显示，而消隐样式则以白色显示，如图8-3所示。
- 真实样式：该样式是在“概念”样式基础上，添加了简略的光影效果，并能显示当前模型的材质贴图，如图8-4所示。
- 着色样式：该样式是将当前模型表面进行平滑着色处理，而不显示贴图样式。

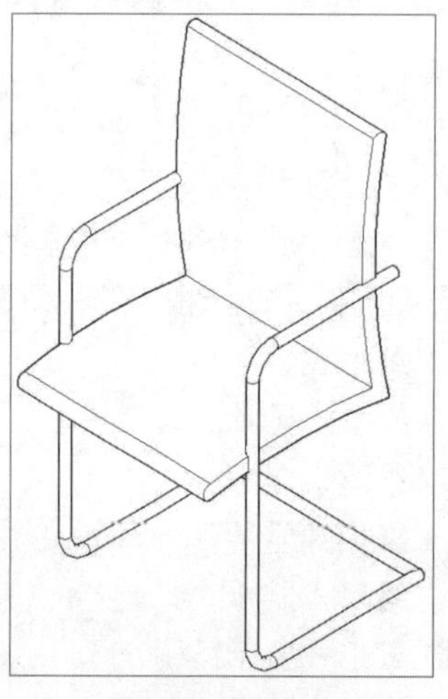
图8-3 消隐样式

图8-4 真实样式

- 带边缘着色样式：该样式是在“着色样式”基础上，添加了模型线框和边线。
- 灰度样式：该样式在“概念”样式基础上，添加了平滑灰度着色效果。
- 勾画样式：该样式是用延伸线和抖动边修改器来显示当前模型手绘图的效果。
- 线框样式：该样式与“二维线框”样式相似，只不过“二维线框”样式在二维或三维空间都可显示，而线框样式只能在三维空间中显示。
- X射线样式：该样式在“线框”样式基础上更改面的透明度，使整个模型变成半透明，并略带光影和材质。

8.2 创建三维实体

在三维制图中，创建三维模型的方法有两种：一是使用简单几何形体进行创建，二是使用相关拉伸命令，对模型二维截面图进行拉伸创建。

8.2.1 创建三维基本实体

实体模型是常用的三维模型，也是绘制一些复杂模型最基本元素。在AutoCAD软件中基本实体包括长方体、圆柱体、球体、圆锥体、圆环体、多段体和楔体。

1. 创建长方体

使用“长方体”命令可绘制实心长方体或立方体。在AutoCAD 2016中，执行“常用>建模>长方体”命令，根据命令行提示创建长方体底面起点，并输入底面长方形长度和宽度，其后移动光标至合适位置，输入长方体高度值，即可完成长方体的创建，如图8-5、8-6所示。

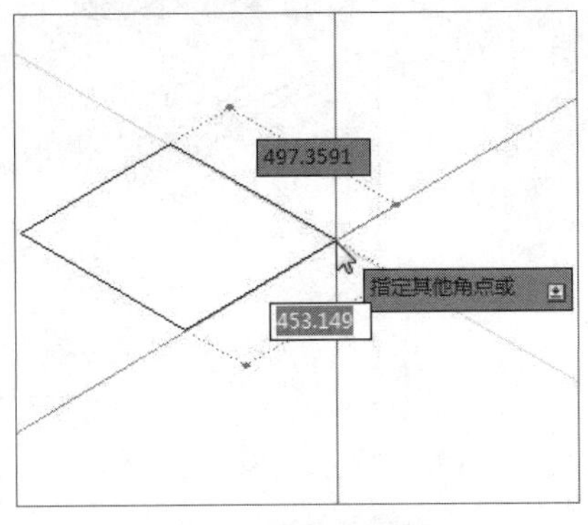

图8-5 绘制底面长方形

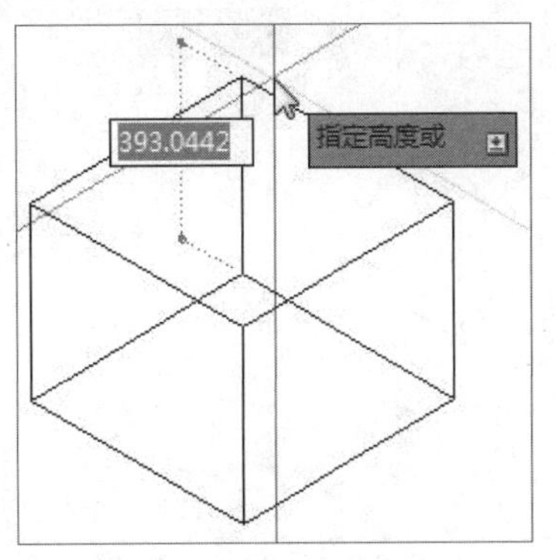

图8-6 指定长方体高度

命令行提示如下：

```
命令： _box
指定第一个角点或 [中心(C)]:
指定其他角点或 [立方体(C)/长度(L)]: @500,500
指定高度或 [两点(2P)] <400.0000>: 300
```

2. 创建圆柱体

执行“常用>建模>圆柱体”命令，根据命令行提示，指定圆柱底面圆心点，并指定底面圆半径，其后指定好圆柱体高度值，即可完成圆柱体的创建，如图8-7、8-8所示。

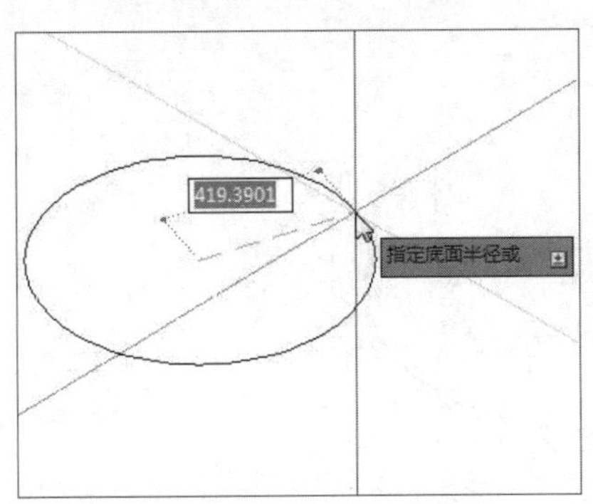

图8-7 指定底面圆心点和半径

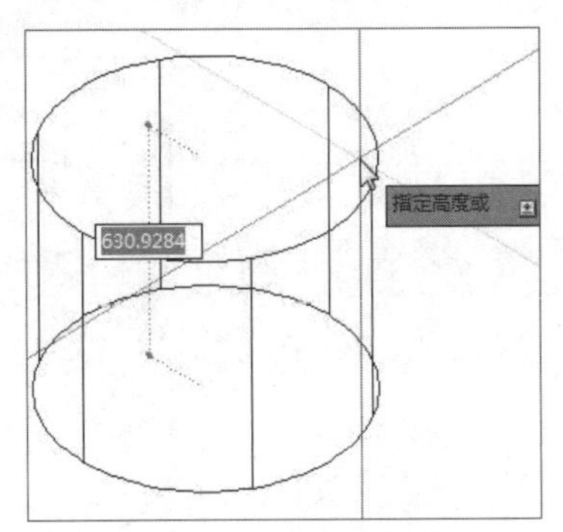

图8-8 指定圆柱体高度

命令行提示如下：

```
命令： _cylinder
指定底面的中心点或 [三点(3P)/两点(2P)/切点、切点、半径(T)/椭圆(E)]:
指定底面半径或 [直径(D)] <147.0950>: 400
指定高度或 [两点(2P)/轴端点(A)] <261.9210>:600
```

3. 创建楔体

楔体是一个三角形的实体模型，其绘制方法与长方形相似。执行“常用>建模>楔体”命令，根据命令行提示，指定楔体底面方形起点，并输入方形长、宽值，其后指定楔体高度值即可完成绘制操作，如图8-9、8-10所示。

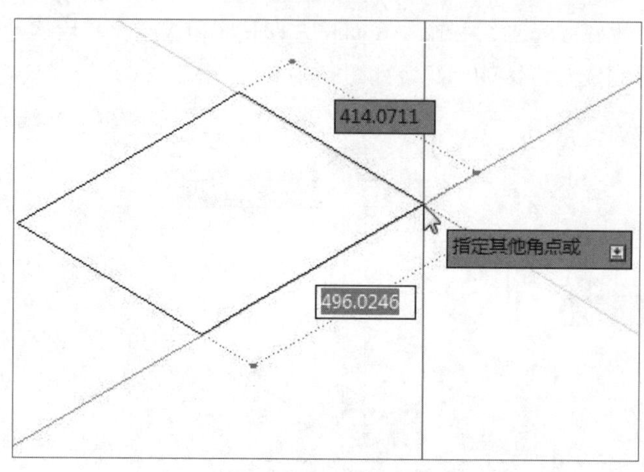

图8-9　绘制底面方形

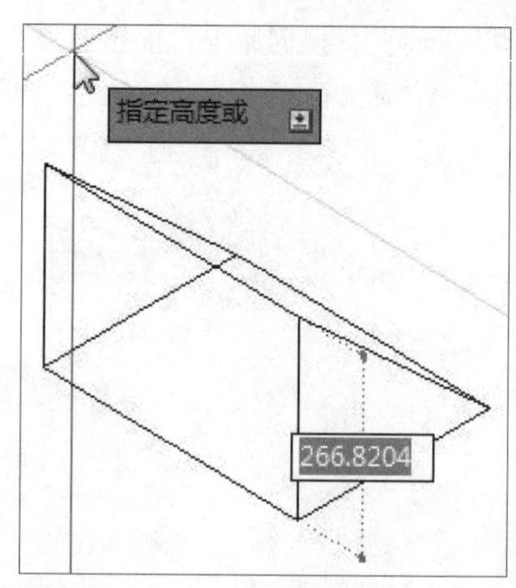

图8-10　指定楔体高度

命令行提示如下：

```
命令： _wedge
指定第一个角点或 [ 中心 (C)]:
指定其他角点或 [ 立方体 (C)/ 长度 (L)]: @400,700
指定高度或 [ 两点 (2P)] <216.7622>:200
```

4. 创建球体

执行“常用>建模>球体”命令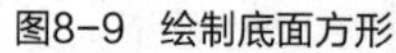，根据命令行提示，指定圆心和球半径值，即可完成球体的绘制，如图8-11所示。

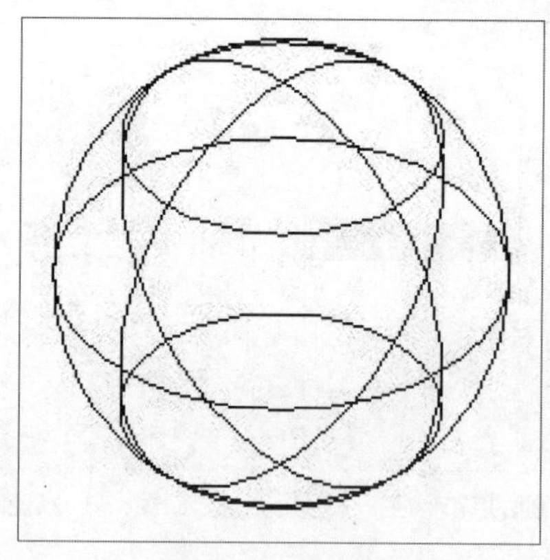

图8-11　绘制球体

命令行提示如下：

```
命令： _sphere
指定中心点或 [ 三点 (3P)/ 两点 (2P)/ 切点、切点、半径 (T)]:
指定半径或 [ 直径 (D)] <200.0000>: 200
```

5. 创建圆环体

圆环体由两个半径值定义，一是圆环的半径，二是从圆环体中心到圆管中心的距离。执行“常用>建模>圆环体”命令◎，根据命令行提示，指定圆环中心点，并输入圆环半径值，其后输入圆管半径值即可完成绘制操作，如图8-12、8-13所示。

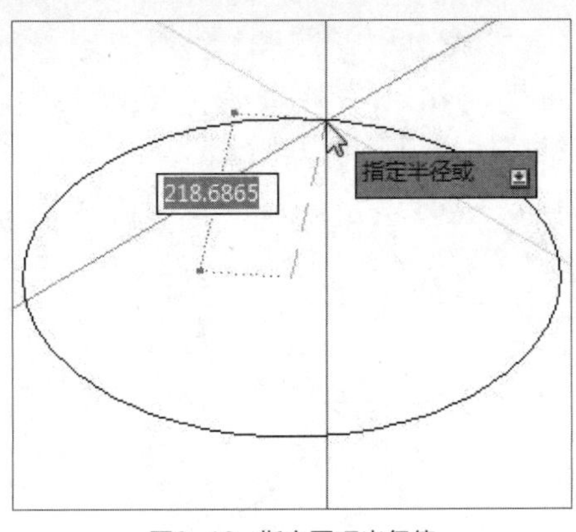

图8-12　指定圆环半径值

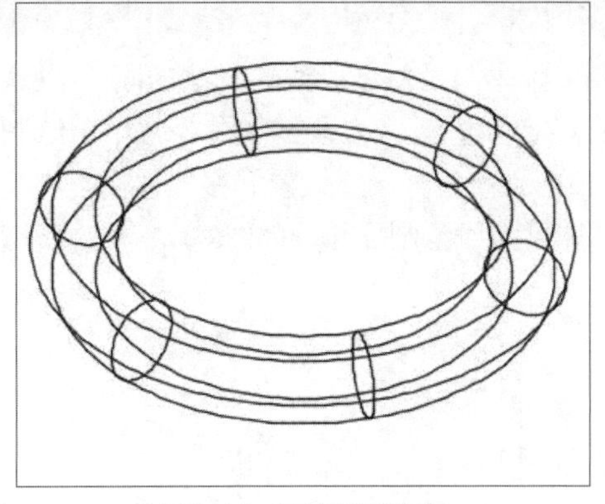

图8-13　指定圆管半径值

命令行提示如下：

```
命令： _torus
指定中心点或 [三点(3P)/ 两点(2P)/ 切点、切点、半径(T)]:
指定半径或 [直径(D)] <200.0000>:
指定圆管半径或 [两点(2P)/ 直径(D)] <100.0000>: 50
```

6. 创建棱锥体

棱锥体是由多个倾斜至一点的面组成，棱锥体可由3-32个侧面组成。执行“常用>建模>棱锥体”命令，根据命令行提示，指定好棱锥底面中心点，并输入底面半径值或内接圆值，其后输入棱锥体高度值即可，如图8-14、8-15所示。

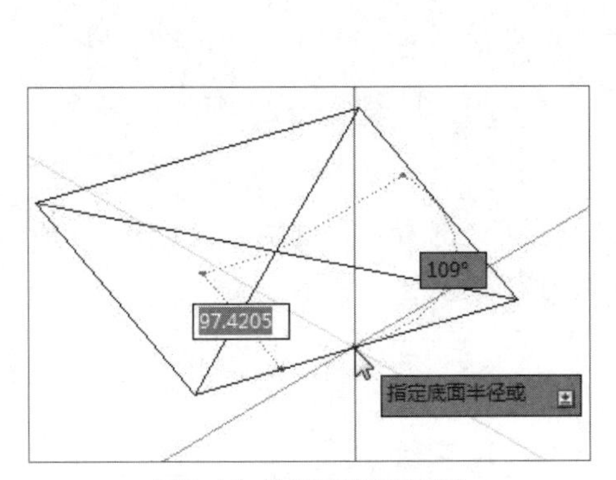

图8-14　绘制棱锥底面图形

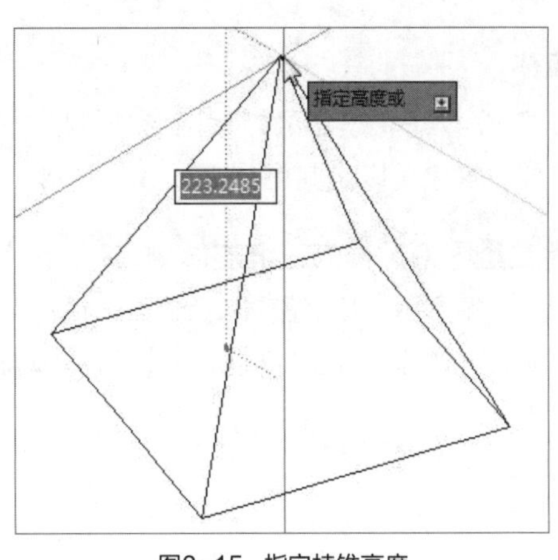

图8-15　指定棱锥高度

命令行提示如下：

```
命令： _pyramid
 4 个侧面  外切
指定底面的中心点或 [边(E)/ 侧面(S)]:
指定底面半径或 [内接(I)] <113.1371>:100
指定高度或 [两点(2P)/ 轴端点(A)/ 顶面半径(T)] <100.0000>
```

在AutoCAD软件中，棱锥体默认的侧面数为4，如果想增加棱锥面，可在命令行中输入命令S，并输入侧面数值，其后再输棱锥底面半径和高度值即可。

7. 创建多段体

绘制多段体与绘制多段线的方法相同。默认情况下，多段体始终带有一个矩形轮廓，可以指定轮廓的高度和宽度。“多段体”命令常用于绘制三维墙体，用户可以执行“常用>建模>多段体”命令，根据命令行提示，设置好多段体高度、宽度以及对正方式，其后指定多段体起点，并指定下一点，即可完成绘制操作，如图8-16、8-17所示。

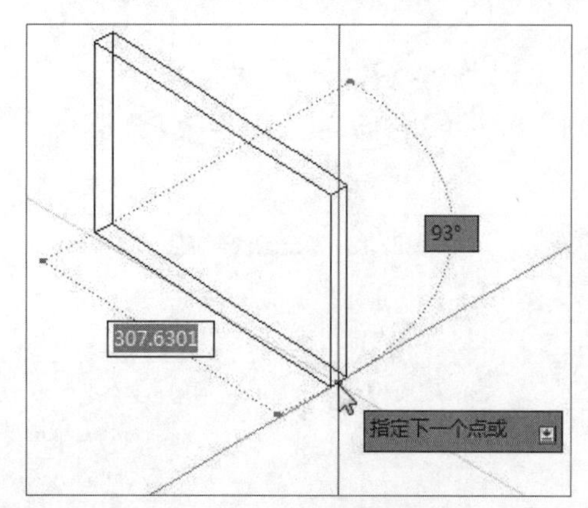

图8-16 指定多段体起点

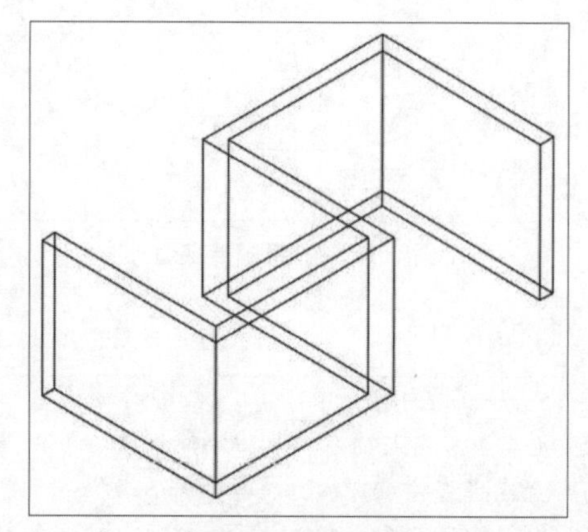

图8-17 绘制多段体

8.2.2 二维图形生成三维实体

除了使用基本三维命令绘制三维实体模型外，用户还可使用拉伸、放样、旋转 、扫掠等命令，将二维图形转换生成三维实体模型。

1. 拉伸实体

“拉伸”命令可将绘制的二维图形沿着指定的高度或路径进行拉伸，从而将其转换成三维实体模型。拉伸的对象可以是封闭的多段线、矩形、多边形、圆、椭圆以及封闭样条曲线等。

示例8-1 将二维图形拉伸为三维实体

步骤01 执行“常用>建模>拉伸”命令，根据命令行提示，选择拉伸的图形，如图8-18所示。

步骤02 按回车键后输入拉伸高度值，即可完成拉伸操作，如图8-19所示。

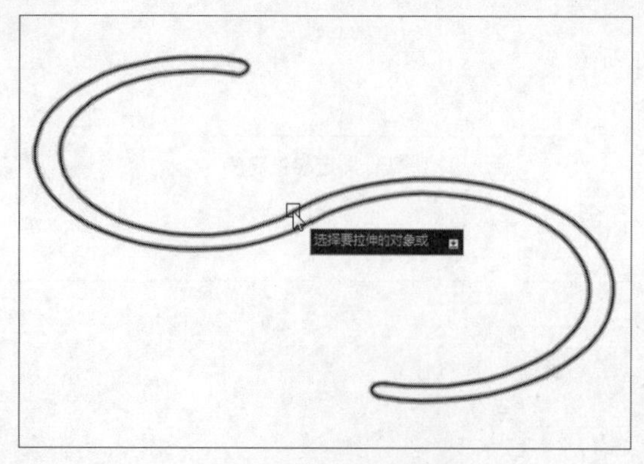

图8-18 选择拉伸的图形

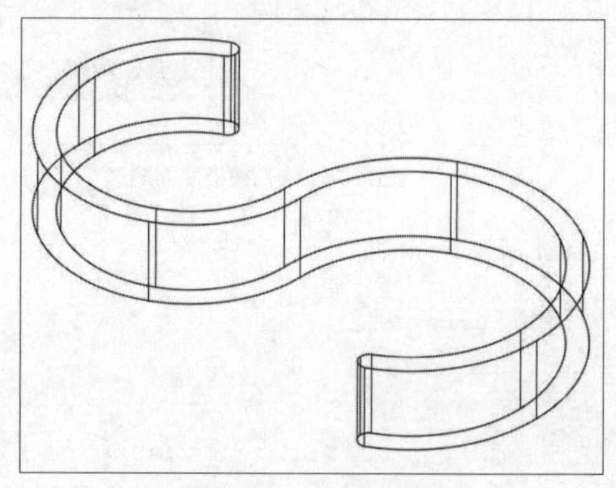

图8-19 查看拉伸效果

如果需要按照路径进行拉伸的话，只需在选择所需拉伸的图形后，输入命令P并按回车键，根据命令行提示选择拉伸路径，即可完成操作。

2. 旋转实体

旋转拉伸命令是通过绕轴旋转二维对象来创建三维实体。用户可执行“常用>建模>旋转”命令，根据命令行提示，选择要拉伸的图形，并选择旋转轴，其后输入旋转角度值即可完成操作，如图8-20、8-21所示。

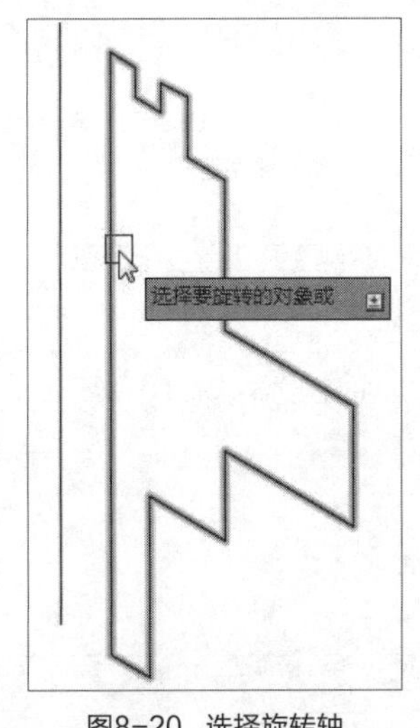

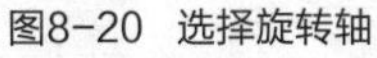
图8-20　选择旋转轴

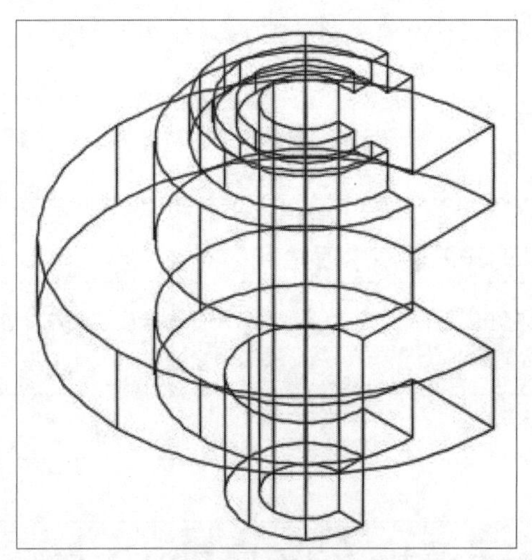
图8-21　旋转实体

3. 放样实体

使用“放样”命令可使用两个或两个以上的横截面轮廓来生成三维实体模型。执行“常用>建模>放样”命令，根据命令行提示，选中所有横截面轮廓，按回车键即可完成操作，如图8-22、8-23所示。

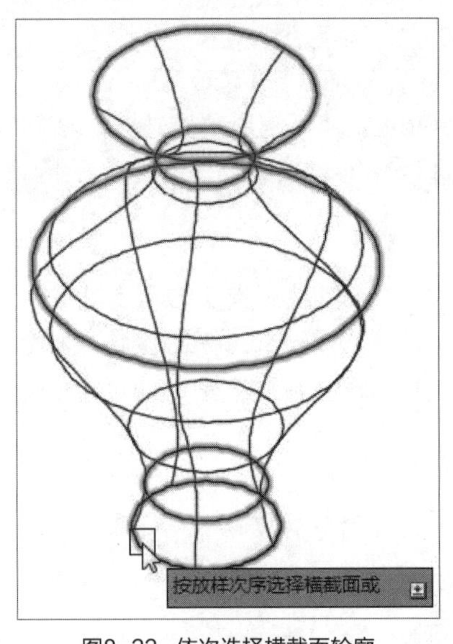

图8-22　依次选择横截面轮廓

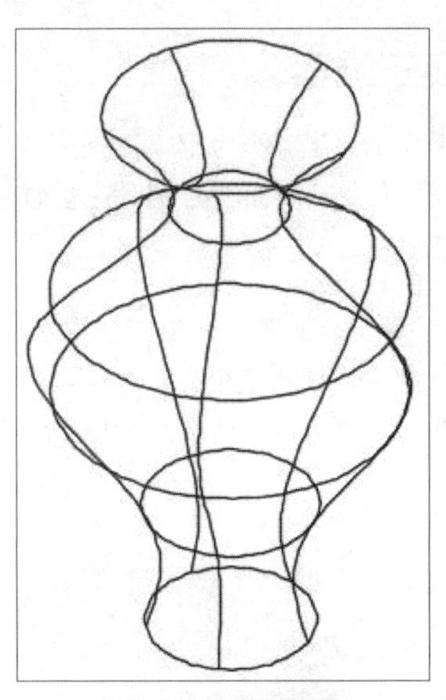
图8-23　完成放样操作

4. 扫掠实体

“扫掠”命令可通过沿开放或闭合的二维或三维路径，扫掠开放或闭合的平面曲线来创建新的三维实体。执行“常用>建模>扫掠”命令，选中要扫掠的图形对象，其后选择路径，即可完成操作，如图8-24、8-25所示。

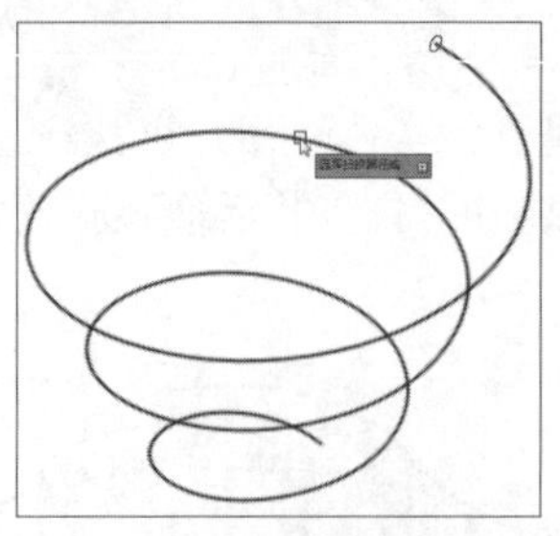

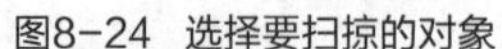
图8-24 选择要扫掠的对象

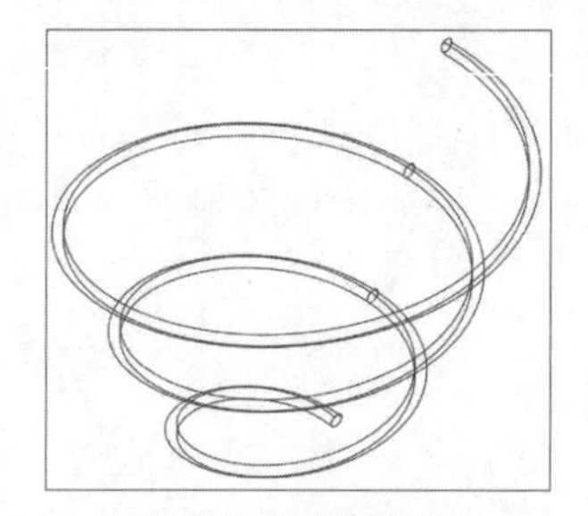
图8-25 选择扫掠路径

工程师点拨

【8-1】拉伸对象的注意事项

在拉伸时若倾斜角或拉伸高度较大，将导致拉伸对象或拉伸对象的一部分在到达拉伸高度之前就已经聚集到一点，此时则无法拉伸对象。

8.3 编辑三维实体模型

绘制三维图形后，用户可以根据需要对三维图形进行编辑操作，如阵列、对齐和移动等。同时，用户还可以根据需要对三维实体的体、边和面进行编辑操作，如剖切、压印边和拉伸面等。

8.3.1 变换三维实体

绘制三维模型后，若想将实体模型变换方向和位置，可使用“旋转”、“移动”、“镜像”、“阵列”以及“对齐”命令，下面将分别对这些命令进行介绍。

1. 三维旋转

“三维旋转”命令能使图形对象绕三维空间中的任意轴按照指定的角度进行旋转，在旋转三维对象之前需要定义一个点为三维对象的基准点。执行“常用>修改>三维旋转”命令，根据命令行提示，选中所需模型，并指定旋转基点和旋转轴，其后，输入旋转角度，即可完成操作，如图8-26、8-27所示。

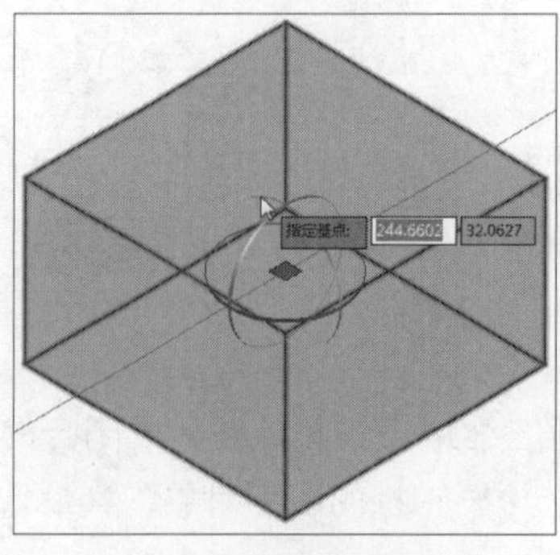

图8-26 指定旋转基点和旋转轴

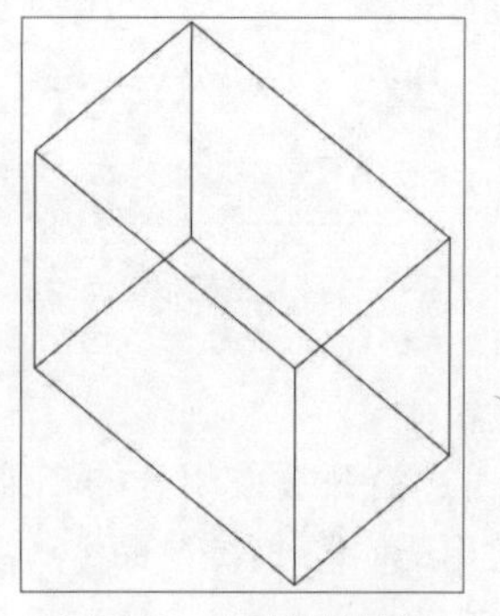
图8-27 完成旋转操作

2. 三维移动

用户可以使用“三维移动”命令在三维空间中移动对象，操作方式与在二维空间中一样，只不过当通过输入距离来移动对象时，必须输入沿x、y、z轴的距离值。

在AutoCAD中提供了专门用来在三维空间中移动对象的三维移动命令，该命令还能移动实体的面、边及顶点等子对象（按Ctrl键可选择子对象）。三维移动的操作方式与移动类似，但是前者使用起来更形象、直观。执行“常用>修改>三维移动”命令，根据命令行提示，选中需移动的三维对象，并指定移动基点，其后指定新位置点或输入移动距离，即可完成移动操作，如图8-28、8-29所示。

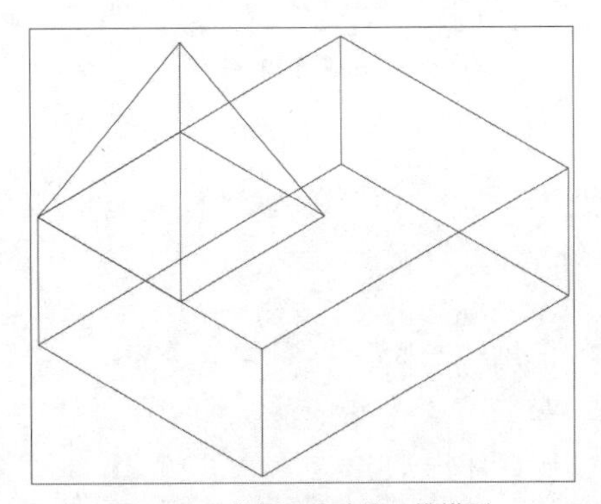

图8-28　选择要移动的三维模型

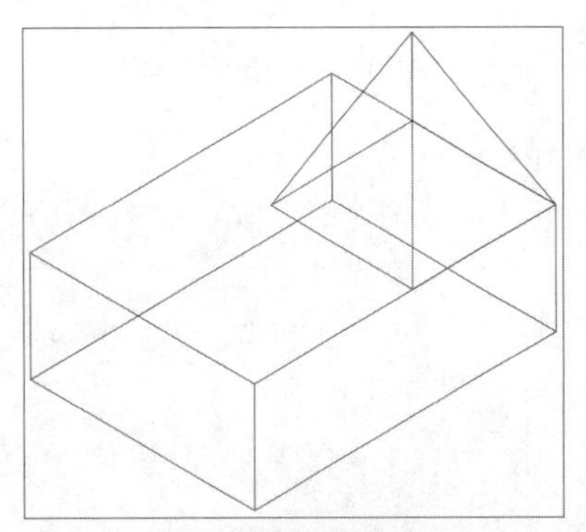

图8-29　指定新位置基点

3. 三维镜像

“三维镜像”命令是将选择的三维对象沿指定的面进行镜像。镜像平面可以是已经创建的面，如实体的面和坐标轴上的面，也可以通过三点创建一个镜像平面。执行“常用>修改>三维镜像”命令，根据命令行提示，选中镜像平面和平面上的镜像点，即可完成镜像操作，如图8-30、8-31所示。

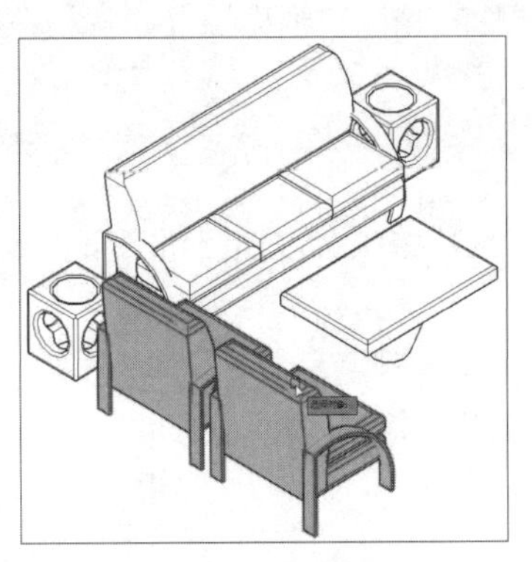

图8-30　选择镜像模型

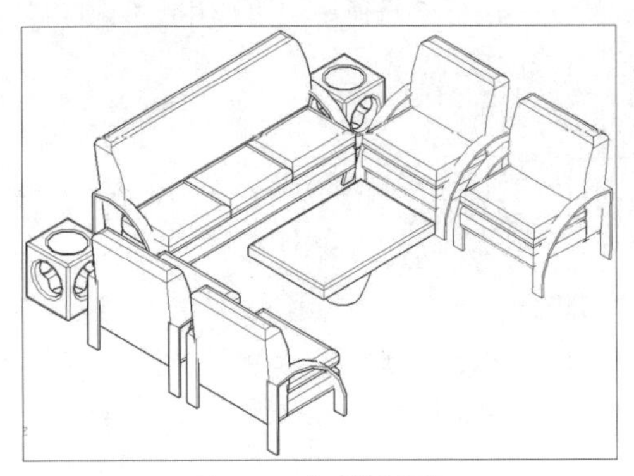

图8-31　完成镜像操作

4. 三维阵列

“三维阵列”命令可以在三维空间绘制对象的矩形阵列或环形阵列，与二维阵列的操作方法相似。在菜单栏中执行“修改>三维操作>三维阵列”命令，在命令行中选择“矩形”或“环形”阵列选项，其后按照提示信息，输入相关参数。

（1）三维矩形阵列

三维矩形阵列是以行、列、层的方式进行阵列操作，执行“三维阵列”命令，选中要进行阵列的实体模型，根据命令行中的信息，输入相关参数，即可完成操作，如图8-32、8-33所示。

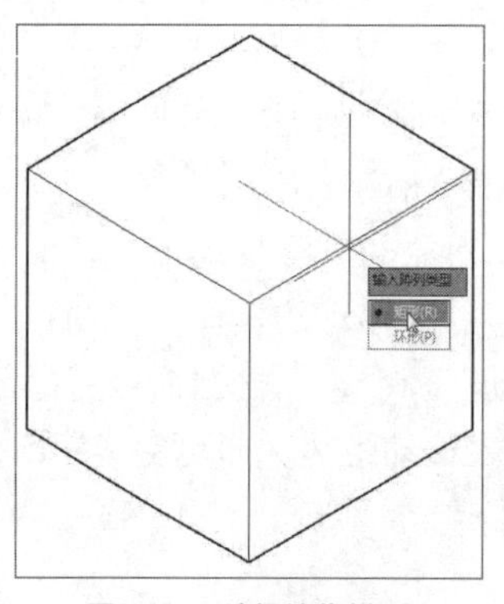

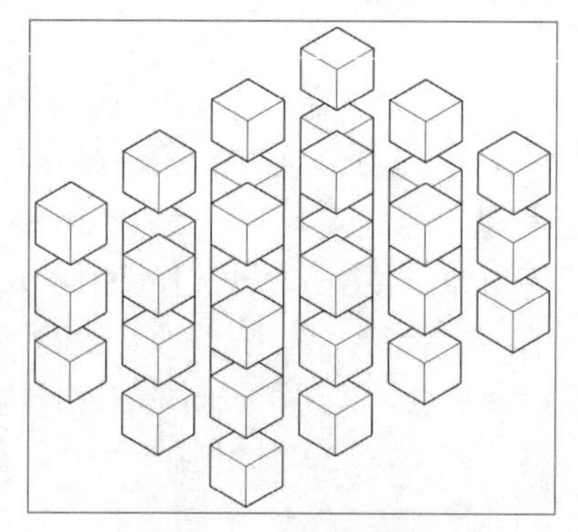

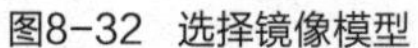

图8-32 选择镜像模型　　图8-33 完成镜像操作

（2）三维环形阵列

使用三维环形阵列命令时，需要指定阵列角度、阵列中心以及阵列数值，如图8-34、8-35所示。

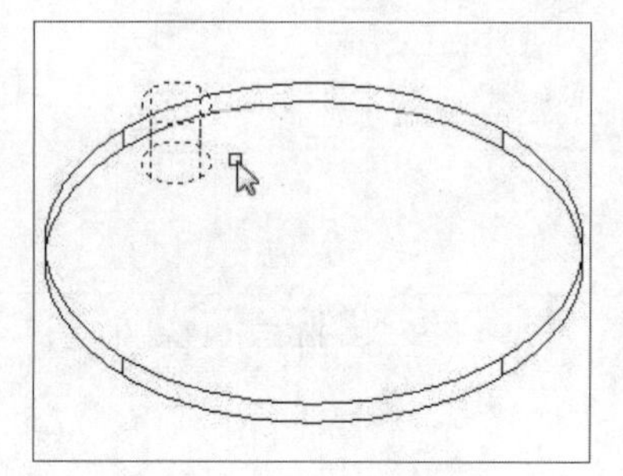

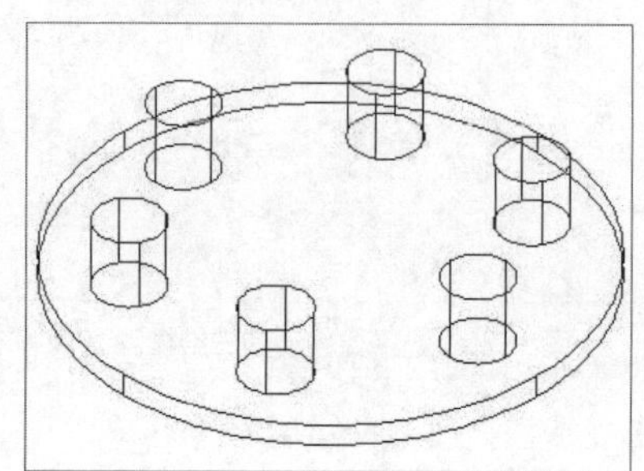

图8-34 选择阵列模型　　图8-35 完成阵列操作

8.3.2 编辑三维实体

在AutoCAD 2016三维建模中，可使用“倒圆角”、“倒直角”、“抽壳”、“分解”等命令，对单个三维实体进行修改操作。

1. 实体倒角

倒角分两种，分别为“倒圆角”和“倒直角”。在三维建模中，“倒圆角”和“倒直角”操作命令与二维倒角的命令相似。

（1）实体倒圆角

执行“常用>修改>倒圆角”命令，按照命令行中的提示信息，输入圆角半径，并选中倒角边，即可完成操作，如图8-36、8-37所示。

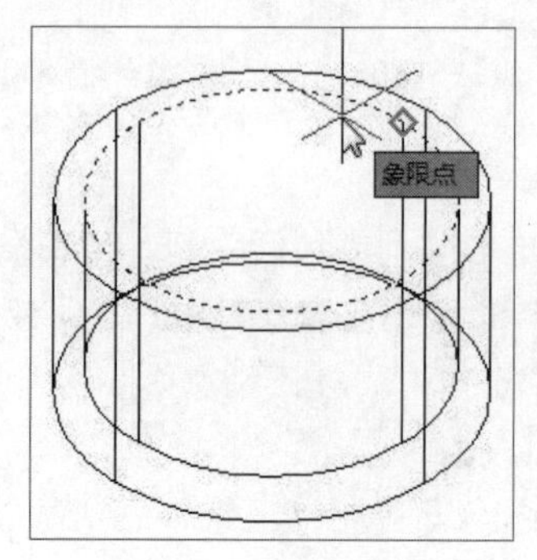

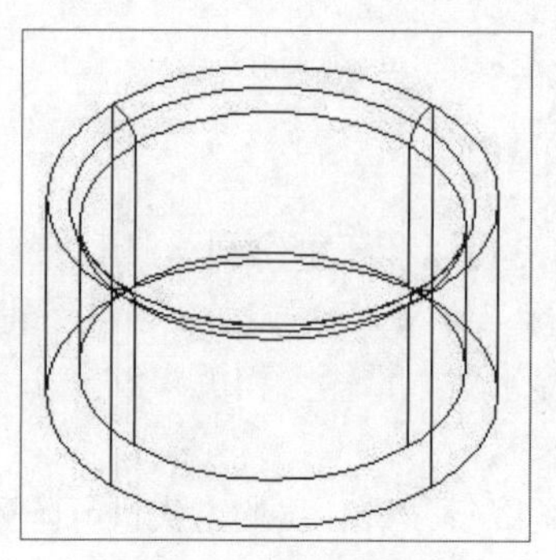

图8-36 选择倒角边　　图8-37 完成倒圆角操作

（2）实体倒直角

执行“常用>修改>倒直角”命令，根据命令行中的提示，设置倒角距离值，并选择倒角边，即可完成操作，如图8-38、8-39所示。

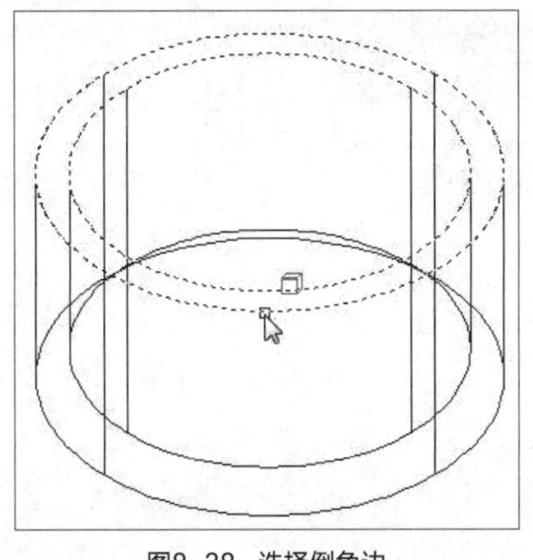
图8-38 选择倒角边

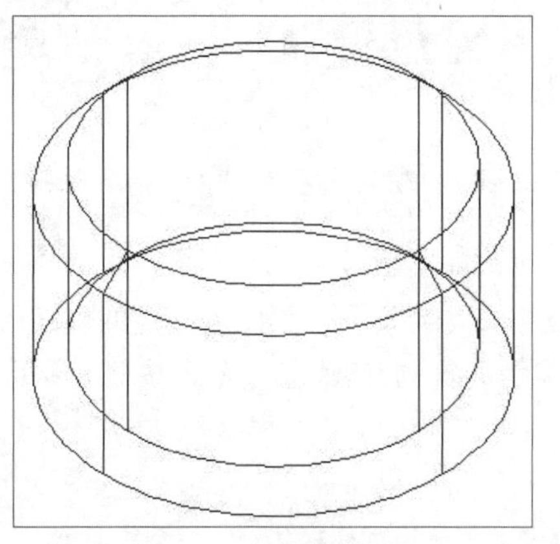
图8-39 完成倒直角操作

2. 抽壳实体

“抽壳”命令是将三维实体转换为中空壳体，创建一定厚度的壁，其厚度用户可根据需要指定。执行“常用>实体编辑>抽壳”命令，根据命令行中的提示信息，进行抽壳操作，如图8-40、8-41、8-42所示。

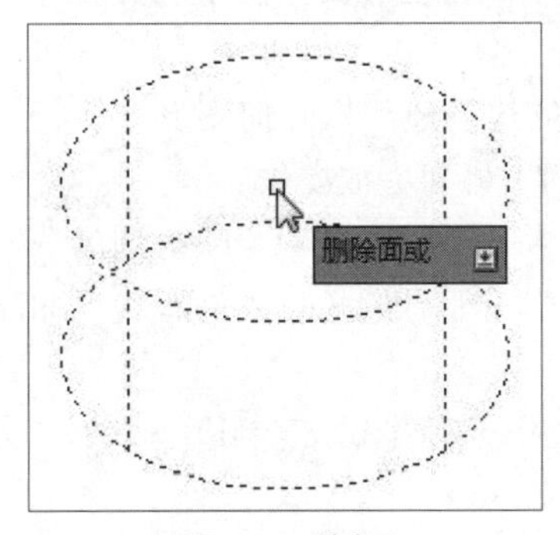

图8-40 删除面

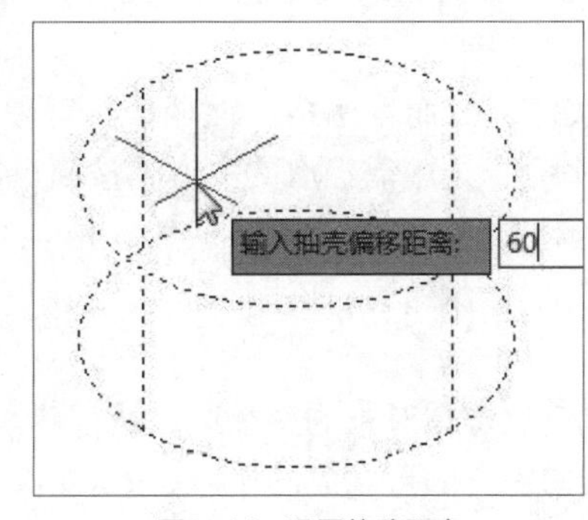

图8-41 设置偏移距离

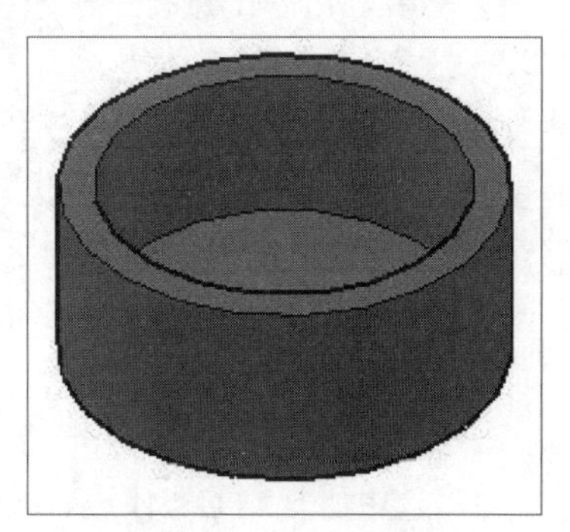
图8-42 完成抽壳操作

3. 剖切实体

“剖切”命令可将现有实体进行切剖操作，删除指定的一半后生成新的实体，剖切后的实体保留原实体的图层和颜色特性。

8.3.3 编辑三维实体面

在进行三维建模操作时，用户除了可对创建好的实体进行编辑操作，还可对当前实体的面进行编辑，例如拉伸、旋转、偏移等，下面将分别进行介绍。

1. 拉伸面

拉伸面是将所选择的实体面，按照一定的高度、倾斜角度，或指定拉伸路径拉伸成为新实体。执行“常用>实体编辑>拉伸面”命令，根据命令行中的提示，选择要拉伸的面，并输入拉伸高度和倾斜角度，即可完成拉伸操作，如图8-43、8-44、8-45所示。

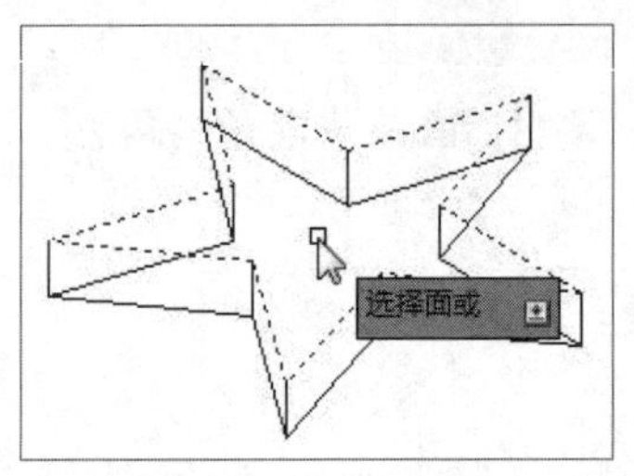

图8-43　选择要拉伸的面

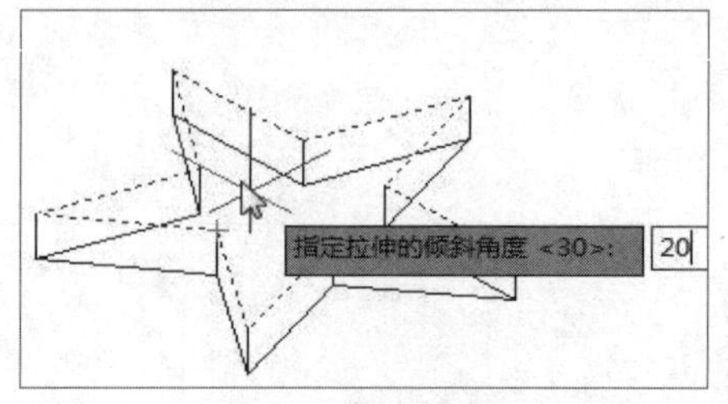

图8-44　设置拉伸角度

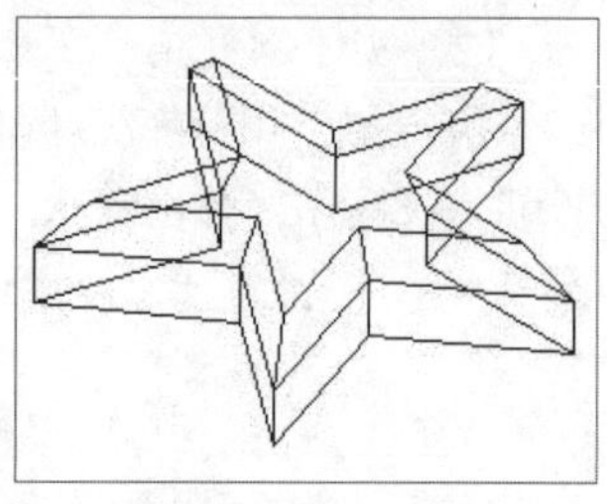
图8-45　完成拉伸操作

2. 旋转面

“旋转面”命令可将实体面沿着指定的旋转轴和方向进行旋转，从而改变三维实体的形状。执行“常用>实体编辑>旋转面”命令，按照命令行的提示，选中旋转轴，并输入旋转角度，即可完成实体面旋转操作。

3. 偏移面

“偏移面”命令可按指定的距离均匀地偏移面。将现有的面从原始位置向内或向外偏移指定的距离，创建新的面，其用法与偏移线段操作相似。

8.3.4 编辑三维实体边

使用AutoCAD进行三维建模时，可对三维实体边进行压印、复制和着色等操作。用户可通过以下方式编辑三维实体边。

- 提取边：该命令可从三维实体、曲面、网格、面域或子对象的边创建线框几何图形。执行“常用>实体编辑>提取边”命令，选中需提取的实体，按回车键，即可完成操作。
- 压印边：该命令可在选定的对象上压印一个图形对象，相当于将一个选定的对象映射到另一个三维实体上。执行“常用>实体编辑>压印边”命令，选中实体和压印对象，按回车键，即可完成操作。
- 复制边：该命令可用于复制三维实体对象的各个边。执行“常用>实体编辑>复制边”命令，选中所复制的实体边，按回车键，即可完成操作，如图8-46所示。
- 着色边：该命令可以为三维实体的某个边进行着色处理。执行“常用>实体编辑>着色边”命令，选中要着色的边并按回车键，在打开的颜色面板中，选择合适的颜色，即可完成操作，如图8-47所示。

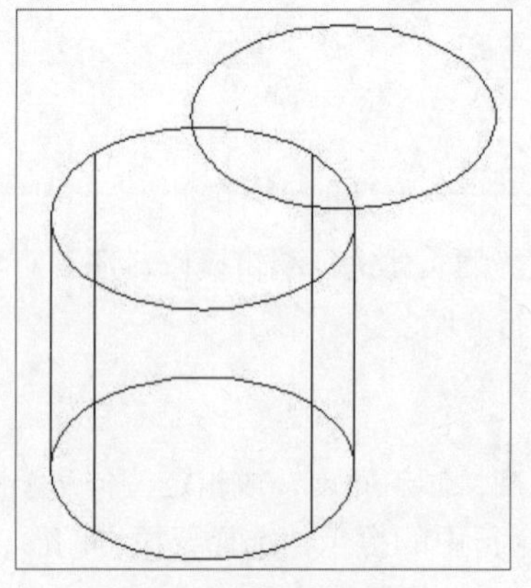
图8-46　选择要复制的边

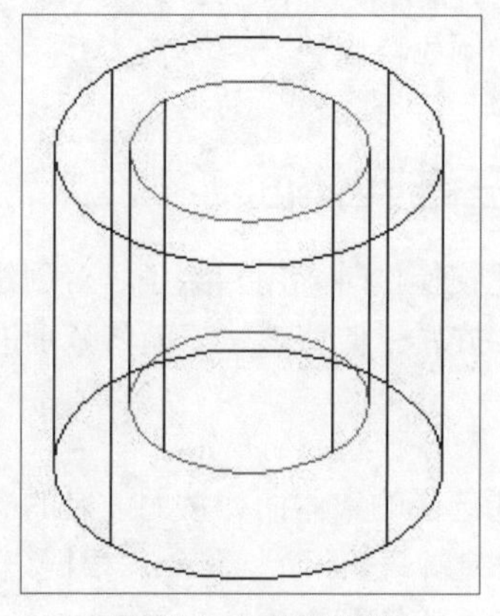
图8-47　完成复制操作

8.4 材质、灯光与渲染

AutoCAD提供了强大的渲染功能，用户可以在模型中添加多种类型的光源，也可给三维模型附加材质特性，并能在场景中加入背景图片，还可把渲染图像以多种文件格式输出。

8.4.1 材质的应用

为了增强模型的真实感，用户可为对象添加相应的材质。在渲染环境中，材质用于描述对象如何反射或发射光线。在材质中，贴图可以模拟纹理、凹凸、反射或折射效果。在AutoCAD中，用户可将材质附着到模型对象上，并且可对创建的材质进行修改编辑。

1. 创建材质

在AutoCAD软件中，用户可通过两种方式进行材质的创建，一种是使用系统自带的材质进行创建，另一种则是创建自定义材质。

执行“视图>渲染>材质浏览器”命令，打开“材质浏览器”面板，单击“主视图”折叠按钮，选择“Autodesk库”选项，在右侧材质缩略图中单击所需材质的编辑按钮，如图8-48所示。然后单击“添加到文档并编辑”按钮，即可进入材质名称编辑状态，输入该材质的名称即可，如图8-49所示。

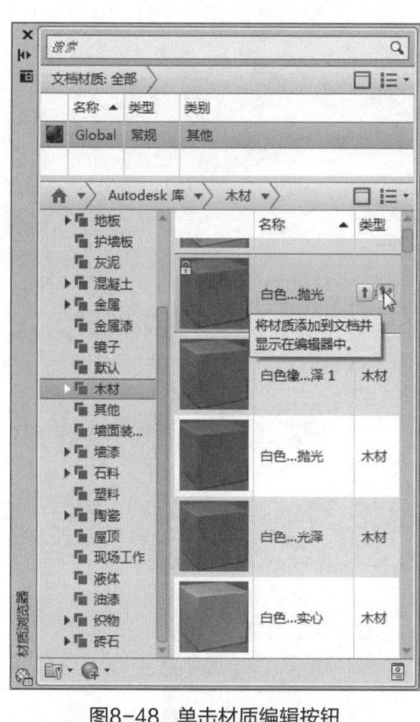

图8-48 单击材质编辑按钮

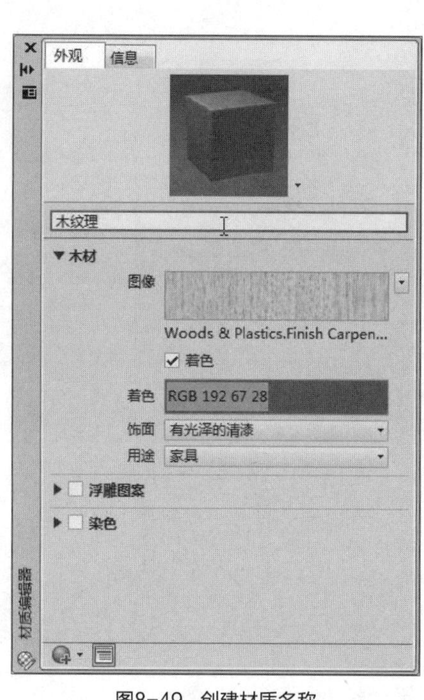

图8-49 创建材质名称

示例8-2 创建自定义材质

步骤01 执行“视图>渲染>材质编辑器”命令，打开“材质编辑器”面板，如图8-50所示。

步骤02 单击“创建或复制材质”按钮，选择“新建常规材质”选项，单击“颜色”下拉按钮，选择“按对象着色”选项，如图8-51所示。

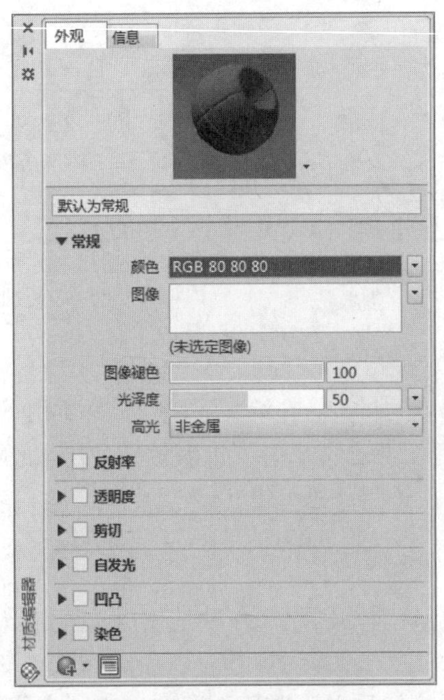

图8-50 “材质编辑器”面板

图8-51 选择“按对象着色”选项

步骤03 材质名称会变成“默认为通用”，材质球颜色也会发生改变，如图8-52所示。

步骤04 单击“图像”文本框，在“材质编辑器打开文件”对话框中，选择需要的材质贴图选项，如图8-53所示。

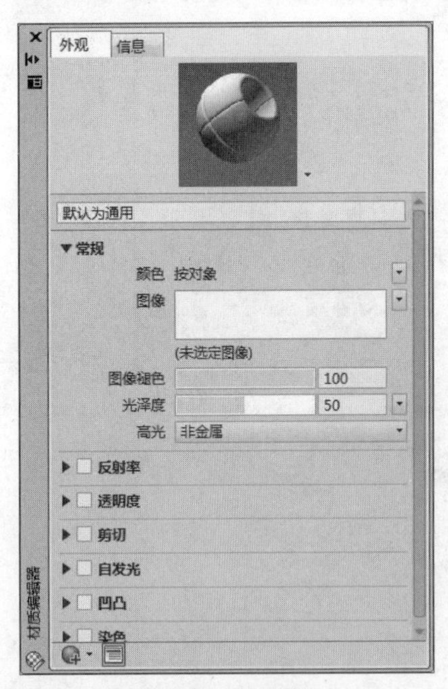

图8-52 通用材质

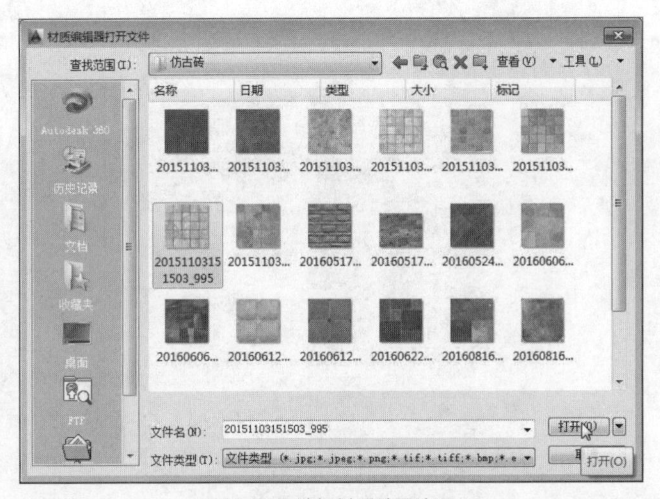

图8-53 选择材质贴图选项

步骤05 单击“打开”按钮，在“材质编辑器”面板中可以看到添加贴图后的材质球效果，如图8-54所示。

步骤06 双击添加的图像，在“纹理编辑器-color”面板中，用户可对材质的显示比例、位置等参数进行设置，如图8-55所示。

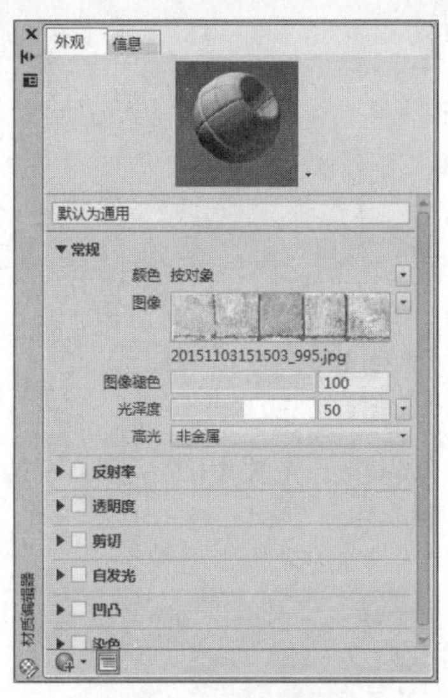

图8-54　查看材质球效果

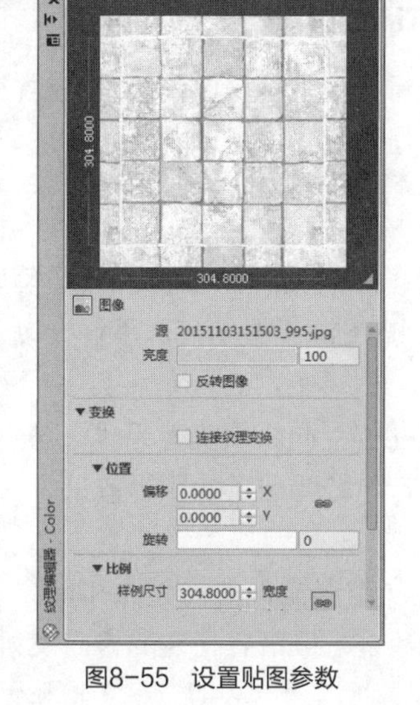

图8-55　设置贴图参数

步骤07 设置完成后，关闭该面板，此时在“材质编辑器”面板中将会显示自定义的新材质。

2. 赋予材质

创建材质后，用户可使用两种方法将创建好的材质赋予实体模型上。一种是直接使用拖曳的方法赋予材质，而另一种则是使用右键菜单法赋予材质。下面将对这两种方法的具体操作进行介绍。

（1）使用鼠标拖曳

执行“渲染>材质>材质浏览器”命令，在“材质浏览器”面板的“Autodesk库”中，选择需要的材质缩略图选项，按住鼠标左键，将该材质图拖至模型合适位置后释放鼠标即可，如图8-56所示。

（2）使用右键菜单

选择要赋予材质的模型，单击“材质浏览器”按钮，在打开的面板中右击所需的材质图，在打开的快捷列表中选择“指定给当前选择”选项即可，如图8-57所示。

材质赋予到实体模型后，用户可执行“视图>视图样式>真实”命令，查看赋予材质后的效果。

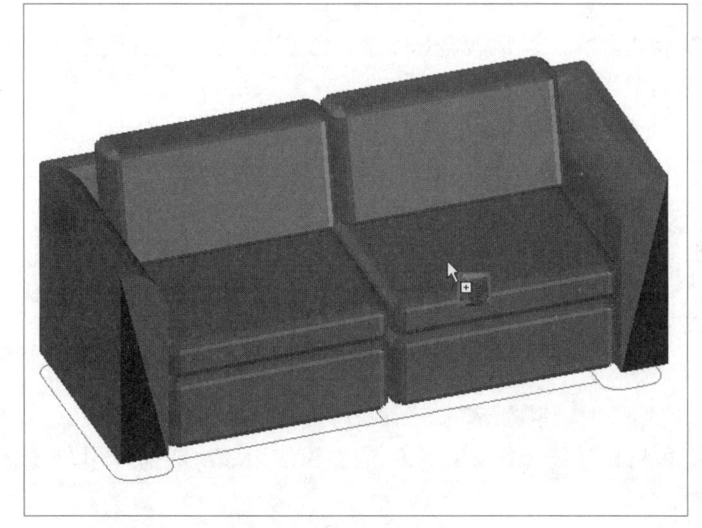

图8-56　使用鼠标拖曳操作

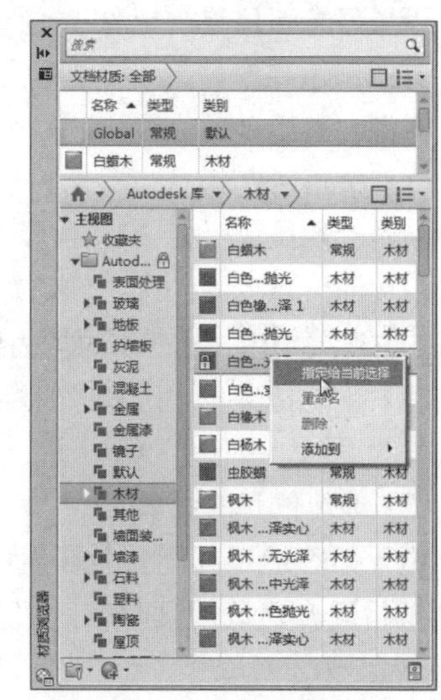

图8-57　右键菜单操作

8.4.2 基本光源的应用

光源设置是进行模型渲染操作中不可缺少的一步，光源功能主要起着照亮模型的作用，使三维实体模型在渲染过程中能够得到最真实的效果。

1. 光源类型

正确的光源对于在绘图时显示着色三维模型和创建渲染是非常重要。在AutoCAD软件中，光源的类型包括4种：点光源、聚光灯、平行光以及光域网。

（1）点光源

该光源从其所在位置向四周发射光线，与灯泡发出的光源类似，不以一个对象为目标，根据点光线的位置模型将产生较为明显的阴影效果。

（2）聚光灯

聚光灯发射定向锥形光，与点光源相似，也是从一点发出，但点光源的光线没有可指定的方向，而聚光灯的光线是可以沿着指定的方向发射出锥形光束。

（3）平行光

平行光源仅向一个方向发射统一的平行光光线，需要指定光源的起始位置和发射方向，从而定义光线的方向。

（4）光域网

光域网光源是具有现实中的自定义光分布的光度控制光源，同样也需指定光源的起始位置和发射方向。光域网是灯光分布的三维表示，它将测角图扩展到三维，以便同时检查照度对垂直角度和水平角度的依赖性。光域网的中心表示光源对象的中心。

2. 创建与设置光源

对光源类型有所了解后，即可根据需要创建合适的光源，用户可通过以下几种方式创建光源。

- 执行“视图>渲染>光源”命令，在子菜单中选择需要的灯光类型。
- 在“渲染”选项卡的“光源”面板中选择需要的光源按钮。
- 在命令行输入LIGHT命令并按回车键，根据命令行提示选择需要的光源类型。

执行“视图>渲染>光源”命令，在光源列表中根据需要选择合适的光源类型，并根据命令提示，设置好光源位置及光源基本特性。

光源创建完毕，为了使图形渲染得更逼真，通常需要对创建的光源进行多次设置。在此用户可使用光源列表或地理位置两种方法对当前光源属性进行适当修改。

（1）光源列表

执行“渲染>光源”命令↘，打开“模型中的光源”面板，该面板按照光源名称和类型列出了当前图形中的所有光源。选中任意光源名称后，图形中相应的灯光将一起被选中。右击光源名称，从打开的右键菜单中，用户可根据需要对该光源执行删除、特性、轮廓显示操作，如图8-58所示。

在右键快捷菜单中选择“特性”命令，可打开“特性”面板，用户可根据需要对光源基本属性进行修改设置，如图8-59所示。

（2）地理位置的设置

由于某些地理环境会对照射的光源产生一定的影响，所以在AutoCAD 2016软件中，用户可为模型指定合适的地理位置、日期和当日时间。需要注意的是，在使用该功能前，用户需登录Autodesk 360才可操作。

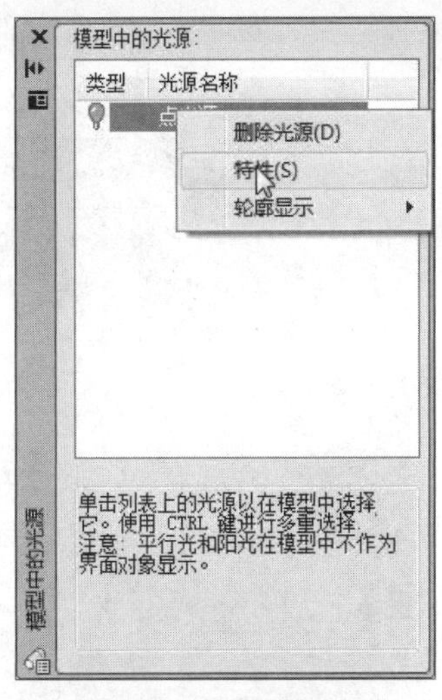

图8-58 右键快捷菜单

常规	
名称	点光源8
类型	点光源
开/关状态	开
阴影	开
强度因子	1
过滤颜色	□ 255,255,255
打印轮廓	否
轮廓显示	自动
几何图形	
位置 X 坐标	2635.4404
位置 Y 坐标	1619.6778
位置 Z 坐标	0
目标	否
衰减	
类型	无
使用界限	否

图8-59 “特性”面板

8.4.3 三维模型的渲染

渲染是创建三维模型的最后一道工序，利用AutoCAD中的渲染器可以生成真实准确的模拟光照效果，包括光线跟踪反射、折射和全局照明。用户可以通过以下几种方法执行渲染命令。

- 执行“视图>渲染>渲染”命令。
- 在“渲染”选项卡的“渲染”面板中单击“渲染”按钮。
- 在命令行输入RENDER命令并按回车键。
- 在“高级渲染设置”面板中单击“渲染”按钮。

1. 渲染

执行“渲染>渲染>渲染”命令，即可打开渲染窗口，对当前模型进行渲染。渲染完毕后，用户可执行“文件>保存”命令，在打开的“渲染输出文件”对话框中，对当前渲染的图形进行保存，如图8-60、8-61所示。

图8-60 渲染模型

图8-61 “渲染输出文件”对话框

2. 区域渲染

执行“渲染>渲染>渲染面域”命令，在绘图区域中，按住鼠标左键拖曳出所需的渲染区域，放开鼠标，即可进行渲染。该命令的缺点是，渲染完毕后，只要移动光标，渲染的图形将会消失，所以渲染图形不能被保存，如图8-62、8-63所示。

图8-62　框选面域

图8-63　渲染效果

上机实践：渲染书房场景

■**实践目的：**帮助用户掌握渲染参数的设置以及三维场景的渲染操作。

■**实践内容：**应用本章所学知识渲染场景。

■**实践步骤：**首先进行测试渲染，再设置渲染参数，渲染高品质效果，具体操作介绍如下。

步骤01 打开素材模型，如图8-64所示。

步骤02 利用默认参数渲染场景，如图8-65所示。

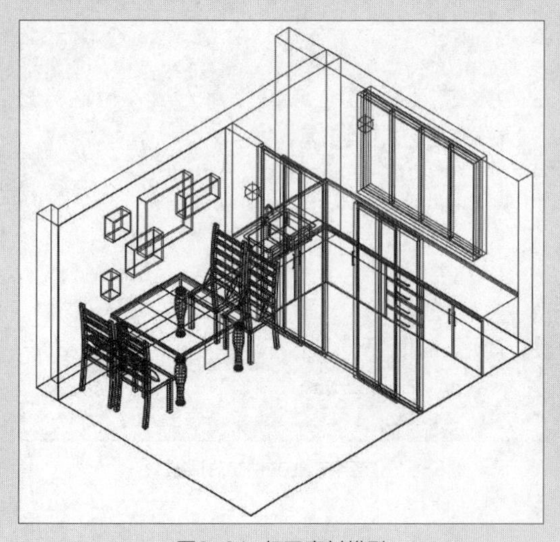
图8-64　打开素材模型

图8-65　测试渲染

步骤03 打开“渲染预设管理器”面板，设置渲染参数，如渲染位置、持续时间及渲染准确性等，如图8-66所示。

步骤04 再次渲染场景，效果如图8-67所示。

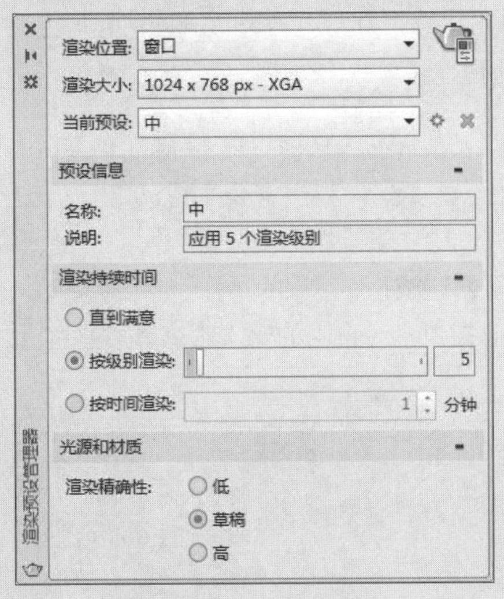

图8-66　渲染参数设置

图8-67　渲染场景

步骤05 在面板中单击“将渲染的图像保存到文件”按钮，打开“渲染输出文件”对话框，设置文件类型为PNG，并输入文件名称，单击“保存”按钮，如图8-68所示。

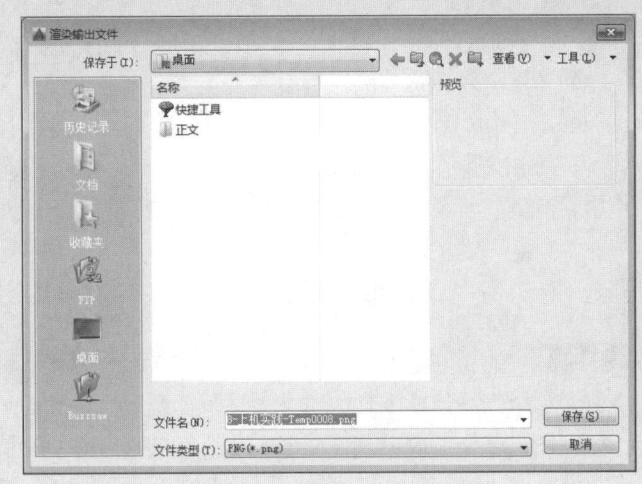

图8-68　“渲染输出文件”对话框

步骤06 在打开的“PNG图像选项”对话框中设置相应的参数，单击“确定”按钮即可，如图8-69所示。

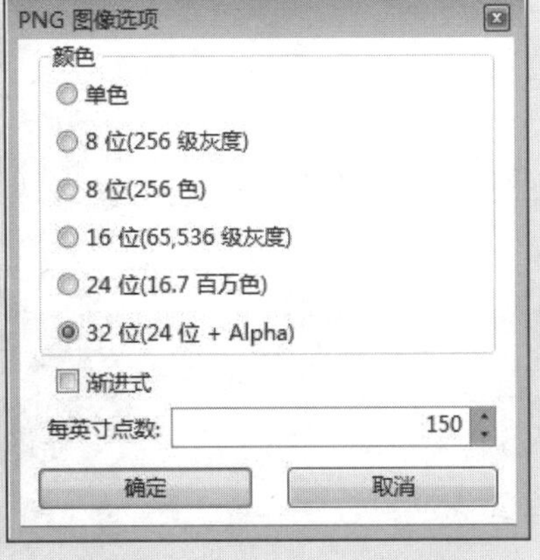

图8-69　“PNG图像选项”对话框

课后练习

本章主要介绍了在AutoCAD 2016中三维模型创建的知识和各种操作命令，下面将通过相应的练习来巩固所学知识。

1. 填空题

（1）AutoCAD三维模型有________、________、________三种类型，其中主要生成的是________模型。

（2）三维建模可以让用户使用实体、________和网格对象创建模型。

（3）在AutoCAD中，动态观察有三种选择，即受约束的动态观察、自由的动态观察和________。

2. 选择题

（1）用于三维模型透视图的命令是（　　）。

A、Vpoint　　B、Perspect

C、Vport　　D、Dview

（2）对象（　　）不是AutoCAD的基本实体类型。

A、球体　　B、长方体

C、圆顶　　D、楔体

（3）不属于布尔运算的命令有（　　）。

A、差集　　B、打断

C、并集　　D、交集

（4）渲染三维模型时，哪种不可渲染出物体的折射效果（　　）。

A、一般渲染　　B、普通渲染

C、照片集光线跟踪渲染　　D、照片集真实感渲染

3. 操作题

（1）利用三维建模工具创建一个烟灰缸模型，如图8-70所示。

（2）设置渲染参数，渲染如图8-71所示的吧台场景效果。

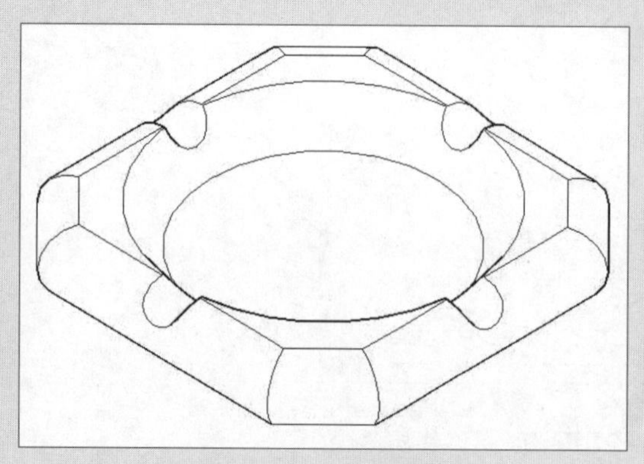

图8-70 创建烟灰缸模型

图8-71 渲染吧台效果

打印与发布图形

课题概述

绘制AutoCAD图形的最终目标一般都是为了打印输出，因为用户要用这些图纸来建造施工。因此，在设计的最初阶段就得考虑，最终输出的图形能否满足用户需要。AutoCAD提供了功能强大的布局和打印输出功能，同时提供了丰富的打印样式表，以帮助用户得到所期望的打印效果。

教学目标

本章主要介绍视图布局、浮动视口的设置，以及常用图形打印输出和格式输出的方法，此外简要介绍了DWF和PDF格式文件的发布方法。

章节重点

★★★★　图形的输入与输出
★★★　图纸的打印
★★　空间的布局
★　网络的应用

光盘路径

上机实践：实例文件\第9章\上机实践
课后练习：实例文件\第9章\课后练习

9.1 图形的输入输出

在AutoCAD 2016中，除了可以打开和保存DWG格式的图形文件，还可以导入或导出其他格式的图形。

9.1.1 输入图形

将外部图形引入到当前图形中，除了可以使用插入块的方法，还可以插入外部参照，将图形连接或嵌入到当前图形，也可以输入其他格式的文件。用户可通过以下方法输入图形。

- 执行“文件>输入”命令。
- 在“插入”选项卡的“输入”面板中单击“输入”按钮。
- 在命令行中输入IMPORT命令，然后按回车键。

示例9-1 输入3ds格式的文件到AutoCAD中

步骤01 执行“文件>输入”命令，打开“输入文件”对话框，选择所需的文件，单击“打开”按钮，如图9-1所示。

步骤02 系统会弹出“3D Studio文件输入选项”对话框，选择可用对象，如图9-2所示。

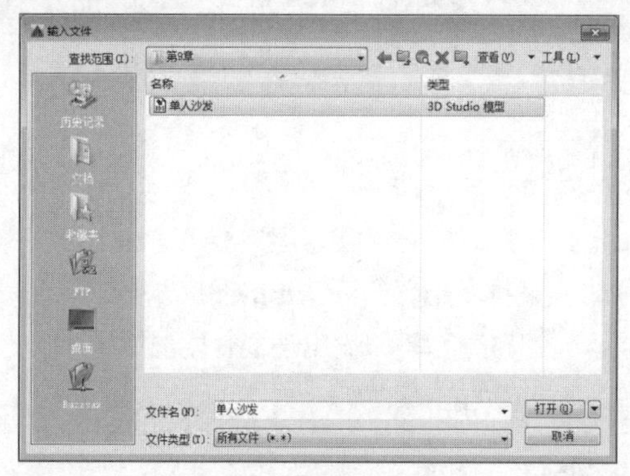

图9-1 选择图形文件

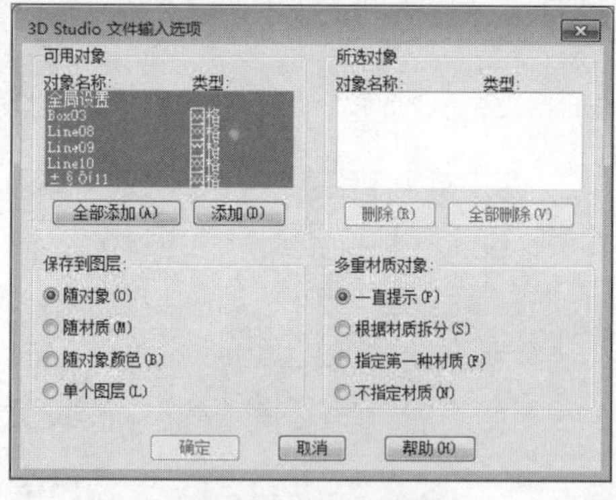

图9-2 选择可用对象

步骤03 单击“全部添加”按钮后，设置图层及材质参数，如图9-3所示。

步骤04 单击“确定”按钮即可完成输入操作，切换到西南等轴测视图，可以看到输入的图形效果，如图9-4所示。

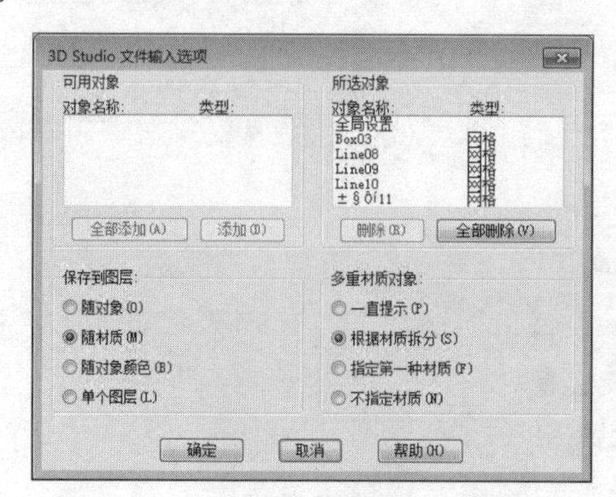

图9-3 设置参数

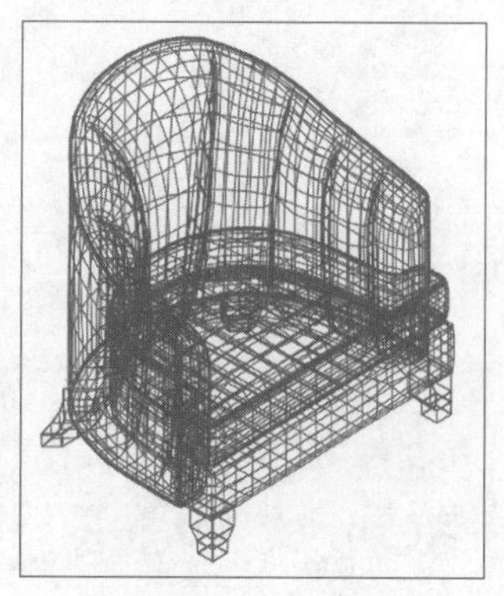

图9-4 输入的图形对象

9.1.2 插入OLE对象

OLE即对象链接和嵌入，它提供了一种用于不同应用程序的信息创建复合文档的强有力方法，对象可以是几乎所有的信息类型，如文字、位图、矢量图形，甚至声音注解和录像剪辑等。用户可通过以下3种方法进行操作。

- 执行“插入>OLE对象”命令。
- 在“插入”选项卡的“数据”面板中单击“OLE对象”按钮。
- 在命令行中输入INSERTOBJ命令，然后按回车键。

示例9-2 插入OLE对象到AutoCAD中

步骤01 执行“插入>数据>OLE对象”命令，打开“插入对象”对话框。在“对象类型”列表框中选择所需应用程序选项，这里选择“Microsoft Word文档”选项，如图9-5所示。

步骤02 单击“确定”按钮，系统自动启动Word应用程序，在打开的Word软件中，输入文本内容，如图9-6所示。

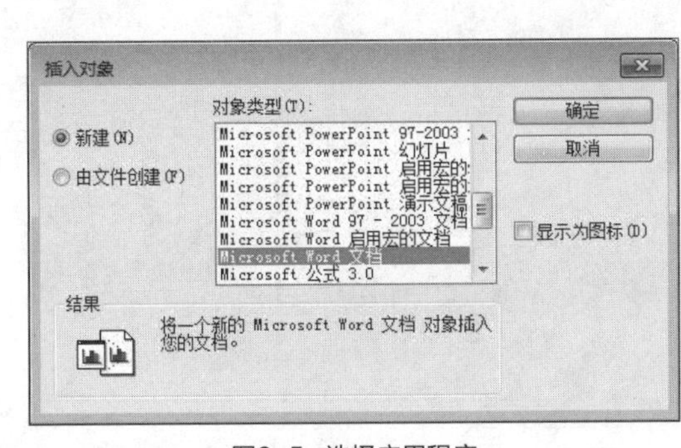

图9-5 选择应用程序

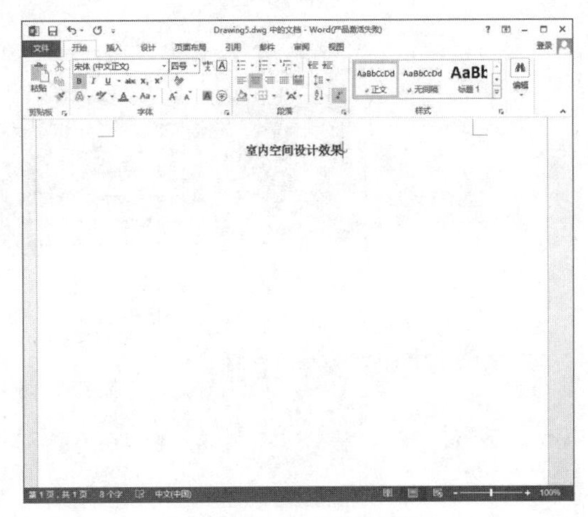

图9-6 输入文本内容

步骤03 在Word文档中执行插入图片命令，插入所需图片并调整图片的位置与大小，如图9-7所示。

步骤04 关闭Word应用程序，此时在AutoCAD绘图区中则会显示相应的操作内容，结果如图9-8所示。

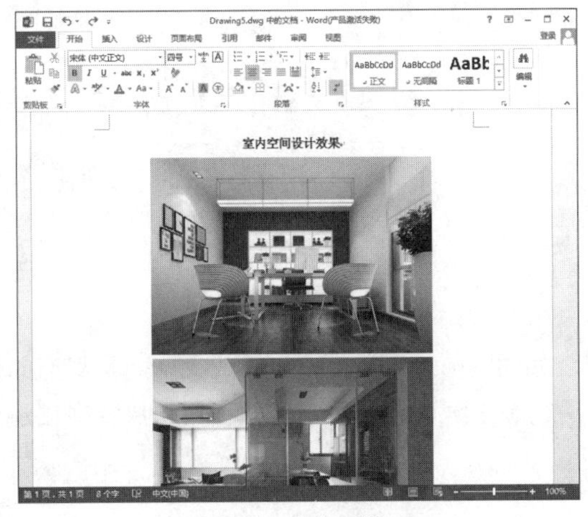

图9-7 插入图片

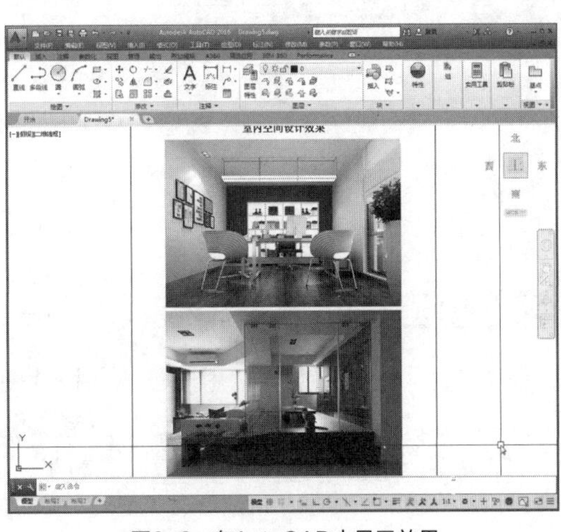

图9-8 在AutoCAD中显示效果

工程师点拨

【9-1】OLE对象

默认情况下，未打印的OLE对象显示有边框。OLE对象支持绘图次序都是不透明的，打印的结果也是不透明的，它们覆盖了背景中的对象。

9.1.3 输出图形

AutoCAD是一个功能强大的绘图软件，所绘制的图形被广泛地应用在许多领域，用户可以根据不同的用途，以不同的方式输出图形。

执行“文件>输出”命令，打开“输出数据”对话框，设置文件类型、文件名以及输出路径，单击“保存”按钮后即可完成文件的输出操作，如图9-9所示。

图9-9 “输出数据”对话框

9.2 模型与布局

在AutoCAD 2016中，包含模型空间和图纸空间两种工作空间。这两种工作空间都可以进行设计操作，下面将对其相关知识进行介绍。

9.2.1 模型空间与布局空间

模型空间是指三维空间，用于创建并设计图形，如图9-10所示为模型空间效果。而布局空间是二维空间，可以插入图框、标注及二维图形，但无法绘制三维图形，用户可以利用布局空间创建最终的打印布局，图9-11所示为布局空间的效果。

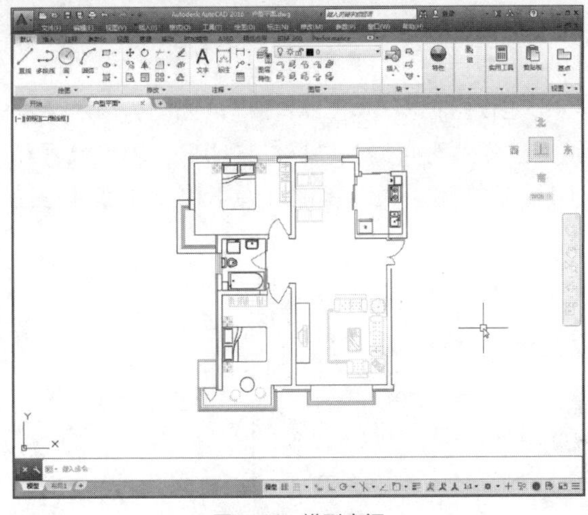
图9-10 模型空间

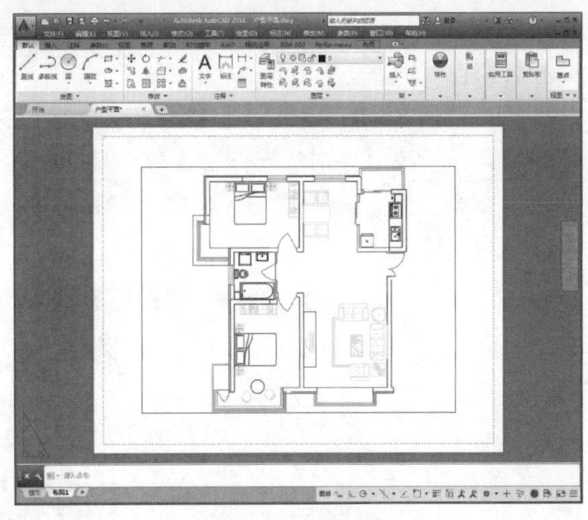
图9-11 布局空间

9.2.2 创建布局

在完成图形模型的绘制后，需要选择或创建一个图纸布局方式，以便将模型以适合的方式打印输出到图纸上。在AutoCAD中，每一个布局都提供了图纸空间图形环境，用户在其中可以创建视口并指定每个布局的页面布局，页面设置实际上就是保存在相应布局中的打印设置。

1. 使用样板创建布局

AutoCAD提供了多种不同国际标准体系的布局模板，这些标准包括ANSI、GB、ISO等，其中遵循中国国家工程制图标准（GB）的布局就有12种之多，支持的图纸幅面有A0、A1、A2、A3和A4。

执行“插入>布局>来自样板的布局”命令，打开“从文件选择样板”对话框，如图9-12所示，在该对话框中选择需要的布局模板，然后单击“打开”按钮，系统会弹出“插入布局”对话框，在该对话框中显示了当前所选布局模板的名称，单击“确定”按钮即可，如图9-13所示。

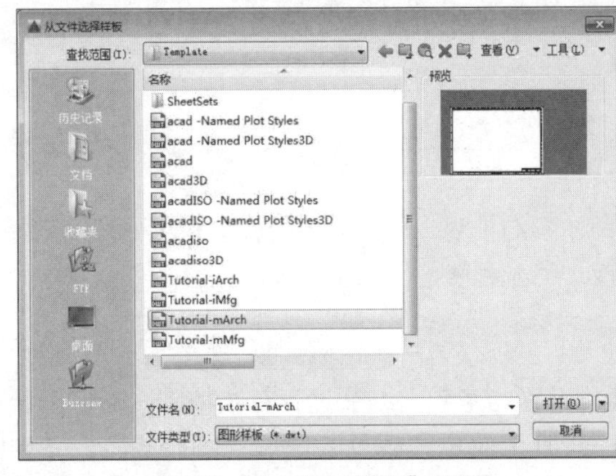

图9-12 “从文件选择样板”对话框

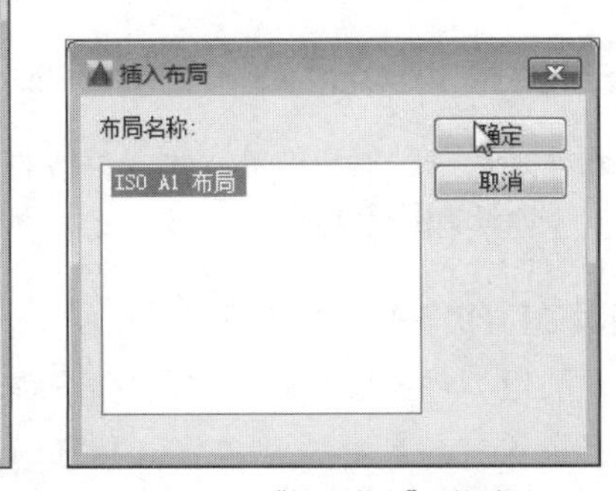

图9-13 “插入布局”对话框

2. 使用向导创建布局

AutoCAD 2016可以创建多个布局来显示不同的视图，每一个布局都可以包含不同的绘图样式，布局视图中的图形就是绘制成果。通过布局功能，用户可以从多个角度表现同一图形。布局向导用于引导用户来创建一个新的布局，每个向导页面都将提示用户为正在创建新布局指定不同的版面和打印设置。

执行“插入>布局>创建布局向导”命令，会打开“创建布局-开始”对话框，如图9-14所示。该向导会一步步引导用户进行创建布局的操作，过程中会分别对布局的名称、打印机、图纸尺寸和单位、图纸方向、是否添加标题栏及标题栏的类型、视口的类型，以及视口大小和位置等进行设置。利用向导创建布局的过程比较简单，而且一目了然。

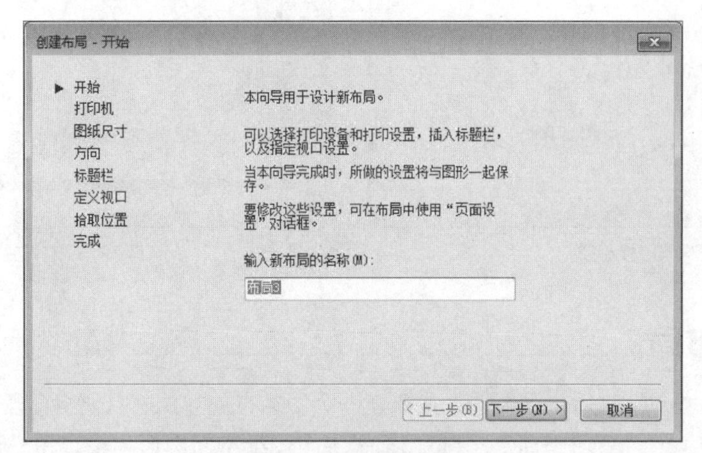

图9-14 “创建布局”对话框

9.3 图形的打印

创建图形图后，通常都需要将其打印到图纸上，也可以生成一份电子图纸，以便从互联网上进行访问。AutoCAD作为强大的图形设计及处理软件，提供了强大的打印功能，不但可以直接打印图形文件，还可以将文件的一个视图以及用户自定义的一部分打印出来，在AutoCAD 2016中，用户可以在模型空间中直接打印图形，也可以在创建布局后打印布局出图。

9.3.1 设置打印样式

打印样式是一种对象特性，用于修改打印图形的外观，包括对象的颜色、线型和线宽等，也可指定端点、连接和填充样式，以及抖动、灰度、笔号和淡显等输出效果。

1. 创建颜色打印样式表

颜色的相关打印样式建立在图形实体颜色设置的基础上，通过颜色来控制图形输出。用户可以根据颜色设置打印样式，再将这些打印样式赋予使用该颜色的图形实体，从而最终控制图形的输出。在创建图层时，系统将根据所选颜色的不同自动为图形指定不同的打印样式，如图9-15所示。

与颜色相关的打印样式表都被保存在以.ctb为扩展名的文件中，命名打印样式表被保存在以.stb为扩展名的文件中。

2. 添加打印样式表

要为当前图形设置合适的打印效果，通常可以在进行打印操作之前进行页面设置和添加打印样式表。

执行“工具>向导>添加打印样式表”命令，打开“添加打印样式表”向导对话框，如图9-16所示。该向导会一步步引导用户执行添加打印样式表操作，过程中会分别对打印的表格类型、样式表名称等参数进行设置。利用向导添加打印样式的过程比较简单，且一目了然。

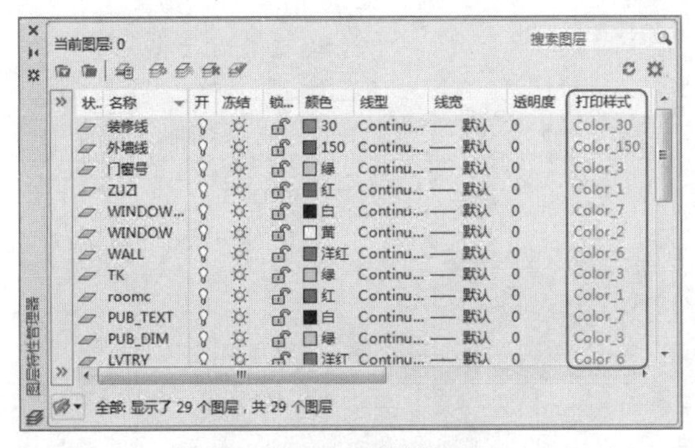

图9-15 图层特性管理器

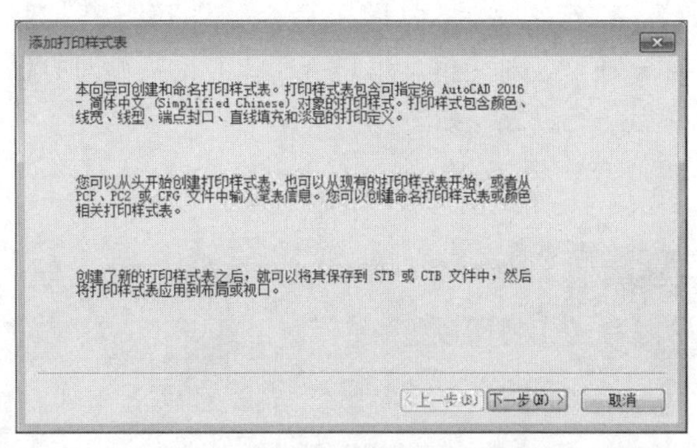

图9-16 “添加打印样式表”设置向导

3. 管理打印样式表

在需要对相同颜色的对象进行不同的打印设置时，用户可以使用命名打印样式表，根据需要创建统一颜色对象的多种命名打印样式，并将其指定给对象。

执行“文件>打印样式管理器”命令，即可打开如图9-17所示的打印样式列表，在该列表中显示之前添加的打印样式表文件，用户可双击该文件，然后在打开的“打印样式表编辑器”对话框中进行打印颜色、线宽、打印样式和填充样式等参数的设置，如图9-18所示。

图9-17 打印样式列表

图9-18 “打印样式表编辑器”对话框

9.3.2 设置打印参数

无论是从模型空间还是布局空间中打印图形，都必须对打印参数进行设置，且设置的参数是完全相同的，主要包括图纸尺寸、图形方向、打印区域以及打印比例等。用户可通过以下操作进行打印设置。

- 执行“文件>打印”命令。
- 在“输出”选项卡的“打印”面板中单击“打印”按钮。
- 在快速访问工具栏中单击“打印”按钮。
- 在键盘上按Ctrl+P组合键。
- 在命令行中输入PLOT命令，然后按回车键。

执行“文件>打印”命令，即可打开“打印－模型”对话框，用户可在该对话框中对打印参数进行设置，如图9-19所示。

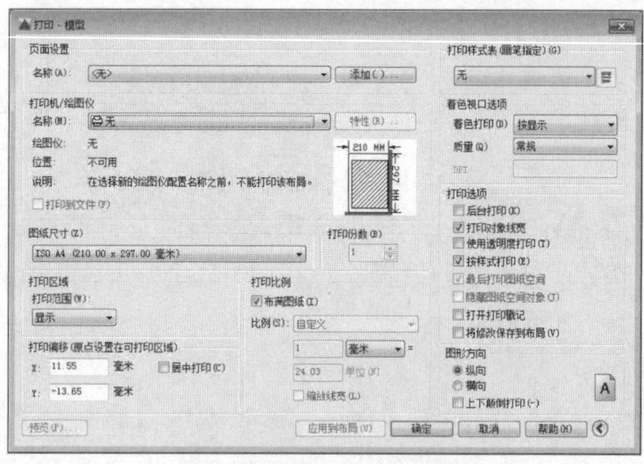

图9-19 “打印”对话框

工程师点拨

【9-2】打印预览

打印预览是图形在打印到图纸之前，在屏幕上显示打印输出图形后的效果，主要包括图形线条的线宽、线型和填充图案等的预览。预览后，若需要进行修改，则关闭该视图，进入设置页面再次进行修改即可。

9.3.3 保存与调用打印设置

如果要使用相同的打印设置打印多个文件，只需要设置一次打印参数，然后将其保存，以方便下次使用。

示例9-3 保存和调用打印设置的操作方法

步骤01 打开“打印-模型”对话框，在“页面设置”选项组中单击“添加”按钮，如图9-20所示。

步骤02 在弹出的对话框中输入新页面名称，然后单击“确定”按钮，完成设置，如图9-21所示。

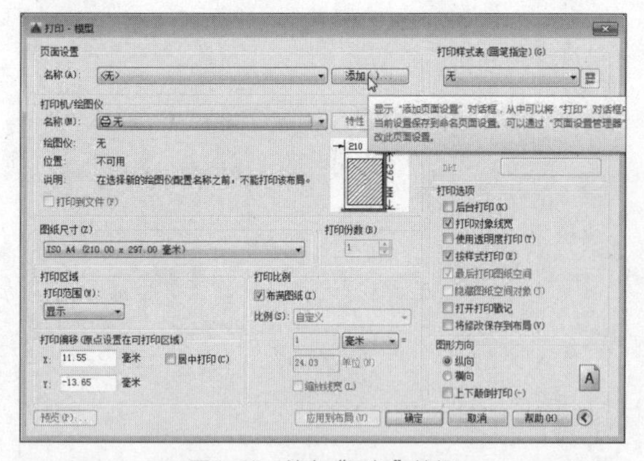

图9-20 单击“添加”按钮

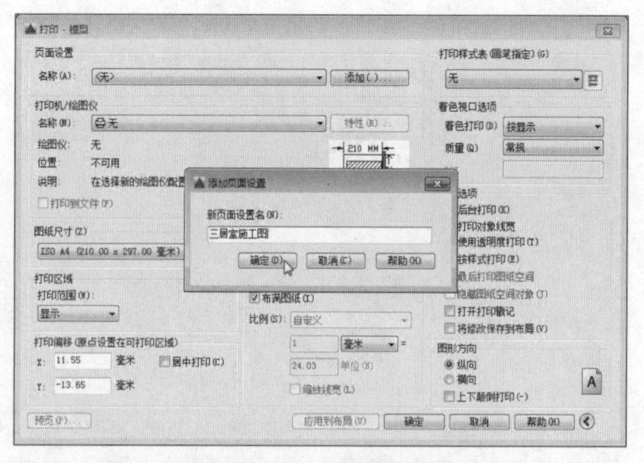

图9-21 单击“确定”按钮

步骤03 在新的图纸中，在“输出”选项卡的“打印”面板中单击“页面设置管理器”按钮，打开“页面设置管理器”对话框，选择保存的打印设置，并单击“置为当前”按钮，如图9-22所示。

步骤04 设置完成后单击“关闭”按钮，然后执行“文件>打印”命令，即可调用保存的打印设置，如图9-23所示。

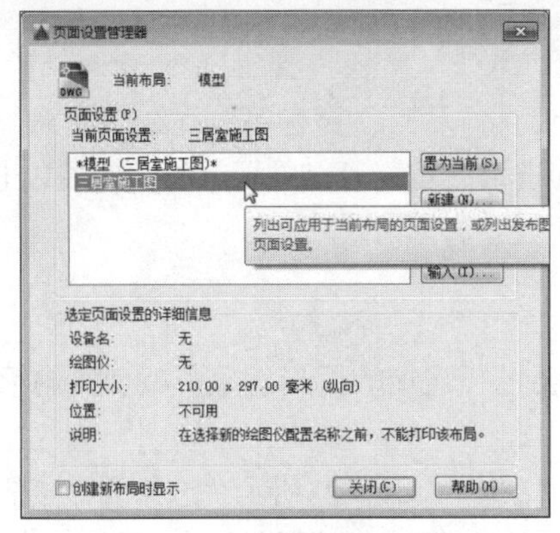

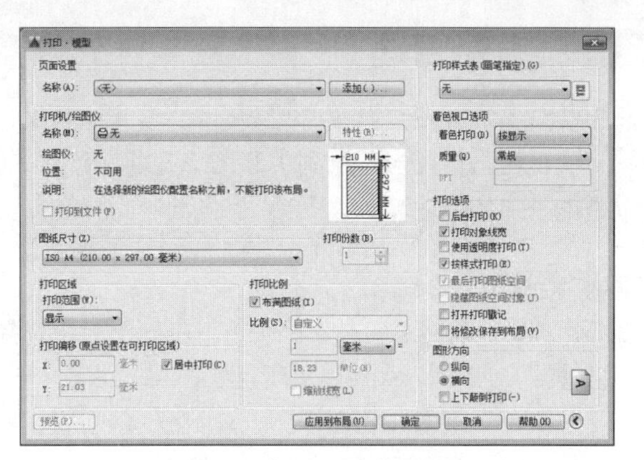

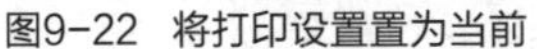
图9-22 将打印设置置为当前

图9-23 “打印-模型”对话框

9.3.4 打印预览

设置打印参数之后，用户可以预览设置的打印效果，查看是否符合要求。如果不符合要求，则关闭打印预览视图，再进行更改；如果符合要求，则继续执行打印操作。

在AutoCAD 2016中，用户可以通过以下方式实施打印预览操作。

- 执行“文件>打印预览”命令。
- 在“输出”选项卡下单击“预览”按钮。
- 在“打印-模型”对话框中设置打印参数后，单击左下角的“预览”按钮。

9.4 网络应用

在AutoCAD 2016中，用户可以执行在Internet上预览图纸、为图纸插入超链接、将图纸以电子形式进行打印，或将设置好的图纸发布到Web以供用户浏览等操作。

9.4.1 Web浏览器应用

Web浏览器是通过URL获取并显示Web网页的一种软件工具，用户可在AutoCAD系统内部直接调用Web浏览器进入Web网络世界。

AutoCAD中的“输入”和“输出”命令都具有内置的Internet支持功能。通过该功能，可以直接从Internet上下载文件，其后在AutoCAD环境下编辑图形。

利用“浏览Web”对话框，可快速定位到要打开或保存文件的特定Internet位置，也可以指定一个默认的Internet网址，每次打开“浏览Web”对话框时都将加载该位置。如果不知道正确的URL，或者不想在每次访问Internet网址时输入冗长的URL，则可使用“浏览Web”对话框方便地访问文件。

此外，在命令行中直接输入BROWSER命令，按回车键后，可以根据提示信息打开网页。

9.4.2 超链接管理

超链接就是将AutoCAD中的图形对象与其他数据、信息、动画、声音等建立链接关系。利用超链接可实现由当前图形对象到关联图形文件的跳转，其链接的对象可以是现有的文件或Web页，也可以是电子邮件地址等。

1. 链接文件或网页

执行“插入>数据>超链接”命令，在绘图区中选择要进行连接的图形对象，按回车键后打开“插入超链接”对话框，如图9-24所示。

单击“文件”按钮，打开“浏览Web-选择超链接”对话框，如图9-25所示。选择要链接的文件并单击“打开”按钮，返回到上一层对话框，单击“确定”按钮完成链接操作。

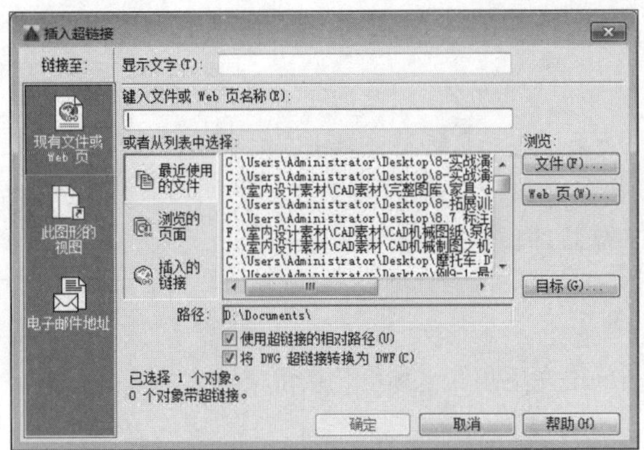

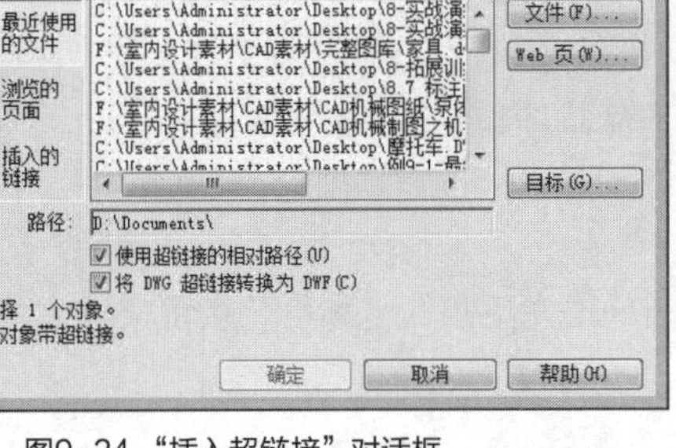

图9-24 “插入超链接”对话框

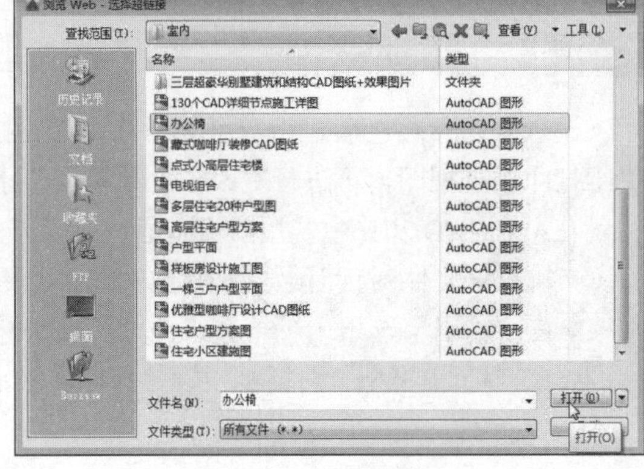

图9-25 选择需链接的文件

在带有超链接的图形文件中，将光标移至带有链接的图形对象上时，光标右侧则会显示超链接符号，并显示链接文件名称。此时按住Ctrl键并单击该链接对象，即可按照链接网址切转到相关联的文件中。

“插入超链接”对话框中各选项说明如下。

- 显示文字：用于指定超链接的说明文字。
- 现有文件或Web页：用于创建现有文件或Web页的超链接。
- 键入文件或Web页名称：用于指定要与超链接关联的文件或Web页面。
- 最近使用的文件：显示最近链接过的文件列表，用户可从中选择链接。
- 浏览的页面：显示最近浏览过的Web页面列表。
- 插入的链接：显示最近插入的超级链接列表。
- 文件：单击该按钮，在“浏览Web－选择超链接”对话框中，指定与超链接相关联的文件。
- Web页：单击该按钮，在“浏览Web”对话框中指定与超链接相关联的Web页面。
- 目标：单击该按钮，在“选择文档中的位置”对话框中，选择链接到图形中的命名位置。
- 路径：显示与超链接关联文件的路径。
- 使用超链接的相对路径：用于为超级链接设置相对路径。
- 将DWG超链接转换为DWF：用于转换文件的格式。

2. 链接电子邮件地址

执行“插入>数据>超链接”命令，在绘图区中选中要链接的图形对象，按回车键后，在“插入超链接”对话框中单击左侧“电子邮件地址”选项，如图9-26所示。其后在“电子邮件地址”文本框中输入邮件地址，并在“主题”文本框中输入邮件消息主题内容，单击“确定”按钮即可，如图9-27所示。

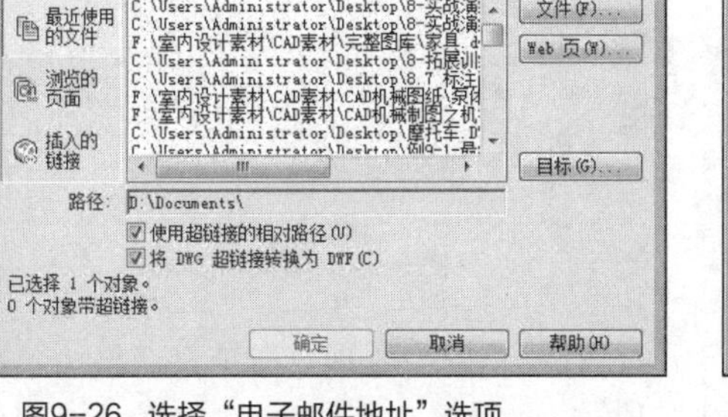

图9-26 选择“电子邮件地址”选项

图9-27 输入邮件相关内容

在打开电子邮件超链接时，默认电子邮件应用程序将创建新的电子邮件消息。在此填好邮件地址和主题，最后输入消息内容并发送电子邮件。

9.4.3 电子传递设置

用户在发布图纸时，若忘记发送字体、外部参照等相关描述文件，会使得接收图纸时打不开收到的文档，从而造成无效传输。使用电子传递功能，可自动生成包含设计文档及其相关描述文件的数据包，然后将数据包粘贴到E-mail的附件中进行发送。这样就大大简化了发送操作，并且保证了发送的有效性。

执行“应用程序菜单>发布”命令，在子菜单中选择“电子传递”命令，打开“创建传递”对话框，在“文件树”和“文件表”选项卡中设置相应的参数即可，如图9-28、9-29所示。

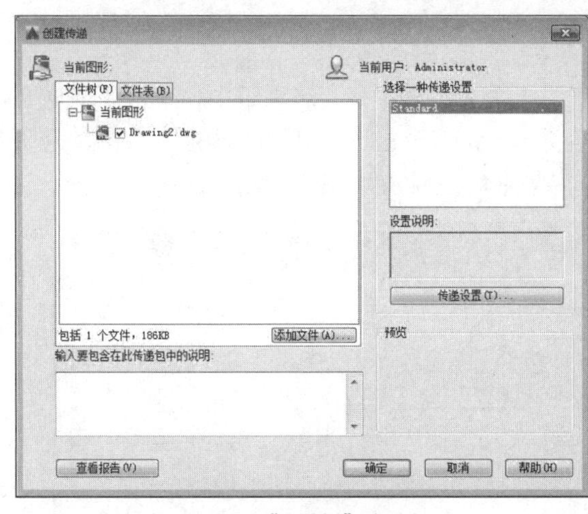

图9-28 “文件树”选项卡

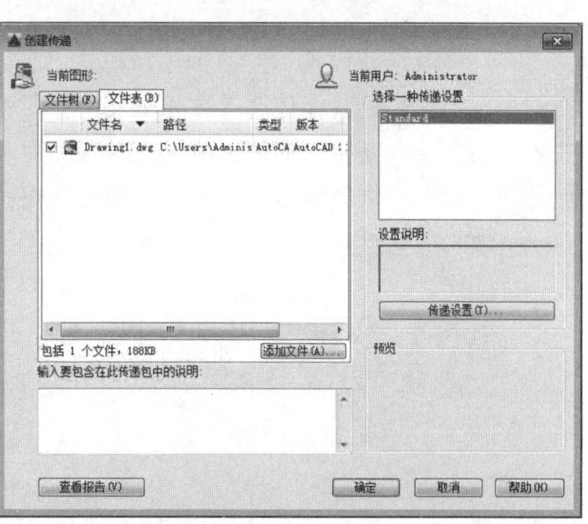

图9-29 “文件表”选项卡

在“文件树”或“文件表”选项卡中，单击“添加文件”按钮，如图9-30所示。将会打开“添加要传递的文件”对话框，在此选择要包含的文件，单击“打开”按钮，返回到上一层对话框，如图9-31所示。

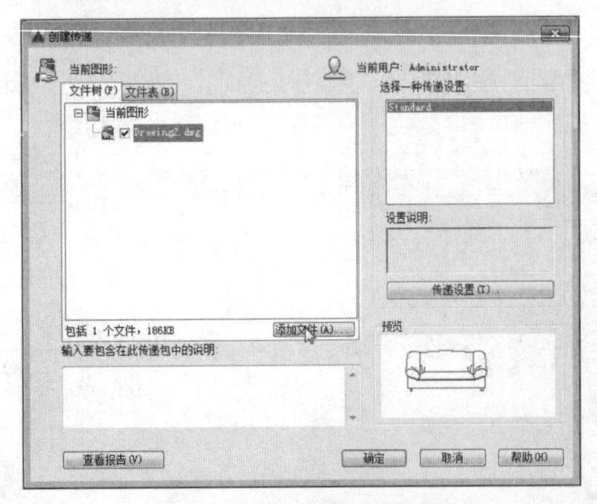

图9-30 单击“添加文件”按钮

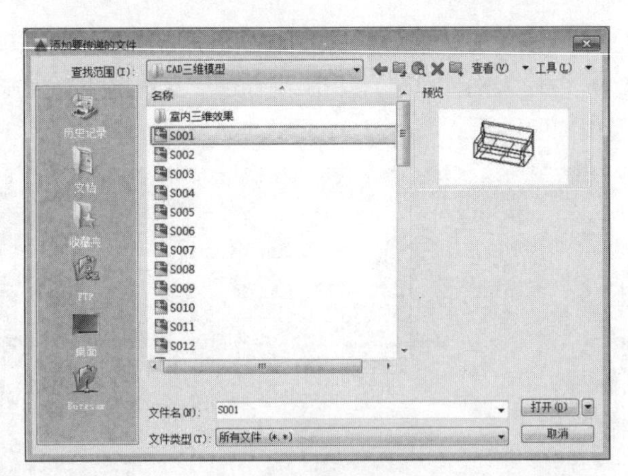

图9-31 选择所需文件

在“创建传递”对话框中单击“传递设置”按钮，打开“传递设置”对话框，单击“修改”按钮，打开“修改传递设置”对话框，如图9-32、9-33所示。

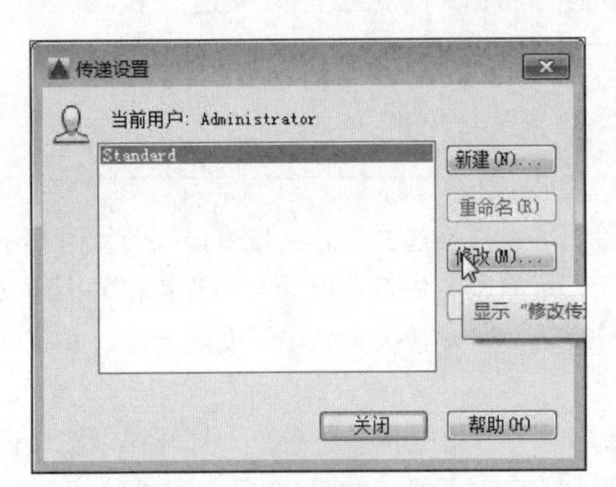

图9-32 “传递设置”对话框

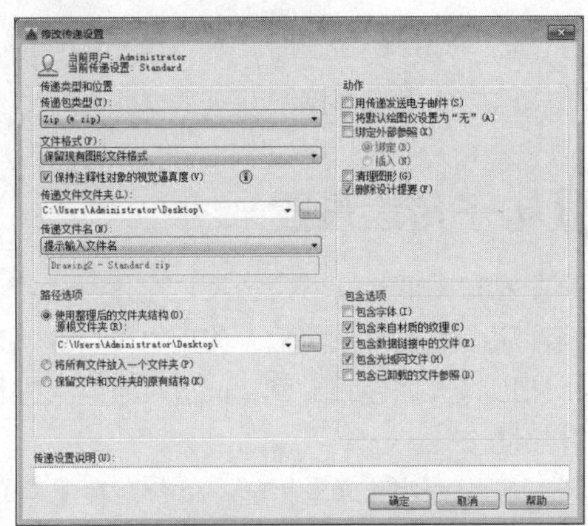

图9-33 设置传递包

在“修改传递设置”对话框中，单击“传递包类型”下拉按钮，选择“文件夹（文件集）”选项，指定要使用的其他传递选项，如图9-34所示。在“传递文件文件夹”选项组中，单击“浏览”按钮，指定要在其中创建传递包的文件夹，如图9-35所示。接着单击“打开”、“确定”按钮，返回上一层对话框，依次单击“关闭”、“确定”按钮，完成在指定文件夹中创建传递包操作。

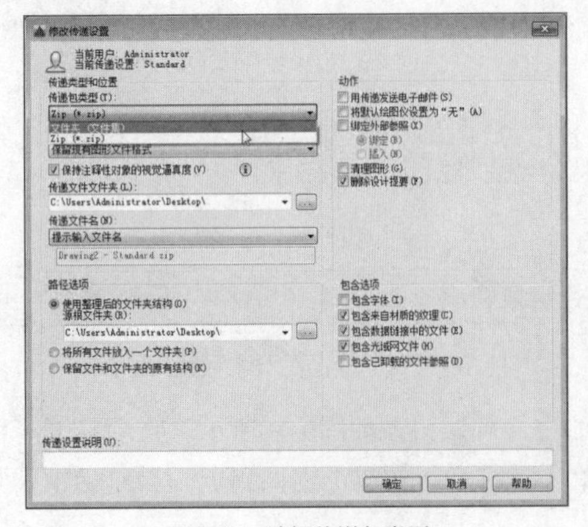

图9-34 选择传递包类型

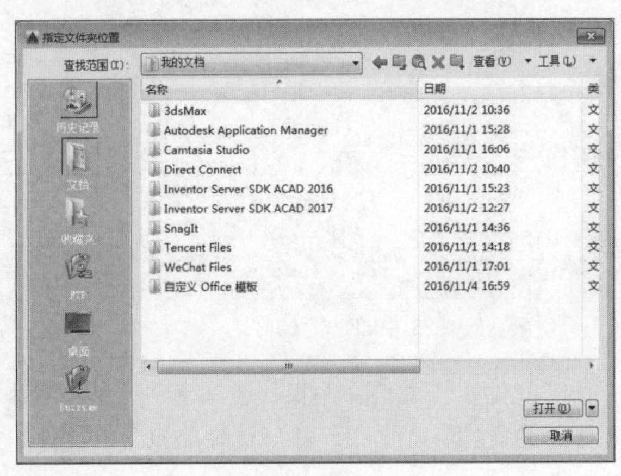

图9-35 选择创建传递包文件夹

9.4.4 发布图纸到Web

在AutoCAD 2016中，用户可运用“网上发布”命令将绘制好的图纸发布到Web页，以供他人浏览。

执行“文件>网上发布”命令，打开“网上发布”向导对话框，如图9-36所示。用户可以根据该向导创建一个Web页，用以显示图形文件中的图形。

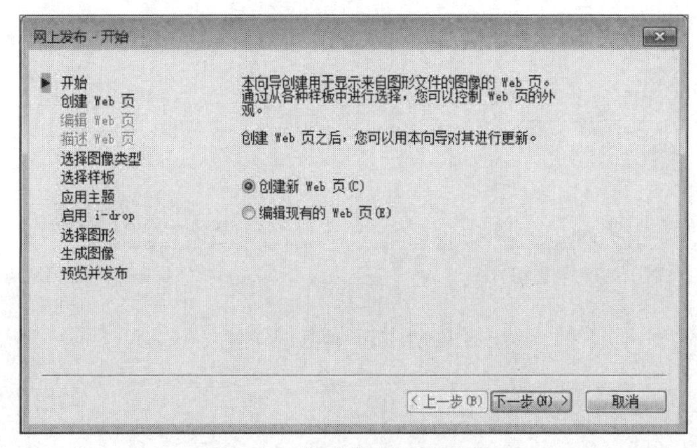

图9-36 “网上发布”设置向导

上机实践：打印并链接居室平面图纸

■**实践目的：** 帮助用户掌握图形的输入与输出、打印设置以及超链接设置的知识。

■**实践内容：** 应用本章所学的知识，对客厅平面图纸进行打印与超链接设置。

■**实践步骤：** 首先为平面图中的双人床图形连接一个立面图形文件，再设置打印参数并进行打印输出，具体操作介绍如下。

步骤01 启动AutoCAD 2016软件，打开素材文件，如图9-37所示。

步骤02 执行“插入>数据>超链接”命令，在绘图区中选中床图块，如图9-38所示。

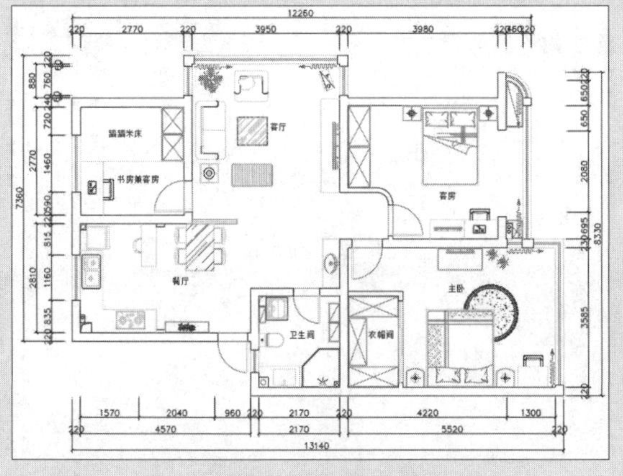

图9-37 打开素材文件

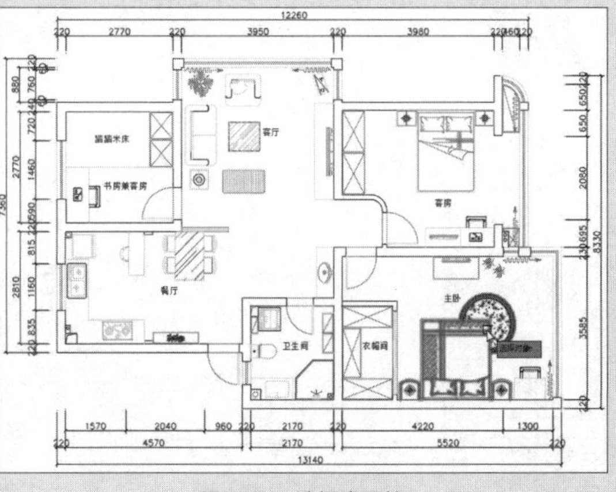

图9-38 选择床图块

步骤03 选择完成后，按空格键，打开“插入超链接”对话框，如图9-39所示。

步骤04 单击“文件”按钮，打开“浏览Web-选择超链接”对话框，选择链接文件，如图9-40所示。

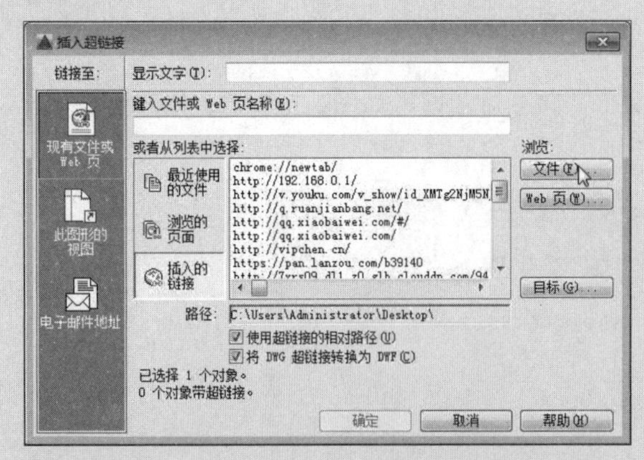

图9-39 单击“文件”按钮

图9-40 选择超链接文件

步骤05 单击“打开”按钮，返回上一层对话框，单击“确定”按钮，即可完成超链接操作，如图9-41所示。

步骤06 将光标移至双人床图块上，此时在光标右侧会显示该图块链接的相关信息，如图9-42所示。

图9-41 单击“确定”按钮

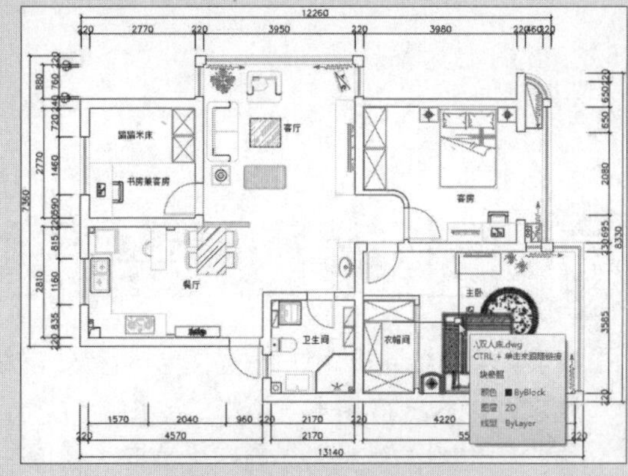

图9-42 显示链接信息

步骤07 按住Ctrl键并单击该双人床图块，即可切换至相关超链接的界面，如图9-43所示。

步骤08 返回到居室平面图界面，执行“应用程序菜单>打印”命令，打开“打印-模型”对话框，设置打印机型号以及图纸尺寸，图形方向设为横向，设置打印范围为窗口，如图9-44所示。

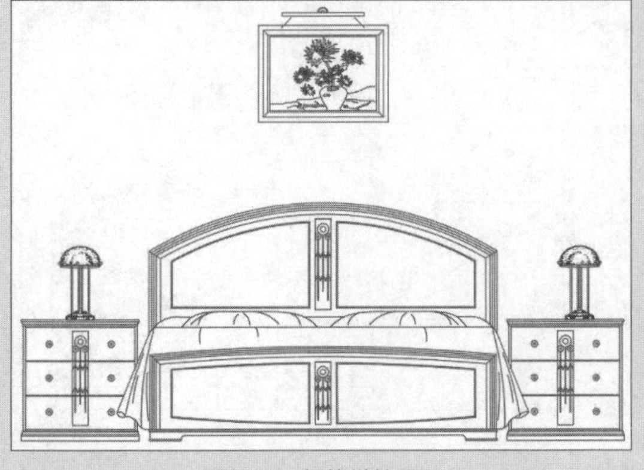

图9-43 切换链接界面

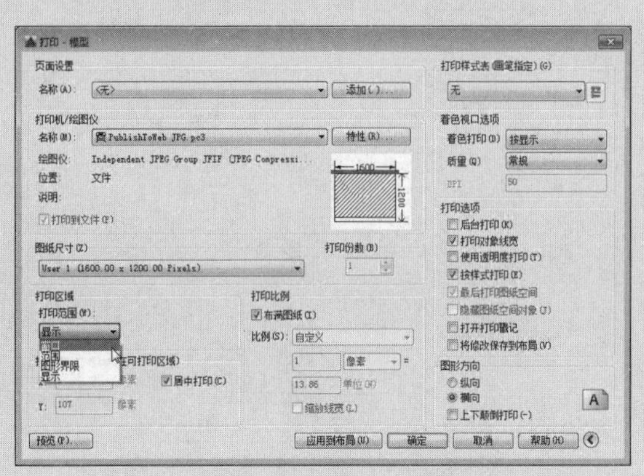

图9-44 设置打印参数

步骤09 在绘图区中框选要打印的图纸区域，如图9-45所示。

步骤10 框选完毕后返回打印设置对话框，单击“预览”按钮，进入预览页面，如图9-46所示。

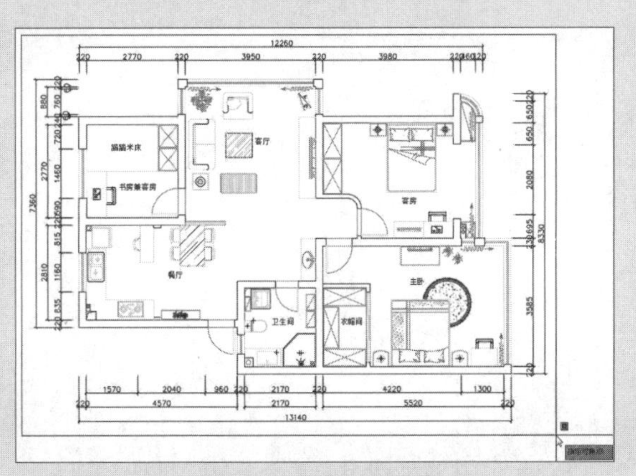

图9-45 框选打印区域

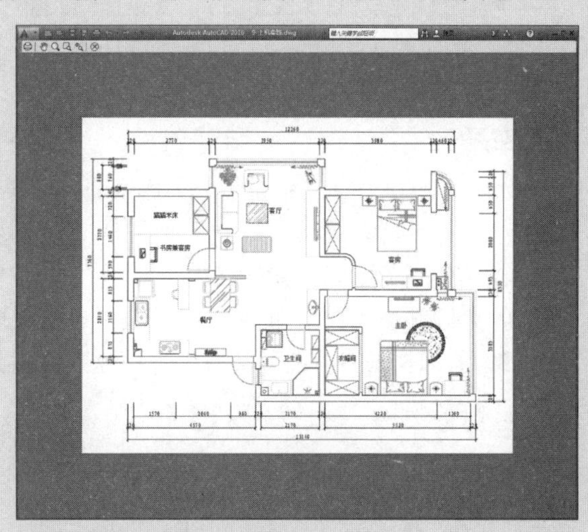

图9-46 预览效果

步骤11 预览无误后单击鼠标右键，在弹出的快捷菜单中选择“打印”命令，在弹出的“浏览打印文件”对话框中设置文件名及路径，单击“保存”按钮，即可完成图形的打印输出，如图9-47所示。

图9-47 设置文件名及输出路径

步骤12 打开输出的图形文件，效果如图9-48所示。

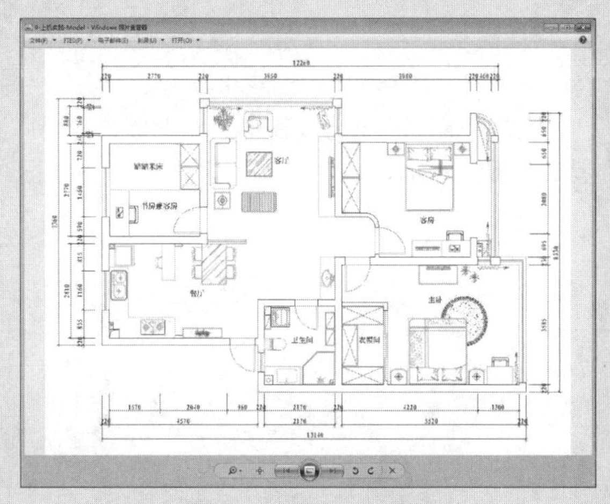

图9-48 查看输出图形效果

课后练习

为了更加深入的掌握本章知识点，本小节中提供了一些试题，供用户进行练习。

1. 填空题

（1）AutoCAD 2016中有两个工作空间，即模型空间和布局空间。在________中绘制图形时，可以绘制图形的主体模型。

（2）在布局空间创建的视口为________，其形状可以是矩形、任意多边形或圆等，相互之间可以重叠，并能同时打印，而且可以调整视口边界形状。

（3）打印样式表有两种类型，一种是颜色相关打印样式表，另一种是________。

2. 选择题

（1）下面不属于AutoCAD工作空间的是（　　）。

A、模型空间　　B、模拟空间　　C、图纸空间　　D、布局空间

（2）以下说法不正确的是（　　）。

A、图纸空间称为布局空间

B、图纸空间完全模拟图纸页面

C、图纸空间用来在绘图之前或之后安排图形的位置

D、图纸空间与模型空间相同

（3）下面关于平铺视口与浮动视口说法不正确的是（　　）。

A、平铺视口是在模型空间中创建的视口

B、浮动视口是在布局空间中创建的视口

C、平铺视口可以很方便地调整视口边界

D、浮动视口可以很方便地调整视口边界

（4）颜色相关打印样式表被保存在以（　　）为扩展名的文件中。

A、.ctb　　B、.stb　　C、.dwg　　D、.dwt

3. 操作题

（1）打开图形文件，如图9-49所示，将文件输出为EPS格式。

（2）下面为单人沙发图形创建三个布局视口，排列方式为左侧两个视口，右侧一个视口垂直放置，如图9-50所示。

图9-49　拼花图案

图9-50　单人沙发的三个视图模式

读书笔记

Part 2
综合案例篇

居室空间施工图的绘制

课题概述

本章以两居室家装室内设计为例，详细讲述了家装建筑室内设计施工图的绘制过程。在介绍过程中，带领读者完成两居室家装施工图的绘制，并掌握有关家装空间设计的相关知识与技巧。本章包括两居室原始框架、平面布置、顶棚布置施工图的绘制，以及尺寸文字的标注等内容。

教学目标

本章主要介绍居室施工图的绘制，将通过实例来讲解利用AutoCAD 2016绘制完整的居室施工图的方法。

章节重点

★★★★　原始框架图的绘制
★★★★　居室平面布置图的绘制
★★★★　居室顶棚布置图的绘制
★★★　客厅立面图的绘制
★★★　卧室立面图的绘制

光盘路径

操作案例：实例文件\第10章

10.1 绘制居室平面图

室内平面图是施工图纸中必不可少的一项内容。平面图能够反映当前户型的各空间布局以及家具摆放是否合理，并从中了解到各空间的功能和用途。

10.1.1 绘制居室原始框架图

本小节介绍室内设计原始框架平面图的绘制方法。在讲述过程中，将循序渐进地介绍室内设计的基本知识及绘图方法与技巧，具体操作步骤介绍如下。

步骤01 启动AutoCAD 2016应用程序，在“图层”面板中单击“图层特性”按钮，打开“图层特性管理器”面板，新建“轴线”图层，并设置图层参数，如图10-1所示。

步骤02 双击该图层，将其设置为当前图层。执行“绘图>直线”、“修改>偏移”以及“修改>修剪”命令，绘制直线并进行偏移操作，再对图形进行修剪操作，如图10-2所示。

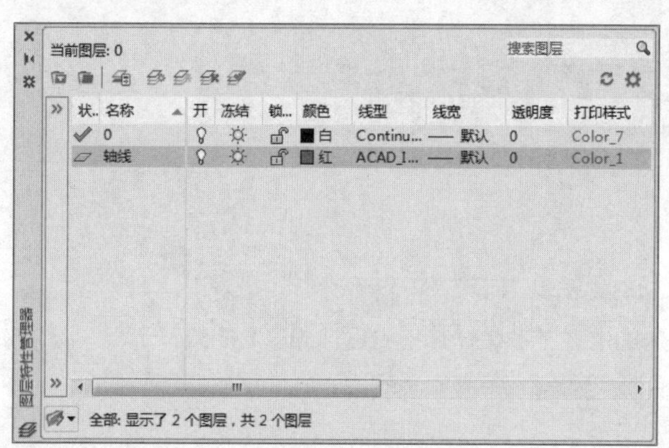
图10-1 创建“轴线”图层

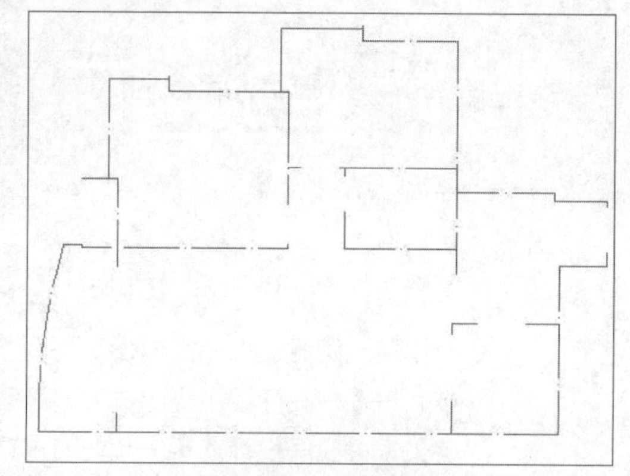
图10-2 绘制轴线

步骤03 新建“墙体”图层，并设置其图层属性，双击该图层，设置为当前图层，如图10-3所示。

步骤04 执行“格式>多线样式”命令，在打开“多线样式”对话框中单击“修改”按钮，如图10-4所示。

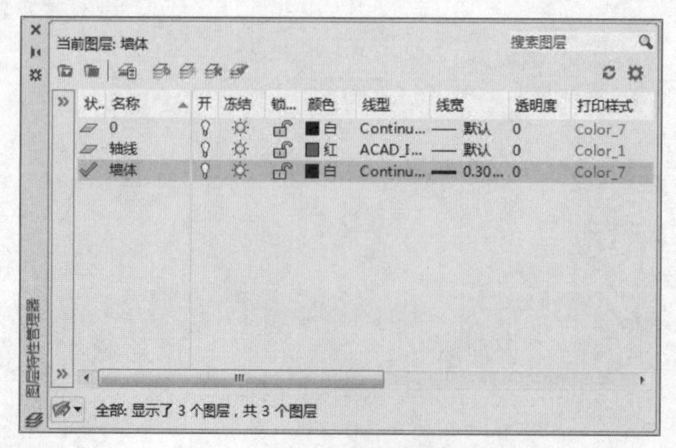
图10-3 创建“墙体”图层

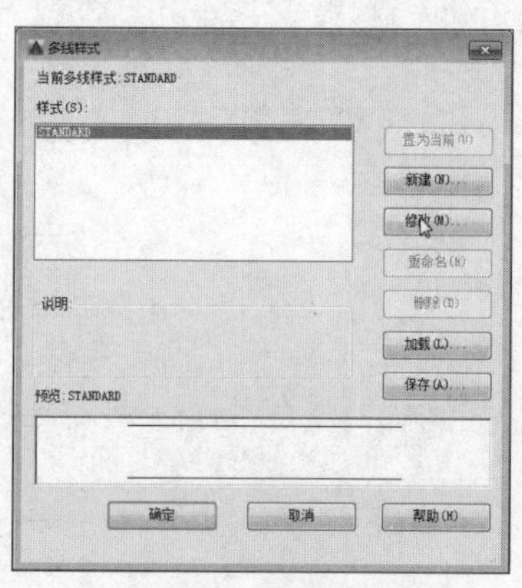
图10-4 “多线样式”对话框

步骤05 在“修改多线样式”对话框中，勾选直线的“起点”和“端点”复选框，如图10-5所示。

步骤06 单击“确定”按钮，返回上一层对话框，预览多线效果，接着单击“确定”按钮，关闭对话框，如图10-6所示。

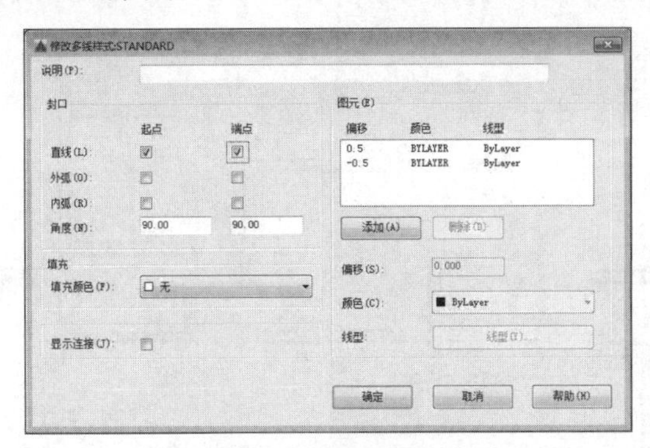

图10-5 设置多线样式

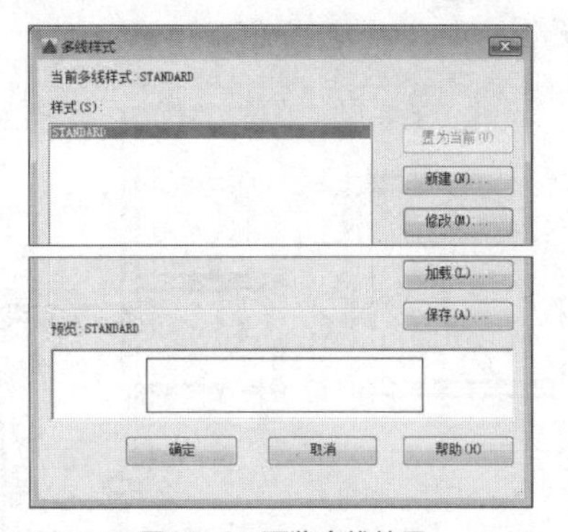

图10-6 预览多线效果

步骤07 在命令行中输入ML并按回车键，将多线的比例设为240，对正设为无，其后沿着轴线方向，绘制外墙体线，效果如图10-7所示。

步骤08 双击两条多线相交点，打开“多线编辑工具”对话框，在“多线编辑工具”区域选中适合的修剪工具，如图10-8所示。

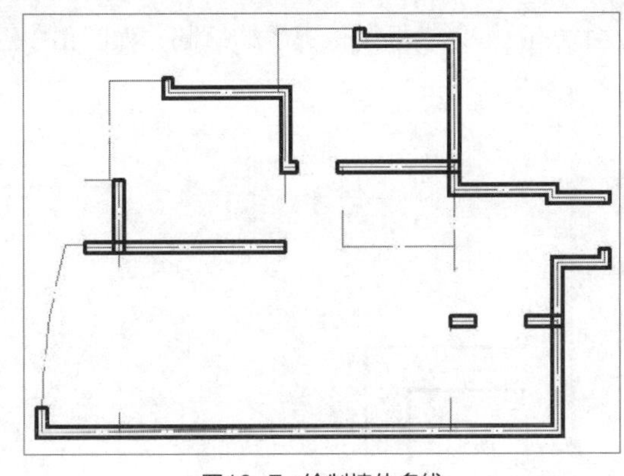

图10-7 绘制墙体多线

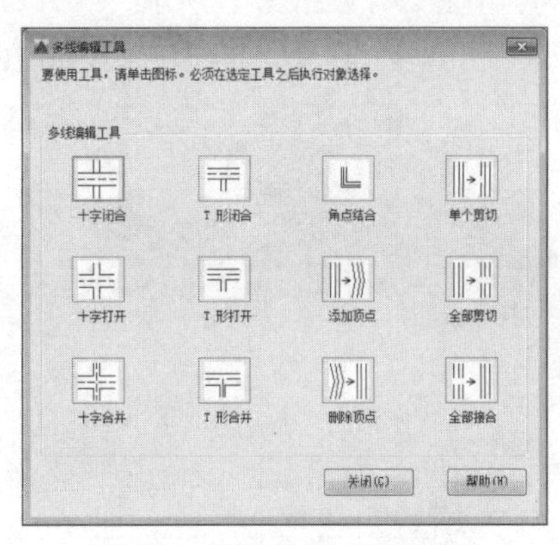

图10-8 “多线编辑工具”对话框

步骤09 在绘图区中，即可选择所需多线并进行编辑，如图10-9所示。

步骤10 按照同样的操作方法，将其余相交的多线进行修剪，如图10-10所示。

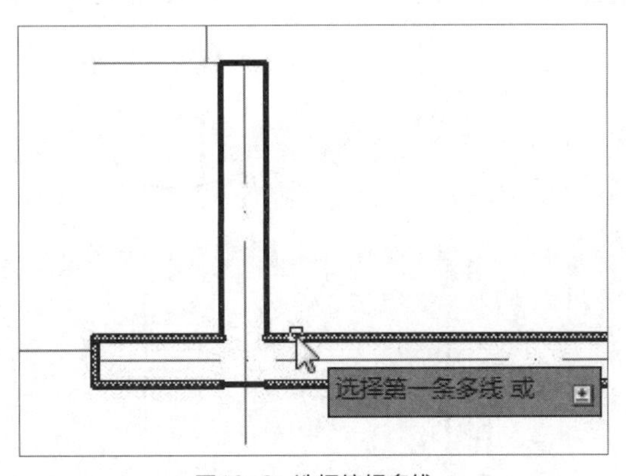

图10-9 选择编辑多线

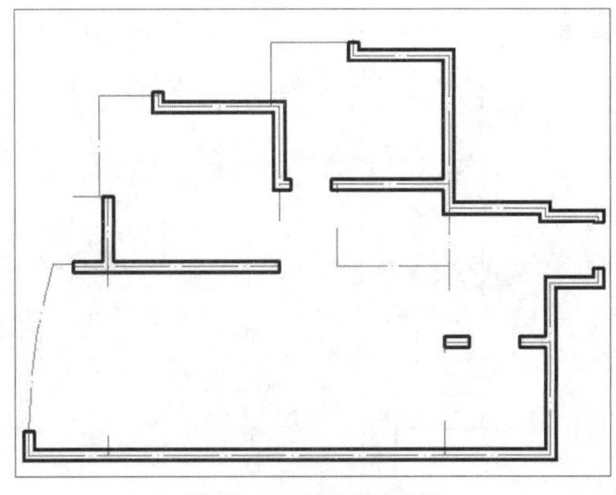

图10-10 编辑其他多线

步骤11 再次执行“多线”命令，将多线比例设置为140，对正方式为无，其后沿着内墙轴线绘制内墙体线，如图10-11所示。

步骤12 双击多线相交点，在打开的“多线编辑工具”对话框中，选中合适的工具，对相交多线进行编辑操作，如图10-12所示。

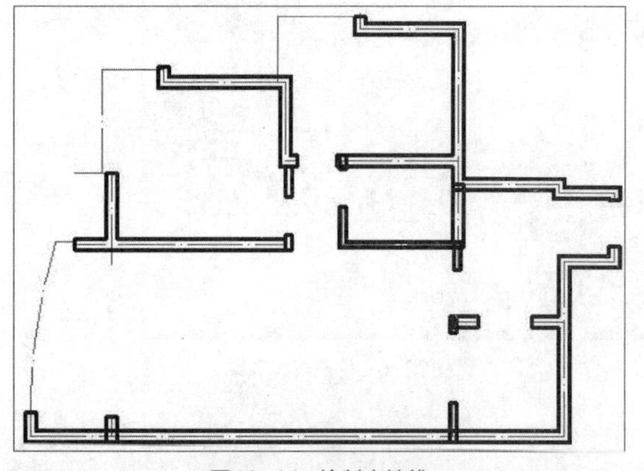

图10-11 绘制内墙线

图10-12 编辑多线

步骤13 单击“图层特性”按钮，在打开的面板中新建“门窗”图层，设置图层属性，双击该图层，将其设为当前图层，如图10-13所示。

步骤14 执行“偏移”命令，将窗户轴线向内偏移120mm，完成飘窗轮廓线的绘制，如图10-14所示。

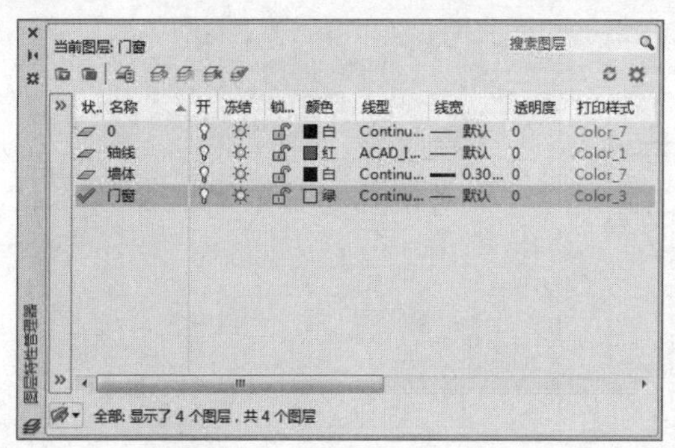

图10-13 新建“门窗”图层

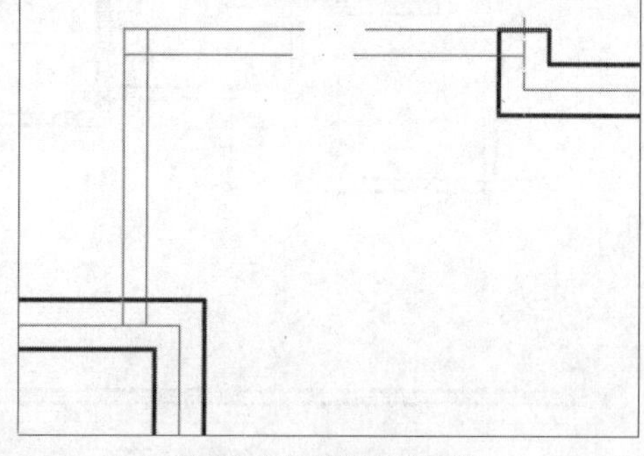

图10-14 偏移窗户轴线

步骤15 选中飘窗轮廓线，单击“图层>图层”下拉按钮，选中“门窗”图层，即可将轴线转换为门窗线，如图10-15所示。

步骤16 执行“偏移”和“修剪”命令，完成飘窗图形的绘制，如图10-16所示。

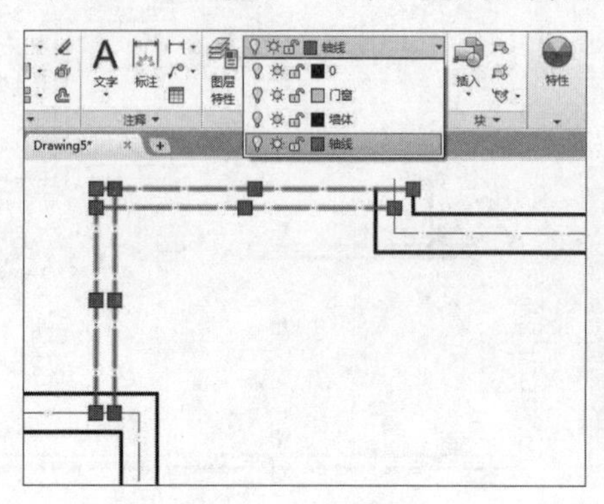

图10-15 转换图层

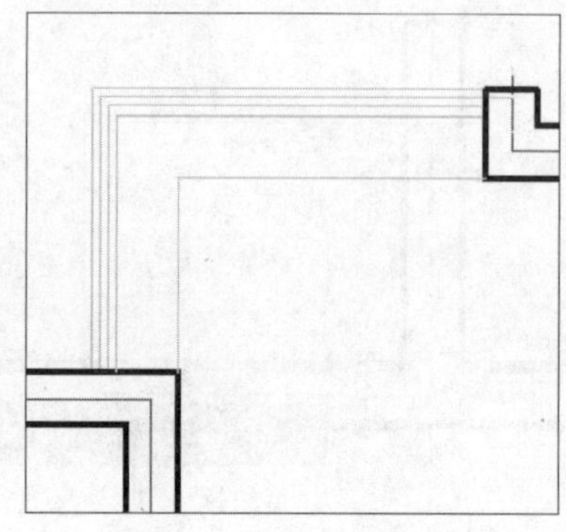

图10-16 偏移并修剪图形

步骤17 按照同样的方法，绘制另一侧飘窗图形，如图10-17所示。

步骤18 执行“偏移”和“修剪”命令，绘制阳台窗户图形，如图10-18所示。

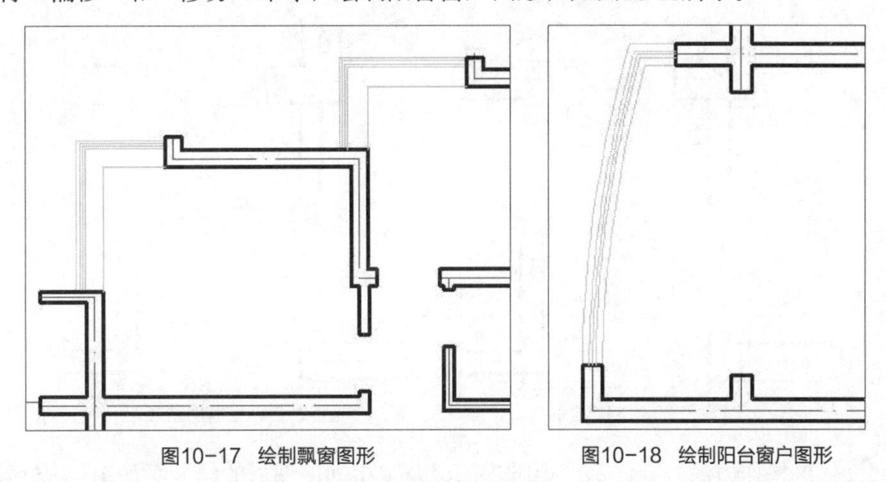

图10-17 绘制飘窗图形　　图10-18 绘制阳台窗户图形

步骤19 执行“矩形”命令，绘制长800mm，宽40mm的长方形，放置进户门洞位置，如图10-19所示。

步骤20 执行“矩形”命令，绘制长200mm，宽40mm的长方形，放置门洞另一侧，如图10-20所示。

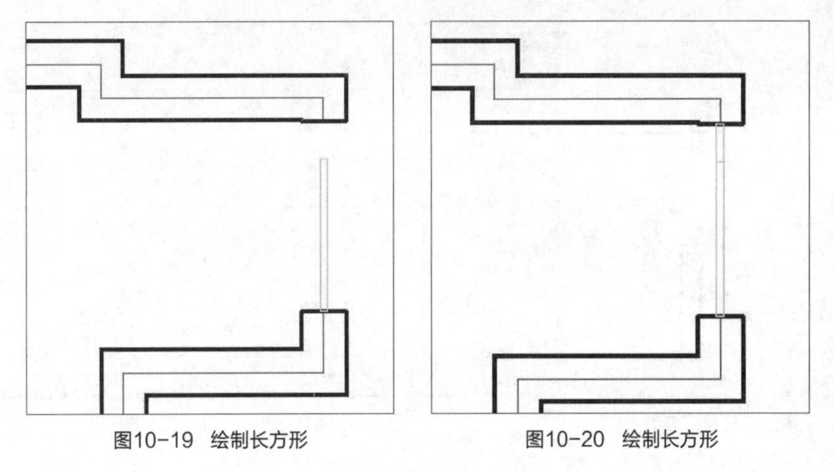

图10-19 绘制长方形　　图10-20 绘制长方形

步骤21 执行“旋转”命令，以大长方形下方中心点为旋转中心，向外旋转30度，如图10-21所示。

步骤22 执行“圆弧”命令，指定旋转后的长方形的两个顶点和小长方形中下方的端点，绘制开放方向线，完成进户门图形的绘制，如图10-22所示。

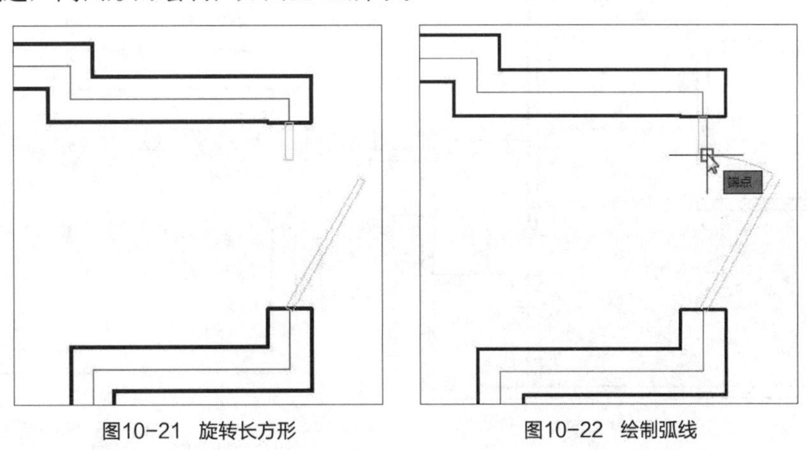

图10-21 旋转长方形　　图10-22 绘制弧线

步骤23 执行“矩形”命令，绘制800×40mm的长方形，放置卧房门洞合适位置，如图10-23所示。

步骤24 执行“旋转”和“圆弧”命令，将卧房门图形进行旋转，并绘制开门弧线，如图10-24所示。

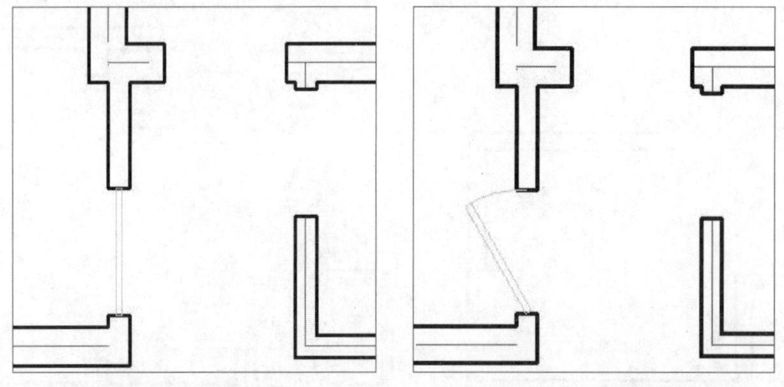

图10-23 绘制长方形　　图10-24 绘制门图形

步骤25 按照同样的操作方法，完成另一个卧房门以及卫生间门图形的绘制，如图10-25所示。

步骤26 单击“图层特性”按钮，新建“梁”图层，并设置图形属性，双击该层，将其设置为当前图层，如图10-26所示。

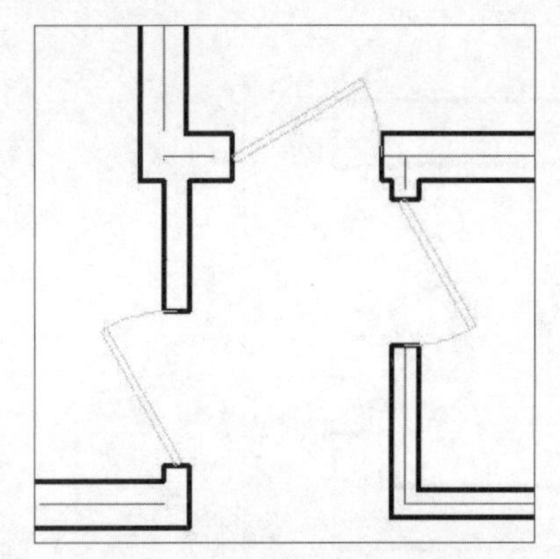

图10-25 绘制其他位置门图形

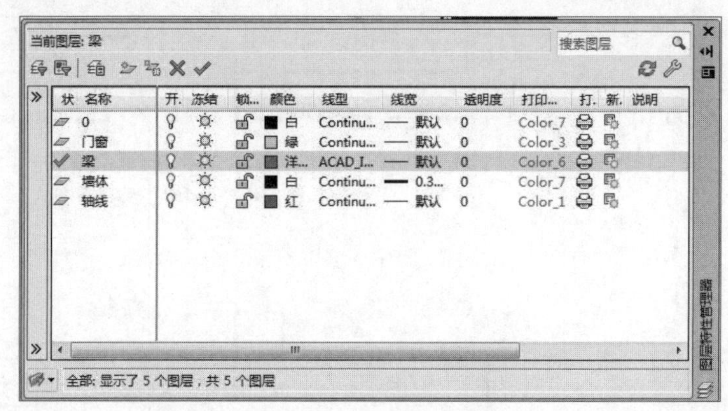

图10-26 创建“梁”图层

步骤27 执行“直线”命令，绘制出该户型中所有梁图形，如图10-27所示。

步骤28 执行“插入>块”命令，将地漏、下水管、排污管等图块调入图形合适位置，如图10-28所示。

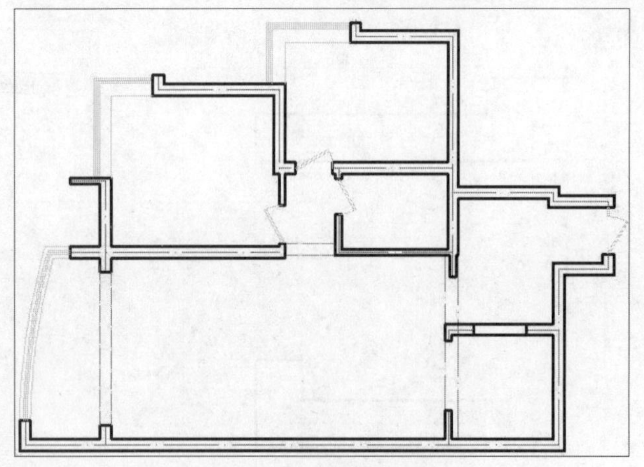

图10-27 绘制所有梁图形

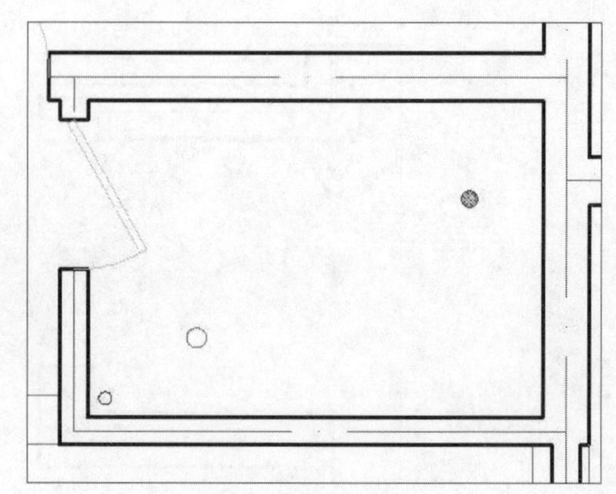

图10-28 插入图块

步骤29 执行“直线”命令，绘制厨房烟道轮廓，如图10-29所示。

步骤30 单击“图层特性”按钮，新建“标注”图层，并设置图层属性，双击该层，将其设为当前图层，如图10-30所示。

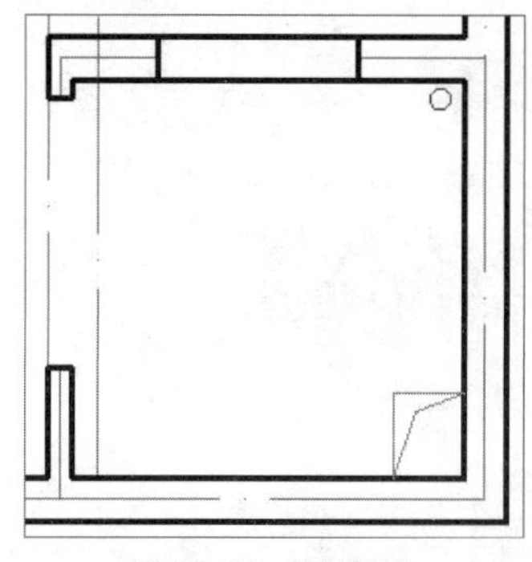

图10-29 绘制烟道

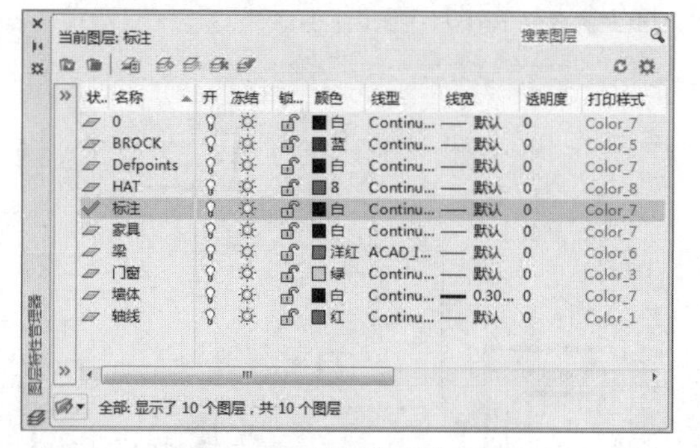

图10-30 创建“标注”图层

步骤31 执行“标注>标注样式”命令，打开“标注样式管理器”对话框，单击“修改”按钮，如图10-31所示。

步骤32 在打开的“修改标注样式”对话框中，根据需要将当前标注样式进行修改，如图10-32所示。

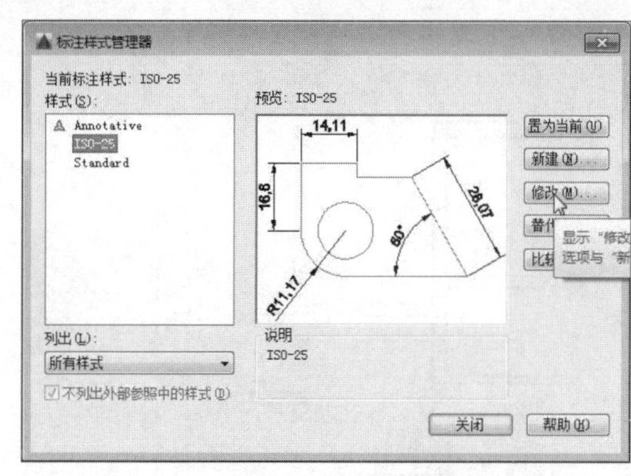

图10-31 单击“修改”按钮

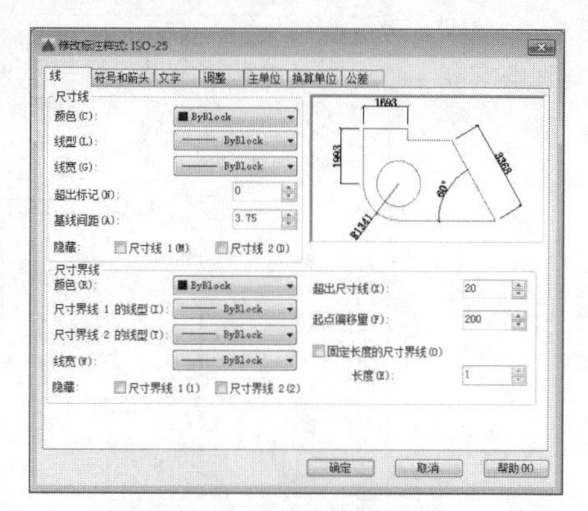

图10-32 设置标注样式

步骤33 修改完成后，单击“确定”按钮，返回上一层对话框，单击“置为当前”按钮，关闭对话框，完成标注样式的设置，如图10-33所示。

步骤34 执行“标注>线性”命令，以墙体轴线为标注基点，将当前户型图进行尺寸标注，如图10-34所示。

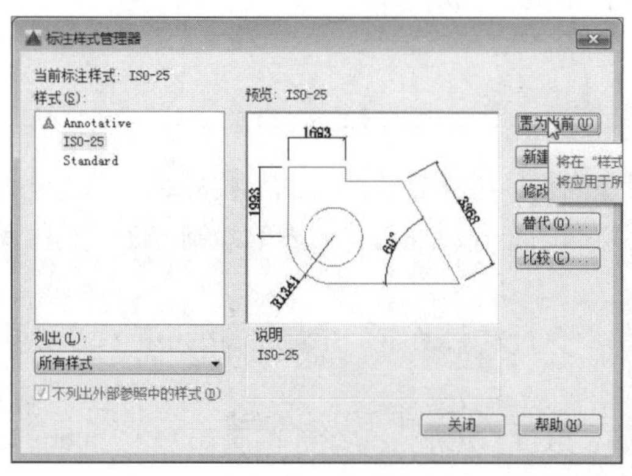

图10-33 置为当前

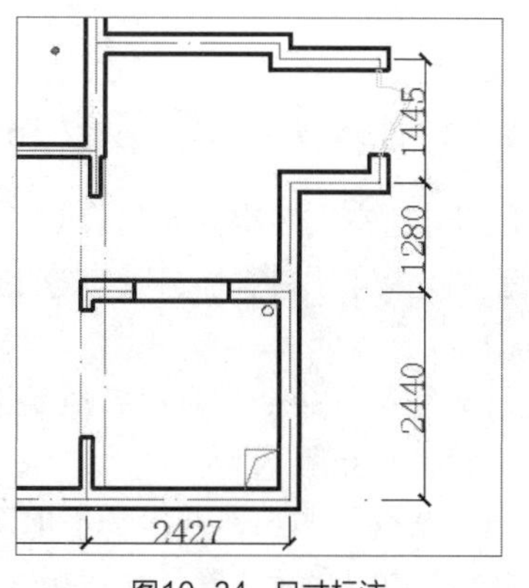

图10-34 尺寸标注

步骤35 新建“文字注释”图层，执行“注释>文字>多行文字”命令，在窗户合适位置指定输入的文字范围，如图10-35所示。

步骤36 在文字编辑器中，输入窗户的长、宽、高的尺寸，并选中所输入的文字，设置文字高度，完成窗户尺寸的输入，如图10-36所示。

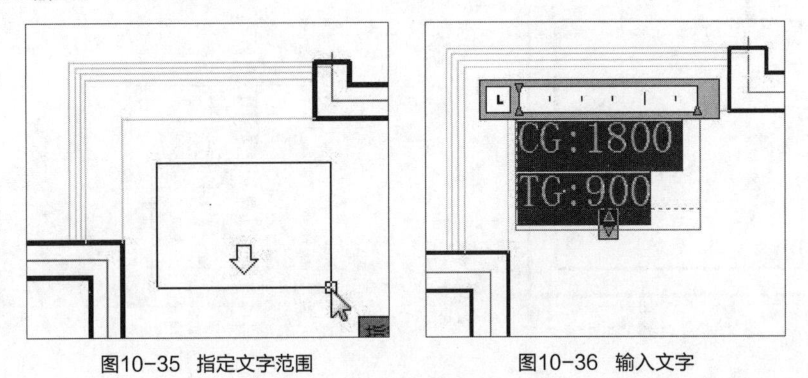

图10-35 指定文字范围　　图10-36 输入文字

步骤37 按照同样的操作方法，标注剩余的房梁、门洞以及窗户尺寸信息，其后，将标高图块调入图形中，并修改其标高值。至此居室原始框架图已全部绘制完毕，如图10-37所示。

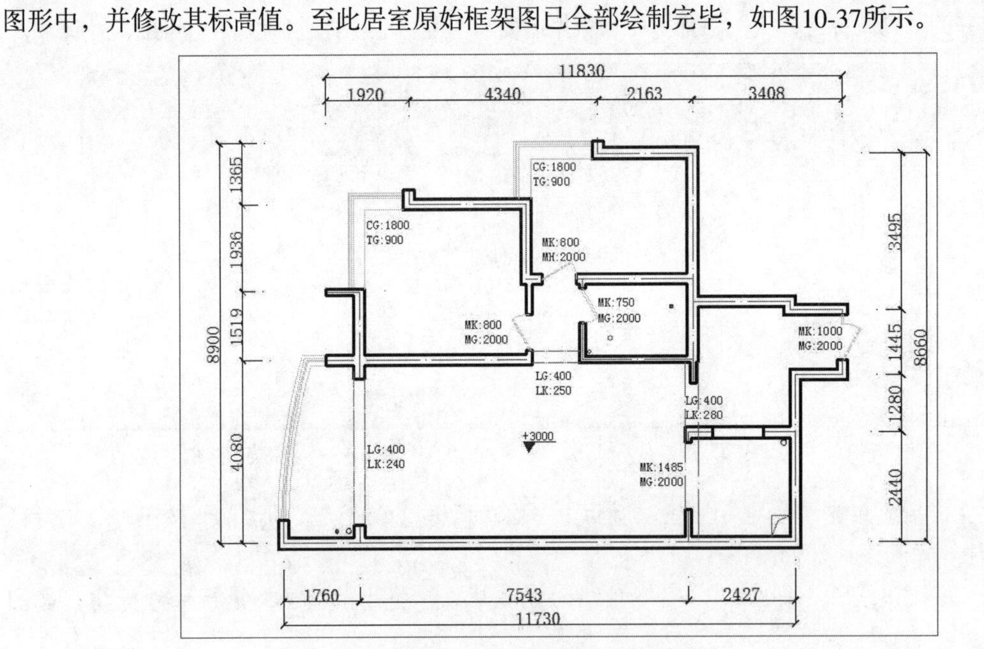

图10-37 完成原始框架图的绘制

10.1.2 绘制居室平面布置图

下面介绍以居室家装空间为代表的一般室内空间平面布置的方法与技巧，在讲述过程中，将介绍一般家庭空间中客厅、餐厅、卧室等主要空间的布置原理与平面图的绘制方法，具体操作步骤介绍如下。

步骤01 执行“复制”命令，对居室原始框架图执行复制操作，并删除图纸中的文字注释及水管地漏等图形，如图10-38所示。

步骤02 新建“家具”图层，并设为当前图层，执行“矩形”命令，绘制1000×300mm的长方形，作为鞋柜放置进户门合适位置，如图10-39所示。

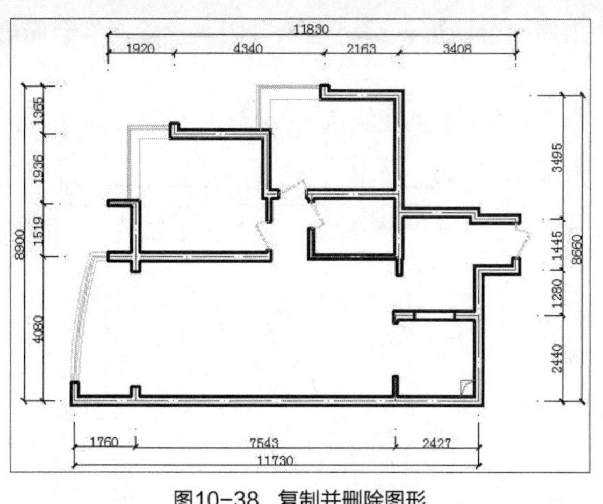

图10-38 复制并删除图形

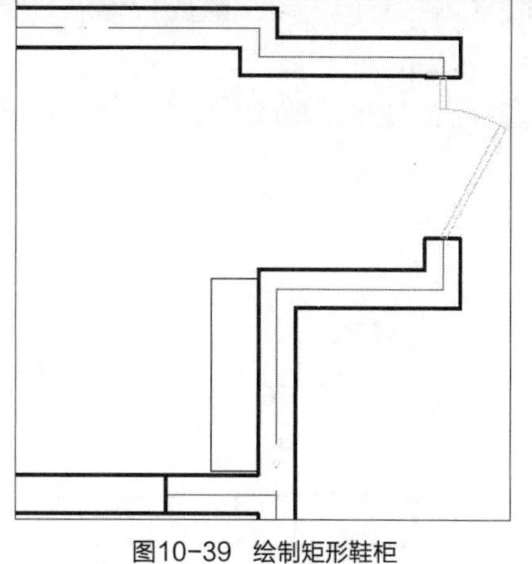

图10-39 绘制矩形鞋柜

步骤03 执行“偏移”命令，将鞋柜轮廓向内偏移20mm；执行“直线”命令，绘制鞋柜上的斜线，如图10-40所示。

步骤04 执行“矩形”命令，绘制入户花园造型墙平面；执行“插入>块”命令，将休闲椅图块放置鞋柜合适位置，如图10-41所示。

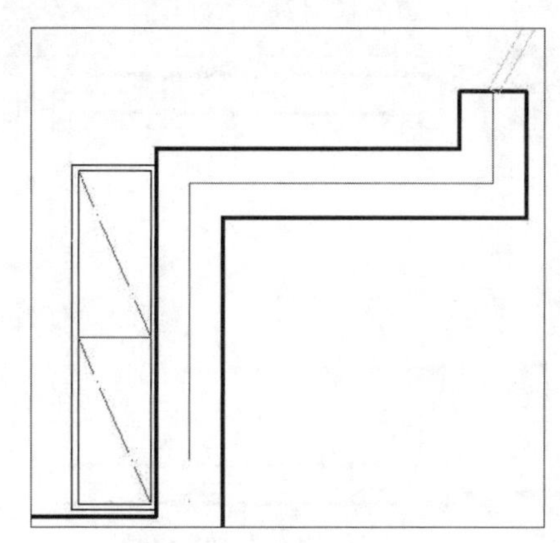

图10-40 偏移并绘制斜线

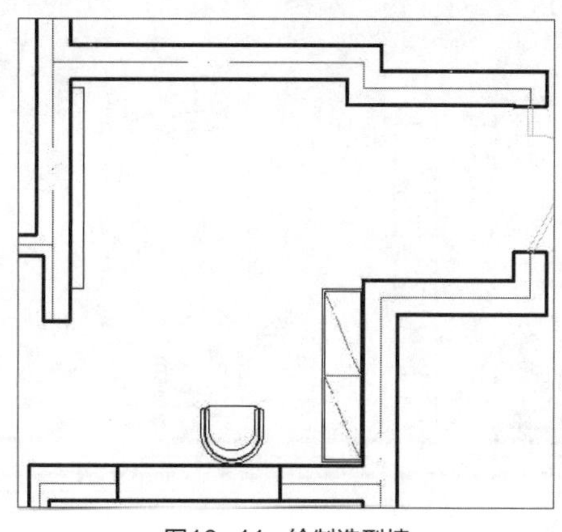

图10-41 绘制造型墙

步骤05 执行“插入>块”命令，将沙发、电视机图块放置客厅合适位置，如图10-42所示。

步骤06 执行“矩形”和“偏移”命令，绘制书柜图形，并将其放置阳台合适位置，如图10-43所示。

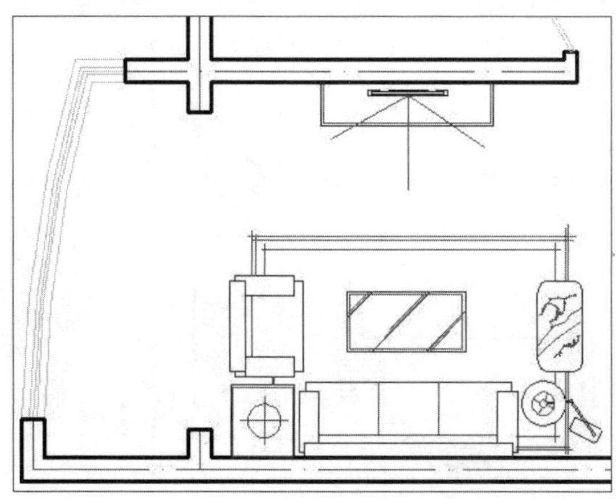

图10-42 插入图块

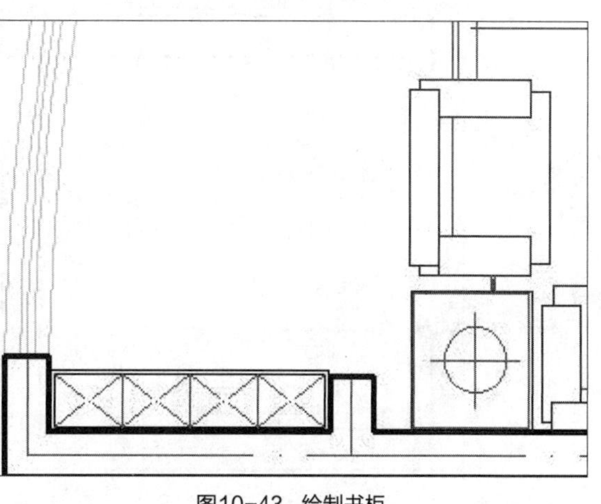

图10-43 绘制书柜

步骤07 执行“直线”和“圆弧”命令，绘制出写字台图形，并将电脑等图块放置写字台图形上，如图10-44所示。

步骤08 执行“矩形”命令，绘制阳台储物柜图形，并将空调图块调入图形中，如图10-45所示。

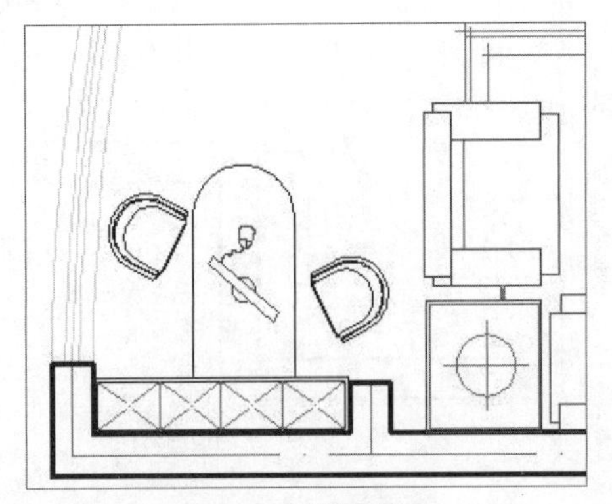
图10-44 绘制写字台

图10-45 绘制阳台储物柜

步骤09 将餐桌图块调入图形合适位置，并执行“矩形”命令，绘制300×300mm的矩形并复制作为餐厅隔断，如图10-46所示。

步骤10 执行“直线”和“偏移”命令，绘制厨房橱柜图形，如图10-47所示。

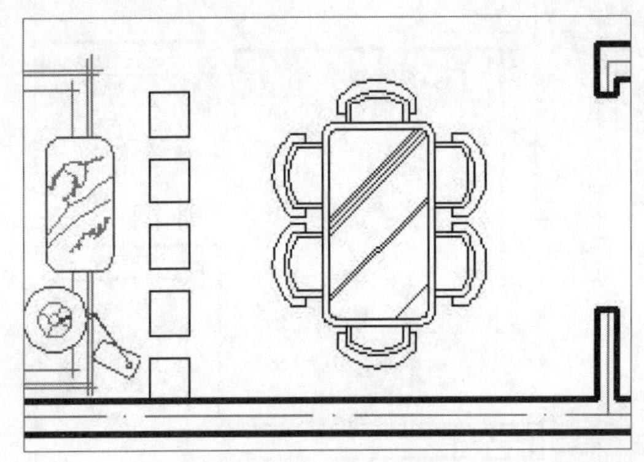
图10-46 绘制隔断

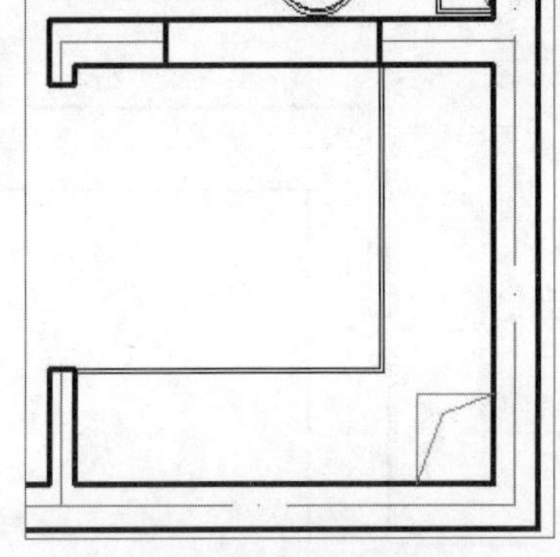
图10-47 绘制橱柜

步骤11 将洗菜池、燃气灶、冰箱等图块调入厨房合适位置，如图10-48所示。

步骤12 将“门窗”图层设为当前图层，执行“矩形”命令，绘制厨房门图形，如图10-49所示。

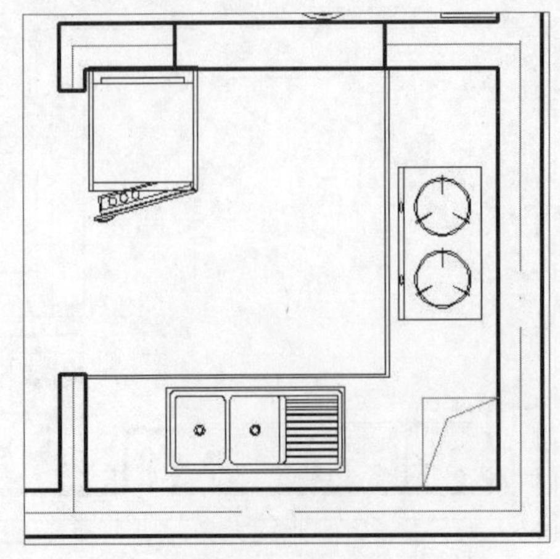
图10-48 调入图块

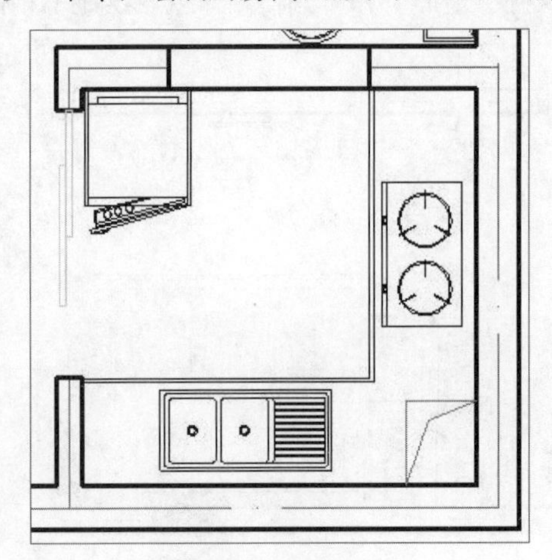
图10-49 绘制厨房门

步骤13 插入图块到卧室区域，如单人床、衣柜、电视机等，如图10-50所示。

步骤14 再将床图块插入到次卧室中，如图10-51所示。

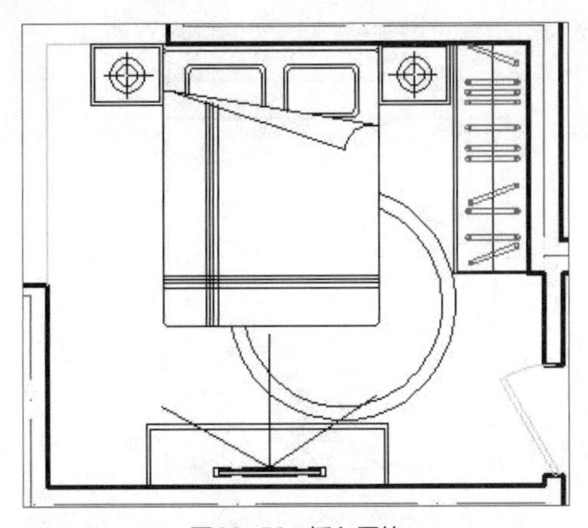

图10-50 插入图块

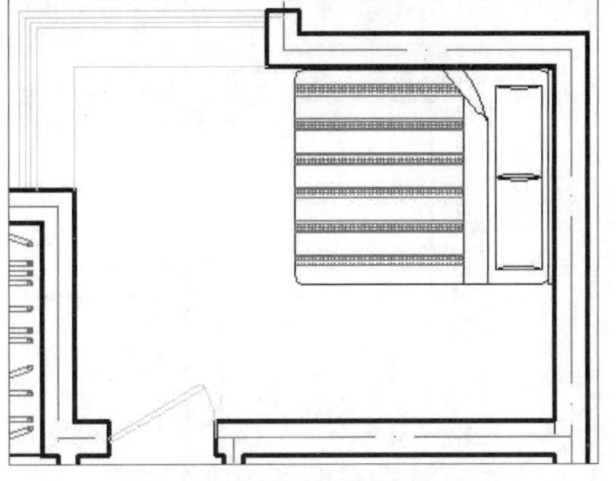

图10-51 插入床图块

步骤15 执行“直线”命令，绘制写字台轮廓线，并将电脑、座椅等图块调入图形中，并放置在合适位置，如图10-52所示。

步骤16 将马桶、洗手盆、淋浴柜、洗衣机等图形调入至洗手间合适位置，如图10-53所示。

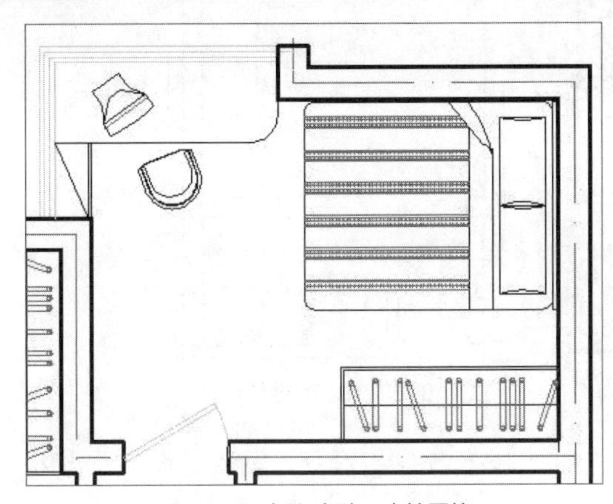

图10-52 插入电脑、座椅图块

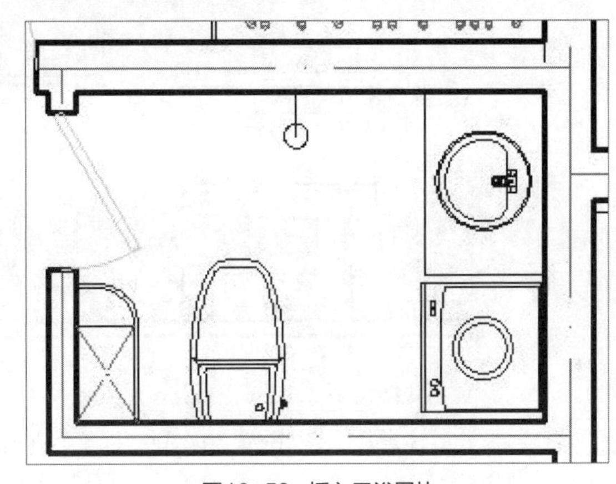

图10-53 插入卫浴图块

步骤17 执行“直线”命令，绘制入户门地砖压边线，如图10-54所示。

步骤18 执行“偏移”和“修剪”命令，绘制地砖花纹轮廓线，如图10-55所示。

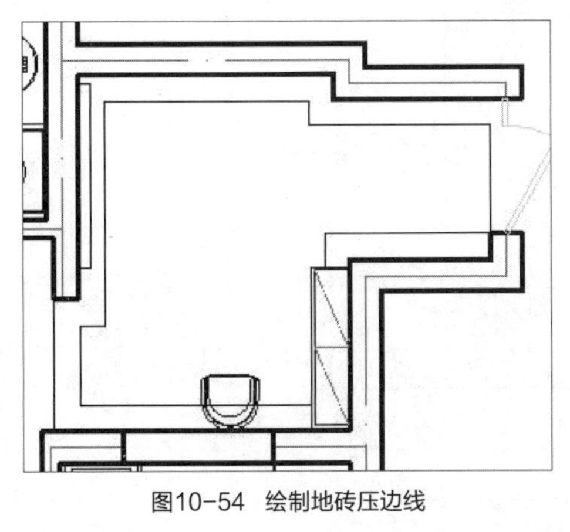

图10-54 绘制地砖压边线

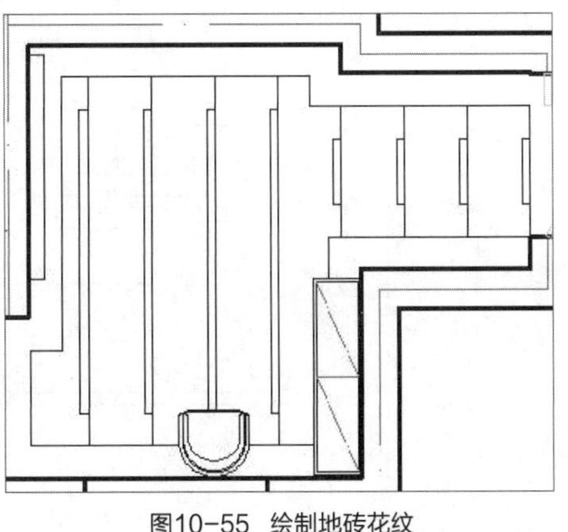

图10-55 绘制地砖花纹

步骤19 执行“图案填充”命令，选择图案AR-CONC和实体图案，对入户地砖进行填充，如图10-56所示。

步骤20 执行“图案填充”命令，选择图案ANGLE，对厨房地面进行填充，如图10-57所示。

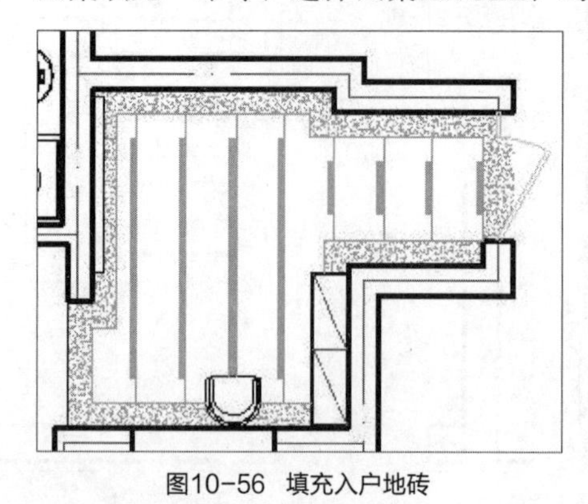

图10-56 填充入户地砖

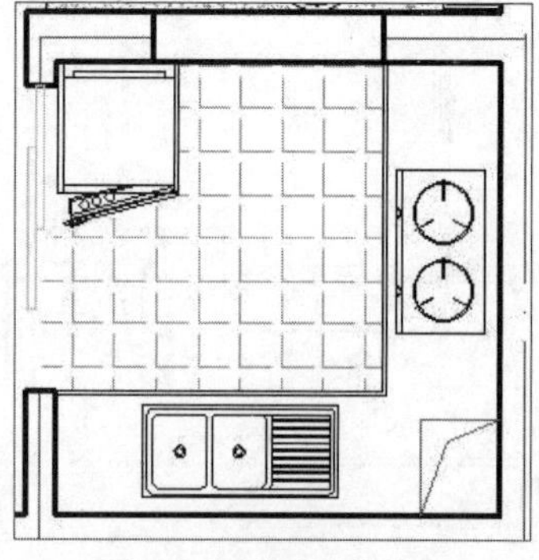

图10-57 填充厨房地面

步骤21 执行“图案填充”命令，选择图案ANGLE，对客厅地面进行填充，如图10-58所示。

步骤22 按照同样填充方法，将卧室、洗手间进行填充，如图10-59所示。

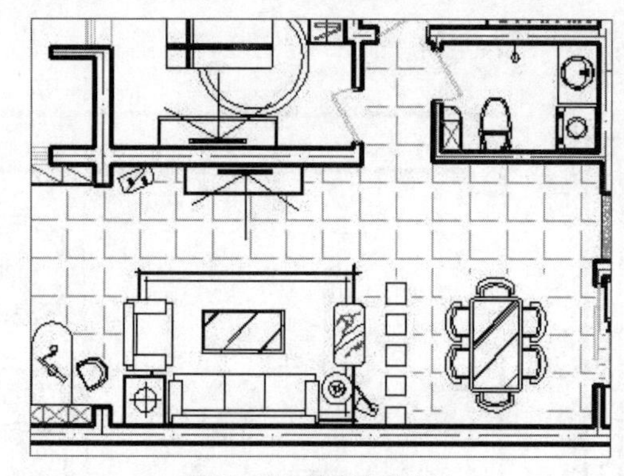

图10-58 填充客厅地面

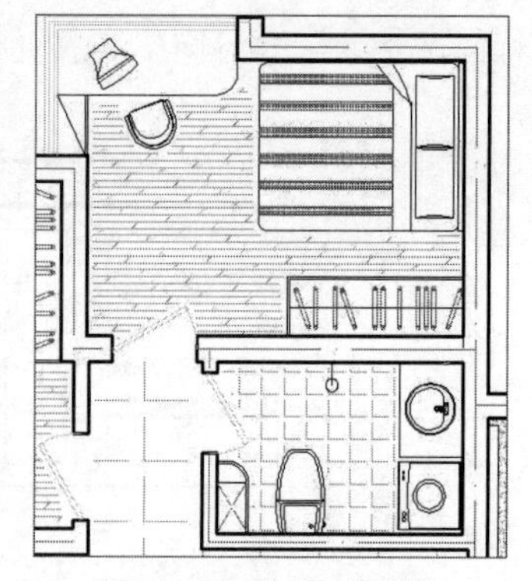

图10-59 填充其他位置

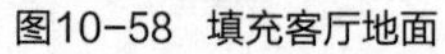

步骤23 将“文字注释”图层设置为当前图层，执行“注释>多行文字”命令，输入地面材质内容。至此居室平面布置图已全部绘制完毕，如图10-60所示。

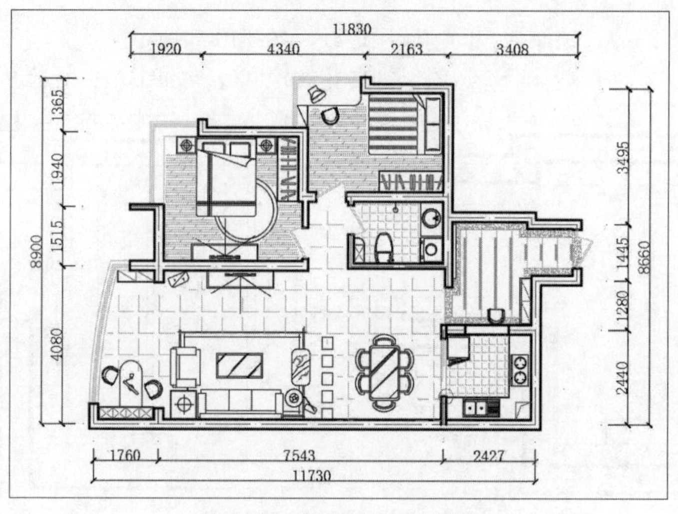

图10-60 完成居室平面布置图

10.1.3 绘制居室顶棚布置图

顶棚图也是施工图纸中非常重要的部分，能够反映住宅顶面造型的效果。顶面图通常是由顶面造型线、灯具图块、顶面标高、吊顶材料注释及灯具列表等元素组成。本节将介绍一般家装顶面设计原理与绘制方法。

步骤01 将居室平面图进行复制，并删除多余的家具图块，执行“直线”命令，将所有门洞进行封闭，如图10-61所示。

步骤02 执行“偏移”命令，将玄关顶面边线各向内偏移300mm；执行“修剪”命令，将偏移线段进行修剪，如图10-62所示。

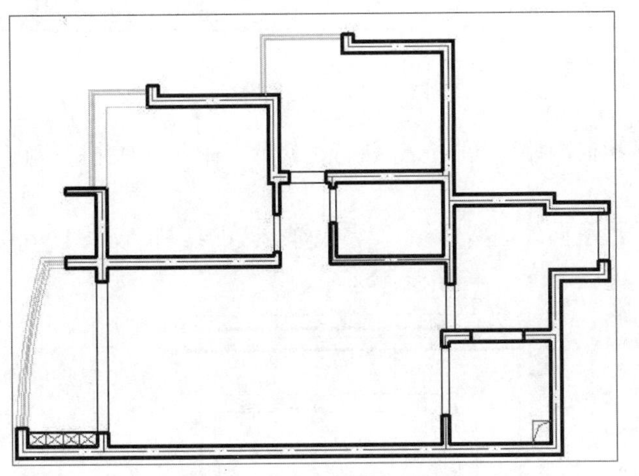

图10-61 复制并删除多余图块

300

图10-62 偏移并修剪图形

步骤03 执行“偏移”命令，将偏移后的线段再向外偏移50mm，绘制灯带线，如图10-63所示。

步骤04 选中灯带线，在命令行中输入CH并按回车键，在“特性”面板中，将其线型设为虚线，颜色为红色，如图10-64所示。

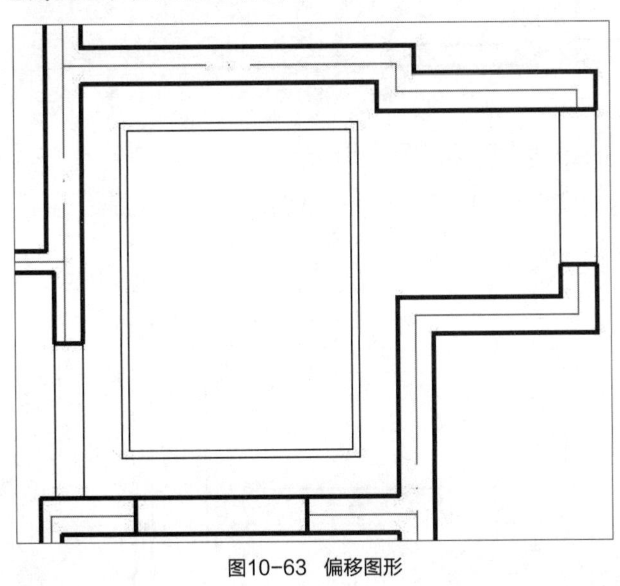

图10-63 偏移图形

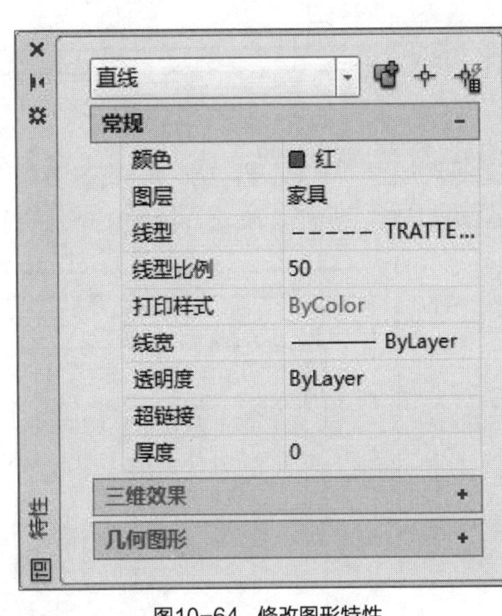

图10-64 修改图形特性

步骤05 执行“特性匹配”命令，更改剩余灯带线线型，如图10-65所示。

步骤06 执行“直线”和“修剪”命令，绘制客厅及餐厅吊顶轮廓线，如图10-66所示。

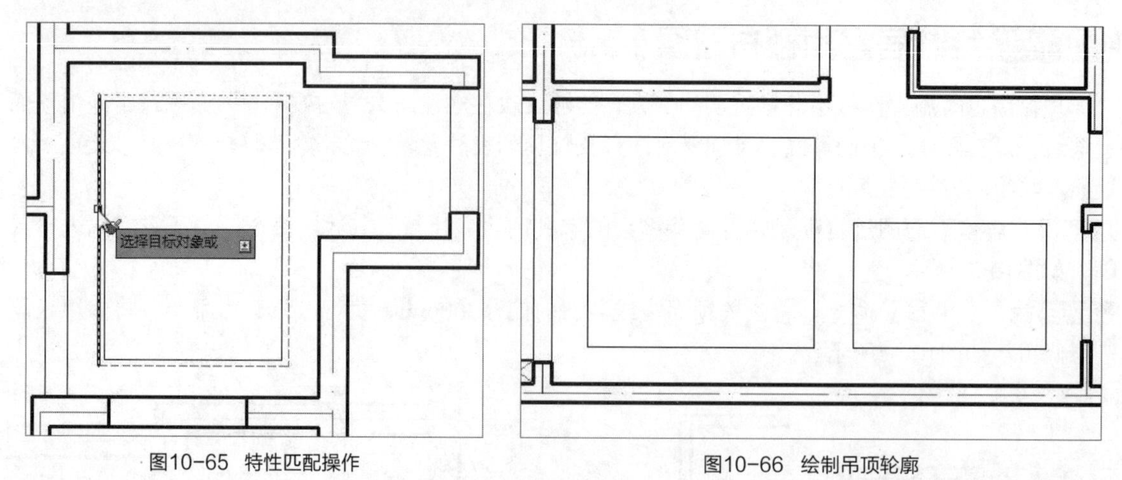

图10-65 特性匹配操作　　图10-66 绘制吊顶轮廓

步骤07 执行“偏移”命令，将客厅吊顶线再次向内偏移200mm；执行“修剪”命令，对其进行修剪，如图10-67所示。

步骤08 同样执行“偏移”命令，将偏移后的线段向外偏移50mm，完成灯带线的绘制，如图10-68所示。

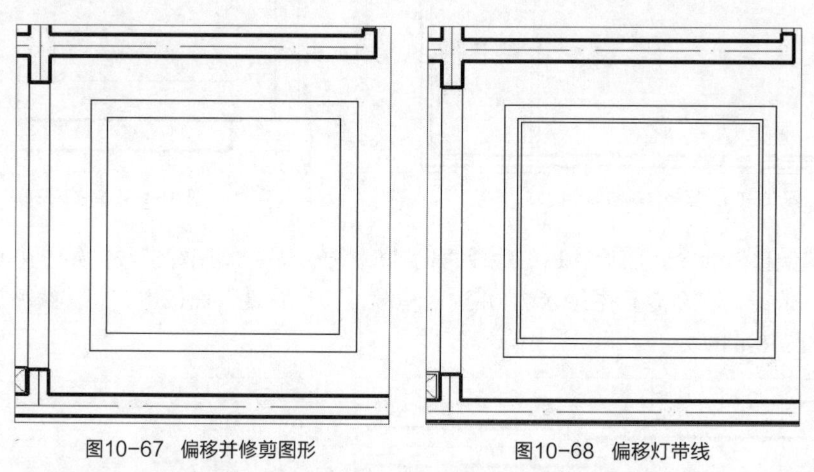

图10-67 偏移并修剪图形　　图10-68 偏移灯带线

步骤09 执行“特性匹配”命令，更改客厅灯带线的线型，如图10-69所示。

步骤10 执行“偏移”命令，将餐厅吊顶线向内偏移400mm，如图10-70所示。

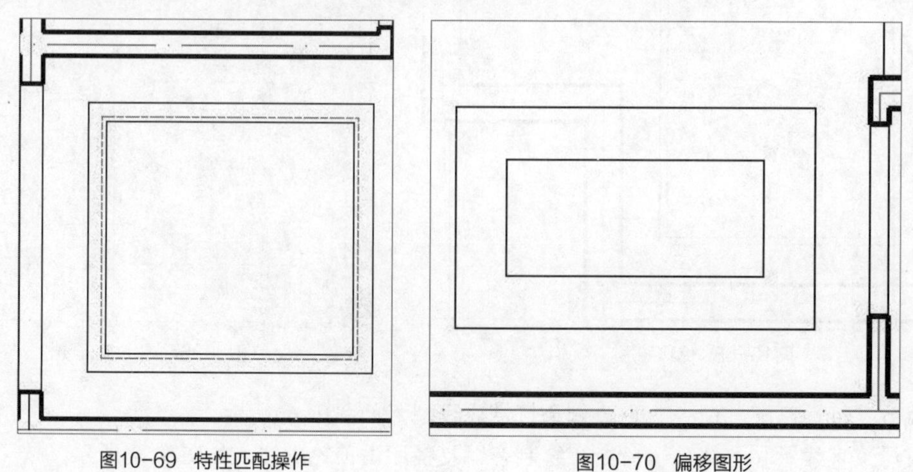

图10-69 特性匹配操作　　图10-70 偏移图形

步骤11 执行“定数等分”命令，将偏移后的线段等分成3份，并绘制等分线，如图10-71所示。

步骤12 执行“偏移”命令，将等分线各向两侧偏移100mm，如图10-72所示。

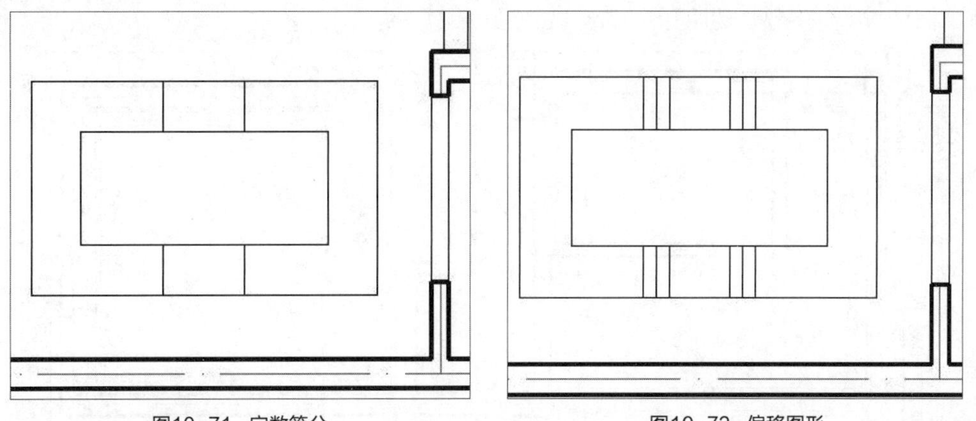

图10-71 定数等分

图10-72 偏移图形

步骤13 删除等分线后，执行“直线”和“偏移”命令，绘制吊顶两侧造型线，如图10-73所示。

步骤14 执行“偏移”命令，将大长方形向外偏移50mm，绘制灯带线，如图10-74所示。

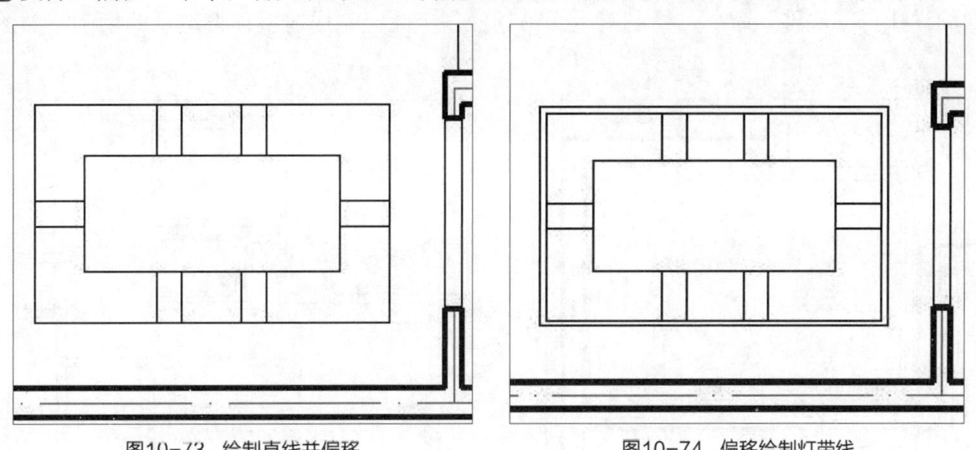

图10-73 绘制直线并偏移

图10-74 偏移绘制灯带线

步骤15 执行“特性匹配”命令，更改灯带线线型，如图10-75所示。

步骤16 执行“偏移”命令，绘制过道吊顶造型线，如图10-76所示。

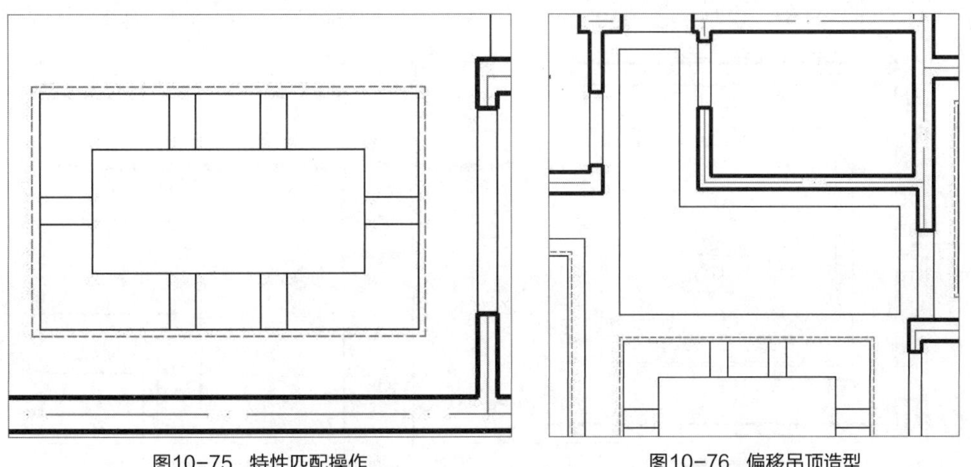

图10-75 特性匹配操作

图10-76 偏移吊顶造型

步骤17 执行“偏移”命令，将矩形向外偏移50mm，绘制灯带，并更改灯带线型，如图10-77所示。

步骤18 执行“偏移”命令，将主卧室顶面吊顶线分别向内偏移50mm、100mm和50mm，单击“修剪”命令，对其进行修剪，如图10-78所示。

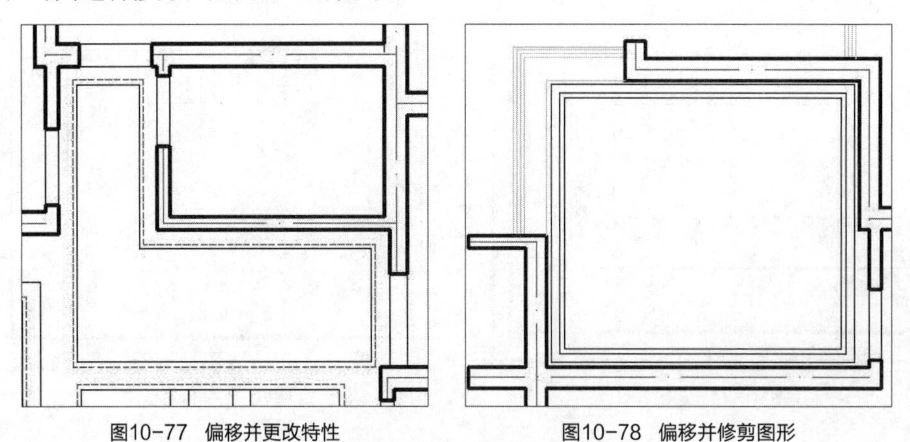

图10-77　偏移并更改特性　　图10-78　偏移并修剪图形

步骤19 按照同样的方法，绘制次卧室吊顶线条线，如图10-79所示。

步骤20 同样执行“偏移”命令，绘制卫生间吊顶线。至此已完成居室顶棚造型的绘制，如图10-80所示。

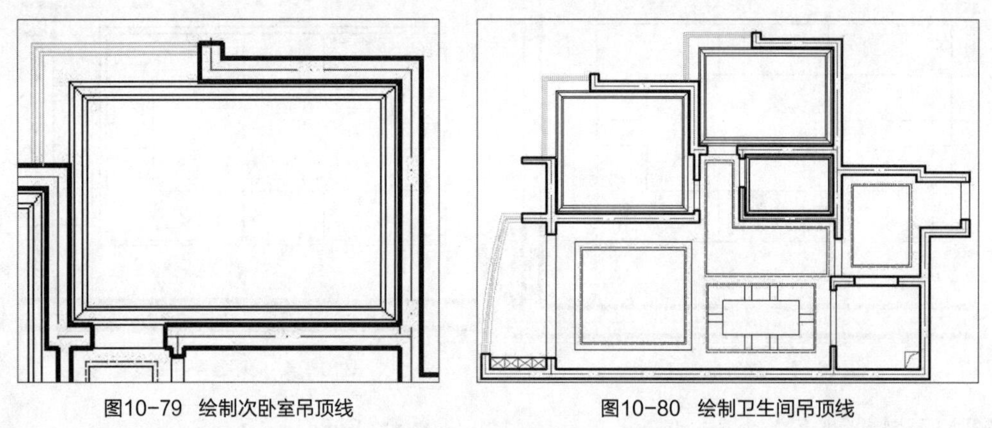

图10-79　绘制次卧室吊顶线　　图10-80　绘制卫生间吊顶线

步骤21 执行“插入>块”命令，将艺术吊灯图块调入客厅合适位置，如图10-81所示。

步骤22 执行“圆”命令，绘制半径为50mm的圆，并将其向外偏移20mm，如图10-82所示。

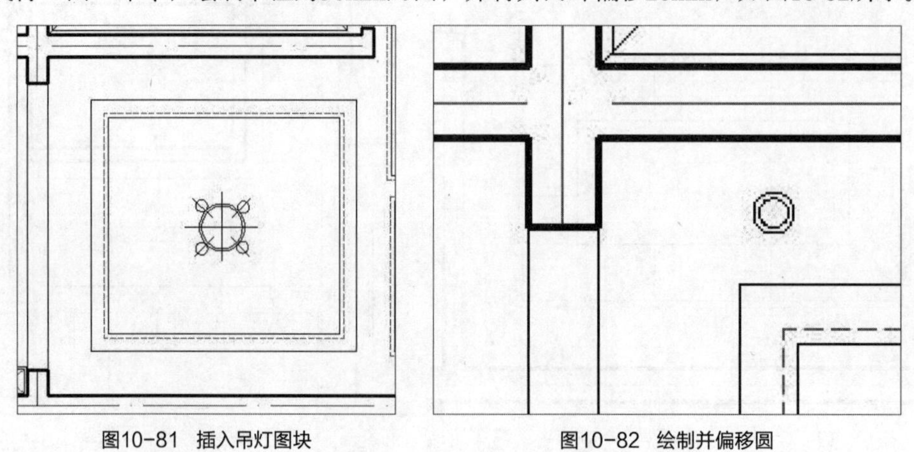

图10-81　插入吊灯图块　　图10-82　绘制并偏移圆

步骤23 执行“直线”命令，绘制两条垂直直线，完成牛眼灯的绘制，如图10-83所示。

步骤24 执行“创建>块”命令，打开“块定义”对话框，单击“选择对象”按钮，选中牛眼灯图形，如图10-84所示。

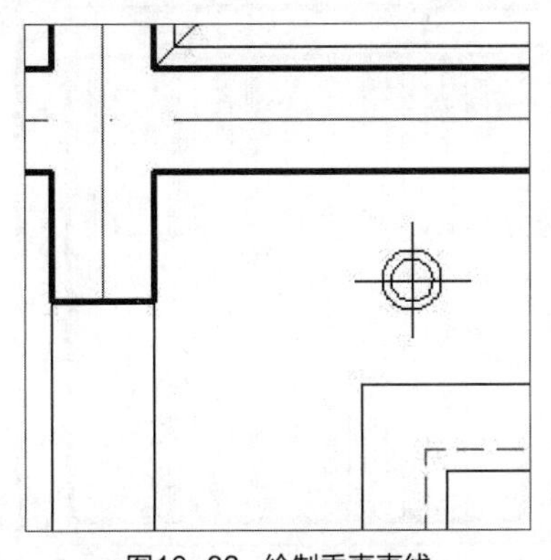

图10-83 绘制垂直直线

图10-84 “定义块”对话框

步骤25 选择完成后，输入图块名称并单击“确定”按钮，可将牛眼灯图形创建成块，如图10-85所示。

步骤26 执行“复制”命令，将牛眼灯图块进行复制粘贴至客厅吊顶合适位置，如图10-86所示。

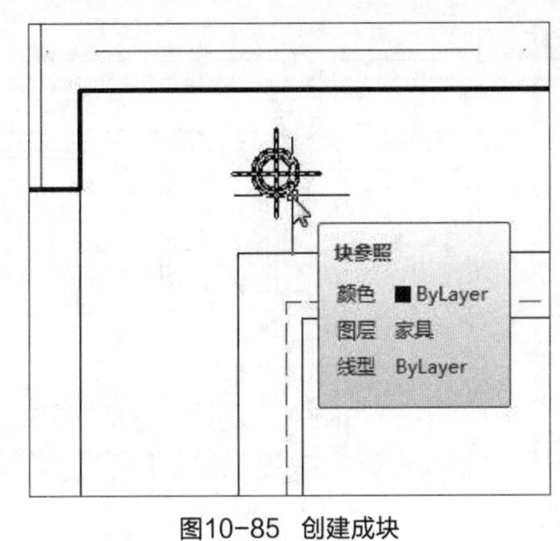

图10-85 创建成块

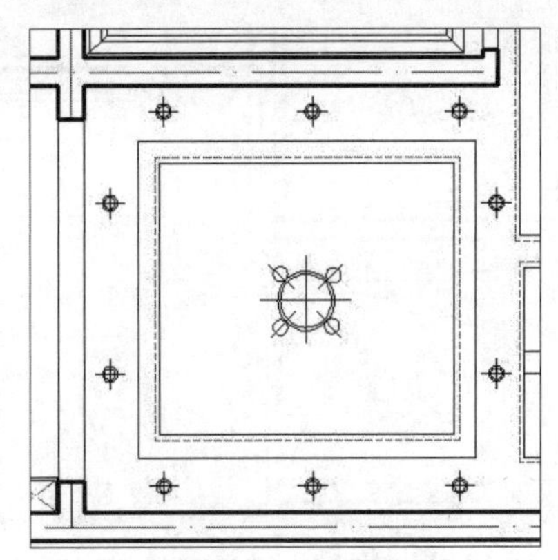

图10-86 复制图块

步骤27 将吸顶灯图块插入至餐厅吊顶合适位置，如图10-87所示。

步骤28 按照同样的操作方法，插入其他灯具图块，如图10-88所示。

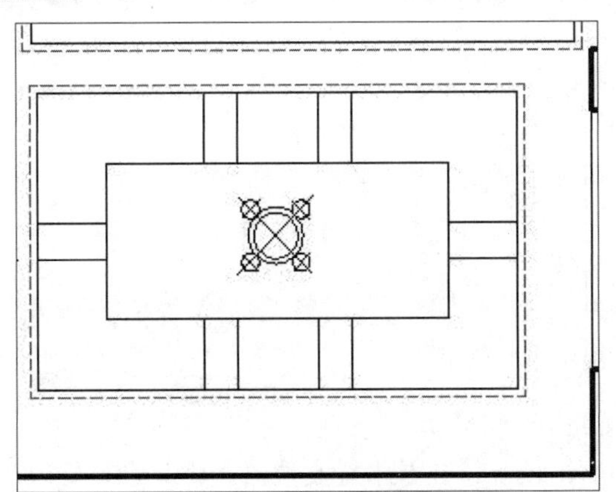

图10-87 插入吸顶灯图块

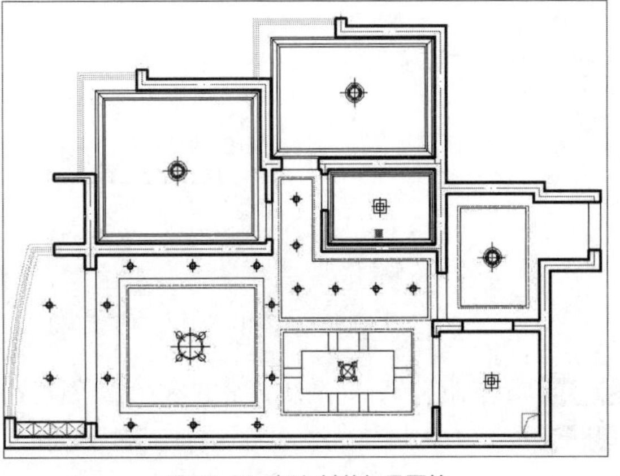

图10-88 插入其他灯具图块

步骤29 执行“图案填充”命令，选择图案GRASS，填充玄关吊顶，如图10-89所示。

步骤30 同样执行“填充”命令，选择图案PLAST1，填充厨房吊顶，如图10-90所示。

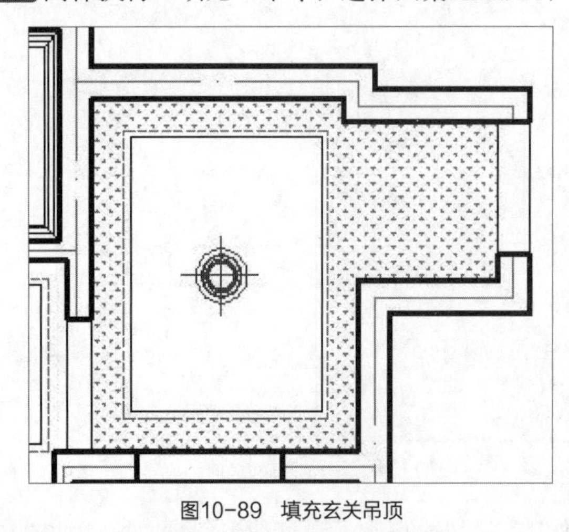

图10-89 填充玄关吊顶

图10-90 填充厨房吊顶

步骤31 将客厅、餐厅及过道吊顶进行填充，如图10-91所示。

步骤32 选择图案PLAST1，将卫生间吊顶进行填充，如图10-92所示。

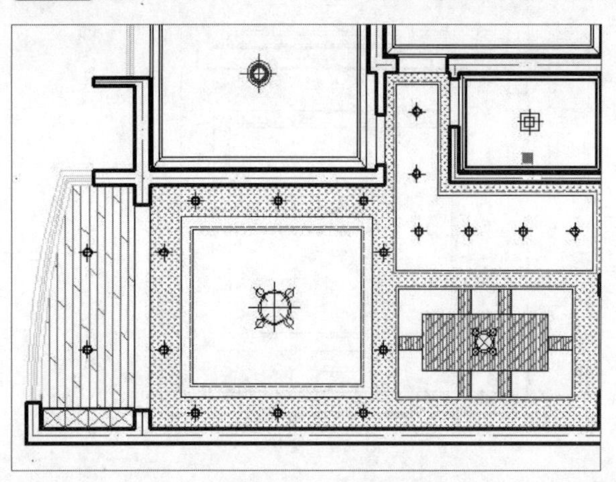

图10-91 填充图案

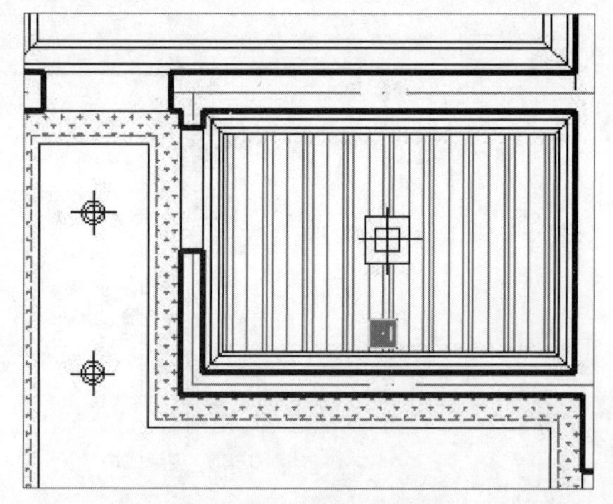

图10-92 填充卫生间吊顶

步骤33 将“文字标注”图层设为当前图层，执行“直线”和“极轴”命令，绘制标高图形，如图10-93所示。

步骤34 执行“填充”命令，将图形填充，并执行“单行文字”命令，输入标高值，如图10-94所示。

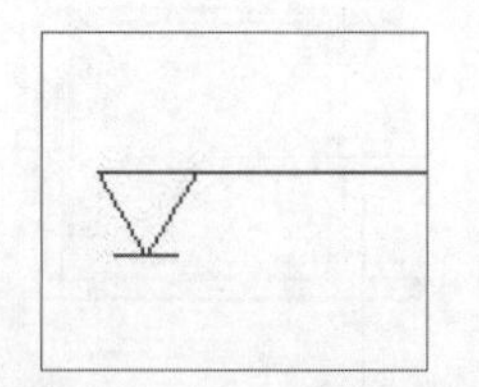

图10-93 绘制标高图形

图10-94 输入标高值

步骤35 将绘制好的标高图块，放置客厅合适位置，如图10-95所示。

步骤36 执行“复制”命令，将该标高图块复制至客厅吊顶上，并双击标高数值，将其进行修改，如图10-96所示。

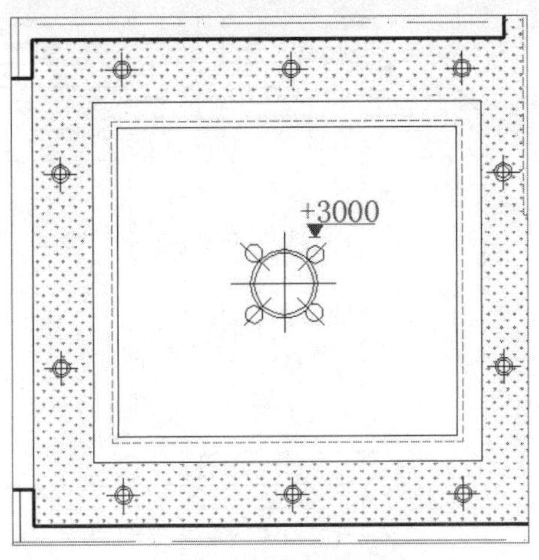

图10-95 放置标高符号

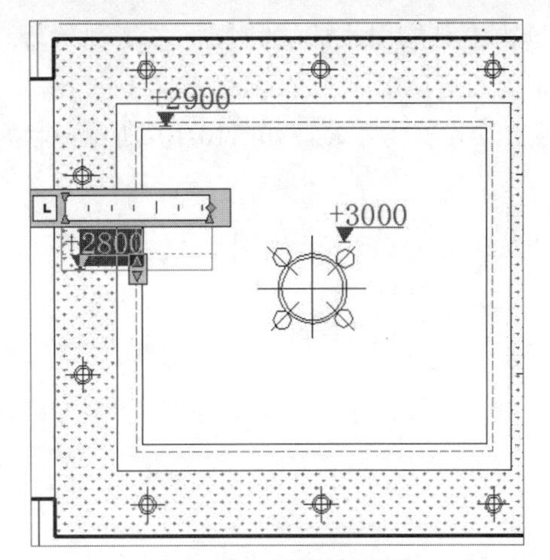

图10-96 复制标高符号

步骤37 按照同样的操作方法，对其他房间进行标高标注，如图10-97所示。

步骤38 执行“注释>多重引线样式”命令，在“多重引线样式管理器”对话框中单击“修改”按钮，对其引线样式进行设置，如图10-98所示。

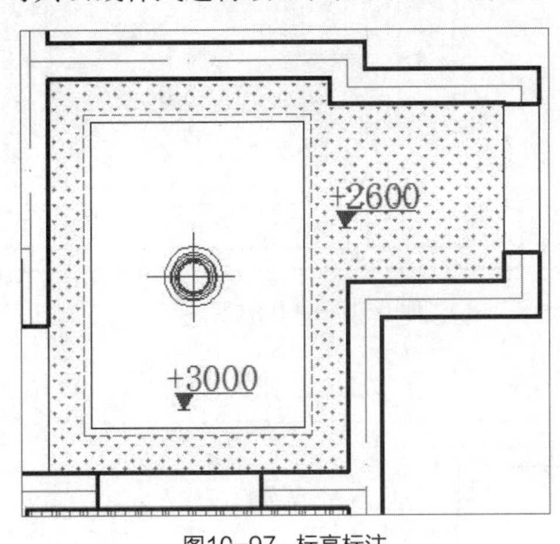

图10-97 标高标注

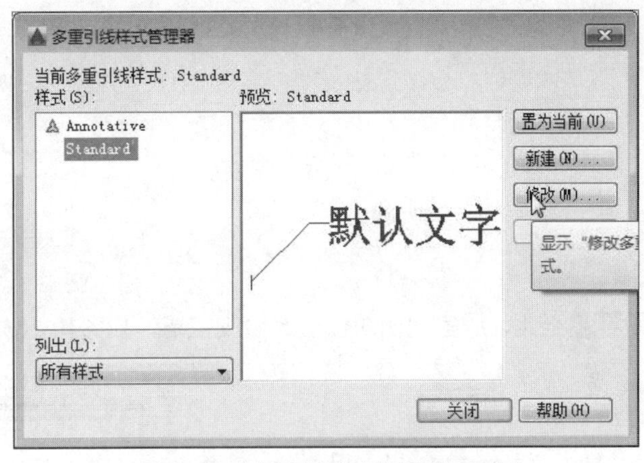

图10-98 “多重引线样式管理器”对话框

步骤39 执行“注释>多重引线”命令，在图纸中，指定标注的位置，并指定引线方向，如图10-99所示。

步骤40 在光标位置输入吊顶材料名称，单击空白处即可完成引线注释操作，如图10-100所示。

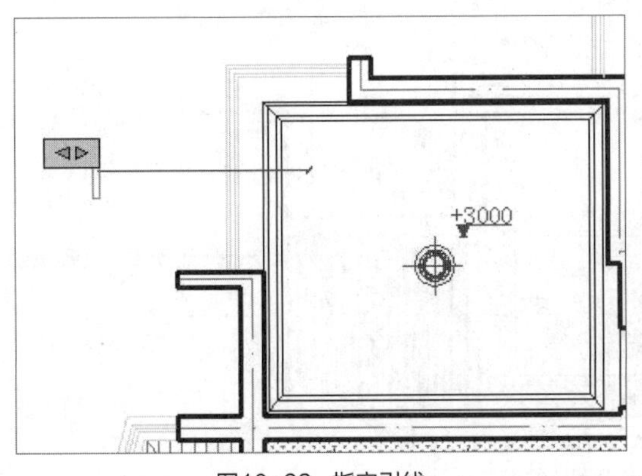

图10-99 指定引线

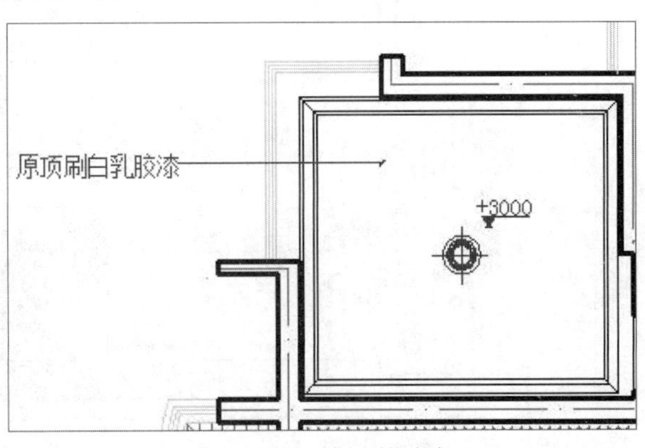

图10-100 输入引线内容

步骤41 选中绘制的引线标注，执行“复制”命令，复制至图形的合适位置，双击文字内容，即可将其更改为所需内容，如图10-101所示。

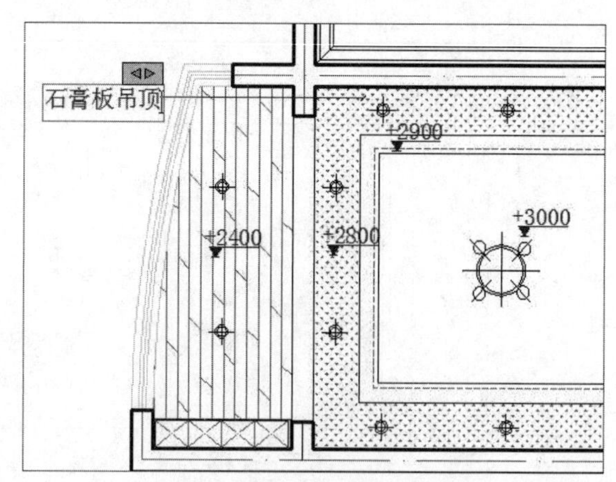

图10-101　复制引线并修改内容

步骤42 按照同样的标注方法，对剩余房间吊顶进行材料注明，如图10-102所示。

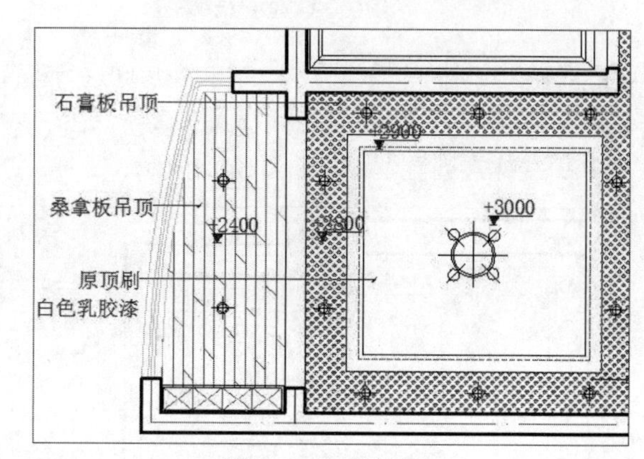

图10-102　材料注明

步骤43 至此，居室顶棚图已全部绘制完毕，如图10-103所示。

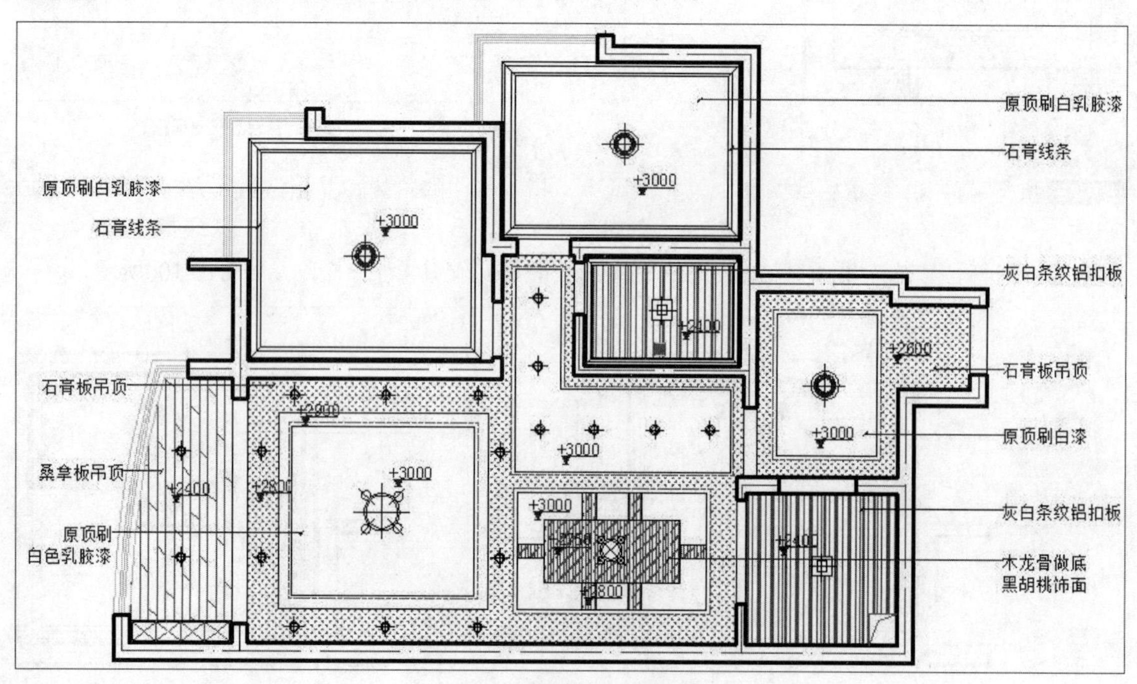

图10-103　完成顶棚布置图的绘制

10.2 绘制居室立面图

一套完整的室内施工图，不仅要有原始结构图、平面布置图、顶棚布置图，还要有立面图。不同空间的立面图也是施工图中必不可少的一部分。下面将介绍以两居室家装空间为代表的一般室内空间立面图的绘制方法与技巧。

10.2.1 绘制客餐厅立面图

在绘制客餐厅立面图时，要先对绘图环境进行设置，比如图形单位和图形界限等，然后根据平面布置图中客厅的布局结构进行立面图形的绘制，操作步骤介绍如下。

步骤01 启动AutoCAD 2016软件，执行“格式>单位”命令，弹出“图形单位”对话框，进行相关设置，如图10-104所示。

步骤02 单击“图层特性”按钮，打开相应的面板，新建“轮廓线”、“家具”等图层，并设置其图层参数，如图10-105所示。

图10-104 单位设置

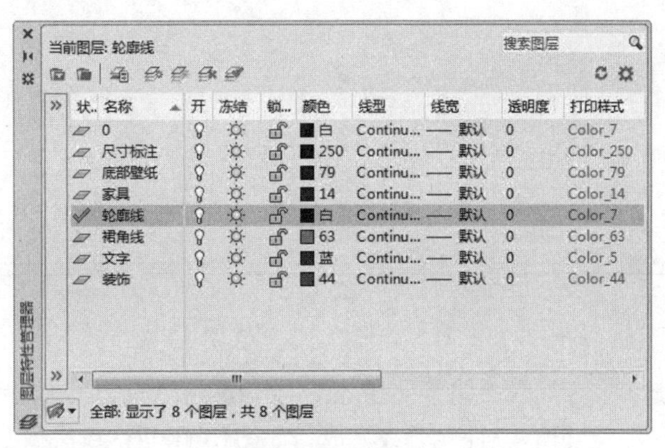

图10-105 创建图层

步骤03 从原始结构图中，得知客餐厅的墙体轮廓线尺寸为9303mm × 3000mm，执行“矩形”命令并绘制，如图10-106所示。

图10-106 绘制矩形

步骤04 将矩形分解，执行“偏移”命令，将上侧轮廓线向内偏移200mm作为吊顶轮廓线，下侧轮廓线向内偏移80mm作为踢脚线，如图10-107所示。

图10-107　分解并偏移图形

步骤05 将左轮廓线向右偏移70mm为内墙柱轮廓线，将右轮廓线向左偏移120mm、1520mm、240mm为墙柱轮廓线，如图10-108所示。

图10-108　偏移图形

步骤06 将吊灯线向下偏移1610mm、1700mm作为墙面裙角线。执行“修剪”命令，对多余的直线进行修剪。至此，立面轮廓线完成，如图10-109所示。

图10-109　修剪图形

步骤07 执行“矩形”命令，绘制两个尺寸分别为2000×300mm和50×50mm的矩形作为屏风的侧立面，如图10-110所示。

步骤08 执行“修剪”命令，将屏风中多余的部分修剪掉；再执行“圆角”命令，设置圆角尺寸为30mm，对图形进行圆角操作，如图10-111所示。

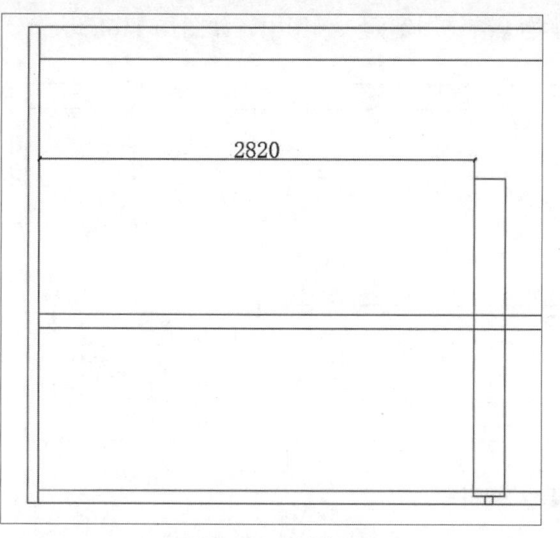

图10-110　绘制矩形

图10-111　修剪图形

步骤09 执行“插入>块”命令，弹出“插入”对话框，单击“游览”按钮，如图10-112所示。

步骤10 在弹出对话框中，选择“组合沙发”选项，单击“打开”按钮，如图10-113所示。

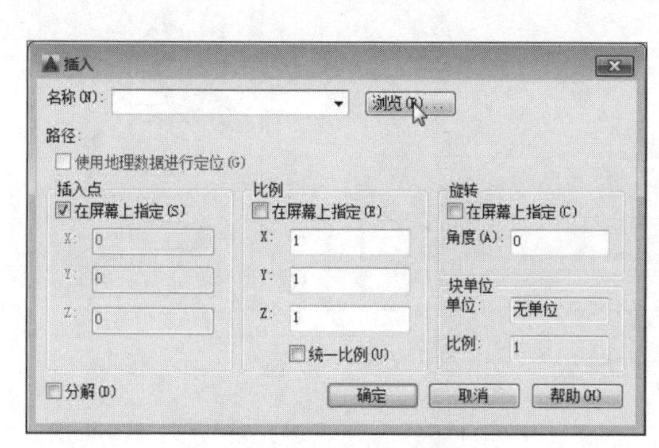

图10-112 “插入”对话框

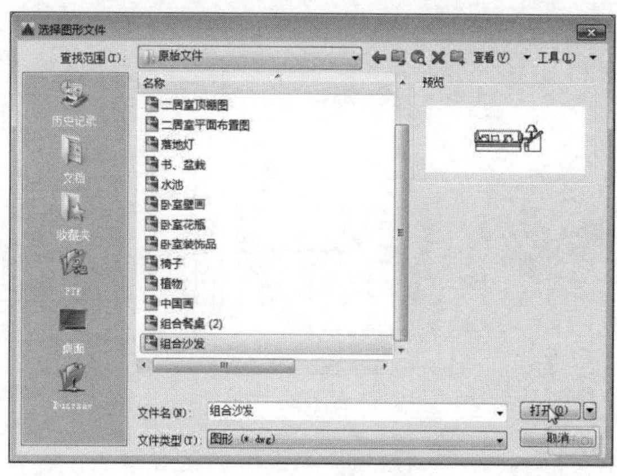

图10-113　选择插入对象

步骤11 返回到上层对话框，单击“确定”按钮，将组合沙发插入到绘图窗口，然后插入台灯图块，如图10-114所示。

步骤12 执行“插入>块”命令，将“组合餐桌”插入到绘图窗口中，并放置到合适位置，如图10-115所示。

图10-114　插入沙发和台灯图块

图10-115　插入餐桌图块

步骤13 继续执行“插入”命令，将其余的椅子、植物等装饰图案插入到图中，如图10-116所示。

图10-116 插入其他图块

步骤14 执行“修剪”命令，修剪被家具等图形覆盖的区域，如图10-117所示。

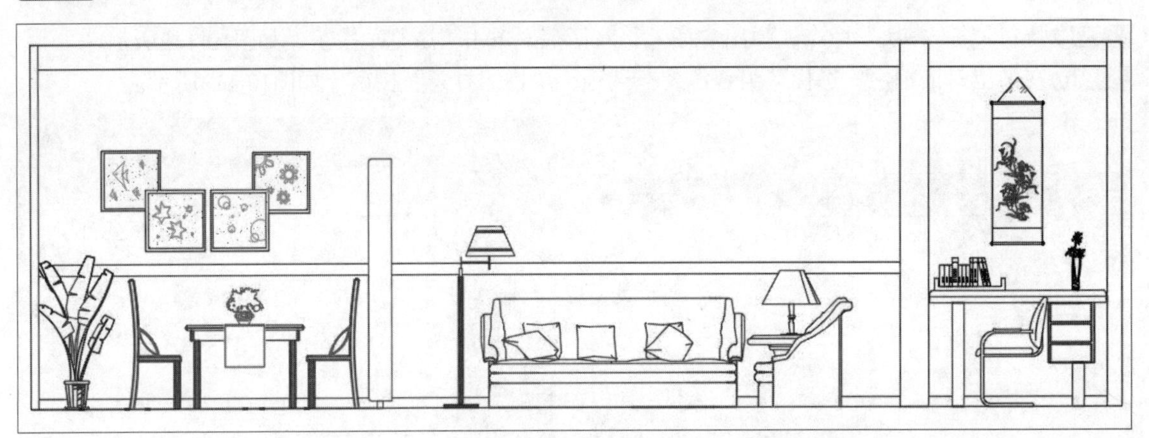

图10-117 修剪图形

步骤15 执行“图案填充”命令，选择图案ANSI31，将墙体剖切的部分填充图案，如图10-118所示。

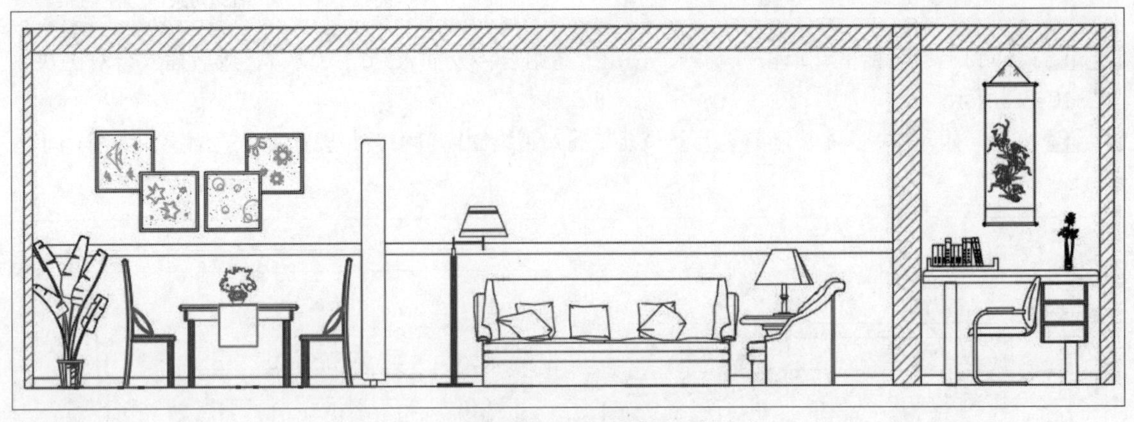

图10-118 填充墙体

步骤16 执行“图案填充”命令，选择图案CROSS，填充墙面区域，如图10-119所示。

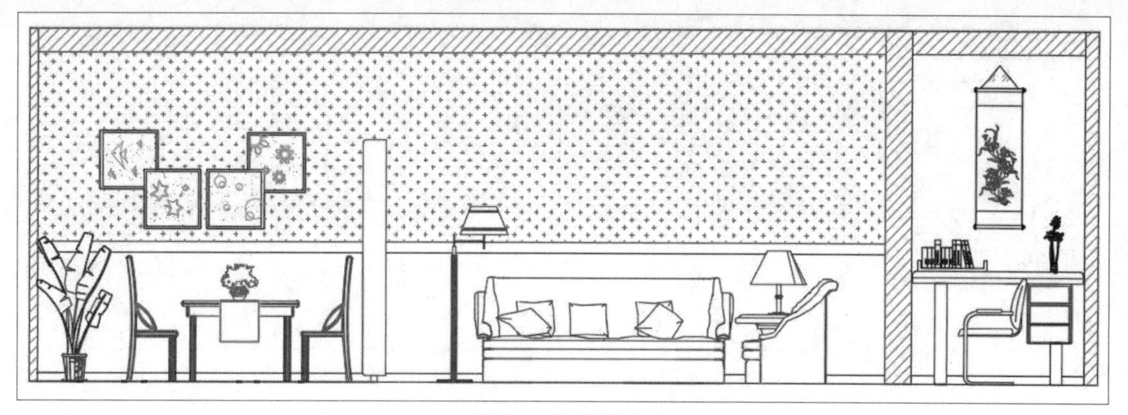

图10-119 填充墙面

步骤17 执行“图案填充”命令，选择图案PLAST1，对裙角线装饰部分和墙面底部进行填充，如图10-120所示。

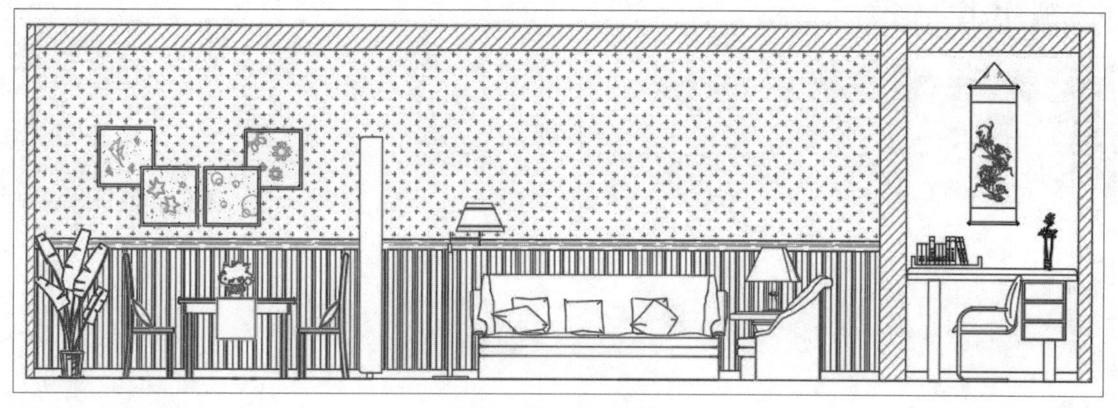

图10-120 填充裙角线

步骤18 继续执行“图案填充”命令，选择图案GOST-GLASS填充另一处墙面，再选择图案AR-HBONE填充隔断，完成图案填充操作，如图10-121所示。

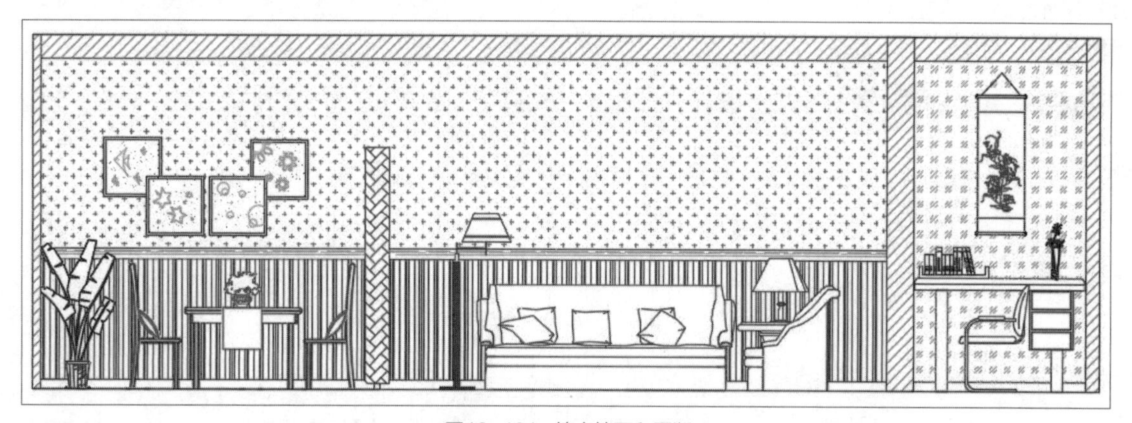

图10-121 填充墙面和隔断

步骤19 在菜单栏中执行“格式>文字样式”命令，弹出“文字样式”对话框，如图10-122所示。

步骤20 单击“新建”按钮，在弹出的对话框中输入样式名，然后单击“确定”按钮，如图10-123所示。

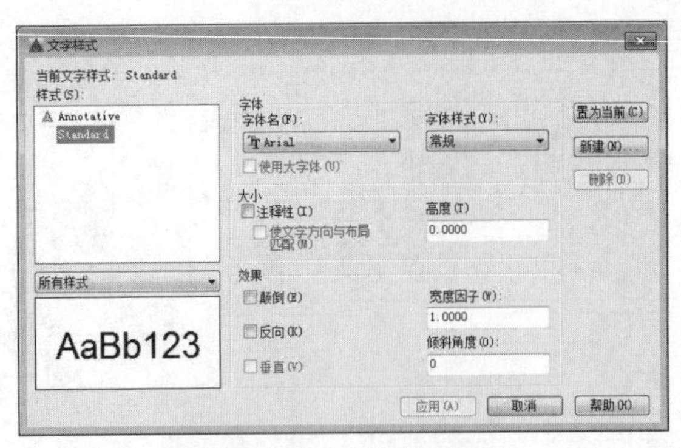

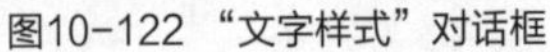
图10-122 “文字样式”对话框

图10-123 新建文字样式

步骤21 返回到上层对话框，将“文字标注”的“字体名”设置为“宋体”，“高度”为100，然后单击“置为当前”和“关闭”按钮，如图10-124所示。

步骤22 执行“格式>多重引线样式”命令，弹出“多重引线样式管理器”对话框，单击“修改”按钮，如图10-125所示。

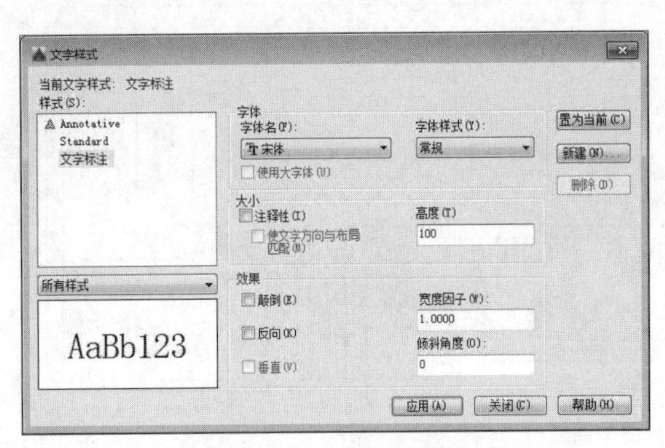

图10-124 设置文字参数

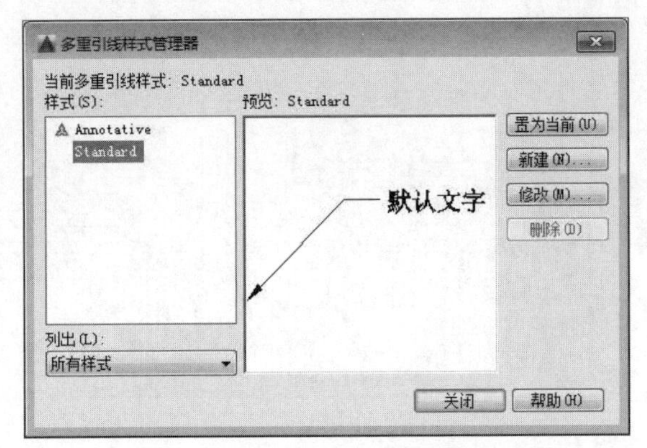

图10-125 “多重引线样式管理器”对话框

步骤23 在弹出的对话框中，在“引线格式”选项卡下，更改“颜色”和“箭头”选项，如图10-126所示。

步骤24 在“内容”选项卡下，更改相关选项，单击“确定”按钮，如图10-127所示。

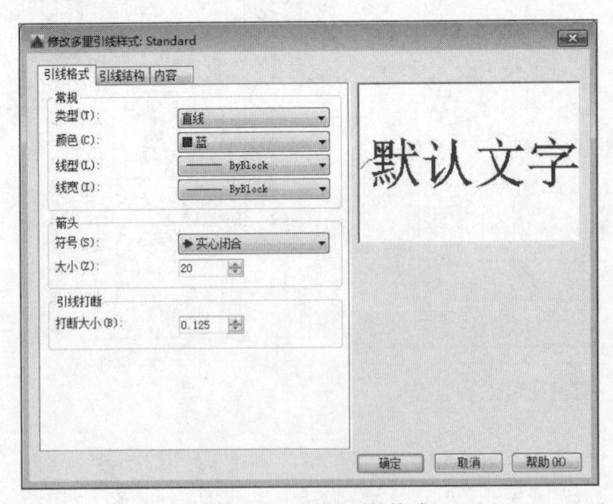

图10-126 设置引线格式

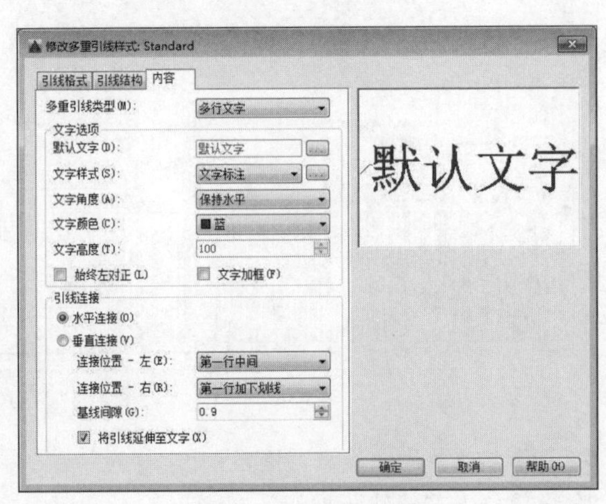

图10-127 设置引线内容

步骤25 返回到上层对话框，单击“置为当前”和“关闭”按钮。执行“格式>标注样式”命令，弹出“标注样式管理器”对话框，如图10-128所示。

步骤26 单击“新建”按钮，弹出“创建新标注样式”对话框，输入新样式名，单击“继续”按钮，如图10-129所示。

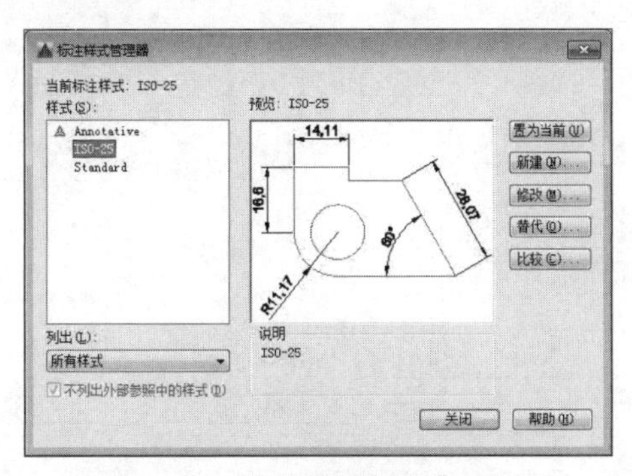

图10-128 “标注样式管理器”对话框

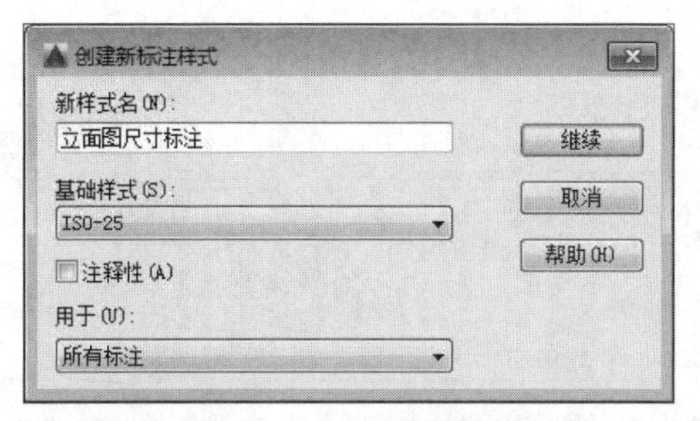

图10-129 新建标注样式

步骤27 在弹出对话框的“线”选项卡下，更改“基线间距”为230，在“符合和箭头”选项卡下，进行相关设置，如图10-130所示。

步骤28 在“文字”选项卡下更改“文字高度”为120，在“主单位”选项卡下，设置“精度”为0，单击“确定”按钮，如图10-131所示。

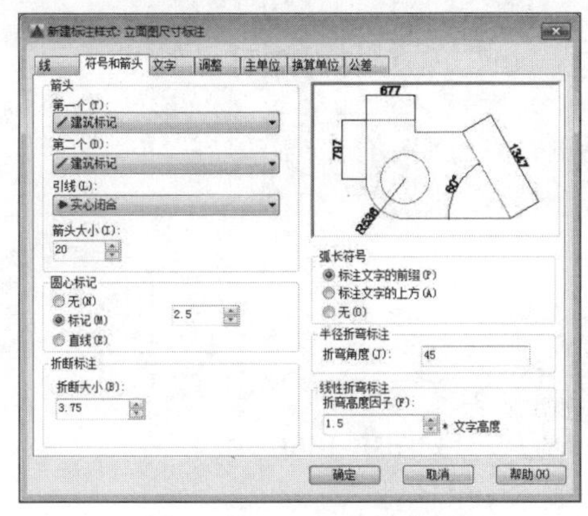

图10-130 设置符号与箭头

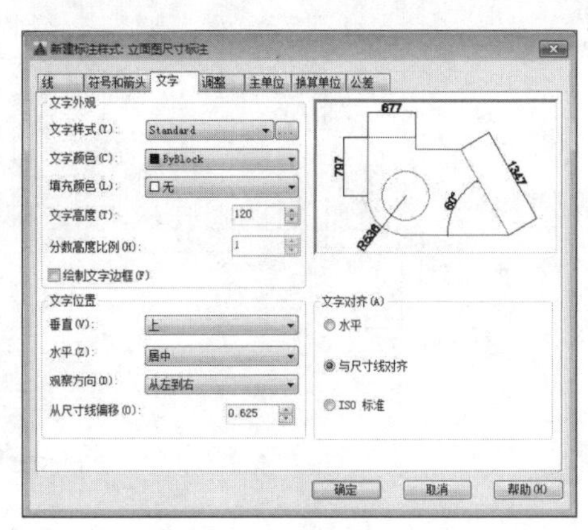

图10-131 设置文字和主单位

步骤29 返回上层对话框，单击“置为当前”和“关闭”按钮。执行“多重引线样式”命令，指定标注的位置，并指定引线方向，如图10-132所示。

步骤30 在光标位置输入装饰名称为“土黄色凹凸暗花纹壁纸”，单击空白处即可完成引线注释操作，如图10-133所示。

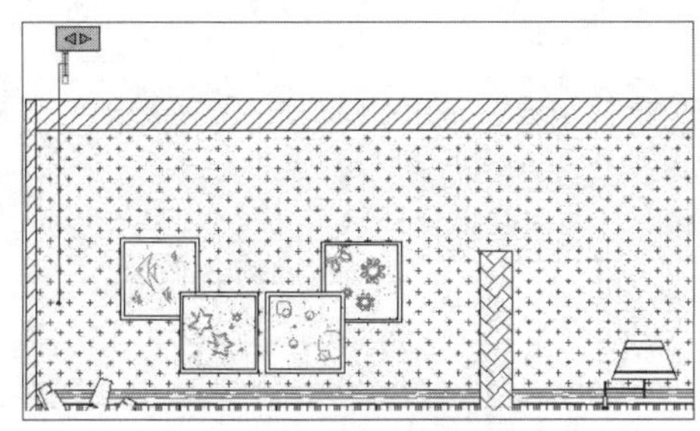

图10-132 指定引线

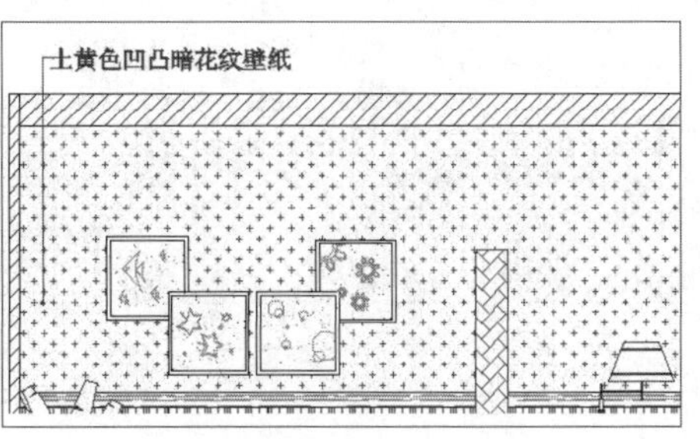

图10-133 输入引线内容

步骤31 按照同样的标注方法，对墙面的装饰以及家具名称进行注明，如图10-134所示。

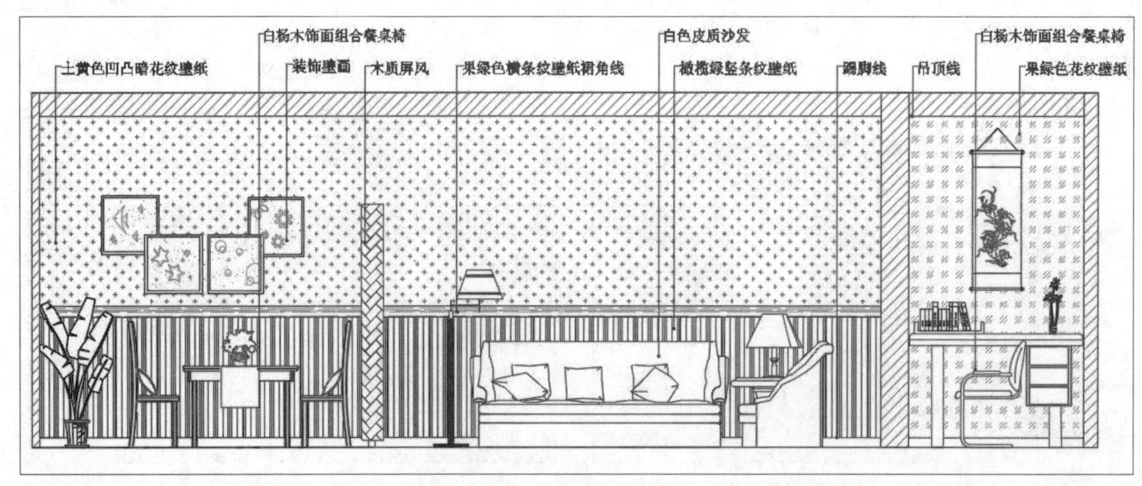

图10-134 标注引线

步骤32 执行“线性”命令，指定尺寸界线点，并指定尺寸线位置，进行尺寸标注，如图10-135所示。

图10-135 线性标注

步骤33 执行“连续”、“线性”标注命令，将标注补充完整，如图10-136所示。

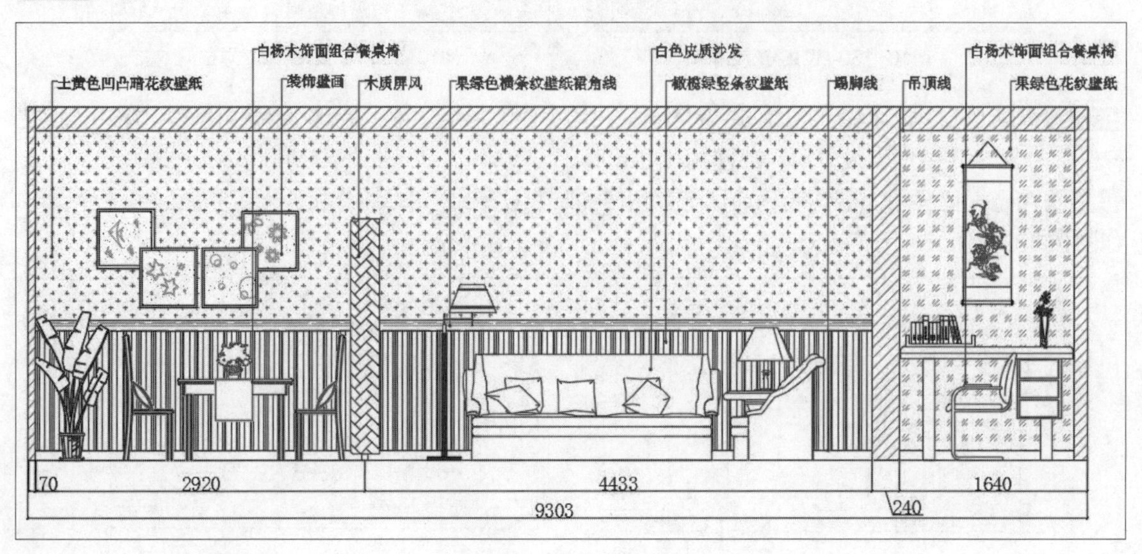

图10-136 补充标注

步骤34 继续执行“线性”、“连续”命令，完成尺寸标注，如图10-137所示。

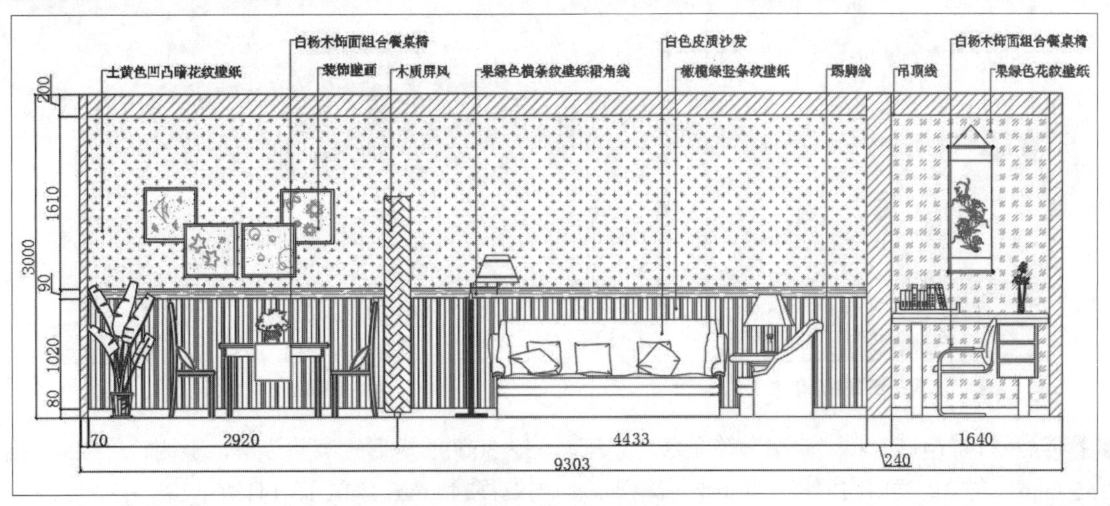

图10-137　完成尺寸标注

步骤35 执行“多段线”和“多行文字”等命令，标注图名等。至此，完成立面图的绘制，如图10-138所示。

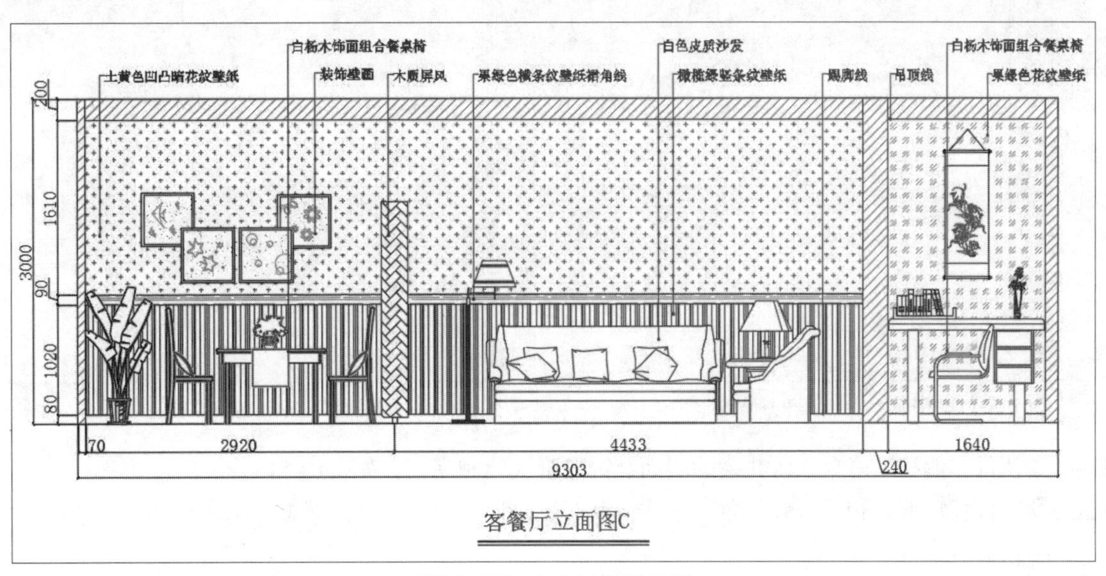

图10-138　完成立面图的绘制

10.2.2 绘制卧室立面图

根据居室平面布置图和顶棚图等绘制出主卧室立面图的轮廓线，用“矩形”命令绘制衣柜，用“直线”、“阵列”、“样条曲线”等命令，绘制百褶窗帘，然后插入床、壁画等装饰品图形，最后使用“图案填充”命令进行填充图案，完成立面图的绘制，具体操作步骤介绍如下。

步骤01 打开AutoCAD 2016软件，在菜单栏中执行“格式>单位”命令，弹出“图形单位”对话框，进行相关设置，如图10-139所示。

步骤02 单击“图层特性”按钮，打开相应的面板，新建“轮廓线”、“家具”等图层，并设置图层参数，如图10-140所示。

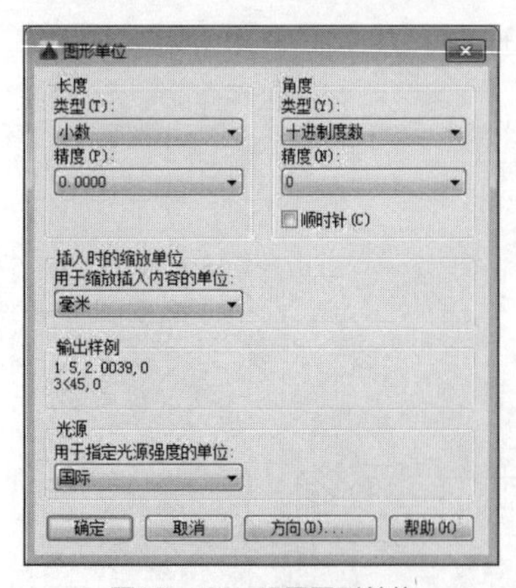

图10-139 设置图形单位

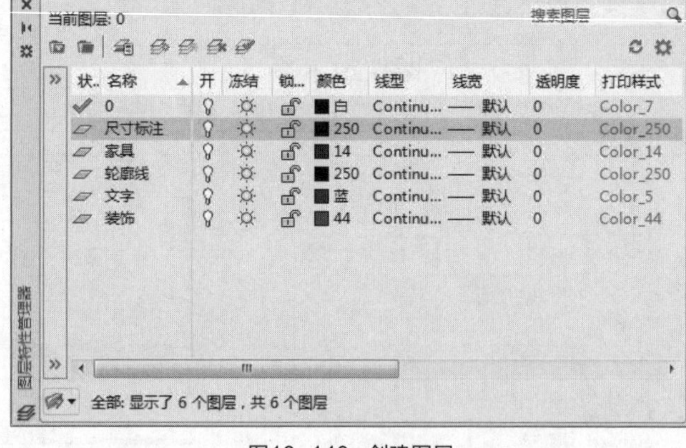

图10-140 创建图层

步骤03 执行“矩形”和“偏移”等命令，绘制4195×3000的矩形轮廓并分解，上侧轮廓线向内偏移50mm，左轮廓线向内偏移375mm，右轮廓线向内偏移240mm，如图10-141所示。

步骤04 继续执行“偏移”命令，下侧轮廓线向内偏移900mm，左侧轮廓线向内偏移三条直线，距离均为40mm，如图10-142所示。

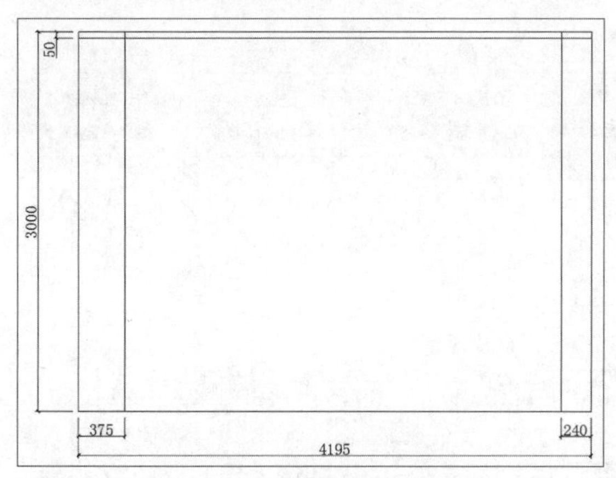

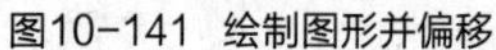

图10-141 绘制图形并偏移

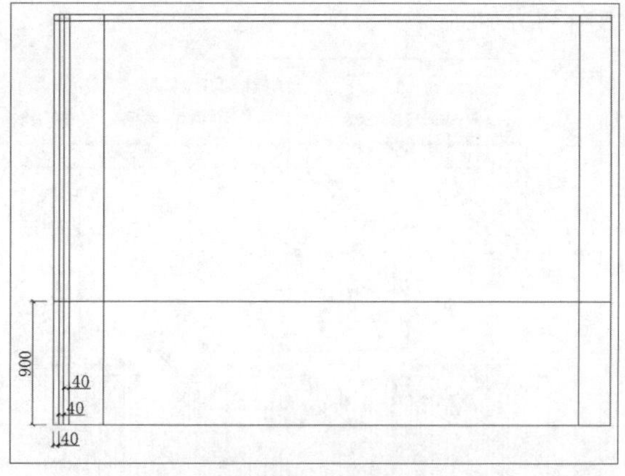

图10-142 偏移图形

步骤05 执行“偏移”命令，将其余的墙面装饰轮廓线绘制完整，如图10-143所示。

步骤06 执行“矩形”和“修剪”命令，将多余的线段剪切掉，并补充完整，如图10-144所示。

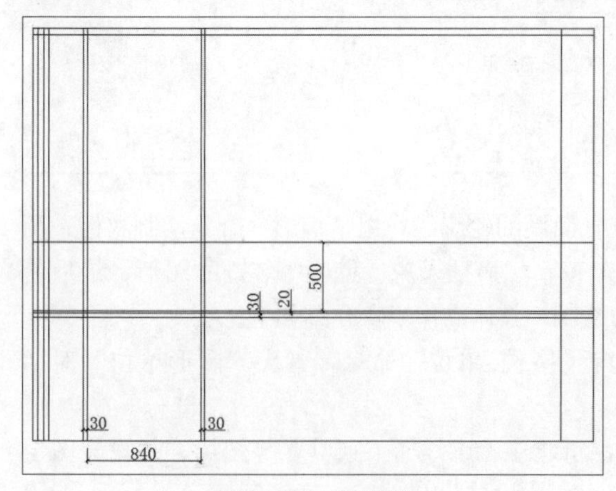

图10-143 偏移图形

图10-144 修剪图形

步骤07 执行“矩形”、“偏移”和“修剪”命令，绘制衣柜侧立面图，如图10-145所示。

步骤08 执行“矩形”和“直线”命令，绘制壁槽里的射灯，如图10-146所示。

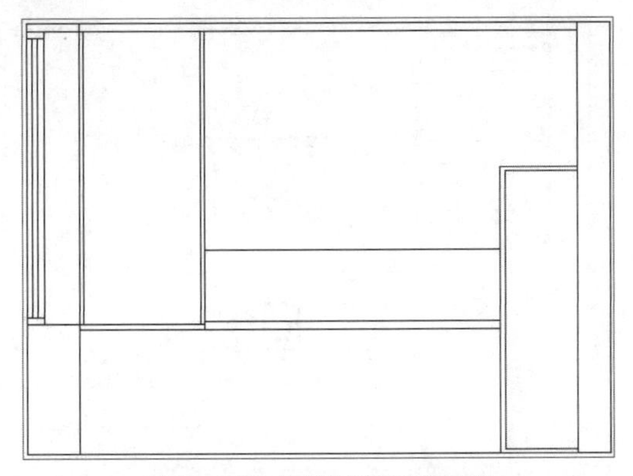

图10-145 绘制矩形并偏移修剪

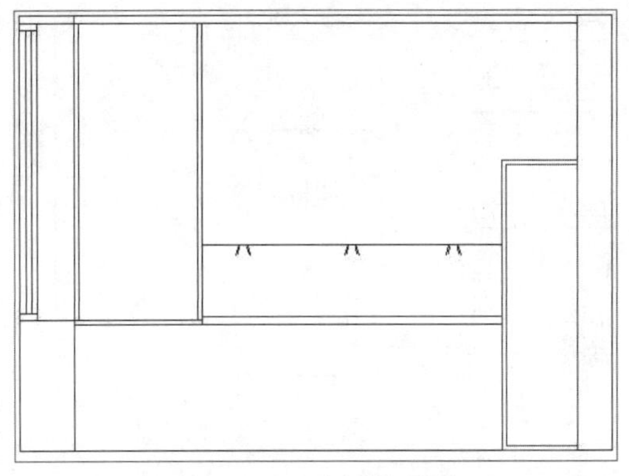

图10-146 绘制射灯图形

步骤09 执行“矩形”、“直线”和“阵列”等命令，绘制百褶窗帘的上半部分，执行“样条曲线”命令，绘制窗帘下部分的左半边，然后将其镜像复制，如图10-147所示。

步骤10 执行“常用>块>插入”命令，弹出“插入”对话框，单击“浏览”按钮，如图10-148所示。

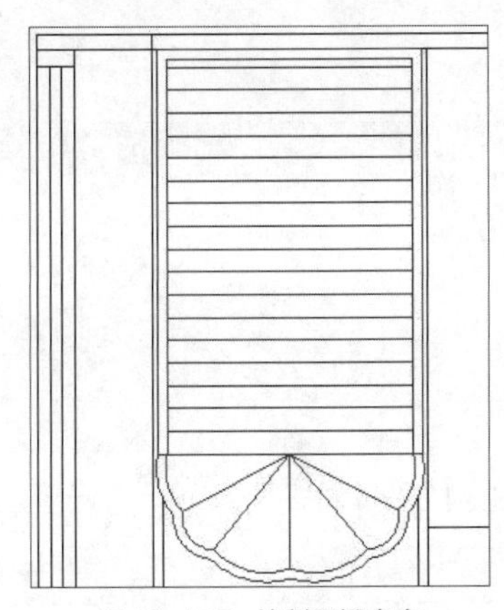

图10-147 绘制百褶窗帘

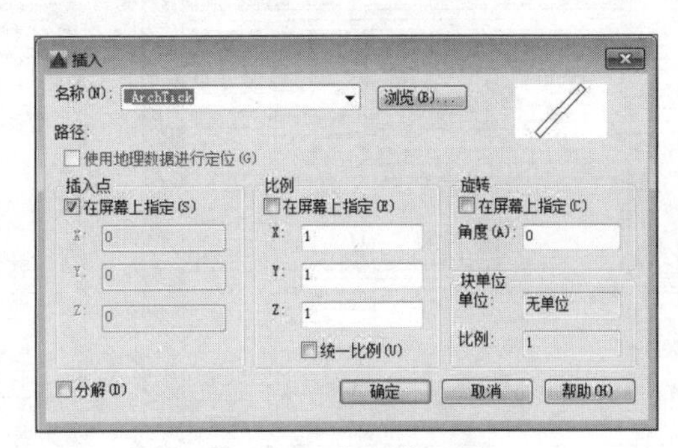

图10-148 “插入”对话框

步骤11 在弹出的对话框中，选择插入对象“床”，单击“打开”按钮，如图10-149所示。

步骤12 返回到上层对话框，单击“确定”按钮，插入图形对象，然后放置到合适位置，如图10-150所示。

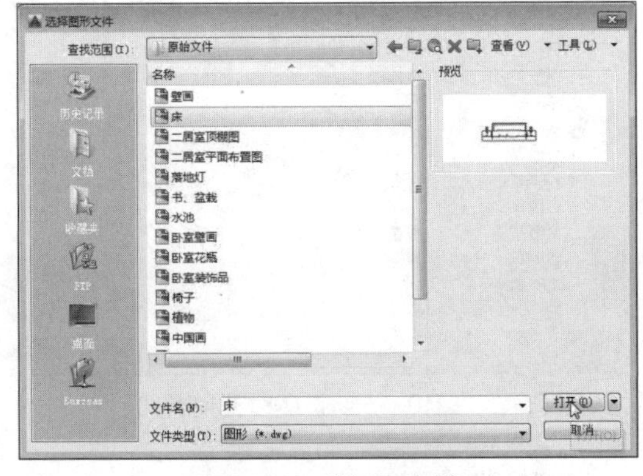

图10-149 选择图形对象

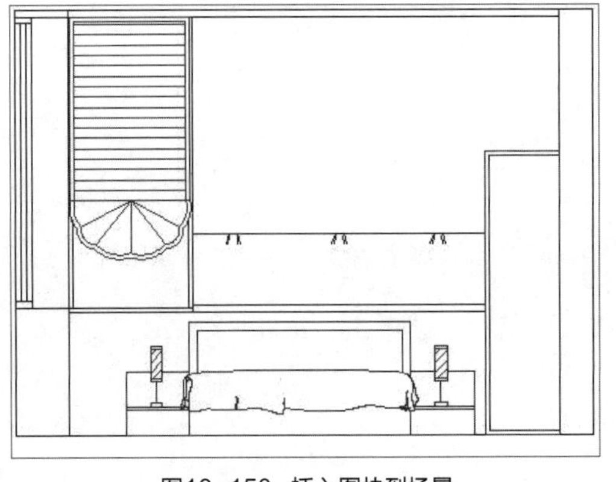

图10-150 插入图块到场景

步骤13 执行“插入”命令，将其余图形对象插入图中，如图10-151所示。

步骤14 执行“图案填充”命令，设置相关参数，将墙体剖切的部分进行填充，如图10-152所示。

图10-151 插入其他图形

图10-152 填充墙体

步骤15 执行“图案填充”命令，填充其他需要装饰的部分，如图10-153所示。

步骤16 执行“格式>文字样式”命令，在“文字样式”对话框中设置文字参数，如图10-154所示。

图10-153 填充其他

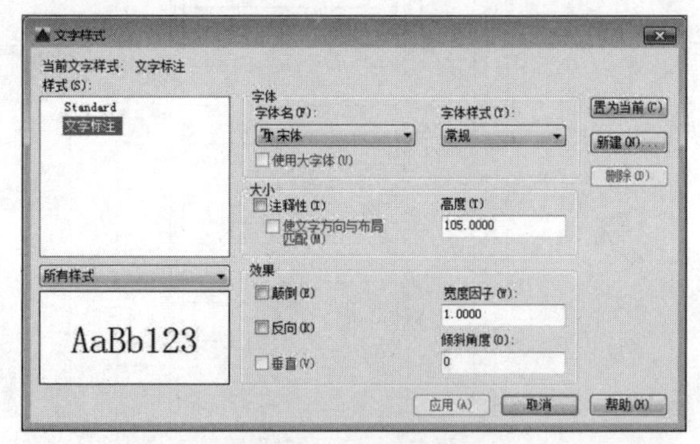

图10-154 设置文字样式

步骤17 执行“格式>多重引线样式”命令，在“修改多重引线样式”对话框中设置多重引线参数，如图10-155所示。

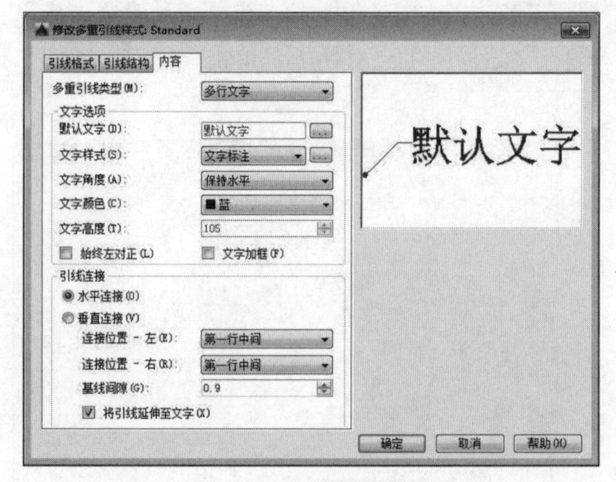

图10-155 设置多重引线样式

步骤18 执行“标注样式”命令，在弹出的对话框中单击“修改”按钮，在各个选项卡下，进行参数设置，单击“确定”按钮，如图10-156所示。

步骤19 返回上层对话框，单击“置为当前”和“关闭”按钮。执行“引线”命令，指定标注的位置，并指定引线方向，如图10-157所示。

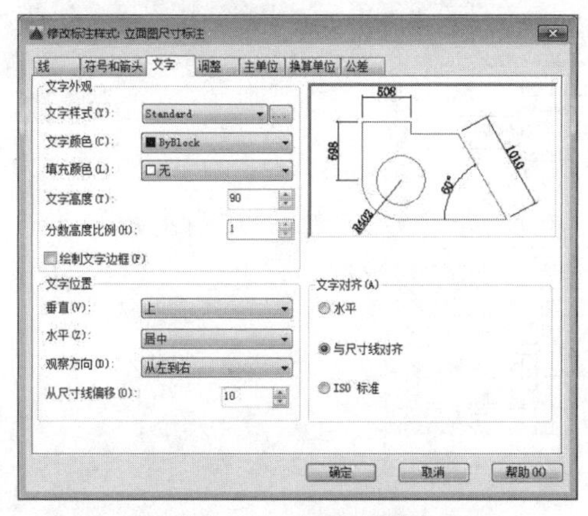

图10-156 设置标注样式

图10-157 指定引线方向

步骤20 在光标位置，输入装饰名称为“木工板基层黑胡桃夹板贴面”，单击空白处，即可完成引线注释操作，如图10-158所示。

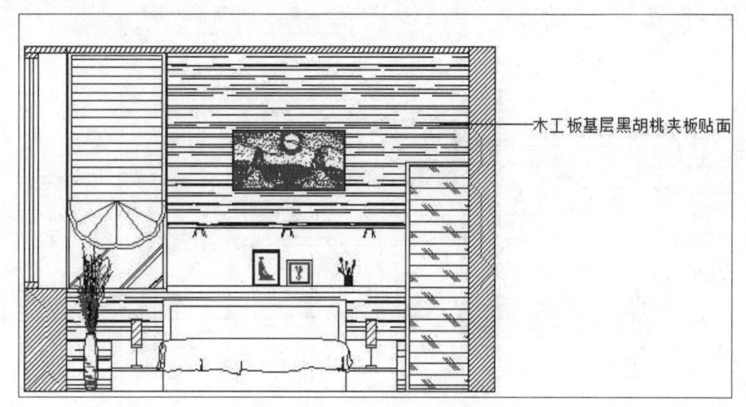

图10-158 完成引线注释

步骤21 按照同样的方法，进行其余装饰的文字标注，如图10-159所示。

图10-159 创建其他引线标注

步骤22 执行“标注”、“连续”和“基线”命令，进行尺寸标注，如图10-160所示。

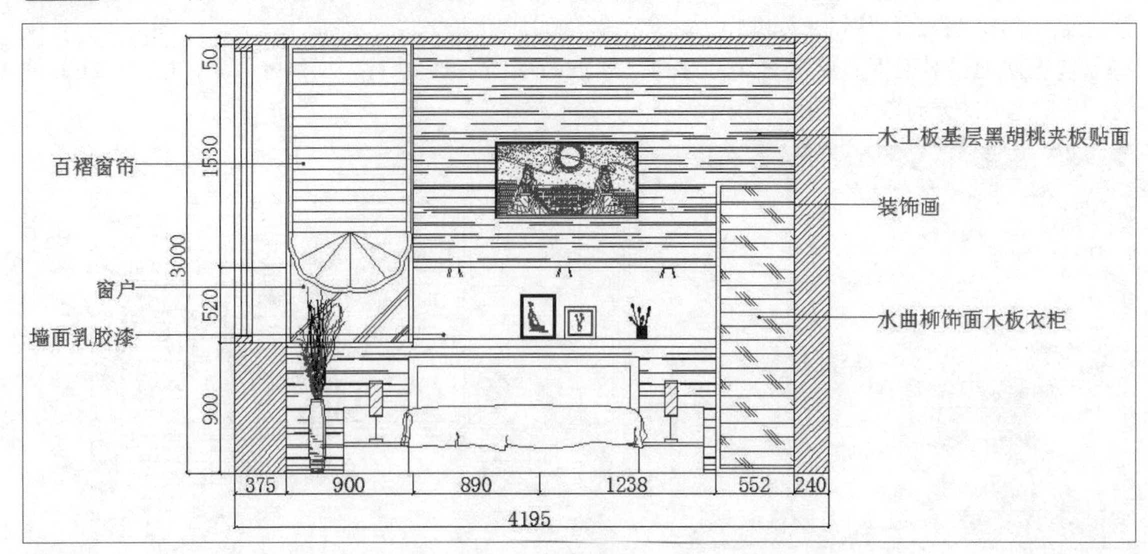

图10-160 创建尺寸标注

步骤23 执行“直线”和“多行文字”命令，标注图名等。至此，主卧立面图绘制完成，如图10-161所示。

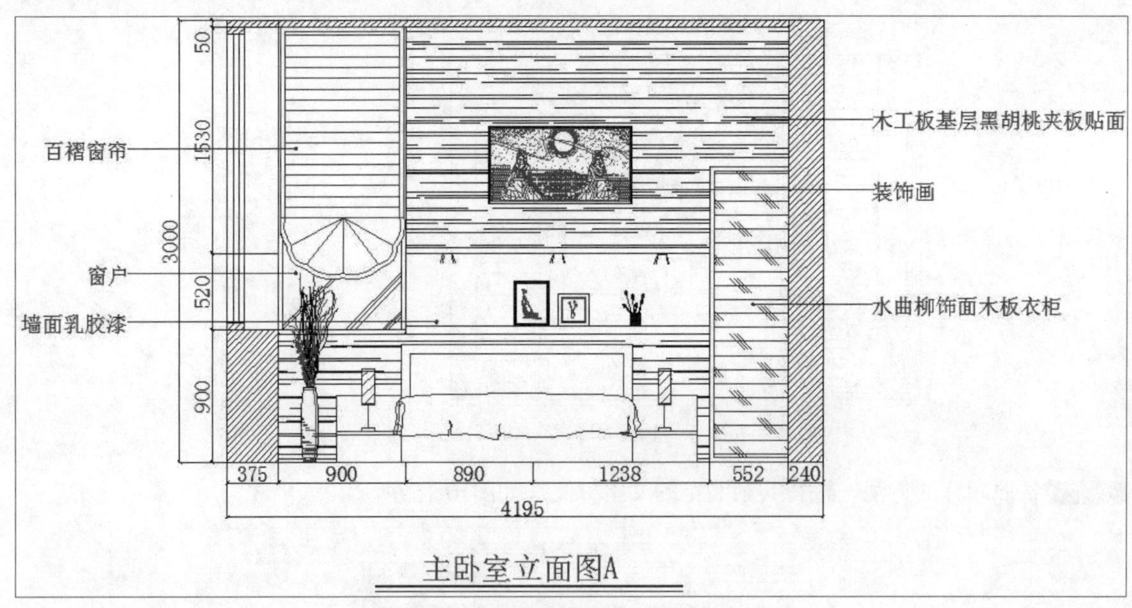

图10-161 完成主卧室立面图的绘制

办公空间施工图的绘制

课题概述

办公空间设计是对办公空间的布局、格局、空间的物理和心理分割，目的是要为工作人员创造一个舒适、方便、卫生、安全、高效的工作环境，以便更大限度地提高员工的工作效率。办公室的装修也是企业整体形象的体现，一个完整、统一而美观的办公室形象，能增加客户的信任感，同时也能给员工带来心理上的满足。

教学目标

本章将介绍办公空间设计的基本要素和注意要点，通过实例的绘制，让读者掌握办公室平面图和立面图的绘制操作。

章节重点

★★★★　办公空间原始平面图的绘制
★★★★　办公空间平面布置图的绘制
★★★　办公空间顶棚布置图的绘制
★★★　办公空间立面图的绘制

光盘路径

操作案例：实例文件\第11章

11.1 绘制办公室平面图

本章中要绘制的办公室平面图包括原始平面图、平面布置图以及顶棚布置图，下面将会分小节进行详细介绍。

11.1.1 绘制办公空间原始平面图

原始平面图是一切施工图的基础，下面将对其绘制方法进行介绍，首先进行图层的相关设置，再绘制墙体、门窗等基础部分，最后设置尺寸标注与文字标注等，并添加标注和图名，具体操作步骤介绍如下。

步骤01 启动AutoCAD 2016软件，单击“图层特性”按钮，弹出其相应的面板，新建“轴线”等图层，并设置图层参数，如图11-1所示。

步骤02 双击“轴线”图层，设置为当前图层。执行“直线”命令，按照相关尺寸，绘制出墙体轴线，如图11-2所示。

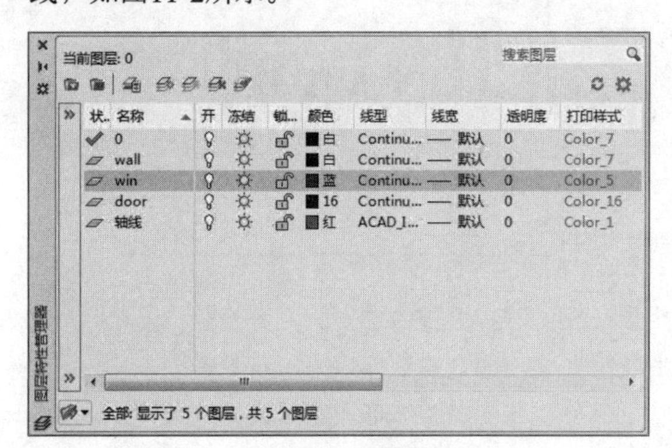

图11-1 设置图层

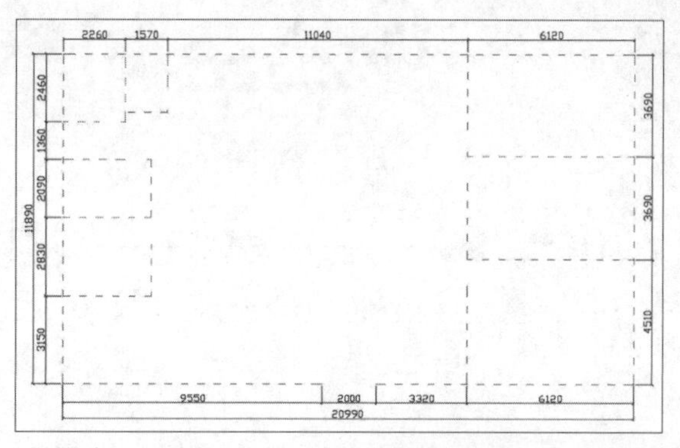

图11-2 绘制墙体轴线

步骤03 在菜单栏中执行“格式>多线样式”命令，弹出相应对话框，单击“新建”按钮，如图11-3所示。

步骤04 弹出相应对话框，输入新样式名wall，单击“继续”按钮。在弹出的对话框中勾选直线的“起点”和“端点”复选框，如图11-4所示。

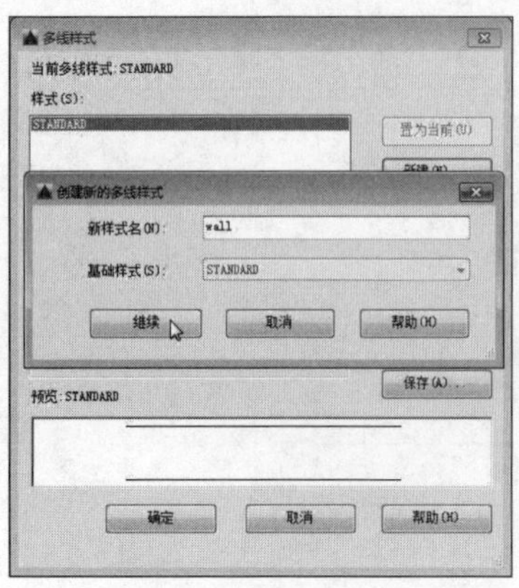

图11-3 新建多线样式

图11-4 勾选相应的复选框

步骤05 在“图元”选项区域中，更改“偏移”的数值，单击“确定”按钮，返回到上层对话框，单击“置为当前”和“确定”按钮，如图11-5所示。

步骤06 将wall图层，置为当前图层。执行“绘图>多线”命令，根据命令行提示，设置“对正”为“无”，比例为1，绘制墙体，如图11-6所示。

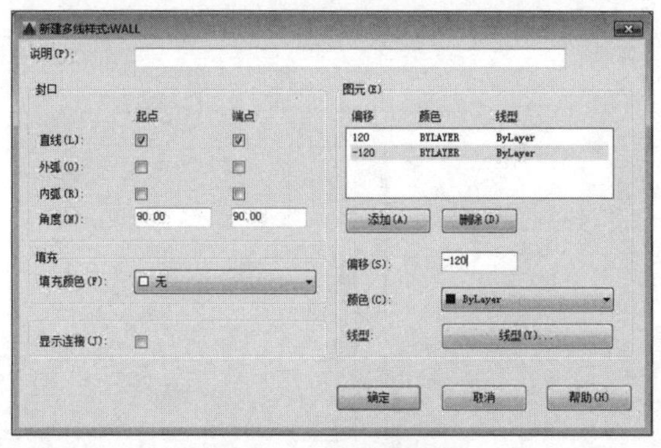

图11-5 设置偏移数值

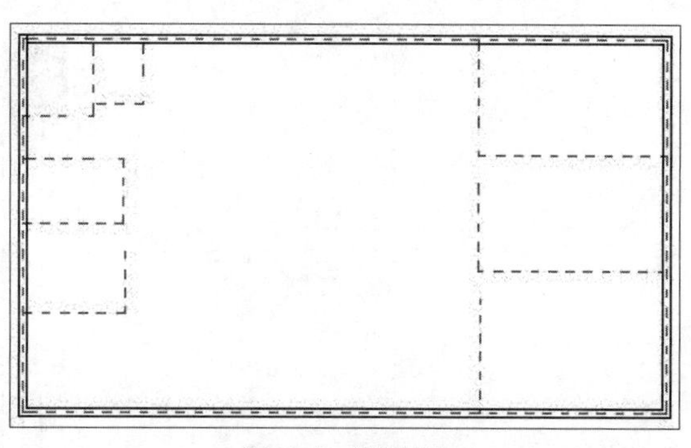

图11-6 绘制墙体

步骤07 执行“格式>多线样式”命令，弹出“多线样式”对话框，新建多线样式，进行相关设置，将墙体的宽度设置为200mm，绘制内墙轮廓，如图11-7所示。

步骤08 在菜单栏中执行“修改>对象>多线”命令，弹出“多线编辑工具”对话框，选择相关选项，如图11-8所示。

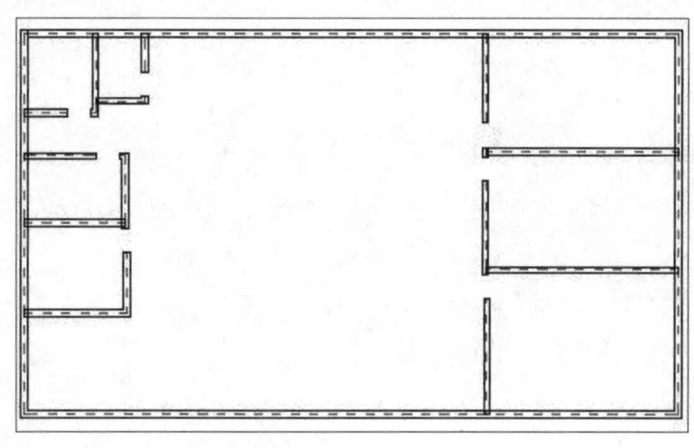

图11-7 绘制内墙

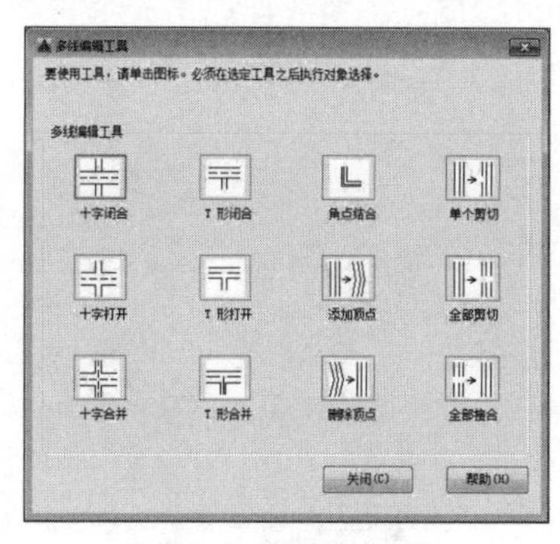

图11-8 多线编辑工具

步骤09 在绘图窗口中，选择两条相交的多线，即可将多线修剪，如图11-9所示。

步骤10 执行“矩形”、“图案填充”、“复制”命令，绘制墙柱并填充图案，进行复制移动，如图11-10所示。

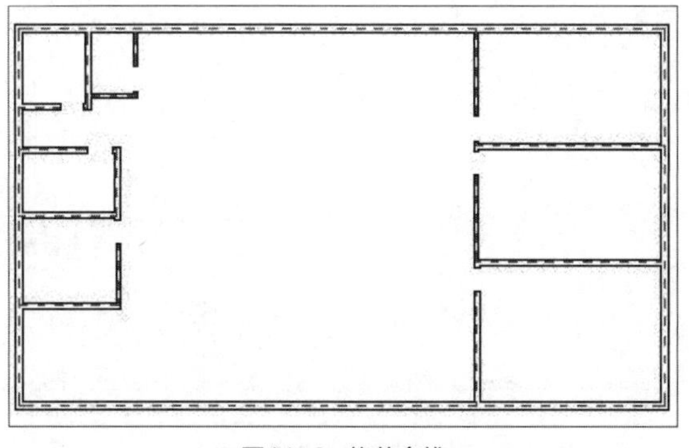

图11-9 修剪多线

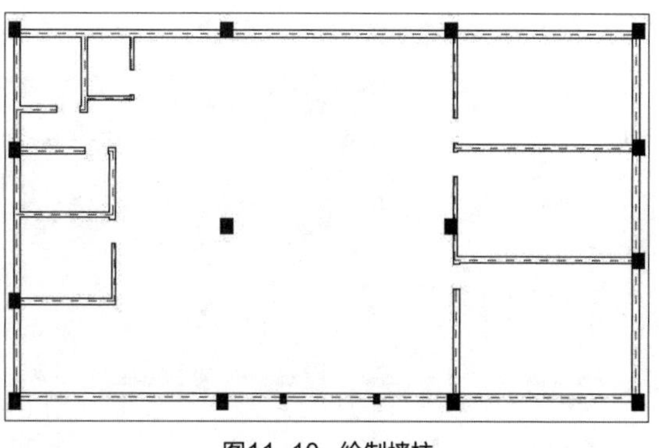

图11-10 绘制墙柱

步骤11 将door图层置为当前层。执行“工具>选项板>工具选项板”命令，弹出相关面板，如图11-11所示。

步骤12 在“建筑”选项卡下单击“门-公制”按钮，系统自动弹出“门”图形对象，放置合适位置，单击“门”图形对象，出现夹点，单击相关夹点，设置门打开的角度和尺寸等选项，得到满意的效果，如图11-12所示。

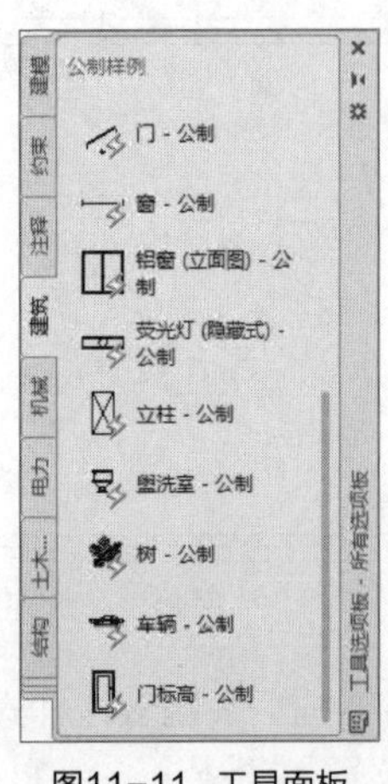

图11-11 工具面板

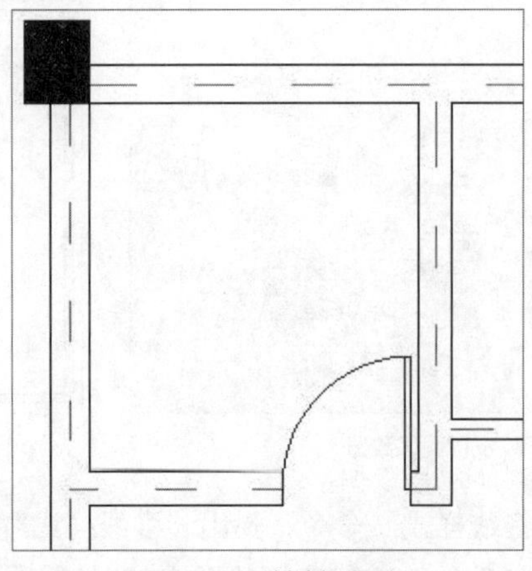

图11-12 创建门图形

步骤13 将“门”图形对象复制到其他需要的位置并设置，如图11-13所示。

步骤14 执行“格式>多线样式”命令，新建多线样式，名称为win，进行参数设置，如图11-14所示。

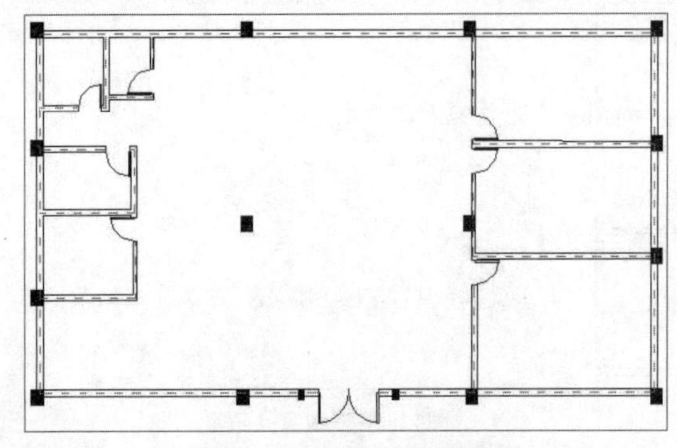

图11-13 复制并设置门图形

图11-14 创建多线样式

步骤15 执行“绘图>多线”命令，绘制窗户，将“轴线”图层关闭，如图11-15所示。

步骤16 新建多线样式，设置多线比例为120，再绘制室内窗，如图11-16所示。

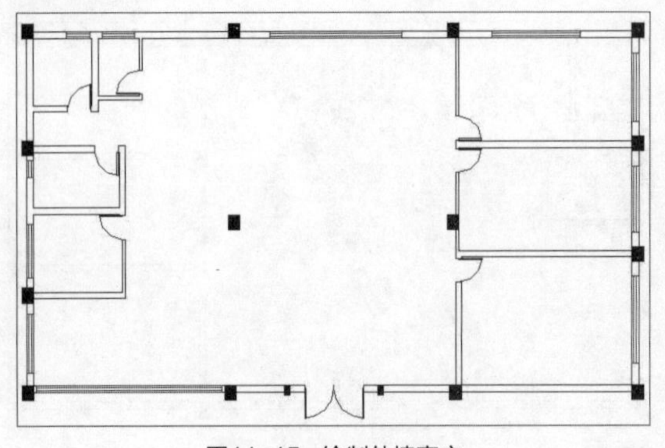

图11-15 绘制外墙窗户

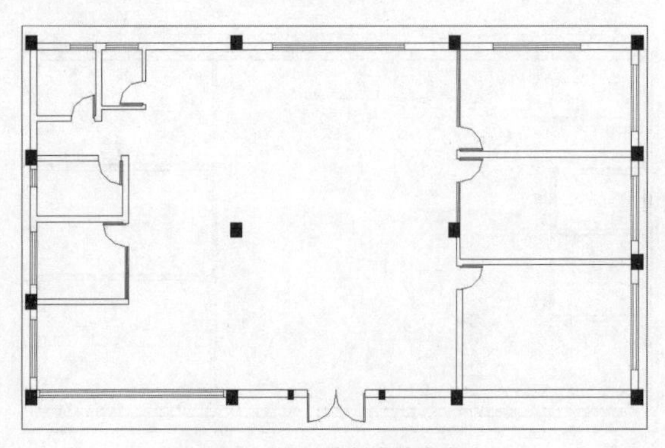

图11-16 绘制内墙窗户

步骤17 执行“注释>标注”命令，在打开的对话框中单击“修改”按钮，在新弹出的对话框中进行参数设置，如图11-17所示。

步骤18 单击“确定”按钮，返回上层对话框单击“置为当前”和“关闭”按钮。然后执行“标注”等命令，对原始平面图进行标注，如图11-18所示。

图11-17 设置标注样式

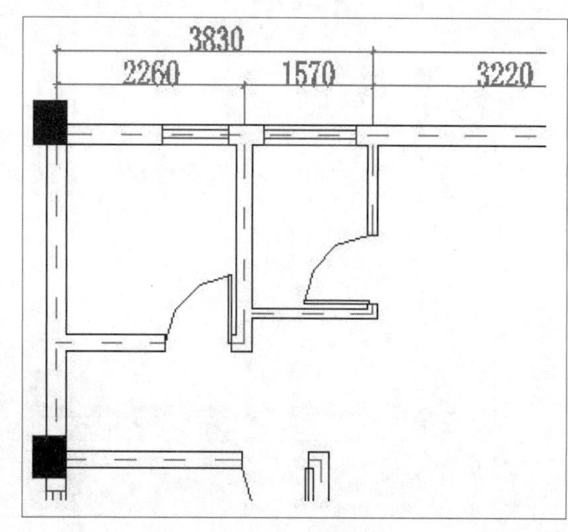

图11-18 尺寸标注

步骤19 继续执行“标注”、“连续”等命令，将标注绘制完整，如图11-19所示。

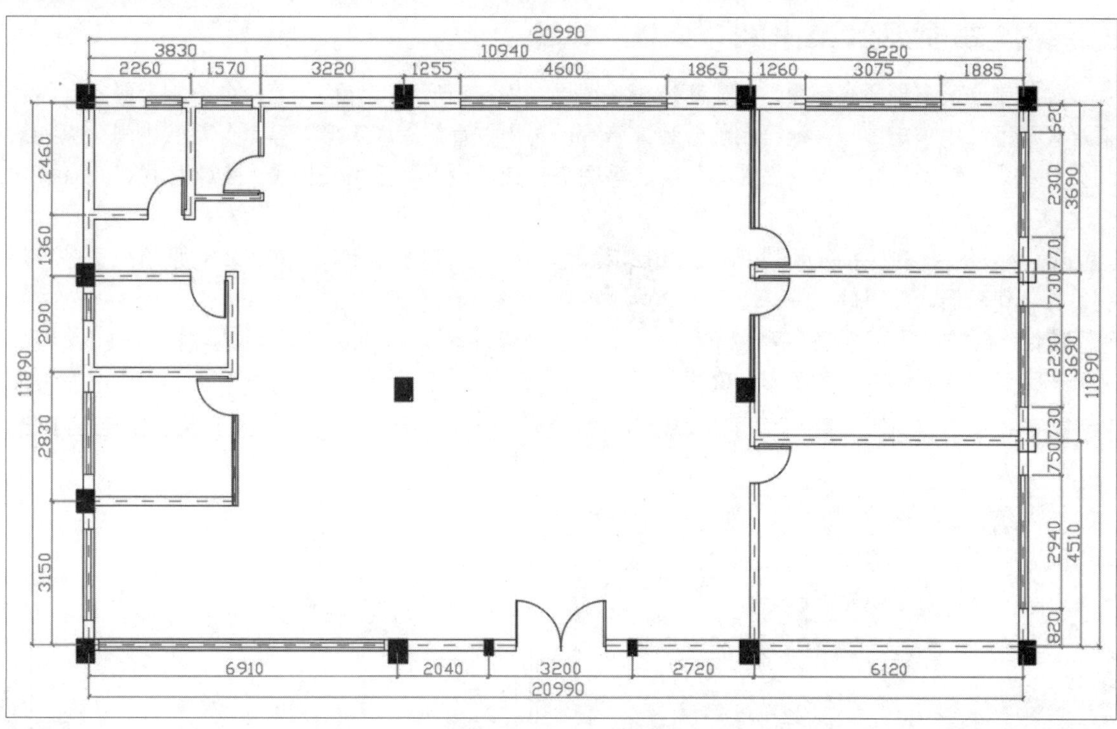

图11-19 完成尺寸标注

步骤20 最后执行“单行文字”命令，添加图名，再添加内视符号，完成原始平面图的绘制，如图11-20所示。

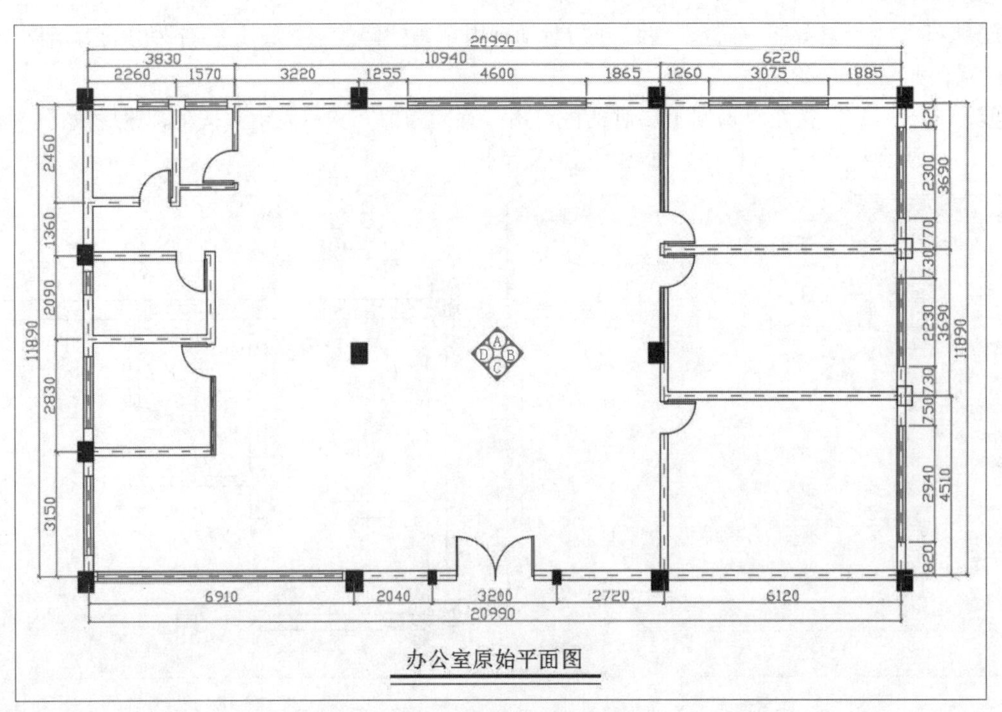

图11-20　完成原始平面图的绘制

11.1.2 绘制办公室平面布置图

要绘制办公室平面布置图，则先新建相关图层，用“矩形”、“偏移”等命令绘制资料室墙体和茶水区矮柜，用“矩形”命令绘制前台装饰墙等，再用“直线”、“矩形”等命令将卫生间分隔和绘制会议室背景墙等部分，然后插入办公家具等图块，最后设置多重引线样式、文字样式，添加文字标注等。

步骤01 在“办公室原始平面图”图纸中继续绘制，执行“复制”命令，将办公室原始户型进行复制，并新建图层，如图11-21所示。

步骤02 执行“矩形”、“偏移”和“直线”等命令绘制资料室墙体。执行“工具选项板”和“多线”命令，添加“门”和“窗”图形对象，如图11-22所示。

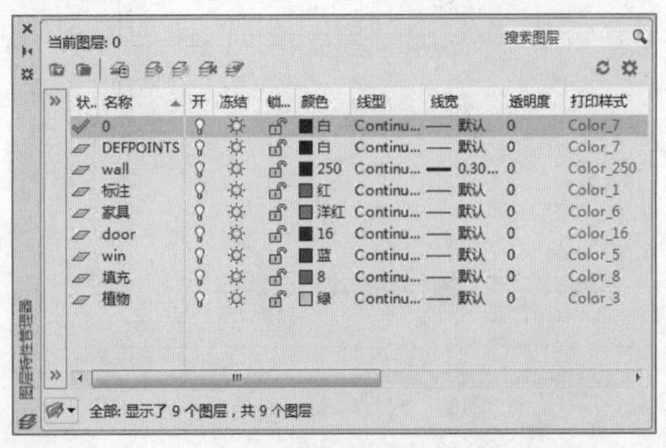

图11-21　复制图形并新建图层

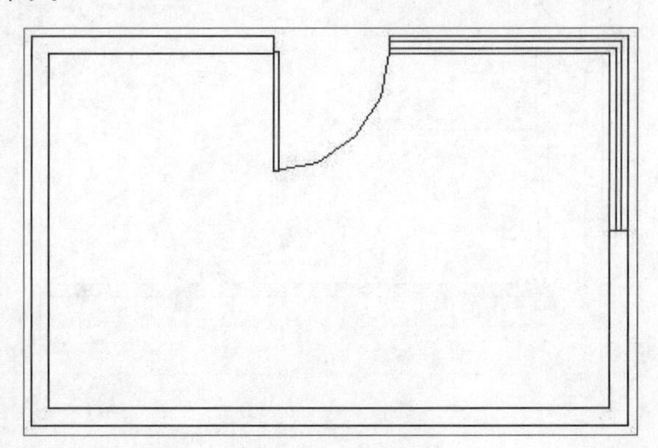

图11-22　绘制门窗

步骤03 执行“矩形”、“圆弧”、“直线”等命令绘制前台背景墙造型，如图11-23所示。

步骤04 执行“修剪”命令，对墙体多余的部分进行修改，如图11-24所示。

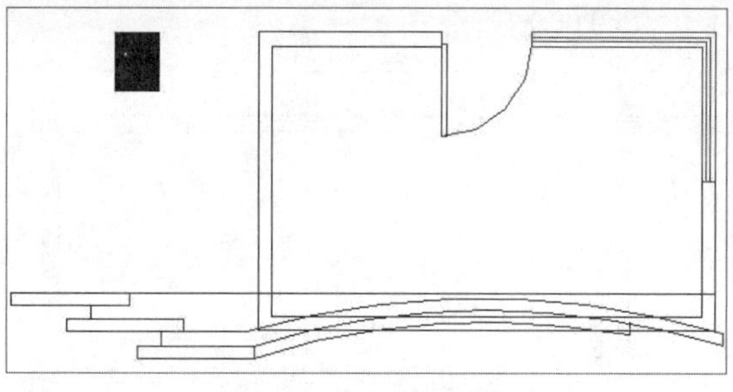

图11-23　绘制背景墙造型

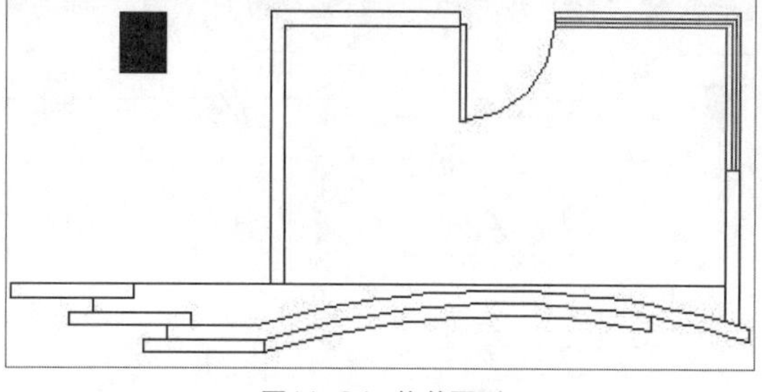

图11-24　修剪图形

步骤05 执行“直线”、“偏移”等命令，绘制茶水区矮柜，如图11-25所示。

步骤06 执行“矩形”、“直线”等命令，将卫生间部分进行分隔，如图11-26所示。

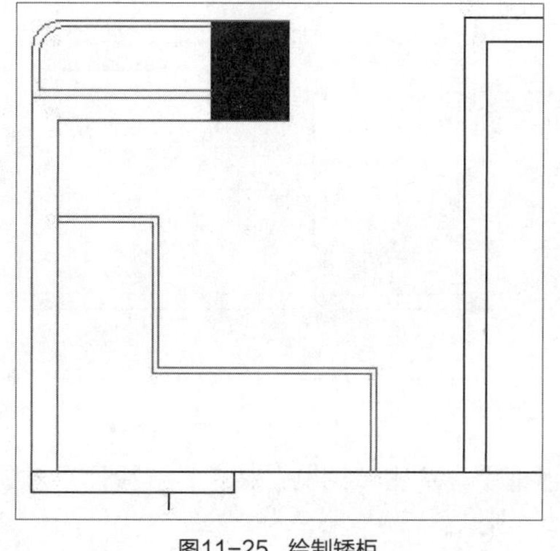

图11-25　绘制矮柜

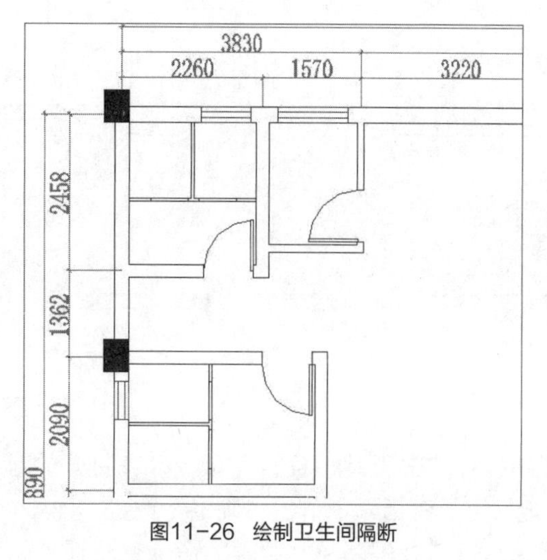

图11-26　绘制卫生间隔断

步骤07 执行“矩形”、“定数等分”和“直线”等命令，绘制书柜，如图11-27所示。

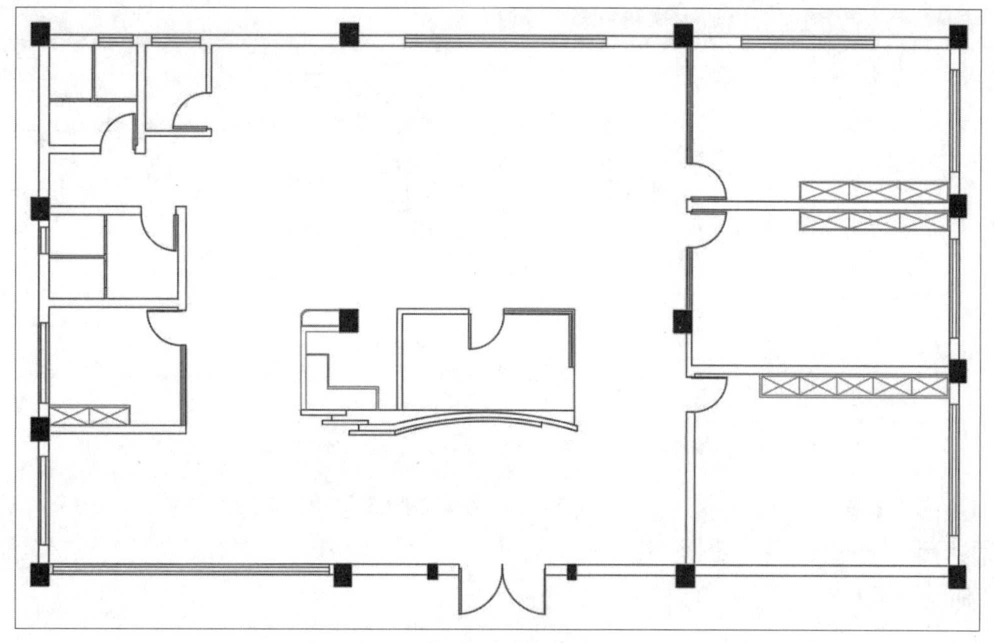

图11-27　绘制书柜

步骤08 执行“矩形”、“直线”等命令，绘制其余部分，如图11-28所示。

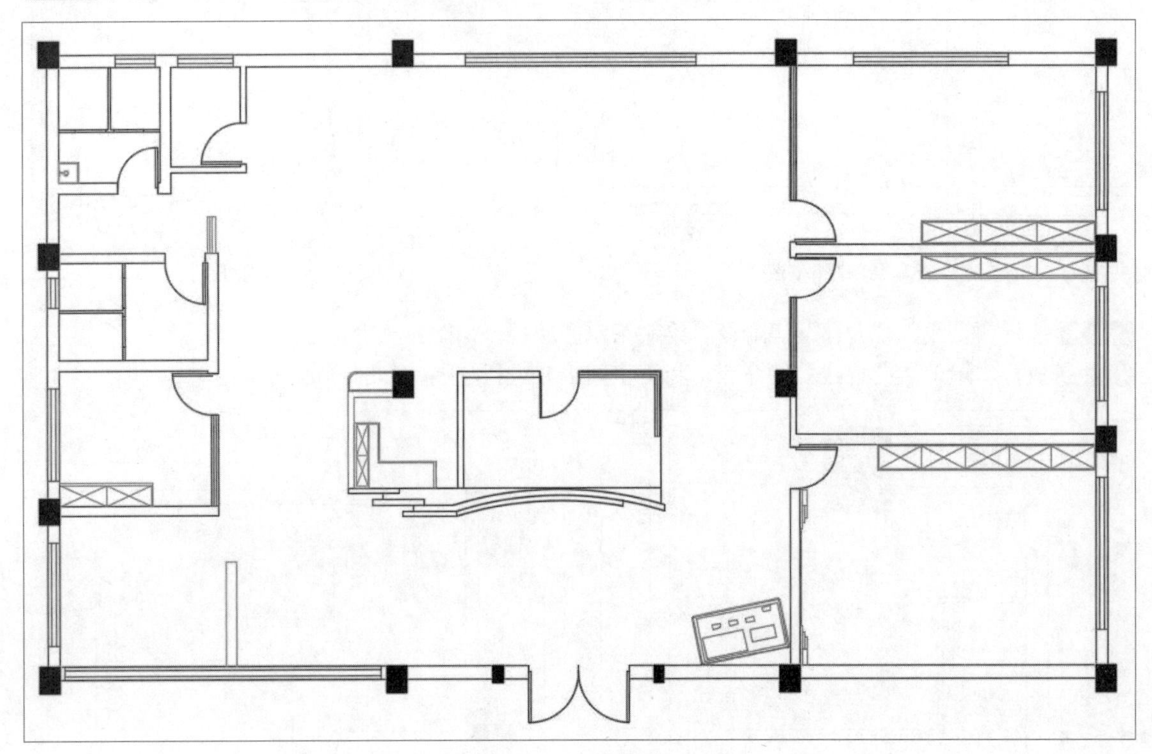

图11-28 绘制其他家具

步骤09 执行“常用>块>插入”命令，在打开的对话框中，单击“浏览”按钮，选择插入对象并打开，返回上层对话框，单击“确定”按钮，如图11-29所示。

步骤10 执行“分解”和“旋转”命令，将插入的图形对象“经理室组合办公家具”进行分解、旋转，放置合适的位置，如图11-30所示。

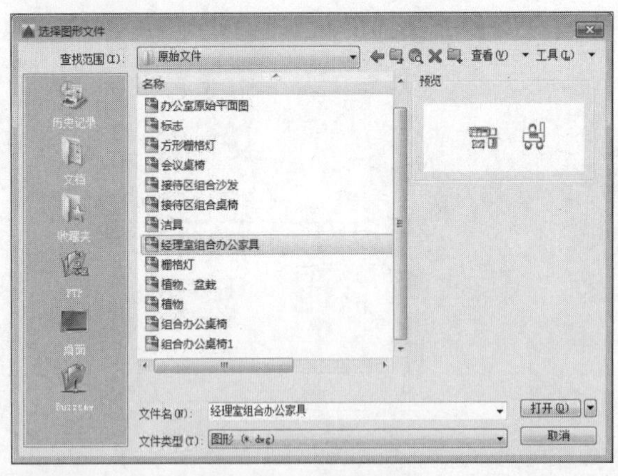

图11-29 选择图形文件

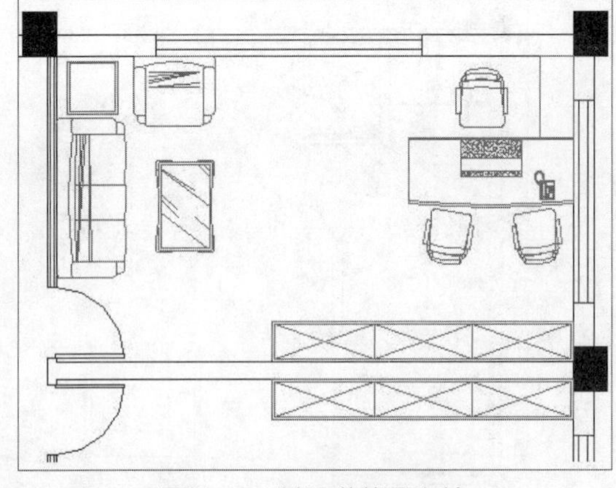

图11-30 分解和旋转图形对象

步骤11 执行“镜像”命令，将插入的图形对象进行镜像复制，移动到合适的位置，如图11-31所示。

步骤12 执行“插入”命令，选择“组合办公桌椅”插入到图形中，放置合适位置并进行镜像复制操作，如图11-32所示。

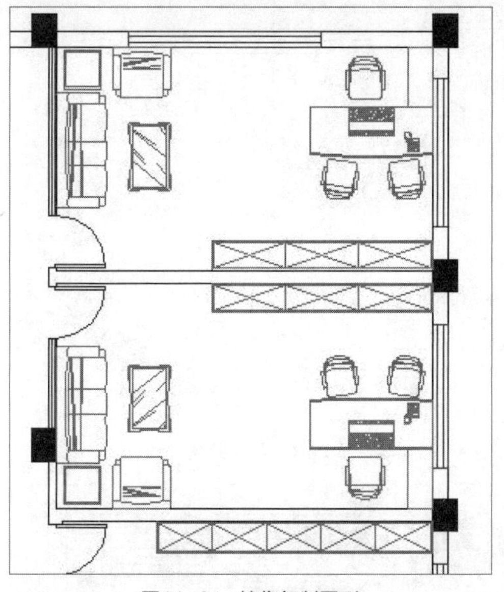
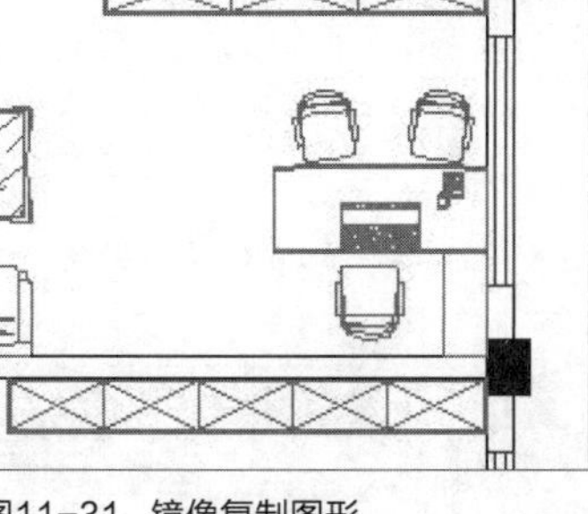

图11-31 镜像复制图形

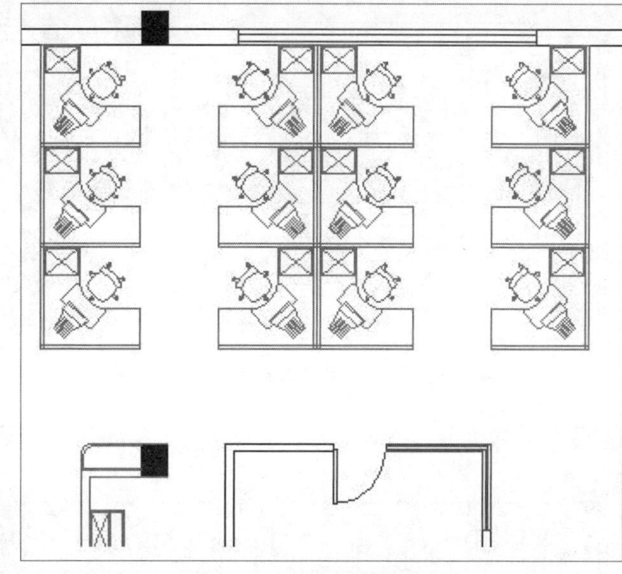

图11-32 插入图形并镜像复制

步骤13 继续执行“插入”命令，将其余的图形对象插入到图形中，并放置合适位置，如图11-33所示。

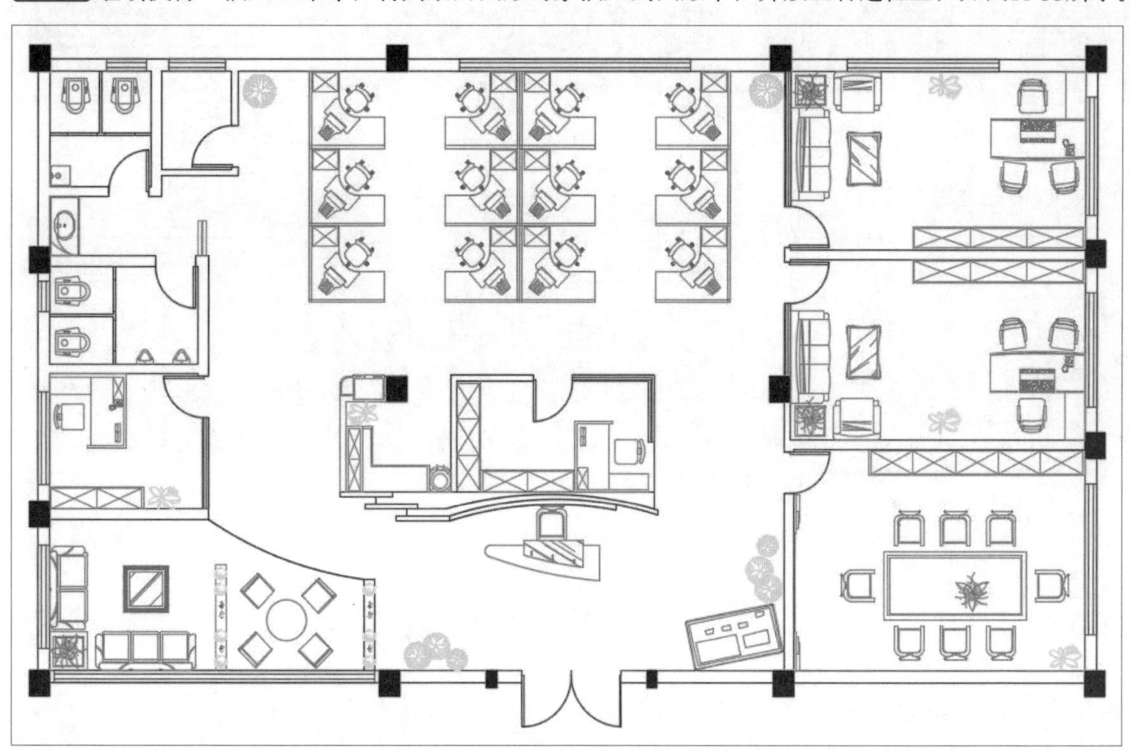

图11-33 插入其他图形

步骤14 执行“图案填充”命令，选择图案DOLMIT，对总经理室的地面进行图案填充，如图11-34所示。

步骤15 执行“多段线”、“图案填充”命令，框选填充的范围，避免系统反应慢，选择图案ANSI37，填充公共办公区域地面，如图11-35所示。

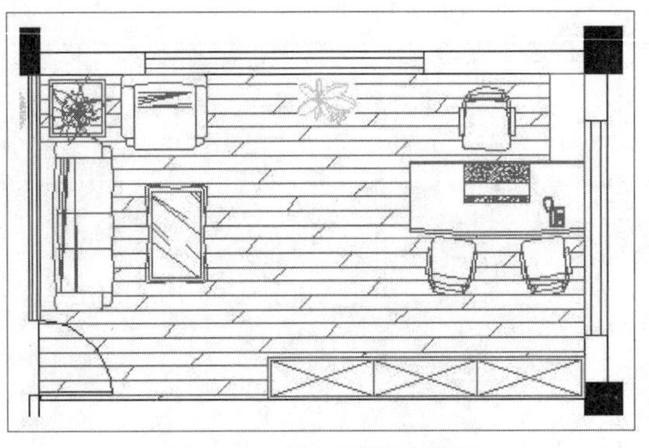

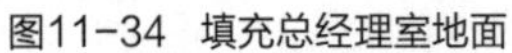

图11-34 填充总经理室地面

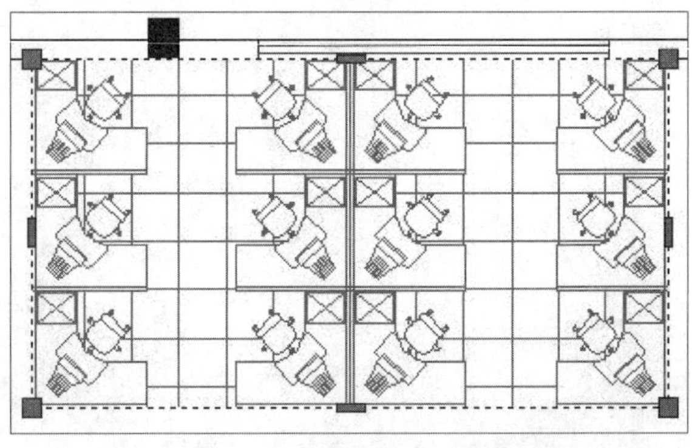

图11-35 填充公共办公区域

步骤16 继续执行“图案填充”命令，对其余部分进行图案填充，如图11-36所示。

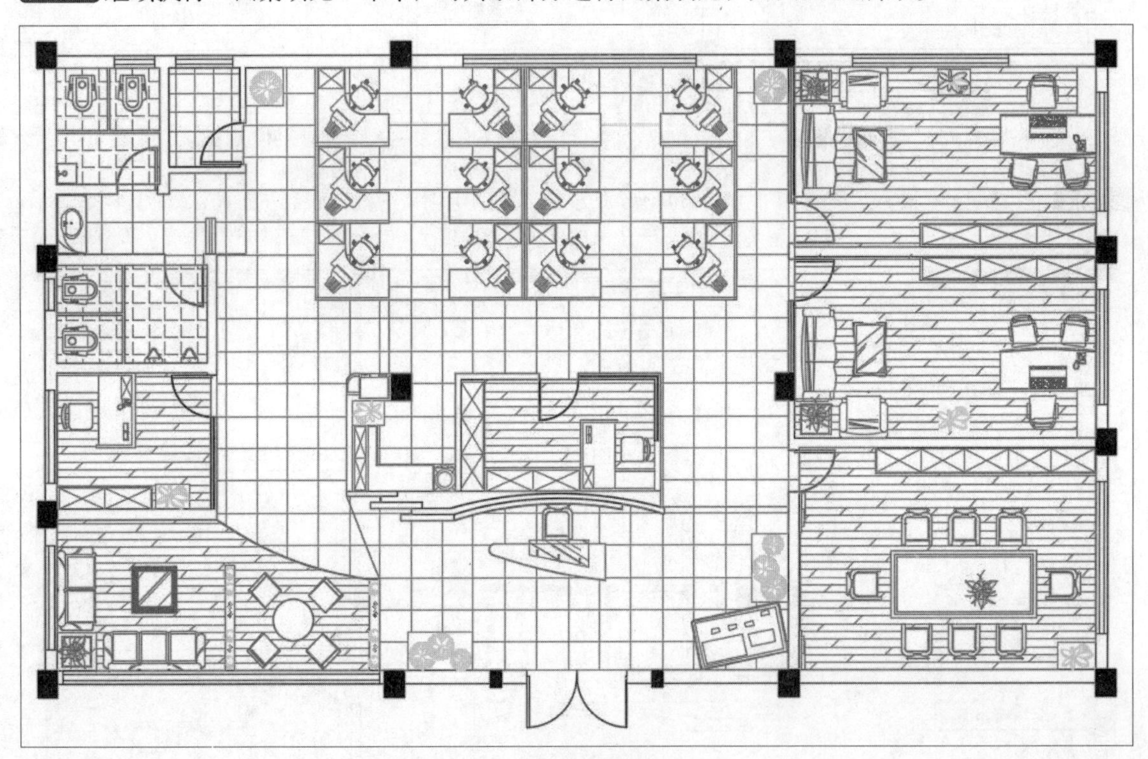

图11-36 填充其他区域

步骤17 执行“注释>文字样式”命令，打开对话框，进行参数设置。单击“置为当前”和“关闭”按钮，如图11-37所示。

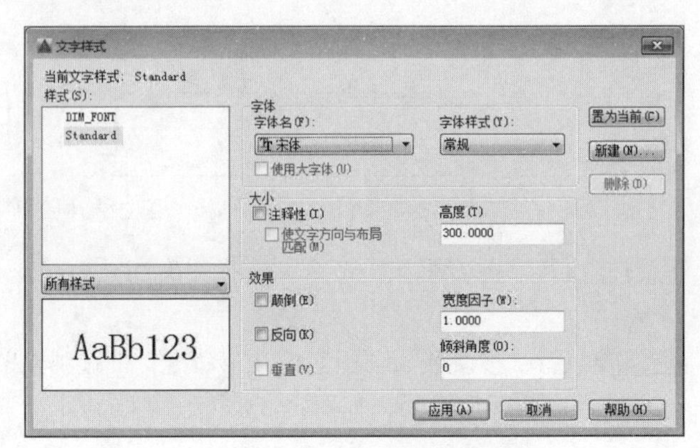

图11-37 设置文字样式

步骤18 执行“多行文字”命令，在相应的空间位置进行文字标注，如图11-38所示。

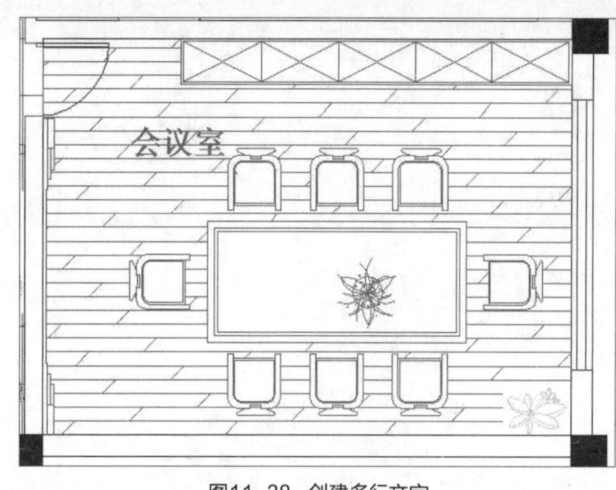

图11-38 创建多行文字

步骤19 执行“多行文字”命令，对其余需要文字说明的地方进行标注，如图11-39所示。

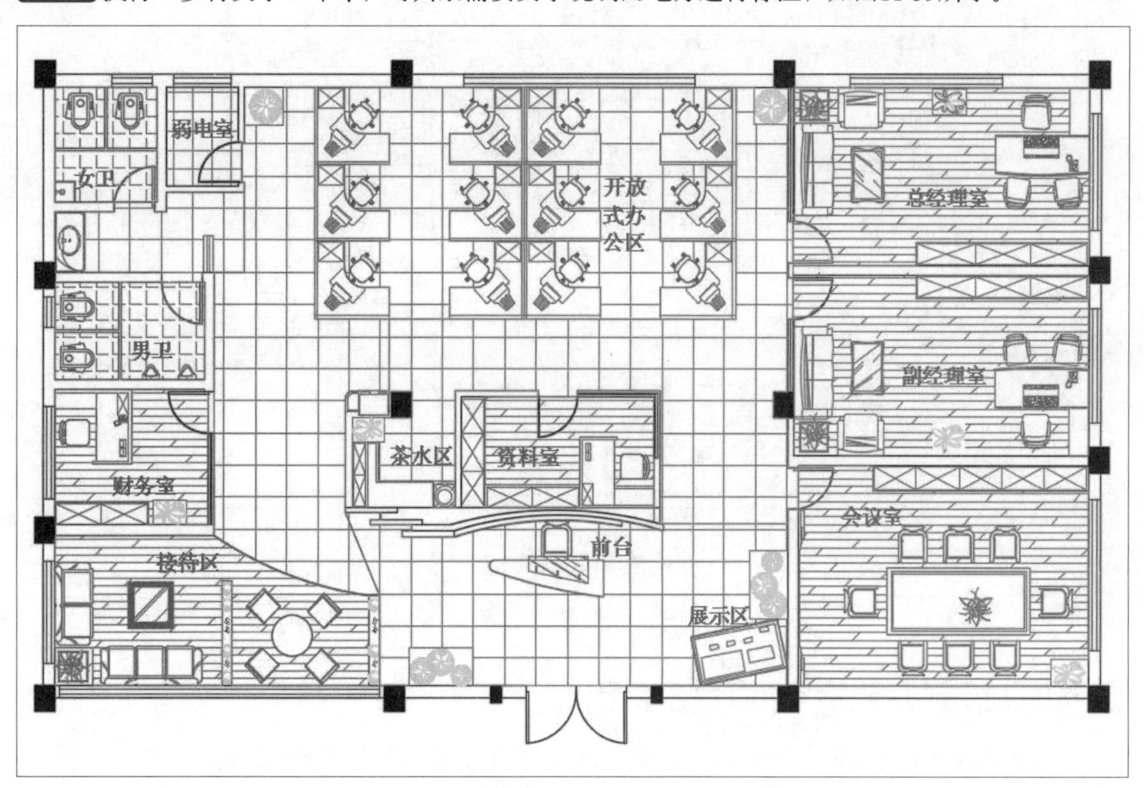

图11-39 多处文字标注

步骤20 执行“注释>引线”命令，在打开的对话框中进行参数设置，如图11-40所示。

步骤21 执行“多重引线”命令，指定标注位置和引线方向，输入名称，单击空白处即可完成引线的创建，如图11-41所示。

步骤22 继续执行“多重引线”命令，完成引线注释操作。至此，办公室平面布置图已全部绘制完毕，如图11-42所示。

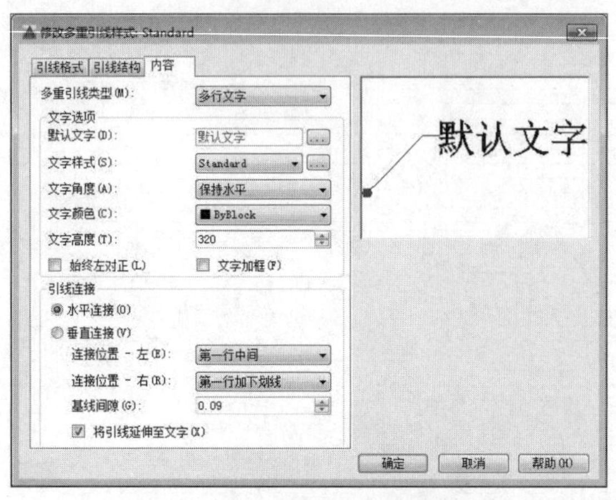

图11-40 设置多重引线样式

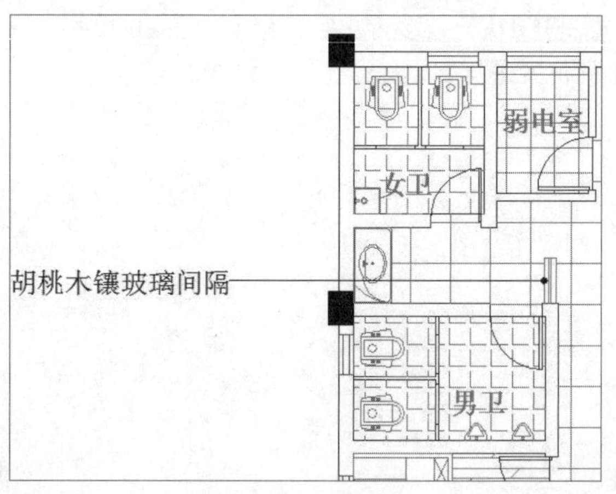

图11-41 创建引线

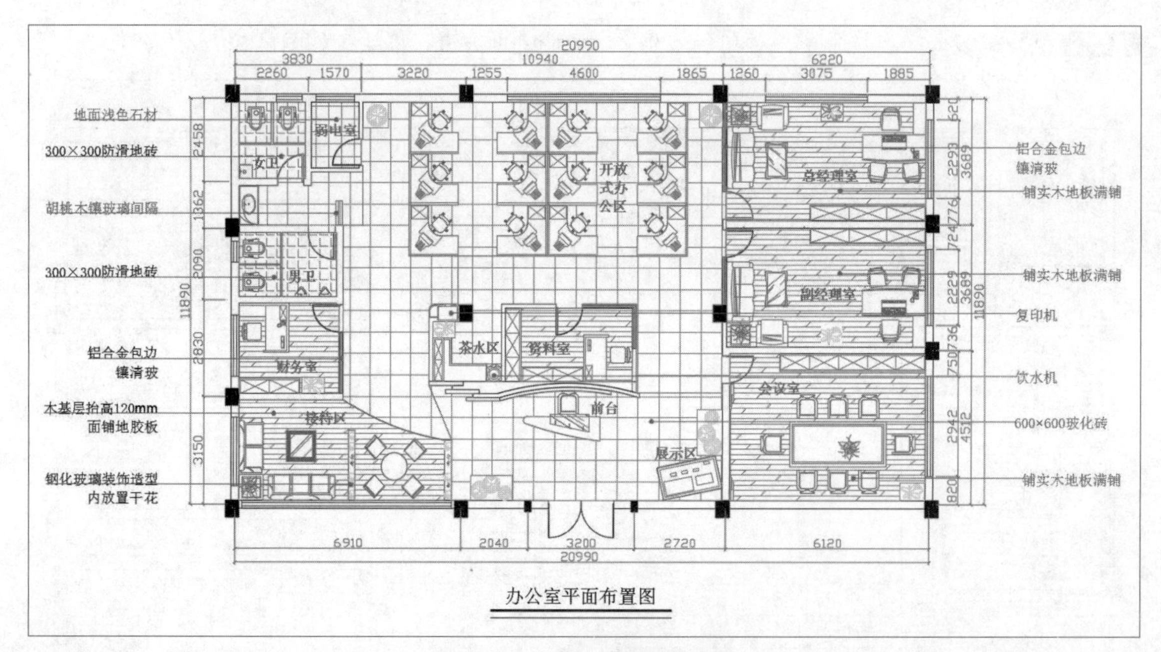

图11-42 完成平面布置图的绘制

11.1.3 绘制办公室空间顶棚布置图

下面将利用本章所学习的绘图知识绘制办公室顶棚布置图，具体绘制步骤介绍如下：

步骤01 打开AutoCAD 2016软件，新建图层，并设置图层参数，如图11-43所示。

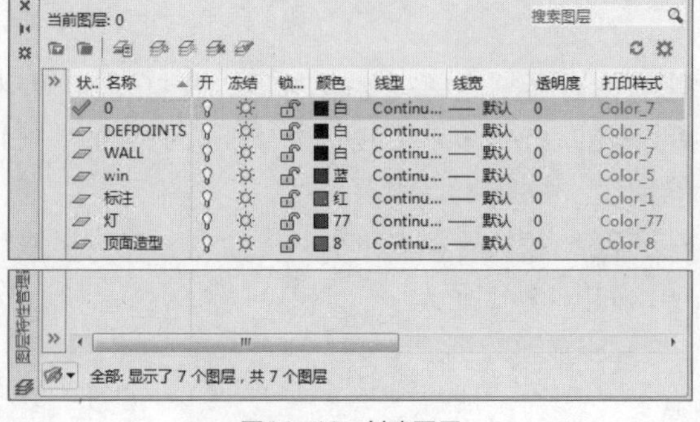

当前图层: 0

状..	名称	开	冻结	锁...	颜色	线型	线宽	透明度	打印样式
✓	0				白	Continu...	—— 默认	0	Color_7
	DEFPOINTS				白	Continu...	—— 默认	0	Color_7
	WALL				白	Continu...	—— 默认	0	Color_7
	win				蓝	Continu...	—— 默认	0	Color_5
	标注				红	Continu...	—— 默认	0	Color_1
	灯				77	Continu...	—— 默认	0	Color_77
	顶面造型				8	Continu...	—— 默认	0	Color_8

全部: 显示了 7 个图层，共 7 个图层

图11-43 创建图层

步骤02 将办公室平面布置图进行复制，并删除多余的家具图块，执行“直线”命令，将所有门洞进行封闭，如图11-44所示。

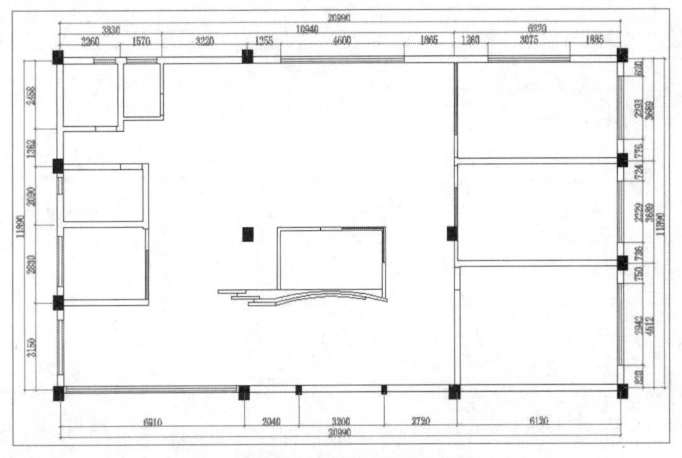

图11-44 复制并删除多余图形

步骤03 将“尺寸标注”图层关闭。执行“矩形”、“直线”、“偏移”命令，绘制灯带线，如图11-45所示。

步骤04 执行“特性匹配”命令，更改内部灯带线颜色，如图11-46所示。

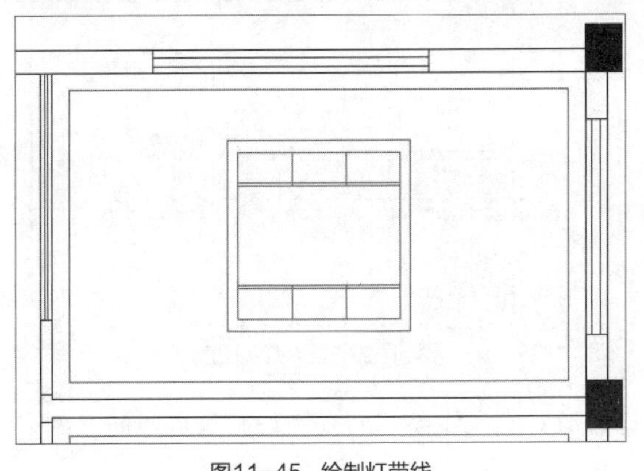

图11-45 绘制灯带线

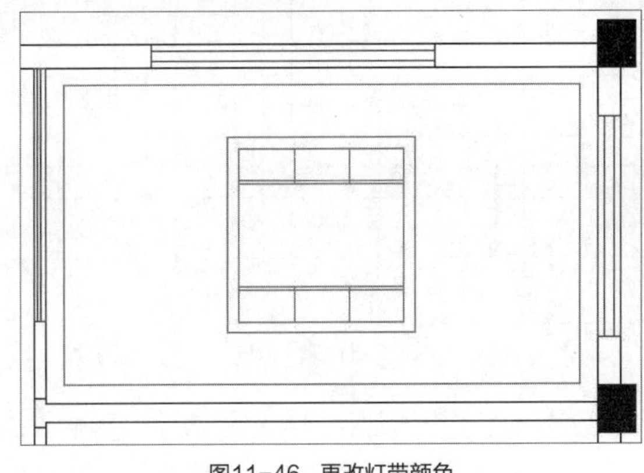

图11-46 更改灯带颜色

步骤05 执行“直线”、“圆”、“镜像”命令，绘制灯具图形，如图11-47所示。

步骤06 执行“复制”命令，将灯与灯带线进行复制，如图11-48所示。

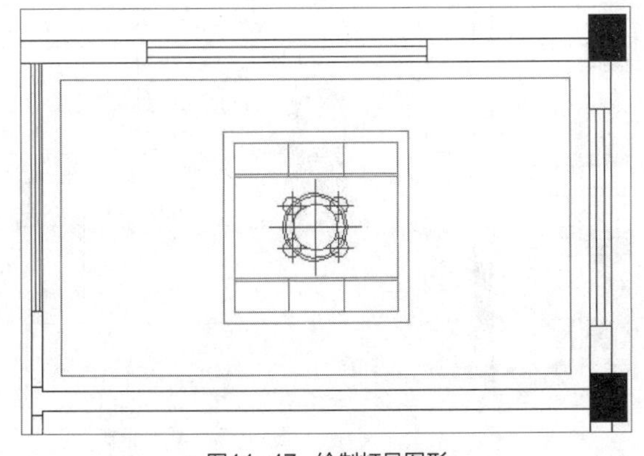

图11-47 绘制灯具图形

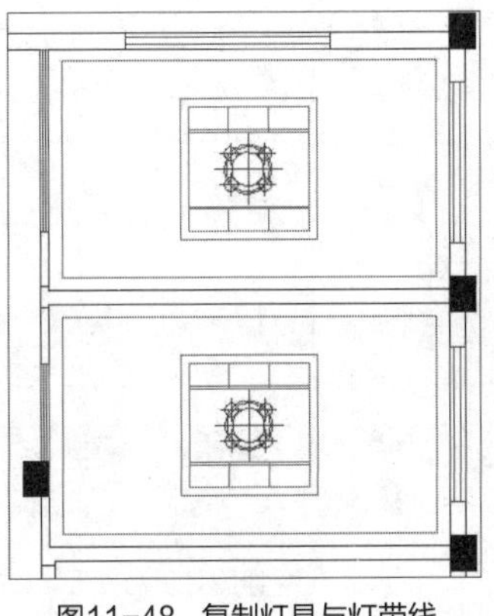

图11-48 复制灯具与灯带线

步骤07 执行“直线”、“偏移”和“阵列”命令，绘制开放式办公区的顶棚，如图11-49所示。

步骤08 执行“直线”、“偏移”和“修剪”命令，继续绘制顶棚，如图11-50所示。

图11-49 绘制直线并偏移

图11-50 绘制顶棚图形

步骤09 执行“阵列”命令，将顶棚竖直线部分进行阵列复制，如图11-51所示。

步骤10 执行“插入”命令，选择插入灯具对象，将其放置合适的位置，如图11-52所示。

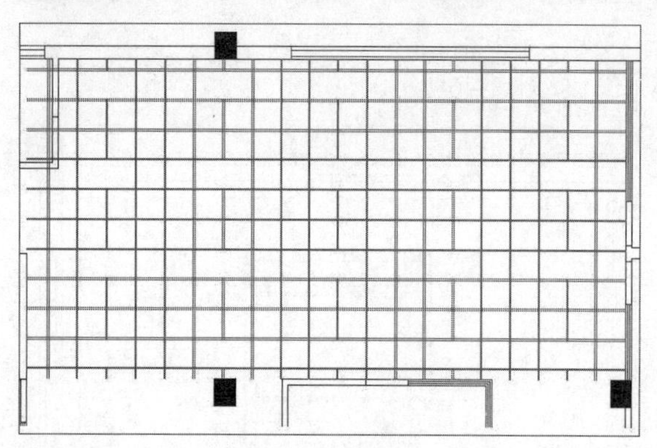

图11-51 阵列图形

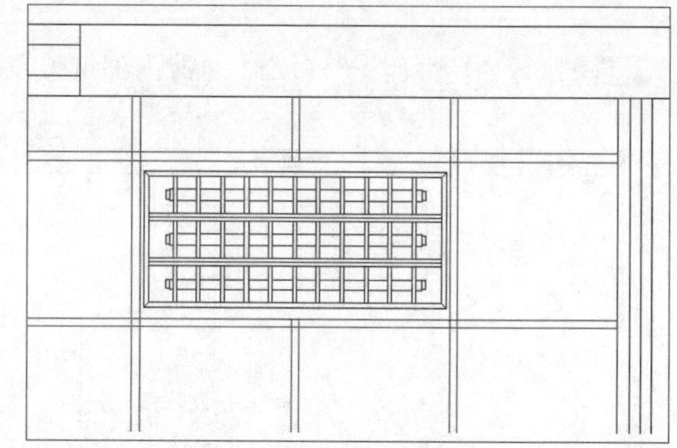

图11-52 插入灯具图形

步骤11 执行“阵列”和“修剪”命令，将插入的灯图形对象先横向阵列复制，其后再竖向复制完整，并修剪多余的直线，如图11-53所示。

步骤12 执行“直线”、“偏移”、“阵列”命令，绘制洗手台区域的顶棚。执行“插入”、“复制”命令，将栅格灯放置合适位置，如图11-54所示。

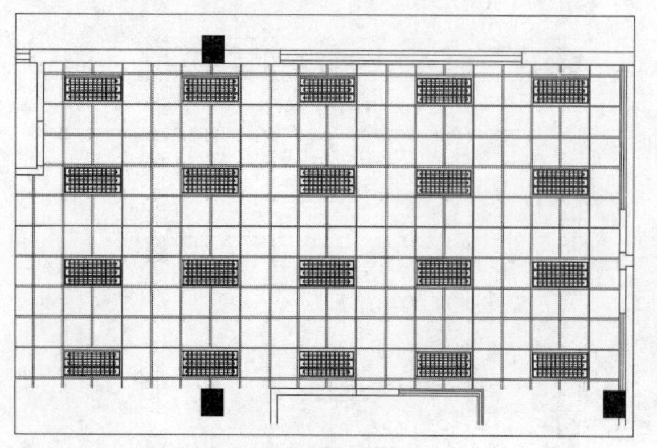

图11-53 修剪并复制图形

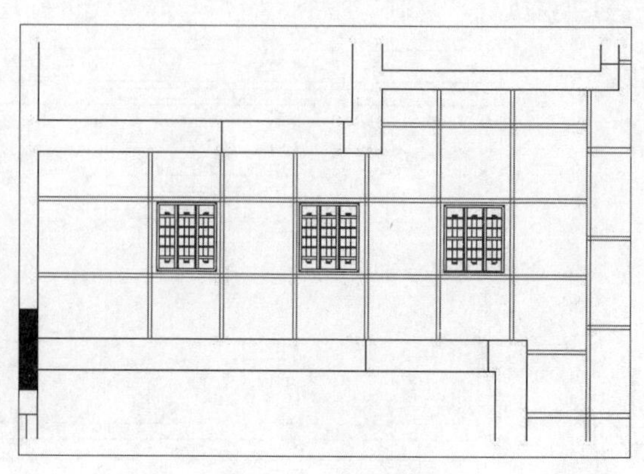

图11-54 绘制顶棚

步骤13 执行“直线”、“圆弧”、“偏移”命令，绘制接待区的顶棚部分，如图11-55所示。

步骤14 执行“图案填充”命令，对部分顶棚进行图案填充，设置好比例因子和角度值，如图11-56所示。

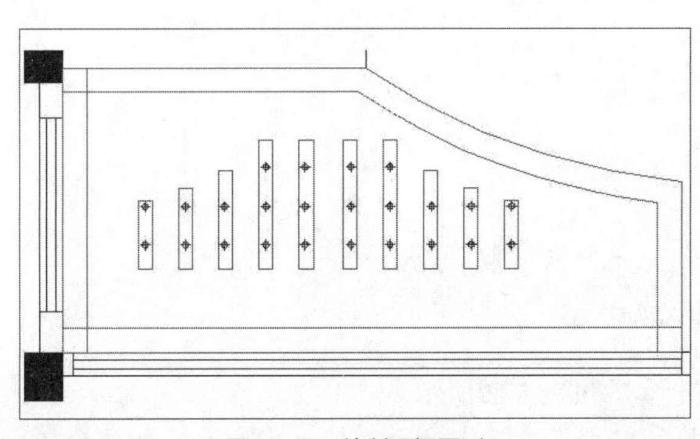

图11-55 绘制顶棚图形

图11-56 填充图案

步骤15 执行“圆”、“矩形”、“阵列”等命令，绘制大厅位置的装饰灯，如图11-57所示。

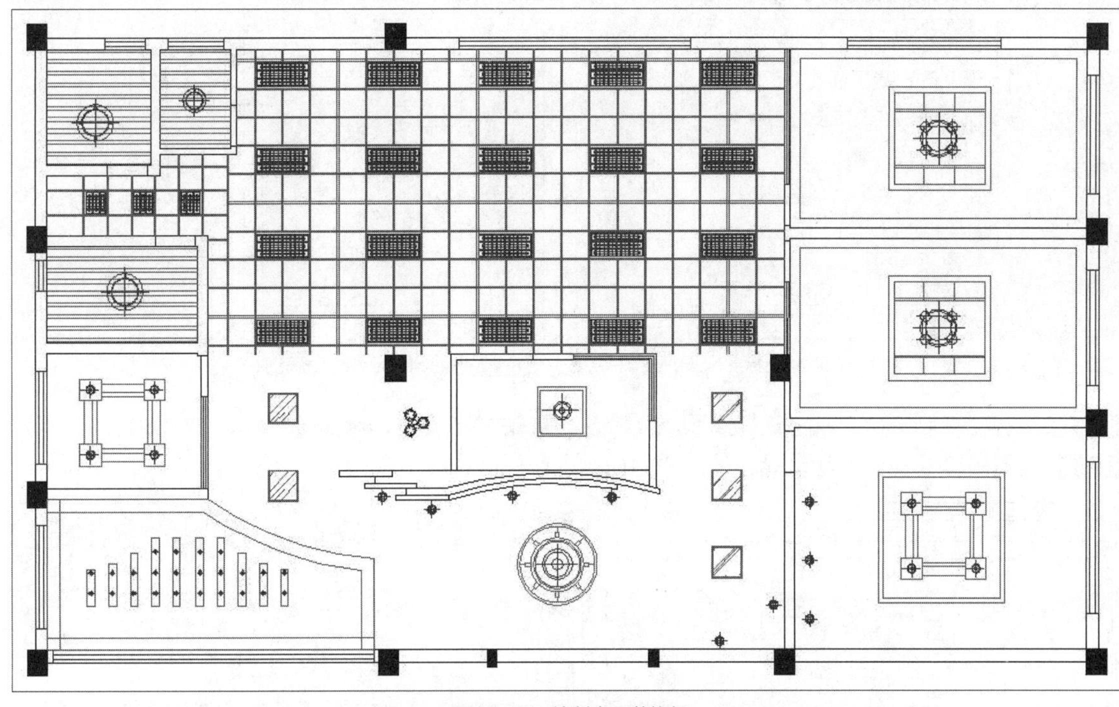

图11-57 绘制大厅装饰灯

步骤16 执行“图案填充”命令，对其余部分的顶棚进行图案填充，如图11-58所示。

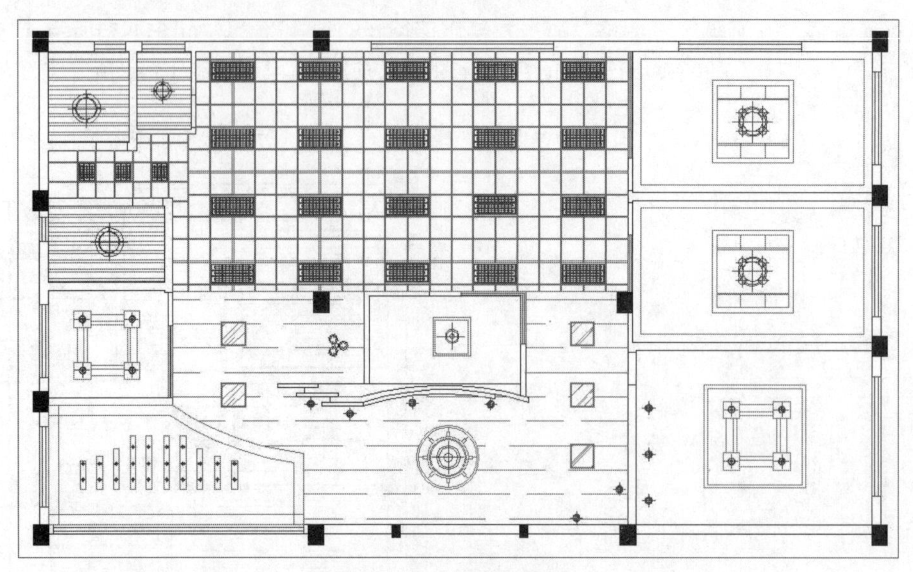

图11-58　填充吊顶区域

步骤17 执行“直线”和“极轴”命令，绘制标高图形，如图11-59所示。

步骤18 执行“图案填充”命令，将图形填充，并执行“多行文字”命令，输入标高值，如图11-60所示。

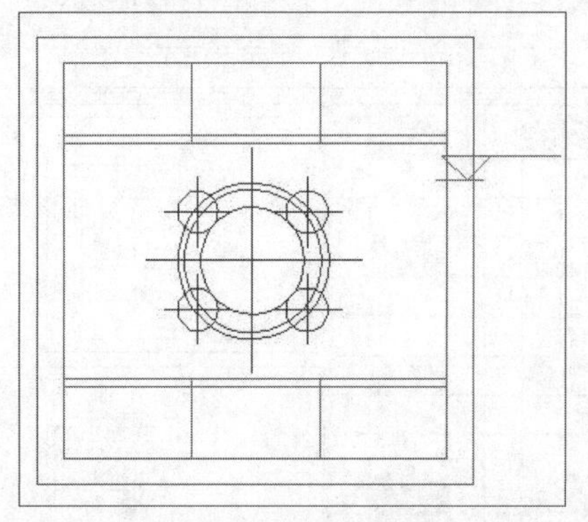

图11-59　绘制标高

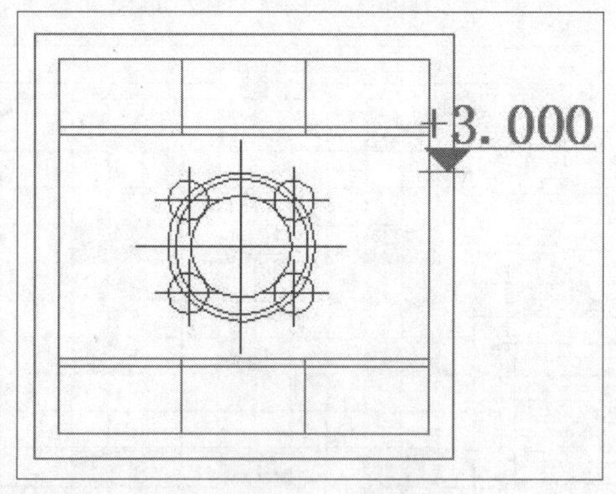

图11-60　输入标高值

步骤19 执行“复制”命令，将该标高图块复制，并双击标高数值，对其进行修改，如图11-61所示。

步骤20 按照同样的操作方法，对其他部分的顶棚进行标高标注，如图11-62所示。

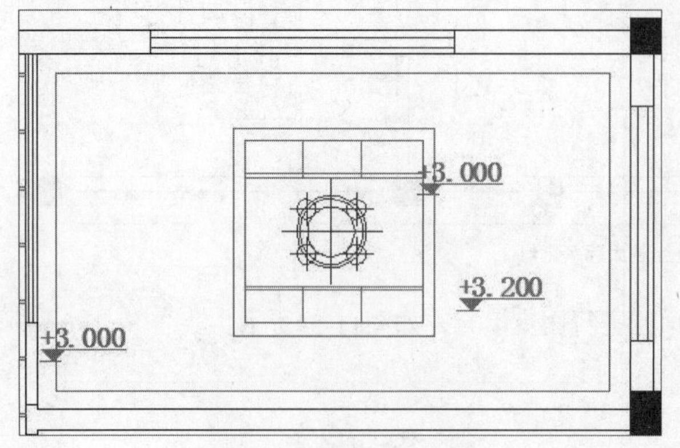

图11-61　复制并修改标高值

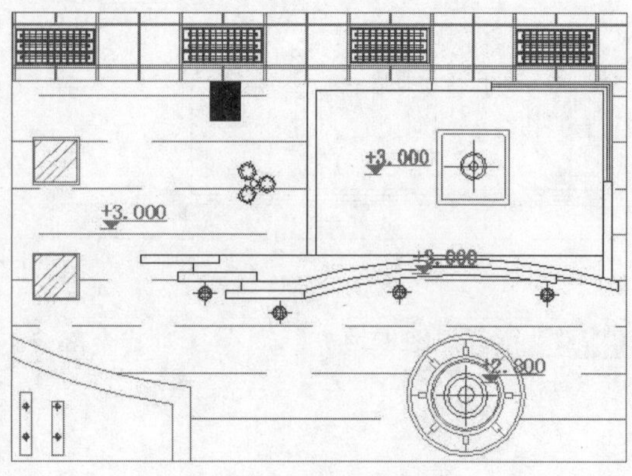

图11-62　标高其他位置

步骤21 执行“注释>多重引线”命令，在图纸中指定标注的位置，并指定引线方向，如图11-63所示。

步骤22 在光标位置，输入名称，并单击空白处，即可完成引线注释操作，如图11-64所示。

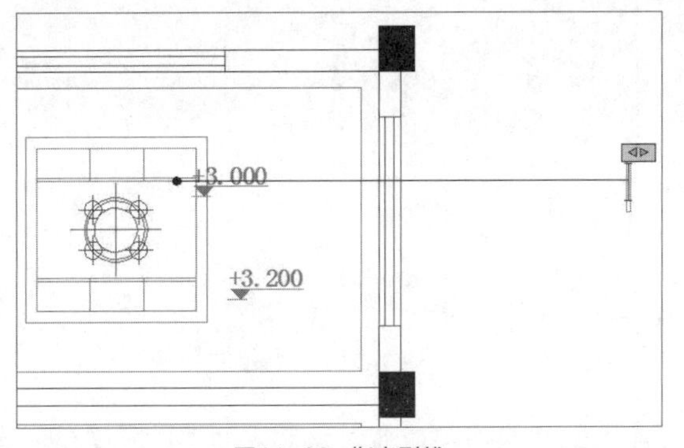

图11-63 指定引线

+3.000
暗藏灯带
+3.200
+3.200

图11-64 创建引线

步骤23 继续执行“多重引线”命令，按照上面的方法，对其余顶棚的装饰材料以及灯进行文字注明。至此，办公室顶棚图已全部绘制完毕，如图11-65所示。

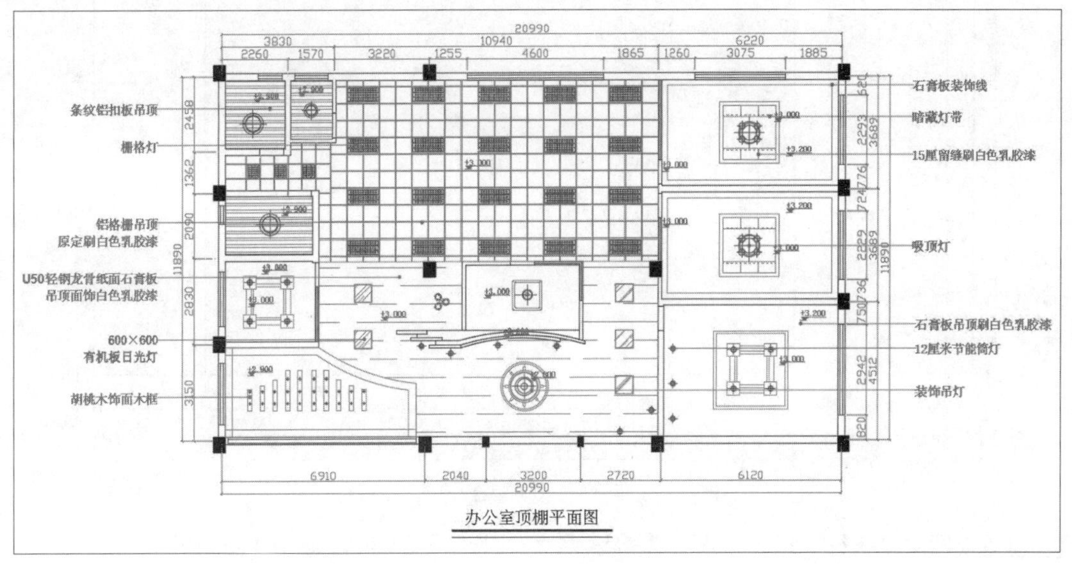

图11-65 完成顶棚图的绘制

11.2 绘制办公室空间立面图

办公空间中的墙面装饰都较为简洁，这里选择稍具特点的前台背景墙立面图以及过道立面图进行绘制。

11.2.1 绘制前台背景墙立面图

形象墙一般位于公司前台位置，也称为公司LOGO墙、广告牌等，用于表达企业形象，传达企业文化，提高企业的知名度，下面介绍具体的绘制步骤。

步骤01 单击“图层特性”按钮，打开“图层特性管理器”面板，新建图层并设置参数，如图11-66所示。

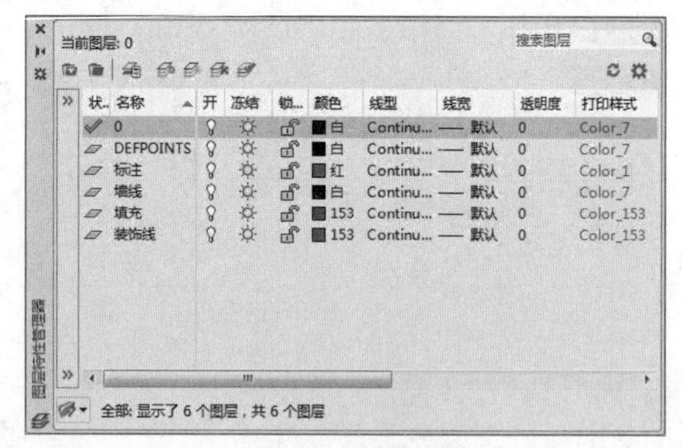

图11-66 创建图层

步骤02 根据平面图中前台背景墙的造型，执行“直线”、“偏移”命令，绘制立面墙的轮廓线，如图11-67所示。

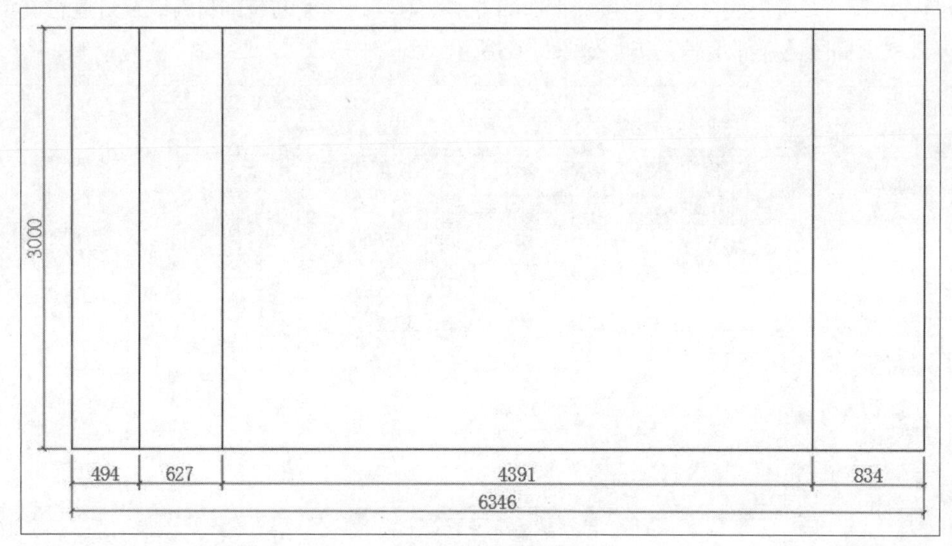

图11-67 绘制轮廓线

步骤03 更换图层，执行“定数等分”、“直线”命令，绘制内部直线，如图11-68所示。

图11-68 定数等分并绘制直线

步骤04 执行“偏移”命令，将连接的直线向左右或上下方向进行偏移，并删除原直线，如图11-69所示。

图11-69 偏移直线并删除原直线

步骤05 执行“偏移”命令，继续偏移图形，如图11-70所示。

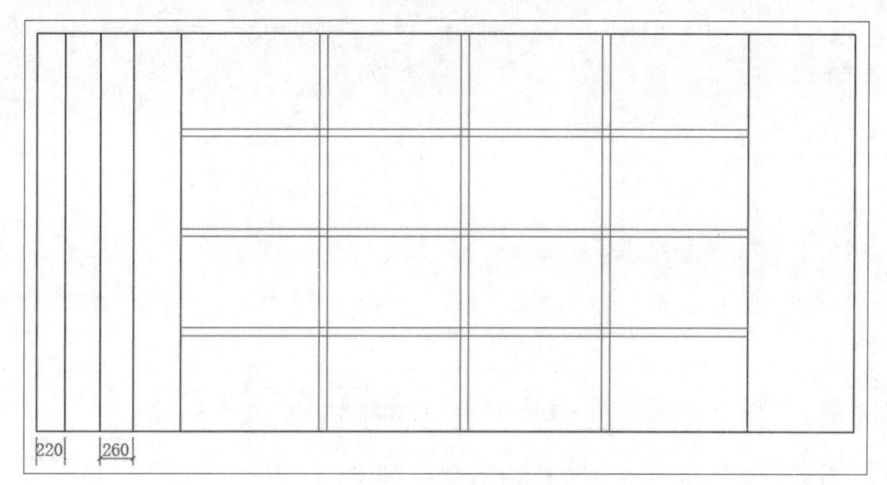

图11-70 偏移图形

步骤06 执行“图案填充”命令，分别选择不同的填充图案，为墙面进行填充，如图11-71所示。

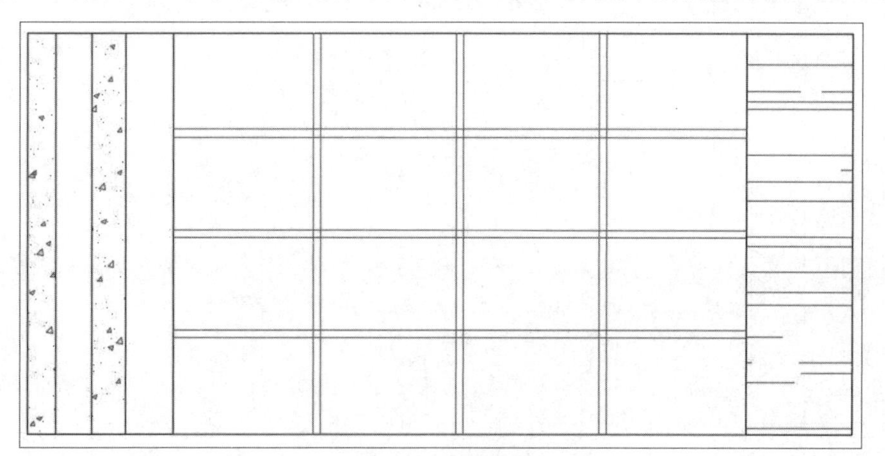

图11-71 图案填充

步骤07 执行“注释>文字样式”命令，弹出“文字样式”对话框，进行参数设置，如图11-72所示。

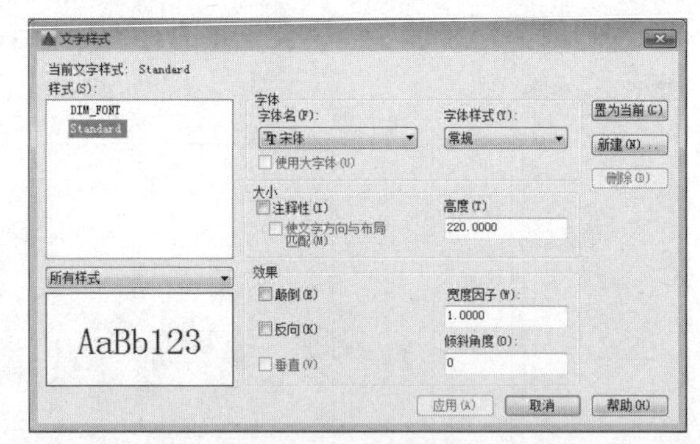

图11-72 设置文字样式

步骤08 执行“椭圆”命令，绘制长半径为1000mm，短半径为400mm，移动到合适的位置，再执行“偏移”命令，将椭圆向内依次偏移50mm、30mm，如图11-73所示。

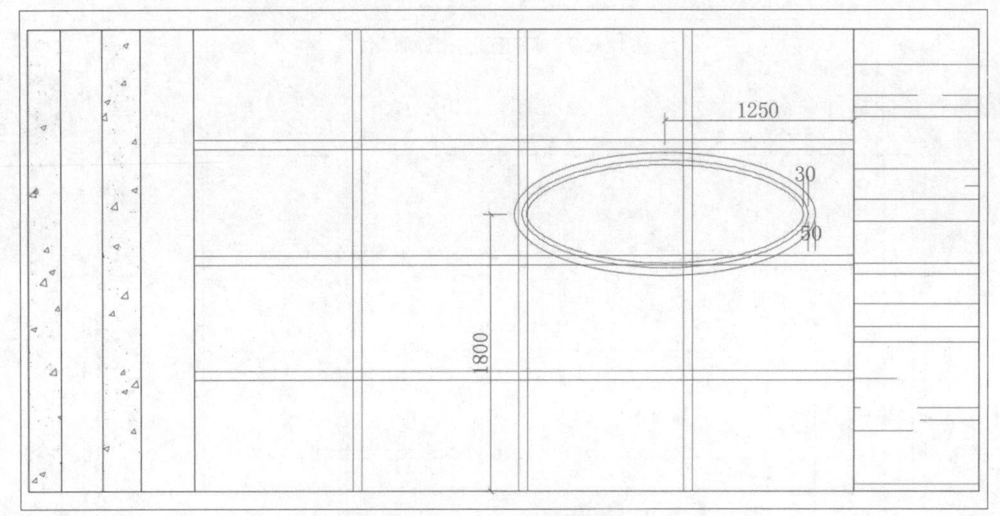

图11-73 绘制并偏移椭圆

步骤09 执行“修剪”命令，修剪被椭圆覆盖的图形，如图11-74所示。

图11-74 修剪图形

步骤10 执行“多行文字”命令，指定文字进行框选，并输入文字，如图11-75所示。

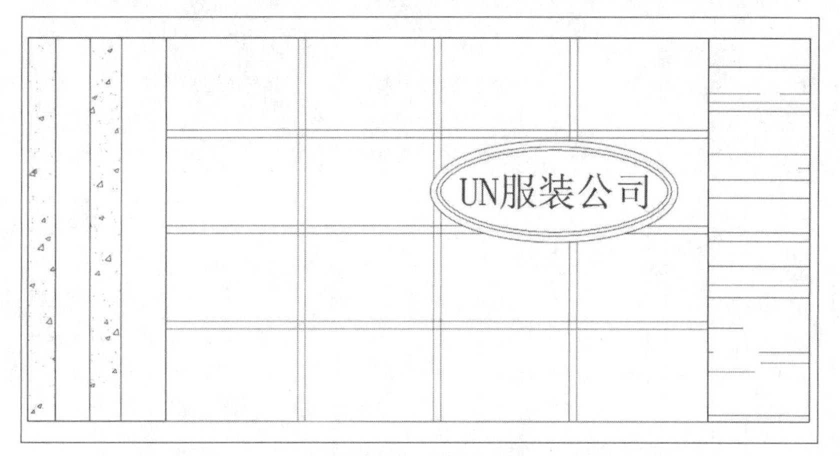

图11-75　创建文字

步骤11 执行“插入>块”命令，在“插入”对话框中单击“浏览”按钮，在“选择图形文件”对话框中选择插入对象，如图11-76所示。

步骤12 单击“确定”按钮，将插入图形放置合适位置，如图11-77所示。

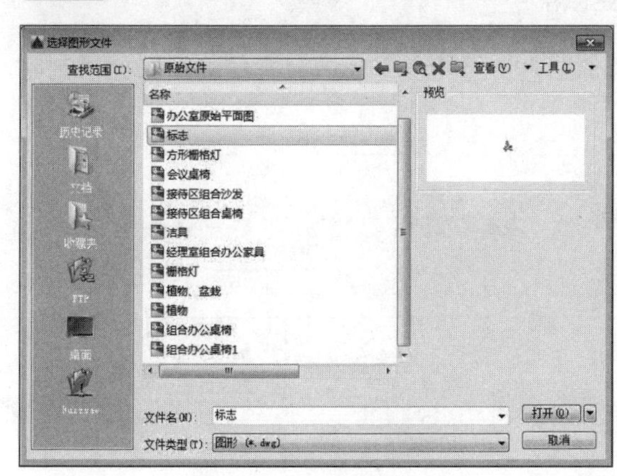

图11-76　选择图形文件

图11-77　插入图形

步骤13 执行“线性”和“连续”命令，对立面图进行尺寸标注，如图11-78所示。

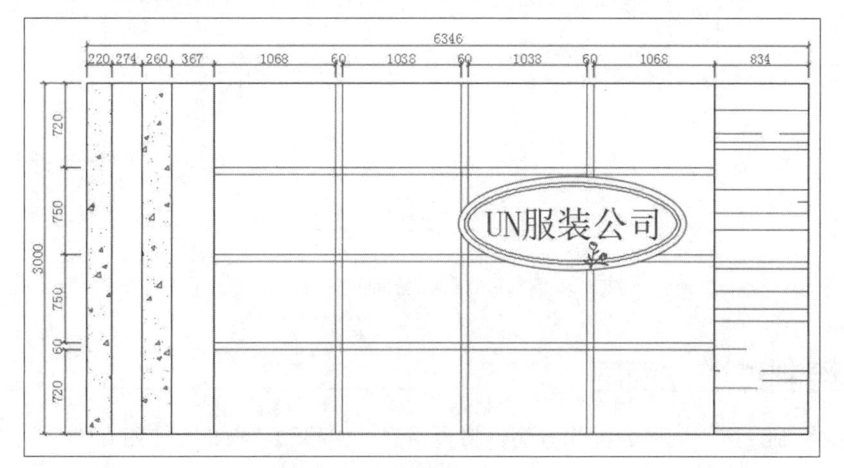

图11-78　创建尺寸标注

步骤14 执行“注释>多重引线”命令，在图纸中为立面图创建引线标注，如图11-79所示。

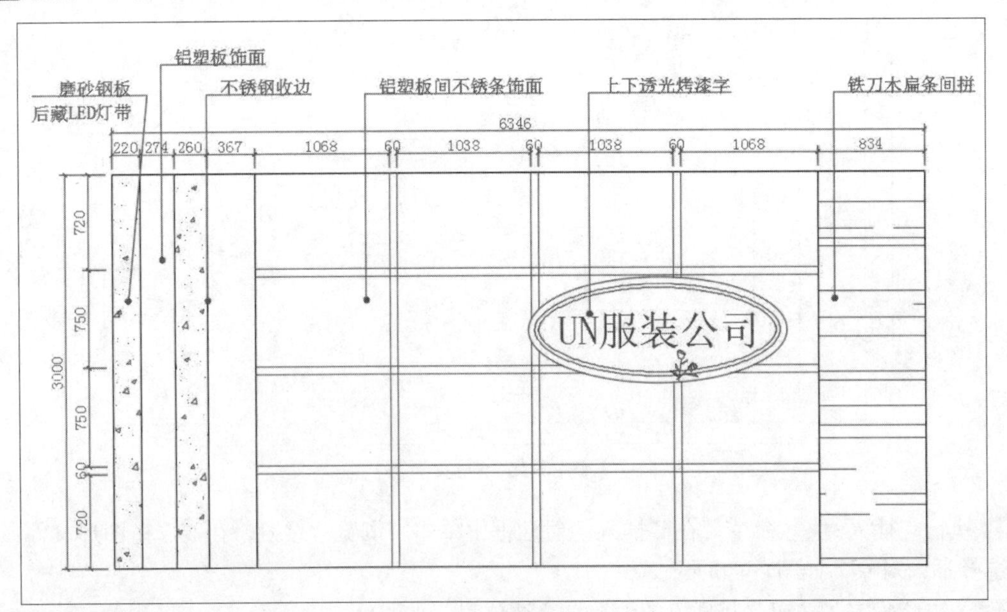

图11-79 创建引线标注

步骤15 最后执行“多行文字”、“多段线”等命令添加图名。至此，办公前台背景立面图已绘制完毕，如图11-80所示。

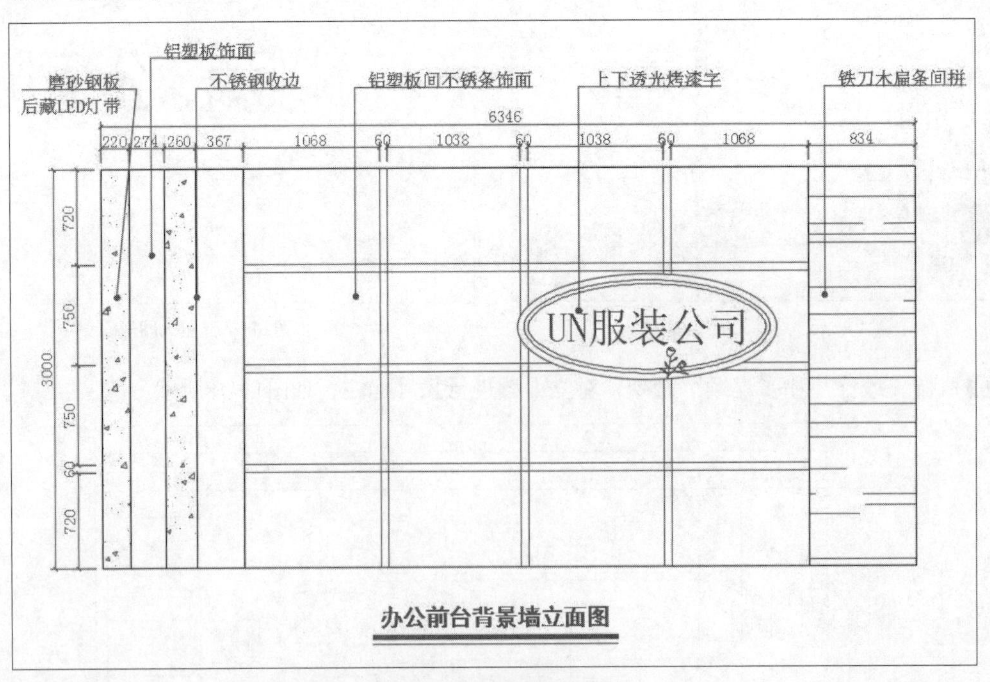

图11-80 完成立面图的绘制

11.2.2 绘制过道立面图

下面介绍绘制过道立面图的操作方法，将会用到“偏移”、“修改”、“图案填充”、“标注”以及“多重引线”等命令，操作步骤介绍如下。

步骤01 对平面图中相应的墙体进行复制旋转操作，然后执行“直线”、“偏移”、“修剪”命令，进行立面墙的轮廓绘制，如图11-81所示。

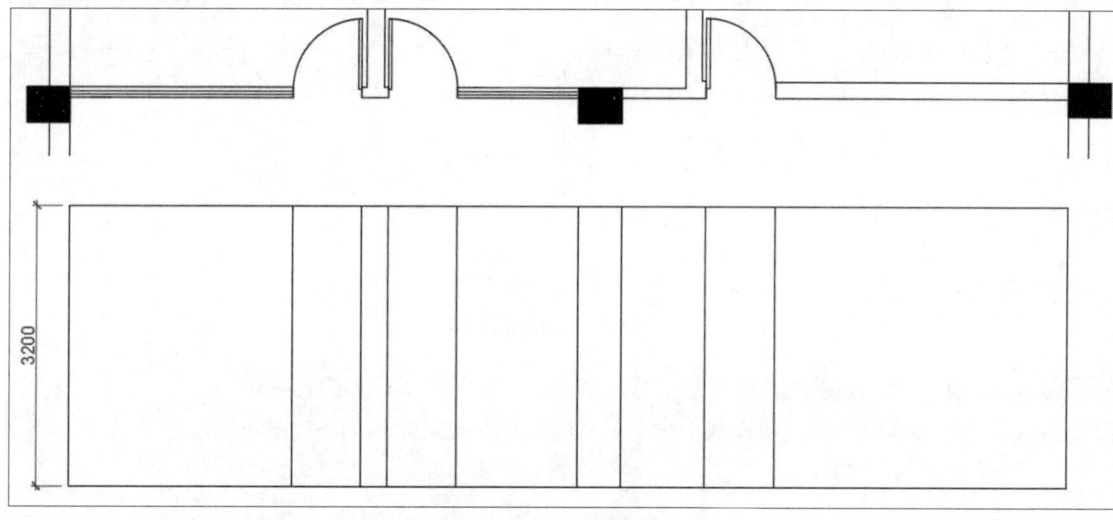

图11-81 绘制墙轮廓

步骤02 执行“偏移”命令，将上方边线向下依次进行偏移操作，如图11-82所示。

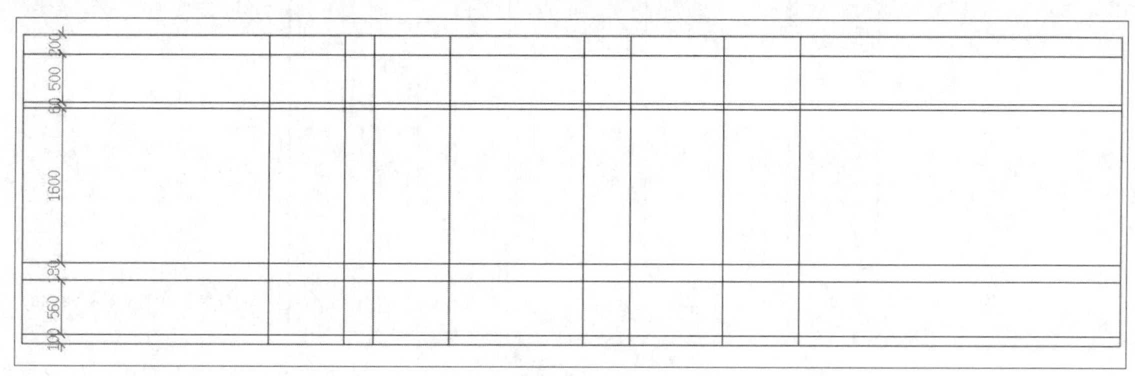

图11-82 偏移图形

步骤03 执行“偏移”命令，继续对线条进行偏移操作，如图11-83所示。

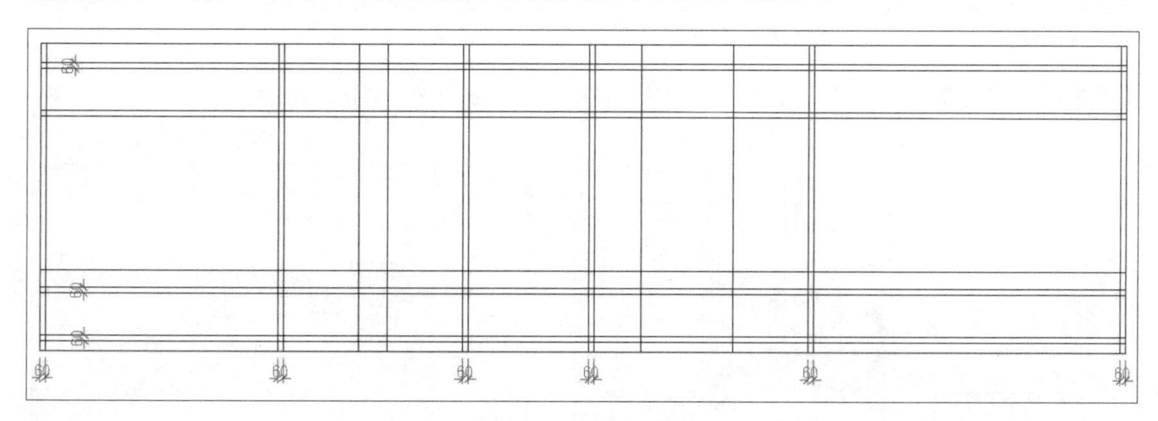

图11-83 偏移图形

步骤04 执行“偏移”、“修剪”命令，进行细部轮廓线的绘制，如图11-84所示。

图11-84 偏移并修剪图形

步骤05 执行“矩形”、“偏移”、“拉伸”、“圆”命令，绘制门图形，如图11-85所示。

步骤06 执行“图案填充”和“多段线”命令，对门进行图案填充，如图11-86所示。

图11-85 绘制门图形　　图11-86 填充图案

步骤07 执行“复制”、“镜像”命令，复制门图形并进行镜像操作，如图11-87所示。

图11-87 复制并镜像图形

步骤08 执行“插入”命令，选择插入对象“植物”，放置合适位置，再执行“修剪”命令，修剪图形，如图11-88所示。

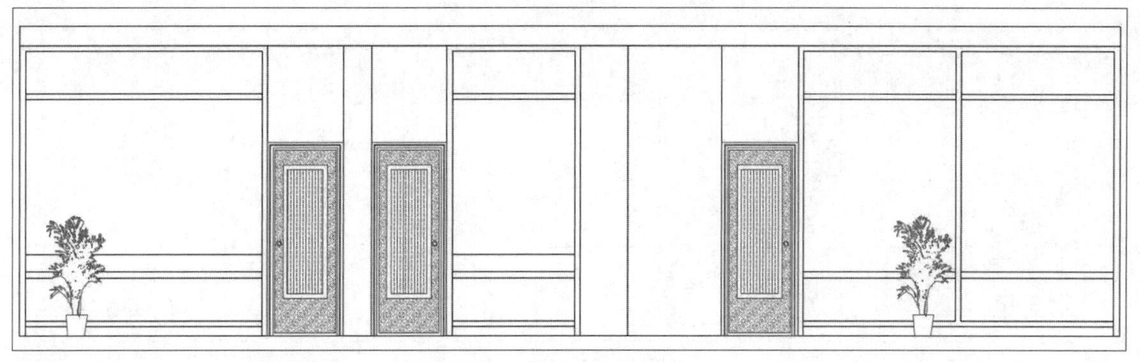

图11-88 插入并修剪图形

步骤09 执行“图案填充”命令，对墙面部分进行填充装饰，如图11-89所示。

图11-89 填充图案

步骤10 执行“矩形”、“复制”、“修剪”命令，在柱子位置绘制600×50mm的矩形并进行复制，再对图形进行修剪，绘制出柱头造型，如图11-90所示。

图11-90 绘制柱头造型

步骤11 执行“标注”、“连续”命令，对立面图进行尺寸标注，如图11-91所示。

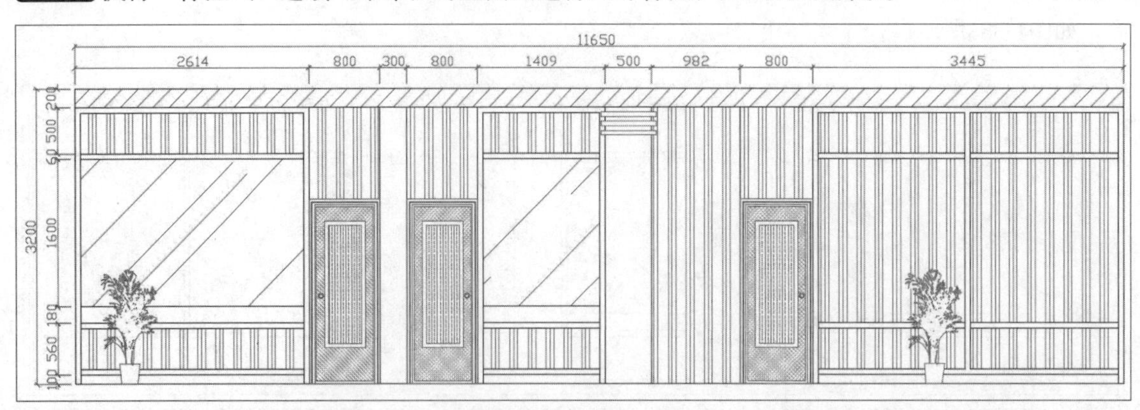

图11-91 尺寸标注

步骤12 最后执行“多重引线”标注命令，对立面图进行引线标注，完成立面图的绘制，如图11-92所示。

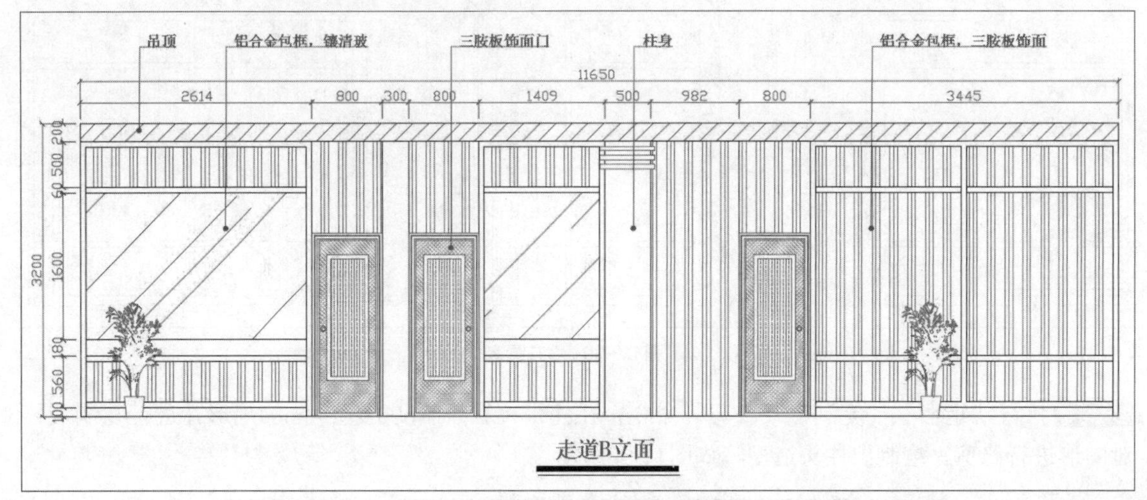

图11-92 完成立面图的绘制

专卖店空间设计施工图的绘制

课题概述

专卖店空间设计是对品牌进行的二次包装和经营，这种包装更多地体现对产品以外元素的把握上。在专卖店的商业因素分析中，空间设计环节不容忽视，设计得当与否和商家的现实利益息息相关。

教学目标

本章将以饰品专卖店为例，介绍专卖店空间设计施工图的绘制过程，为用户介绍饰品店的平面图、立面图以及相关剖面图的绘制步骤。

章节重点

★★★★　专卖店平面布置图的绘制

★★★　专卖店顶棚布置图的绘制

★★★　专卖店立面图的绘制

光盘路径

操作案例：实例文件\第12章

12.1 绘制专卖店平面图

专卖店的类型繁多，例如家用电器专卖店、时装专卖店、眼镜店等。下面将以小型饰品专卖店为例，为用户介绍饰品店平面布置图、顶棚布置图的绘制步骤。

12.1.1 绘制专卖店平面布置图

绘制饰品店平面布置图，需先绘制墙体轮廓线并添加墙柱，然后逐一绘制货柜、货架等部分，具体操作步骤介绍如下。

步骤01 打开AutoCAD 2016软件，设置绘图环境，单击“图形特性”按钮，打开“图层特性管理器”面板，新建图层，如图12-1所示。

步骤02 执行“直线”、“矩形”、“修剪”命令，绘制墙体、墙柱轮廓线，如图12-2所示。

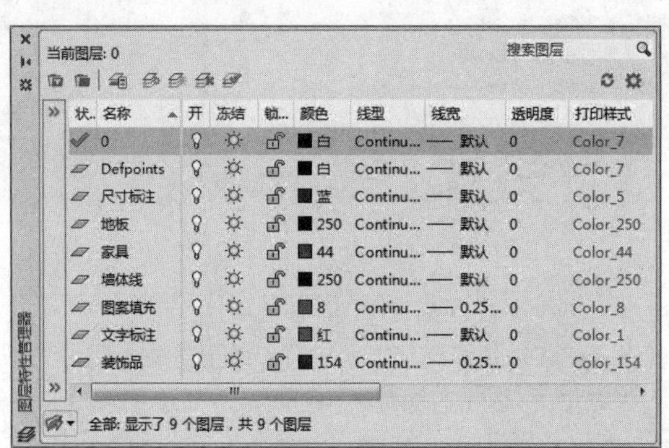
当前图层: 0　　搜索图层

状..	名称	开	冻结	锁...	颜色	线型	线宽	透明度	打印样式
✔	0				白	Continu...	—— 默认	0	Color_7
	Defpoints				白	Continu...	—— 默认	0	Color_7
	尺寸标注				蓝	Continu...	—— 默认	0	Color_5
	地板				250	Continu...	—— 默认	0	Color_250
	家具				44	Continu...	—— 默认	0	Color_44
	墙体线				250	Continu...	—— 默认	0	Color_250
	图案填充				8	Continu...	—— 0.25...	0	Color_8
	文字标注				红	Continu...	—— 默认	0	Color_1
	装饰品				154	Continu...	—— 0.25...	0	Color_154

全部: 显示了 9 个图层，共 9 个图层

图12-1　设置图层

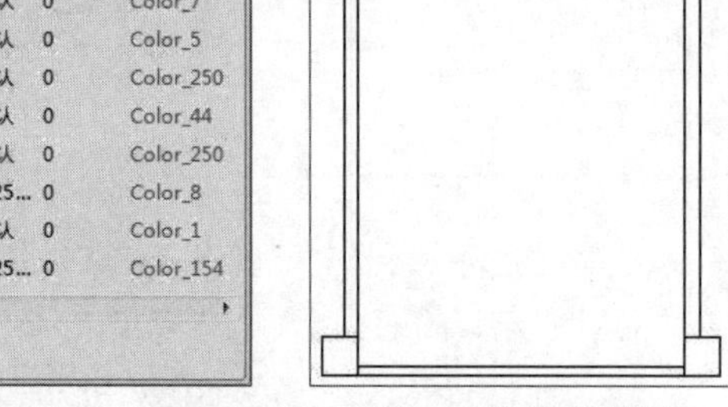

图12-2　绘制建筑轮廓

步骤03 执行“图案填充”命令，选择实体图案，对矩形墙柱填充图案，如图12-3所示。

步骤04 执行“直线”“修剪”命令，绘制宽度为1800mm的门洞，如图12-4所示。

步骤05 然后按Ctrl+3组合键，从打开的工具选项板中选择创建门图形，如图12-5所示。

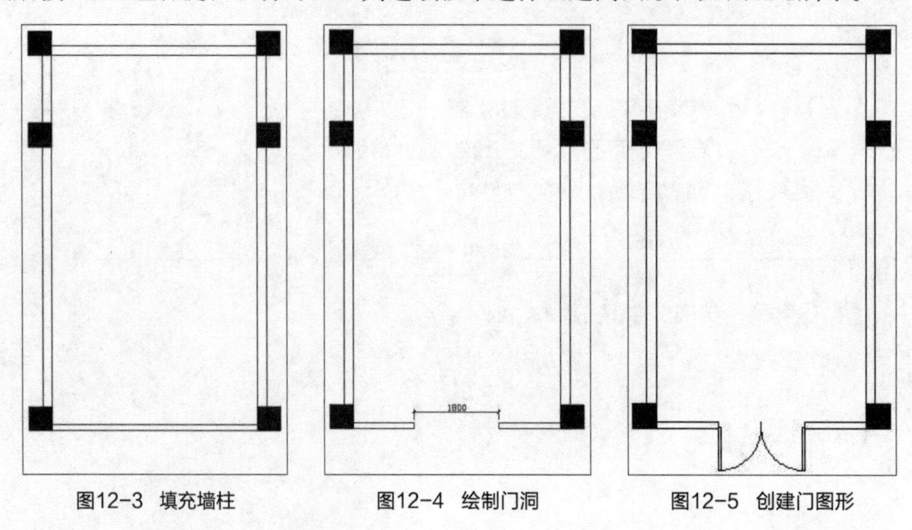

图12-3　填充墙柱　　图12-4　绘制门洞　　图12-5　创建门图形

步骤06 执行“矩形”、“直线”、“偏移”命令，绘制两面墙的装饰柜等部分，如图12-6所示。

步骤07 执行“矩形”、“圆角”命令，绘制装饰柜位置的挂钩图形并进行复制，如图12-7所示。

步骤08 执行“直线”、“定数等分”、“矩形”等命令，绘制其他两面墙的橱窗、货柜，如图12-8所示。

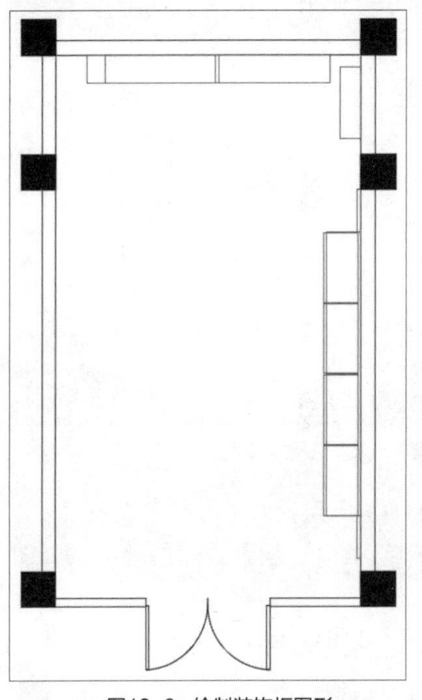

图12-6 绘制装饰柜图形

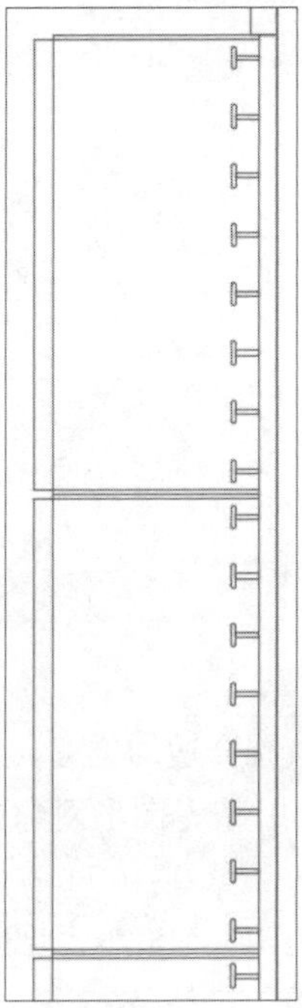

图12-7 绘制并复制挂钩图形

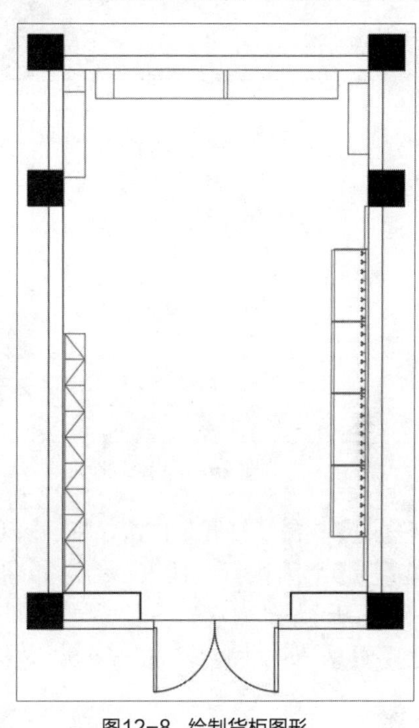

图12-8 绘制货柜图形

步骤09 执行“直线”、“矩形”、“弧线”、“偏移”命令，绘制收银台及背景图形，如图12-9所示。

步骤10 执行“直线”、“圆”、“偏移”等命令，绘制岛屿式货柜图形，如图12-10所示。

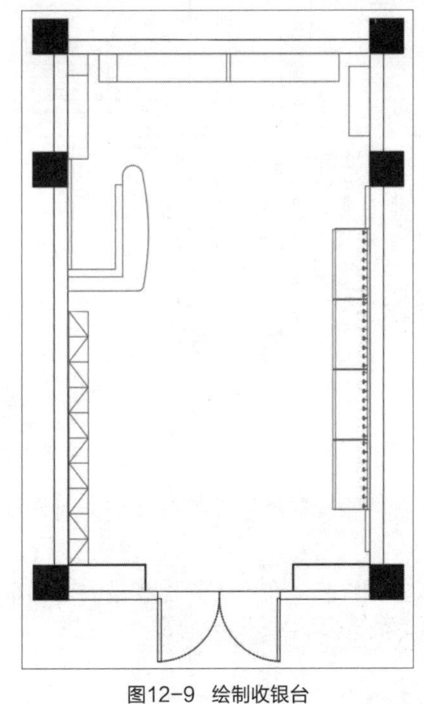

图12-9 绘制收银台

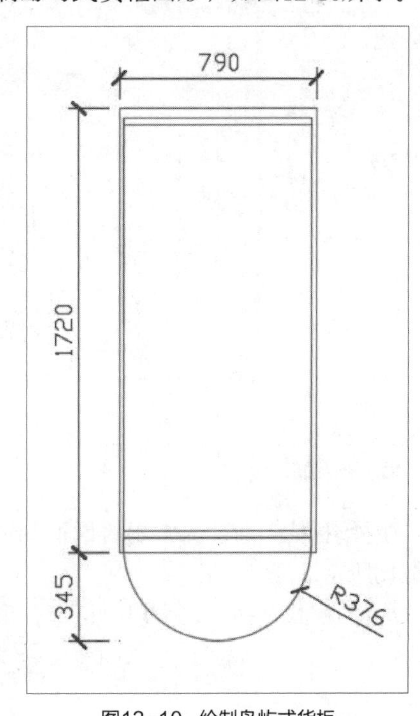

图12-10 绘制岛屿式货柜

步骤11 执行“直线”、“多段线”、“圆角”命令，绘制隔断，如图12-11所示。

步骤12 执行“插入>块”命令，在“选择图形文件”对话框中选择对象，如图12-12所示。

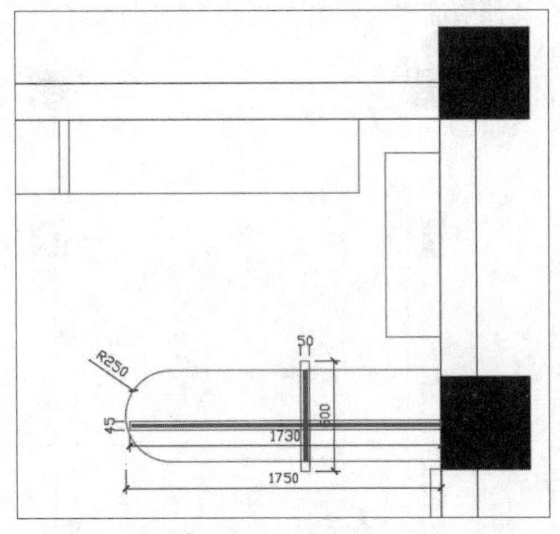

图12-11　绘制隔断

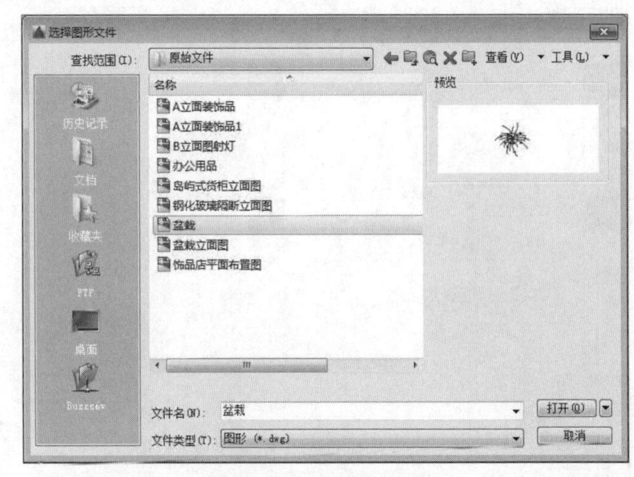

图12-12　选择盆栽图形

步骤13 单击“打开”按钮，将插入对象放置合适的位置，如图12-13所示。

步骤14 继续执行“插入”命令，将办公用品等图形对象插入到绘图中，放置合适的地方，如图12-14所示。

步骤15 执行“图案填充”命令，选择图案DOLMIT填充地面区域，如图12-15所示。

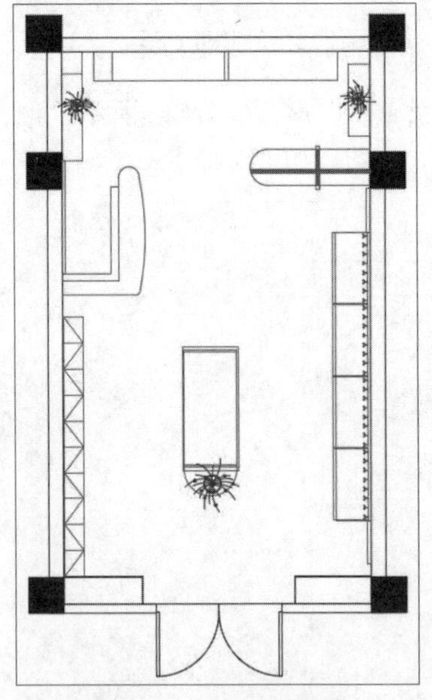

图12-13　插入植物图形

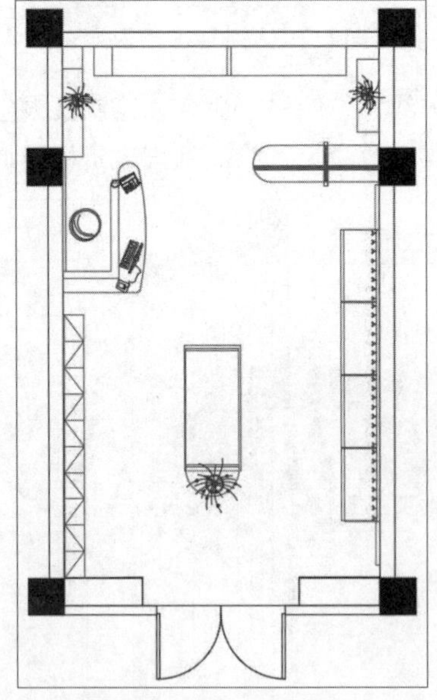

图12-14　插入其他图形

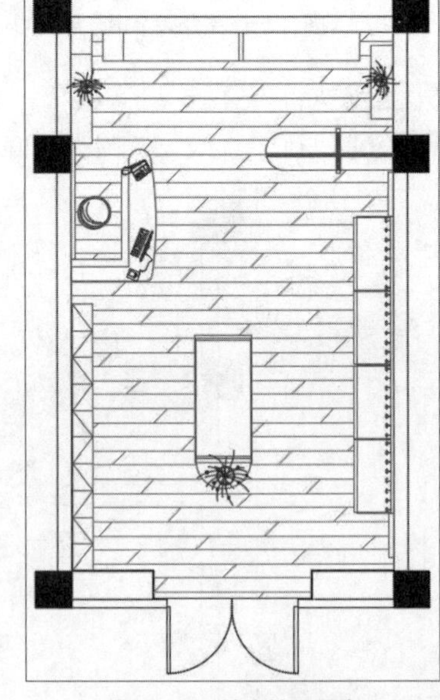

图12-15　填充地面图案

步骤16 执行“注释>标注”命令，弹出对话框，单击“修改”按钮，打开相应的对话框，进行参数设置，如图12-16所示。

步骤17 执行“注释>引线”命令，弹出对话框，单击“修改”命令，弹出相应的对话框，进行参数设置，单击“确定”按钮，如图12-17所示。

图12-16　设置尺寸标注样式

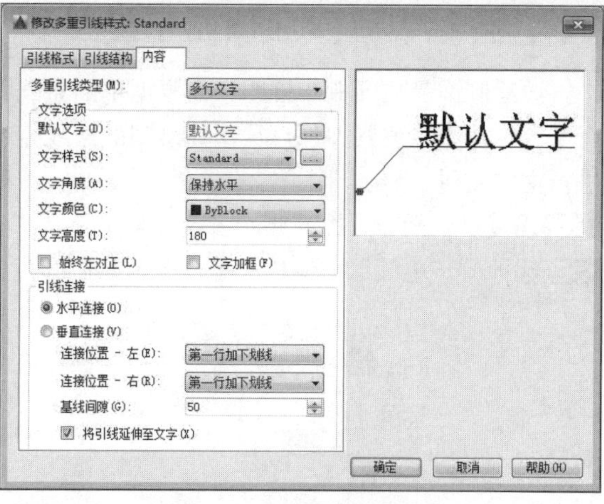

图12-17　设置多重引线样式

步骤18 执行“线性”、“连续”命令，对平面图进行尺寸标注，如图12-18所示。

步骤19 执行“多重引线”命令，为立面图添加引线标注，如图12-19所示。

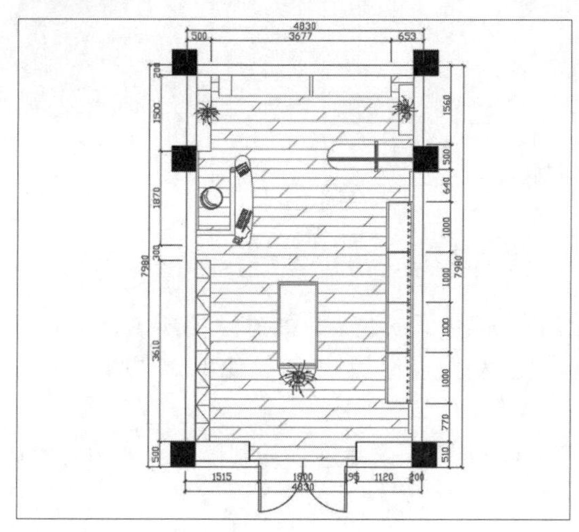

图12-18　创建尺寸标注

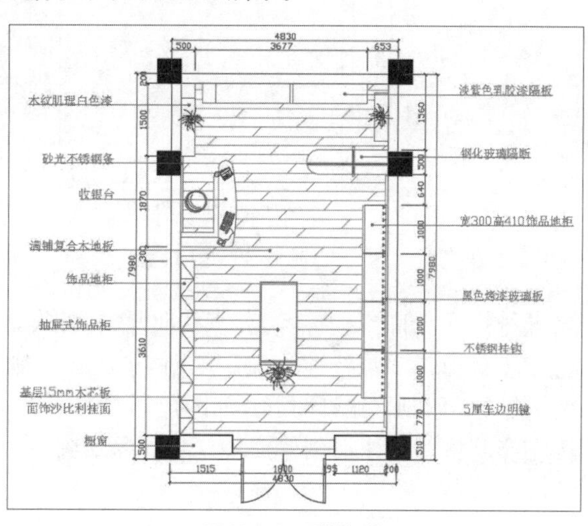

图12-19　引线标注

步骤20 执行“多行文字”、“多段线”命令，为平面图添加图名，再添加内视方向符号，完成平面布置图的绘制，如图12-20所示。

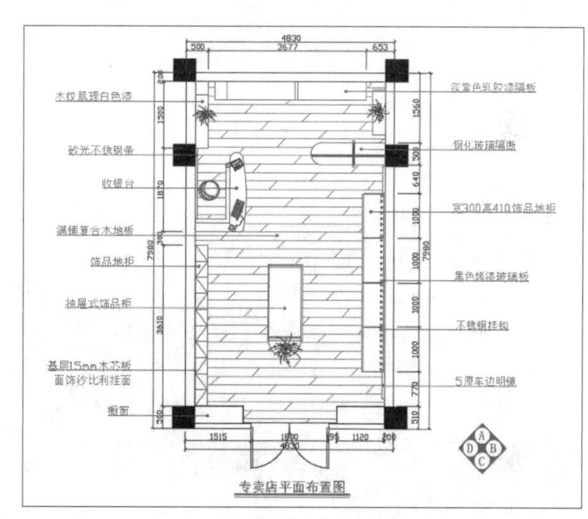

图12-20　完成平面图的绘制

12.1.2 绘制专卖店顶棚布置图

要绘制饰品店顶棚布置图，需根据平面布置图的墙体轮廓线，使用“圆”、“直线”、“矩形”等命令，在合适的位置添加灯具，并绘制吊顶线等内容。使用“引线”、“多行文字”等命令对顶棚图进行文字注明。

步骤01 复制平面布置图并删除多余图形，执行“直线”命令，封闭门洞，如图12-21所示。

步骤02 执行“直线”、“偏移”等命令，绘制间距为600mm的格子，如图12-22所示。

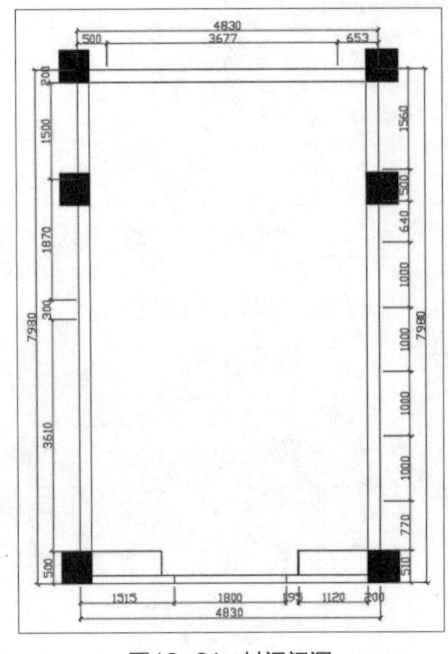

图12-21 封闭门洞

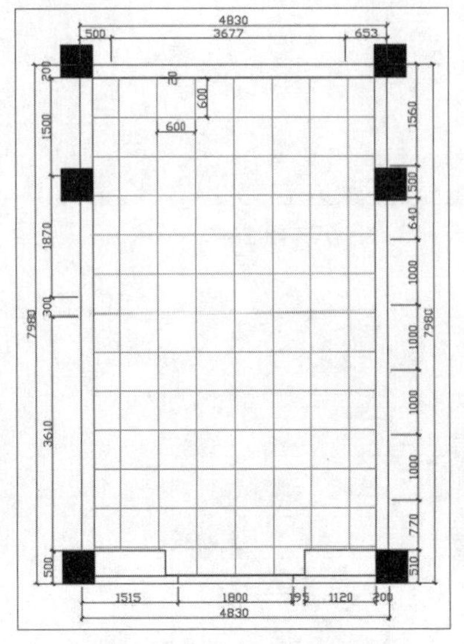

图12-22 绘制并偏移直线

步骤03 执行“偏移”命令，将直线向两侧偏移10mm，再删除中间的线条，如图12-23所示。

步骤04 打开“图层特性管理器”面板，创建“灯具”图层。执行“矩形”、“偏移”、“圆”、“直线”命令，绘制格栅灯图形，如图12-24所示。

步骤05 将格栅灯图形创建成块，将其移动到一个格子的正中位置，并进行复制操作，如图12-25所示。

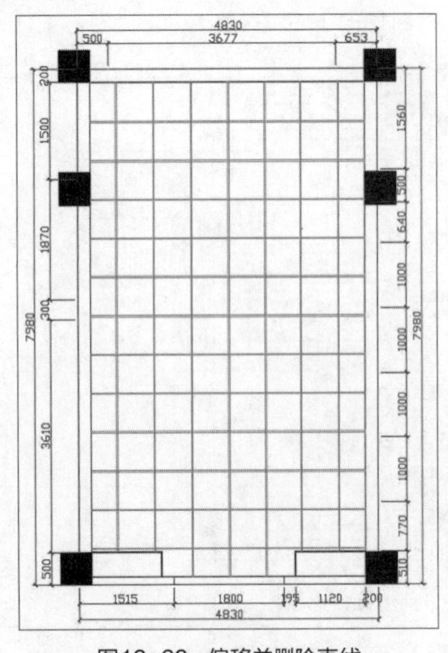

图12-23 偏移并删除直线

图12-24 绘制格栅灯

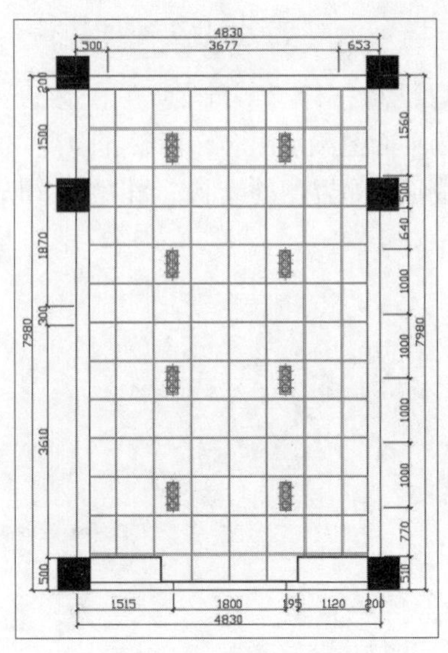

图12-25 复制灯具图形

步骤06 执行“插入>块”命令，插入射灯图形，并执行复制操作，如图12-26所示。

步骤07 再插入艺术吊灯图形，将其移动到场景的正中位置，如图12-27所示。

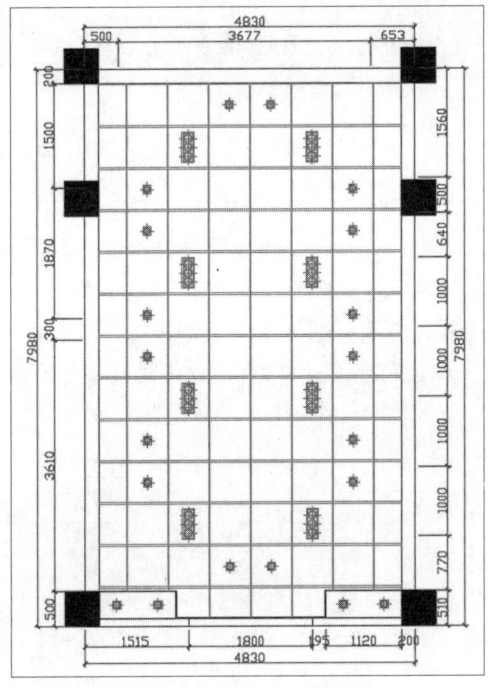

图12-26 插入并复制射灯

图12-27 插入吊灯

步骤08 执行“图案填充”命令，选择图案ANSI32，填充橱窗区域，如图12-28所示。

步骤09 最后执行“多重引线”命令，为顶棚图添加引线标注，再创建图示文字，即可完成顶棚布置图的绘制，如图12-29所示。

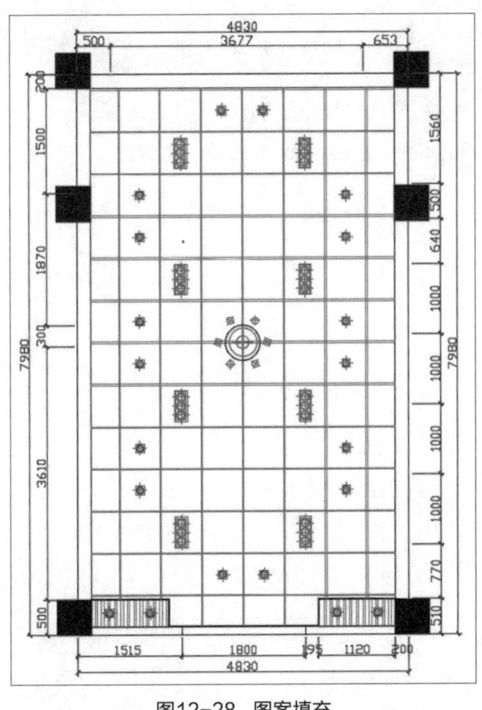

图12-28 图案填充

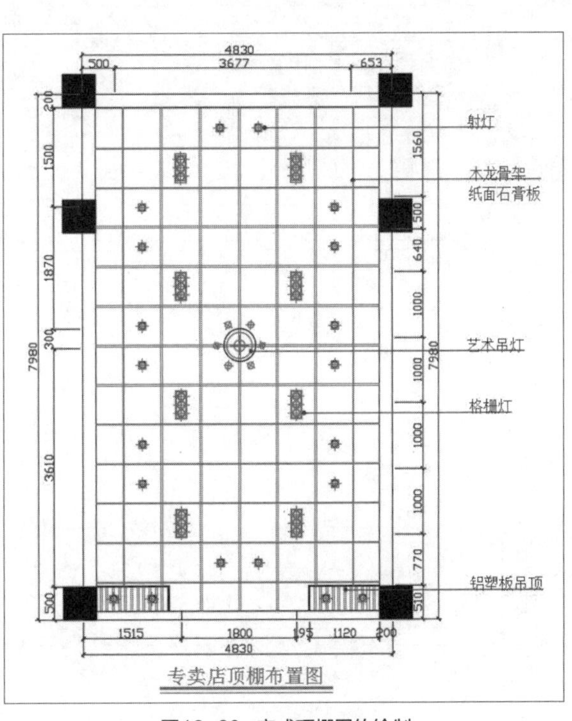

图12-29 完成顶棚图的绘制

12.2 绘制专卖店立面图

本节主要讲解饰品专卖店立面图的绘图步骤，包括墙体轮廓、造型的绘制以及墙面图案的填充等。

12.2.1 绘制专卖店A立面图

绘制饰品店A立面图，根据平面图的相关尺寸，使用“直线”、“偏移”等命令，绘制墙体轮廓线；使用“圆弧”、“矩形”、“直线”等命令，绘制货架等部分。然后插入图形对象，并放置合适的地方，执行图案填充，最后添加尺寸标注、引线标注等，下面介绍具体的绘制步骤。

步骤01 根据平面布置图的相关尺寸，执行“直线”、“偏移”命令，绘制立面墙体轮廓线，如图12-30所示。

步骤02 执行“修剪”命令，修剪图形，如图12-31所示。

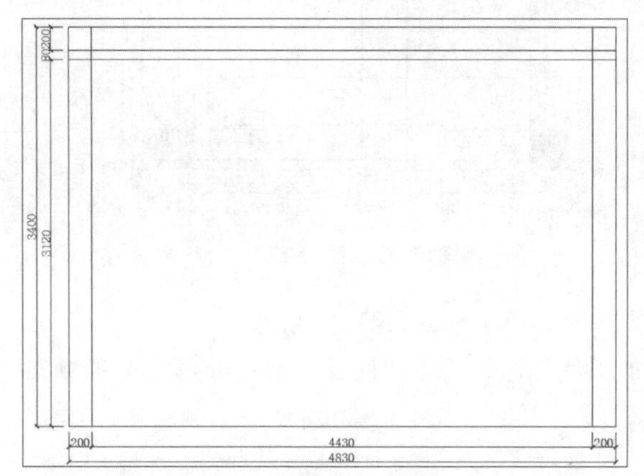

图12-30 绘制并偏移图形

图12-31 修剪图形

步骤03 执行“样条曲线”、“偏移”、“复制”命令，绘制弧形，如图12-32所示。

步骤04 执行“圆”、“复制”命令，绘制半径为10mm的圆并进行复制，如图12-33所示。

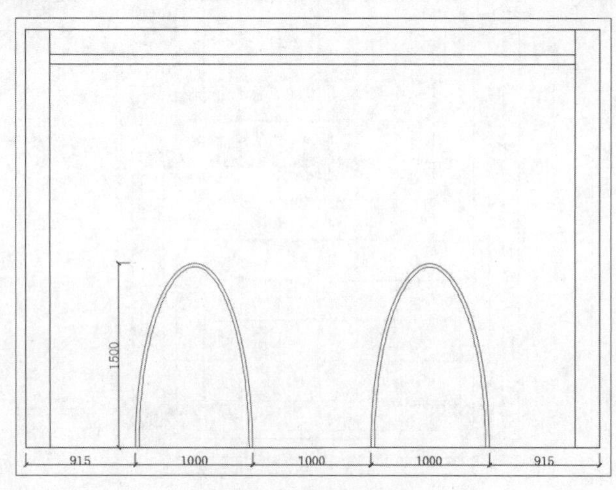

图12-32 绘制弧形造型

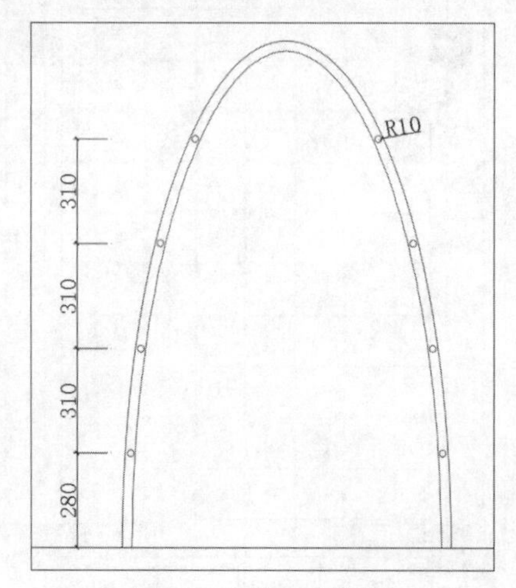

图12-33 绘制圆并复制

步骤05 执行“矩形”、“圆角”、“复制”命令，设置圆角半径为10mm，绘制货架隔板部分。再执行“圆”命令，绘制半径为10mm的圆作为隔板支架，再执行“修剪”命令，修剪图形，如图12-34所示。

步骤06 执行“矩形”、“倒角”、“偏移”、“圆”命令绘制装饰品，如图12-35所示。

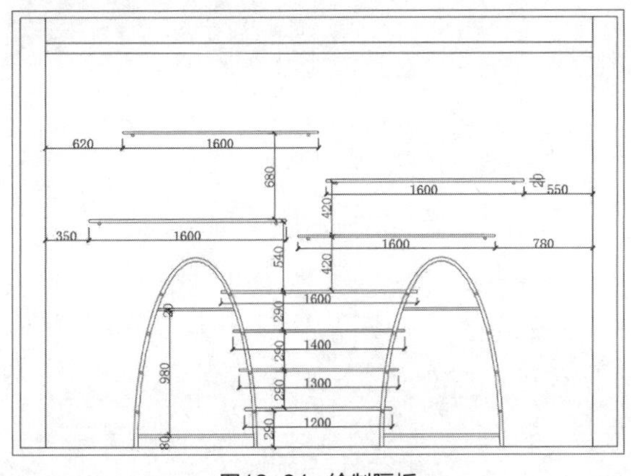

图12-34 绘制隔板

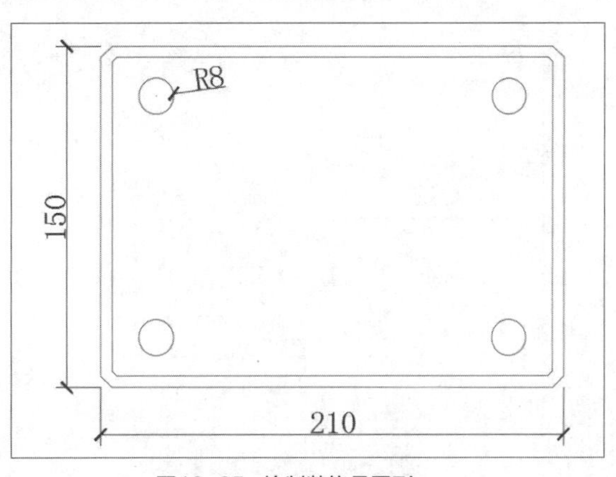

图12-35 绘制装饰品图形

步骤07 复制多个装饰品并放置到合适位置，如图12-36所示。

步骤08 执行“插入>块”命令，插入对象放置到合适位置，如图12-37所示。

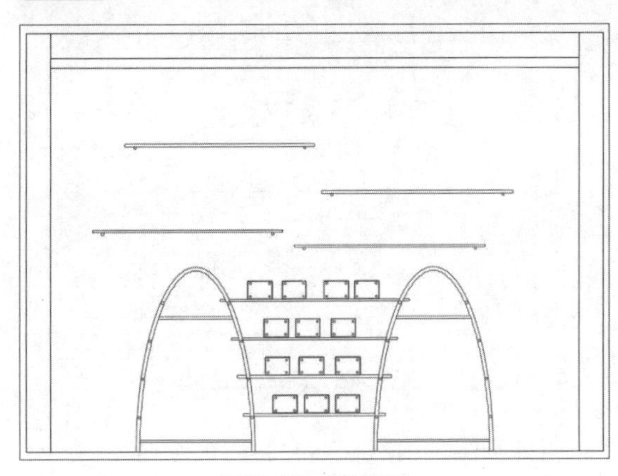

图12-36 复制图形

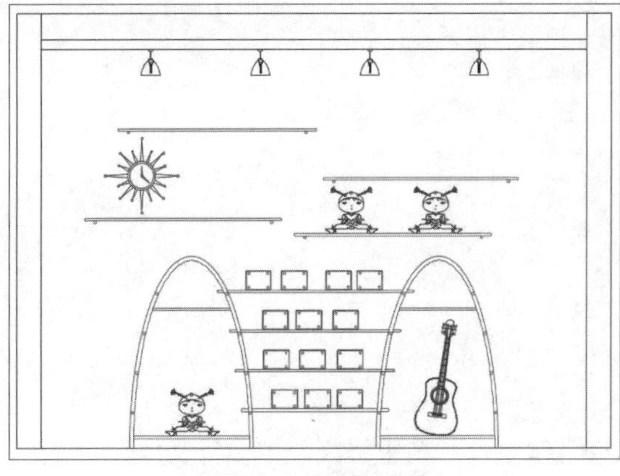

图12-37 插入图形

步骤09 执行“多行文字”命令，创建文字并设置文字高度与字体，如图12-38、12-39所示。

图12-38 创建文字

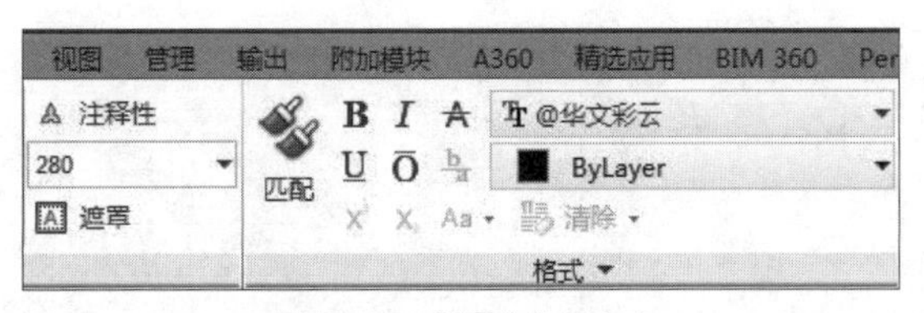

图12-39 设置字体及高度

步骤10 执行“图案填充”命令，分别选择图案ANSI31、AR-SAND、AR-CONC，对吊顶以及墙体进行填充，如图12-40所示。

步骤11 继续执行“图案填充”命令，选择图案AR-BRELM，对墙面区域进行填充，如图12-41所示。

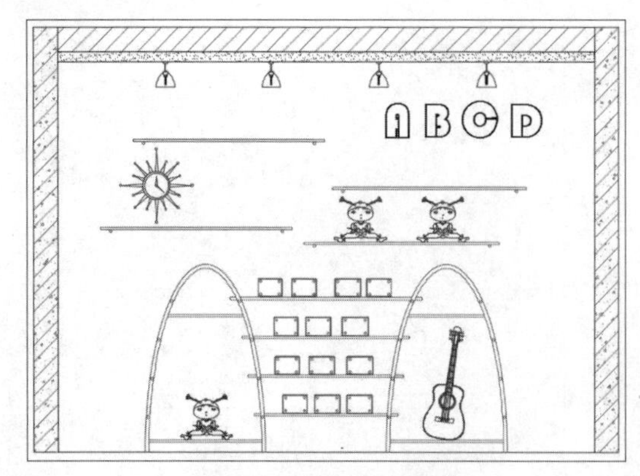

图12-40 填充吊顶及墙体

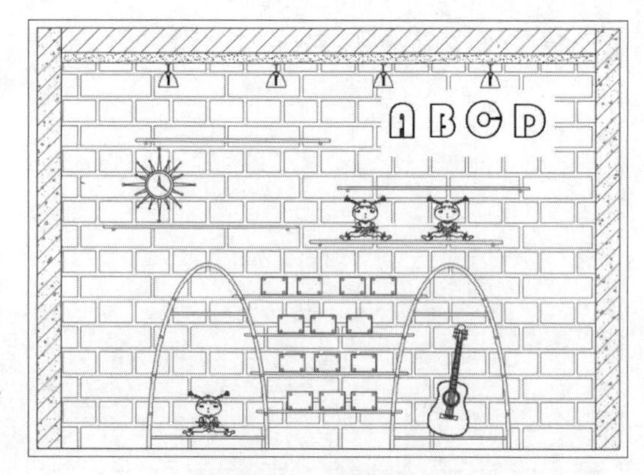

图12-41 填充墙面

步骤12 执行“线性”、“连续”命令，对立面图进行尺寸标注，如图12-42所示。

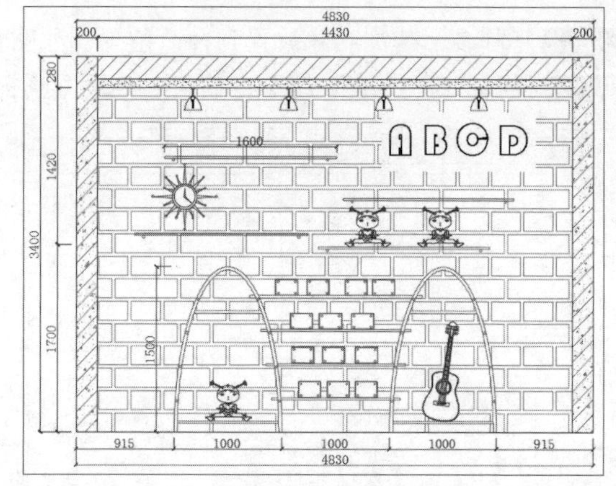

图12-42 尺寸标注

步骤13 执行“多重引线”、“多行文字”命令，为立面图继续添加引线标注，并添加图名等，如图12-43所示。

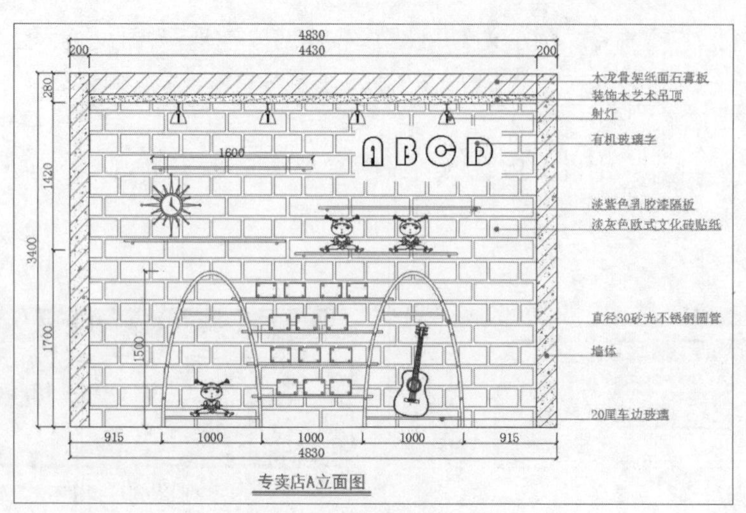

图12-43 完成立面图的绘制

12.2.2 绘制专卖店B立面图

绘制走道立面墙，确定其外部轮廓尺寸后，使用“直线”、“偏移”等命令，绘制内部轮廓线，使用“矩形”、“偏移”、“图案填充”等命令绘制门并创建成块，然后使用插入和图案填充命令进行墙面装饰，最后进行尺寸标注和引线标注等，操作步骤介绍如下。

步骤01 执行“直线”、“偏移”命令，绘制专卖店B立面墙体轮廓线，如图12-44所示。

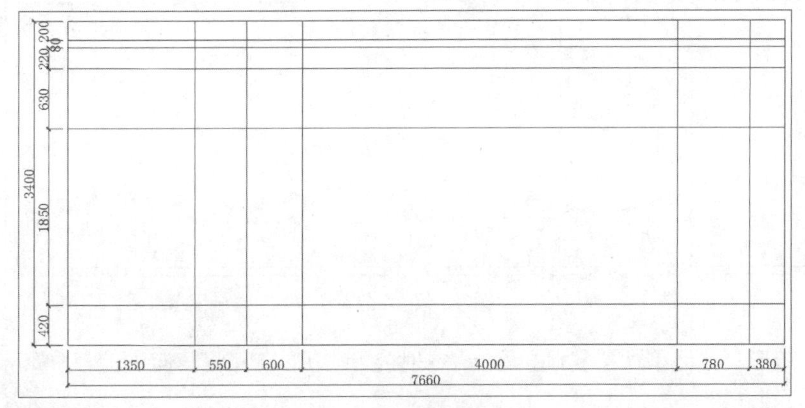

图12-44　绘制并偏移直线

步骤02 执行“修剪”命令，修剪出初步轮廓，如图12-45所示。

图12-45　修剪图形

步骤03 执行“矩形”、“偏移”、“复制”命令，绘制1800×600mm的矩形并进行偏移、复制操作，如图12-46所示。

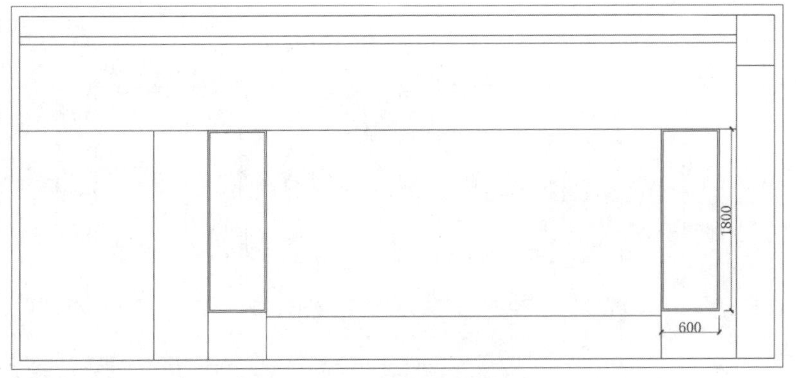

图12-46　绘制并偏移矩形

步骤04 执行“定数等分”命令，将直线段分为三份，再执行“直线”命令，捕捉等分点绘制直线，如图12-47所示。

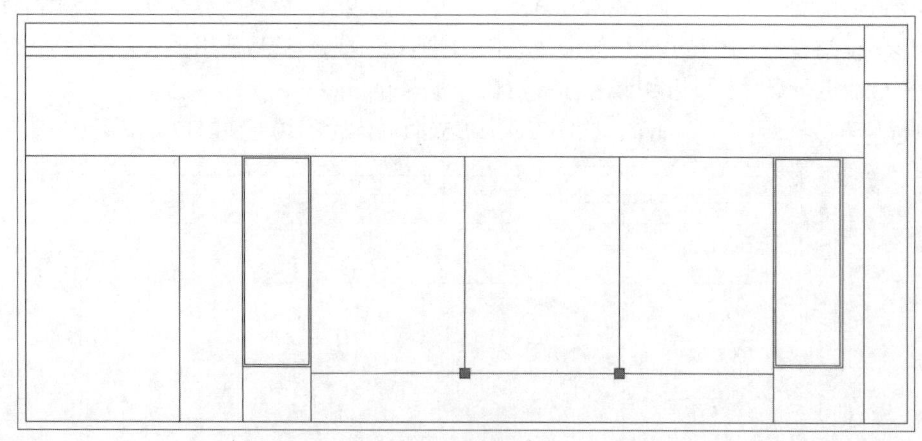

图12-47 定数等分

步骤05 执行“矩形”、“偏移”、“复制”命令，捕捉绘制矩形，并将其向内偏移50mm，再进行复制操作，如图12-48所示。

图12-48 绘制并偏移复制矩形

步骤06 执行“拉伸”命令，拉伸矩形，再删除外框矩形以及中线，如图12-49所示。

图12-49 拉伸图形

步骤07 执行“定数等分”命令，将直线等分为8份，执行“直线”命令，捕捉绘制直线，如图12-50所示。

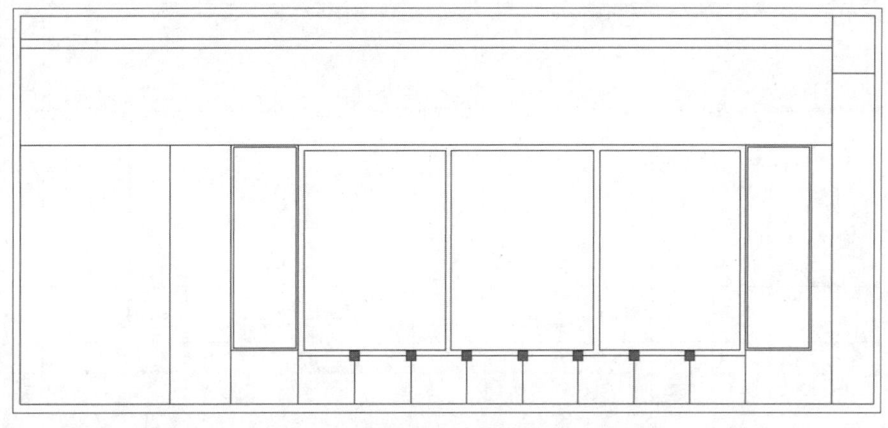

图12-50 定数等分

步骤08 执行“矩形”、“偏移”、“复制”命令，捕捉绘制矩形，将矩形向内偏移15mm，再进行复制操作，如图12-51所示。

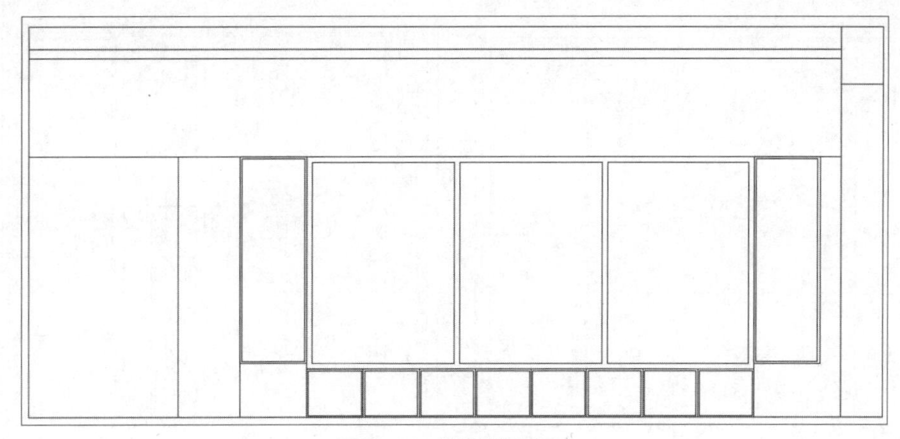

图12-51 绘制并偏移矩形

步骤09 执行“圆”、“矩形”、“镜像”命令，绘制半径为15mm的圆和80×20mm的矩形，并进行镜像复制，绘制出镜钉和拉手，如图12-52所示。

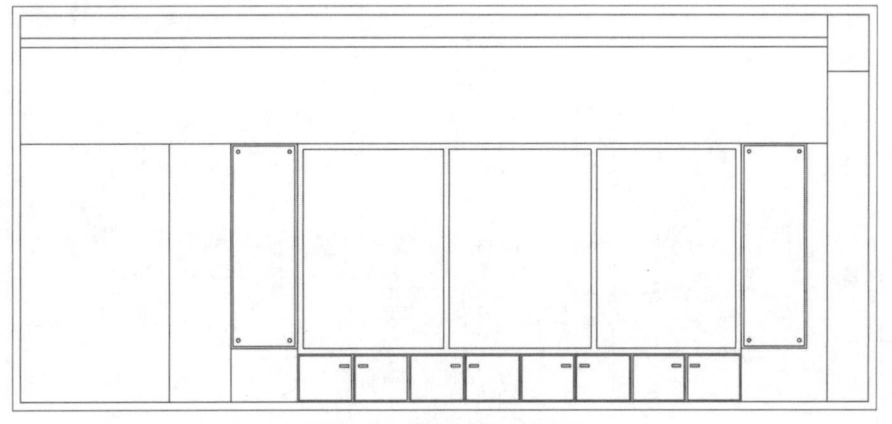

图12-52 绘制并复制圆和矩形

步骤10 执行“偏移”命令，偏移图形，如图12-53所示。

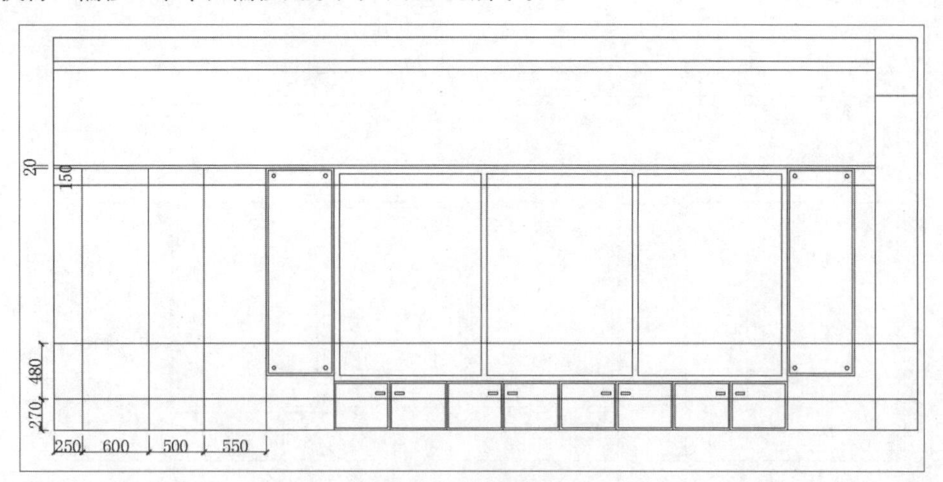

图12-53 偏移图形

步骤11 执行“修剪”命令，修剪图形，如图12-54所示。

步骤12 执行“偏移”、“矩形”命令，偏移图形再绘制多个矩形放置到合适的位置，如图12-55所示。

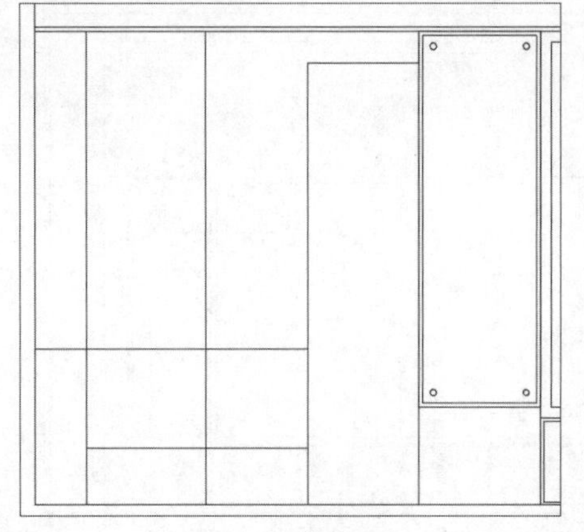

图12-54 修剪图形

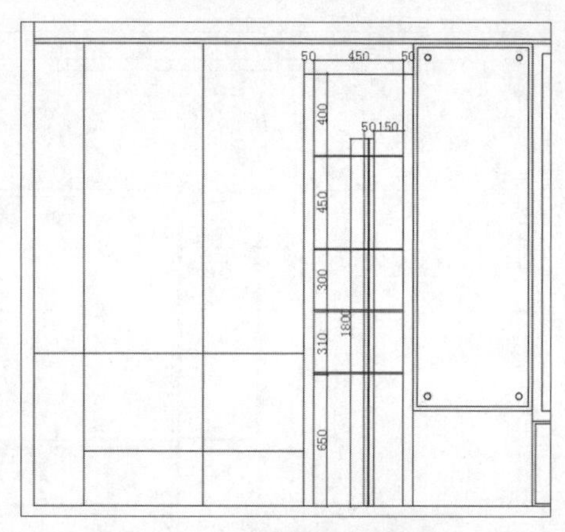

图12-55 偏移图形并绘制矩形

步骤13 执行“偏移”命令，偏移图形，如图12-56所示。

步骤14 执行“修剪”命令，修剪出墙面造型，如图12-57所示。

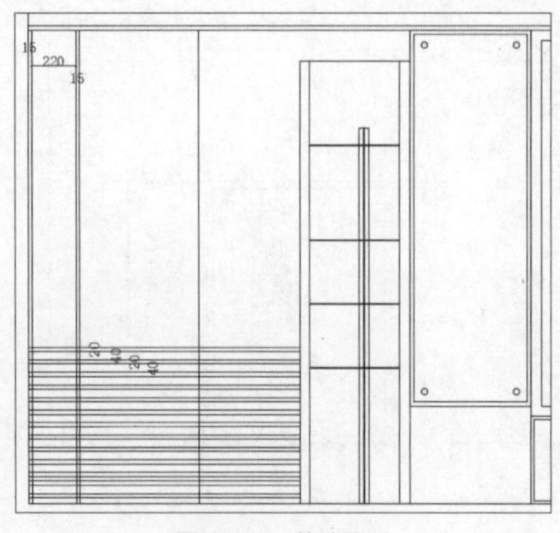

图12-56 偏移图形

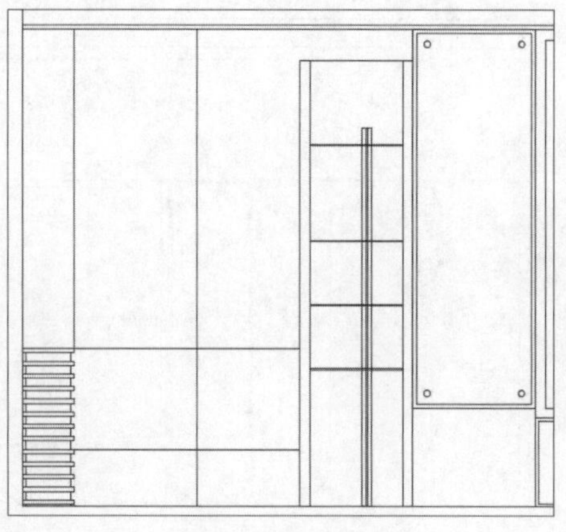

图12-57 修剪图形

步骤15 执行“矩形”、“复制”命令，绘制矩形并进行复制操作，如图12-58所示。

步骤16 执行“图案填充”命令，选择图案AR-SAND，填充矩形框，如图12-59所示。

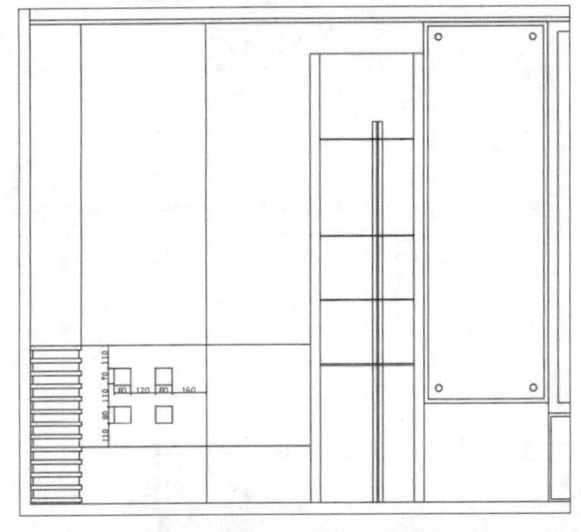

图12-58 绘制并复制矩形

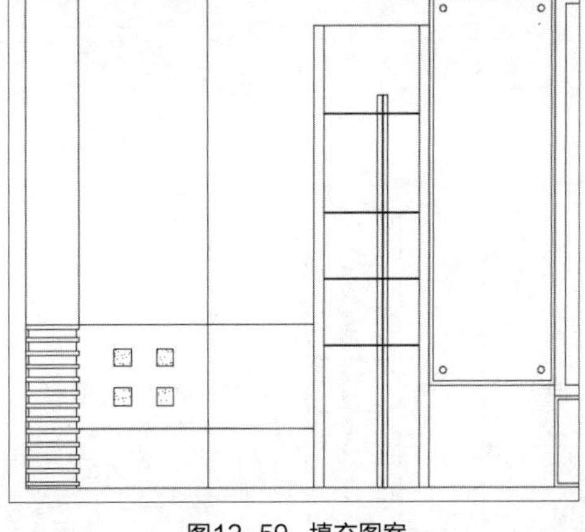

图12-59 填充图案

步骤17 执行“插入>块”命令，为立面图插入射灯以及植物图形，如图12-60所示。

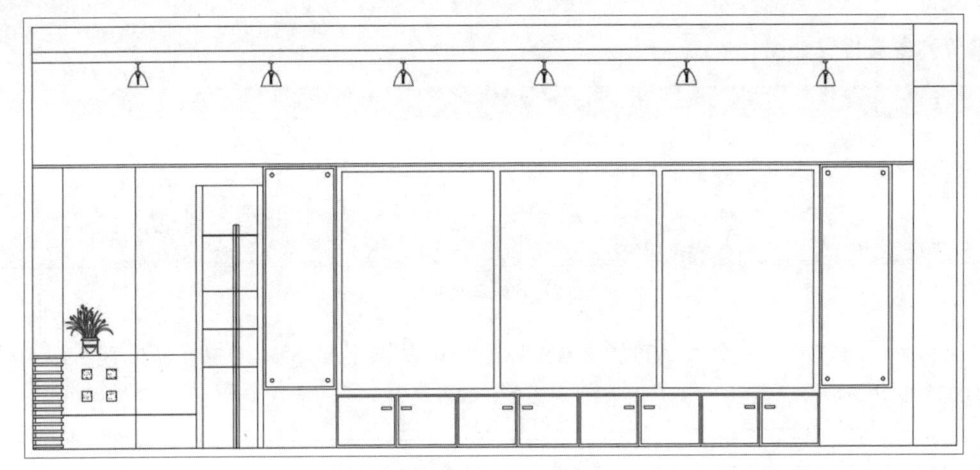

图12-60 插入图形

步骤18 复制A立面图中的文字到当前立面图中，放置到合适的位置，如图12-61所示。

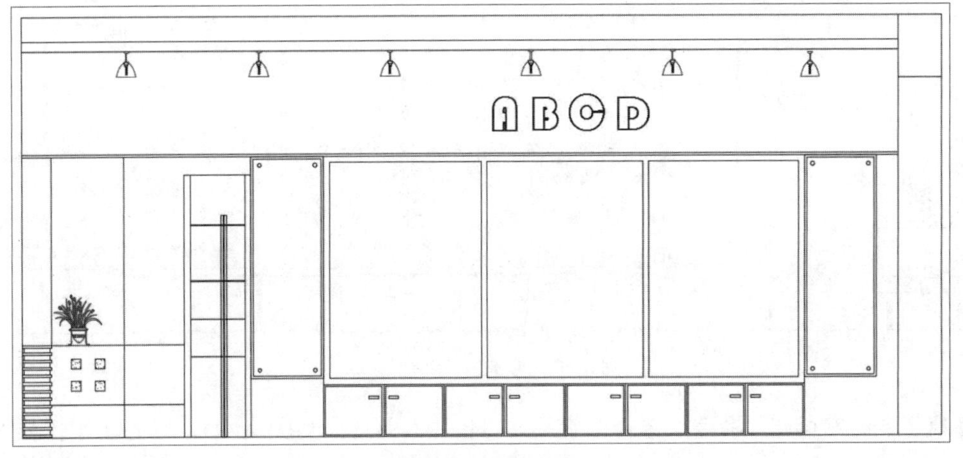

图12-61 复制文字

步骤19 执行“圆”、“阵列”、“复制”命令，绘制半径为20mm和25mm的同心圆，并进行阵列复制操作，完成阵列操作后，再对图形进行复制，如图12-62所示。

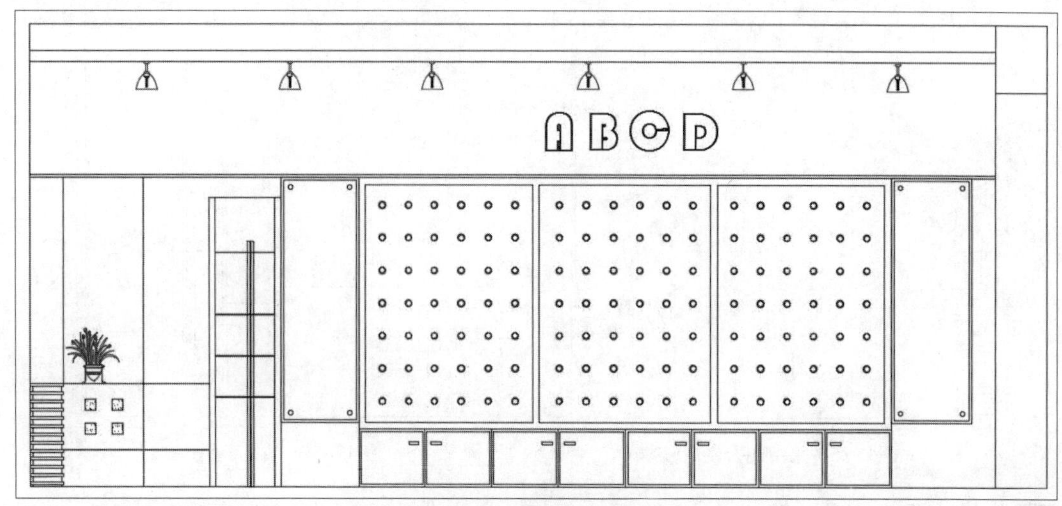

图12-62 绘制并阵列图形

步骤20 阵列参数设置如图12-63所示。

默认 插入 注释 参数化 视图 管理 输出 附加模块 A360 精选应用 BIM 360 Performance 阵列

类型	列		行		层级		特性
矩形	列数:	6	行数:	7	级别:	1	基点
	介于:	200.0000	介于:	-240.0000	介于:	1.0000	
	总计:	1000.0000	总计:	-1440.0000	总计:	1.0000	

图12-63 阵列参数

步骤21 执行“图案填充”命令，选择图案JIS_LC_8A以及图案ANSI32，填充墙面镜子以及造型区域，如图12-64所示。

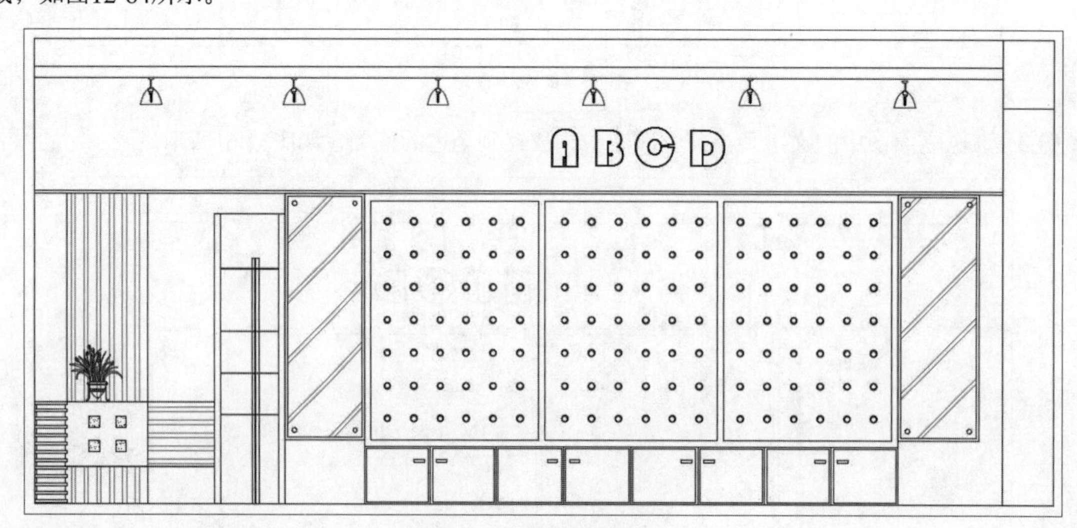

图12-64 填充镜子和造型区域

步骤22 执行“图案填充”命令，选择图案ANSI31、ANSI33、AR-SAND，填充墙体，如图12-65所示。

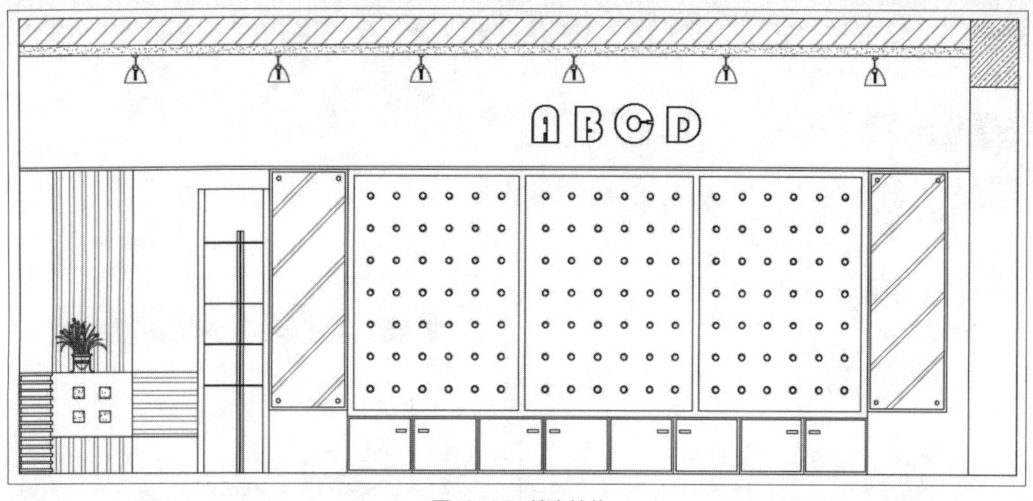

图12-65 填充墙体

步骤23 执行“线性”、“连续”命令，为立面图添加尺寸标注，如图12-66所示。

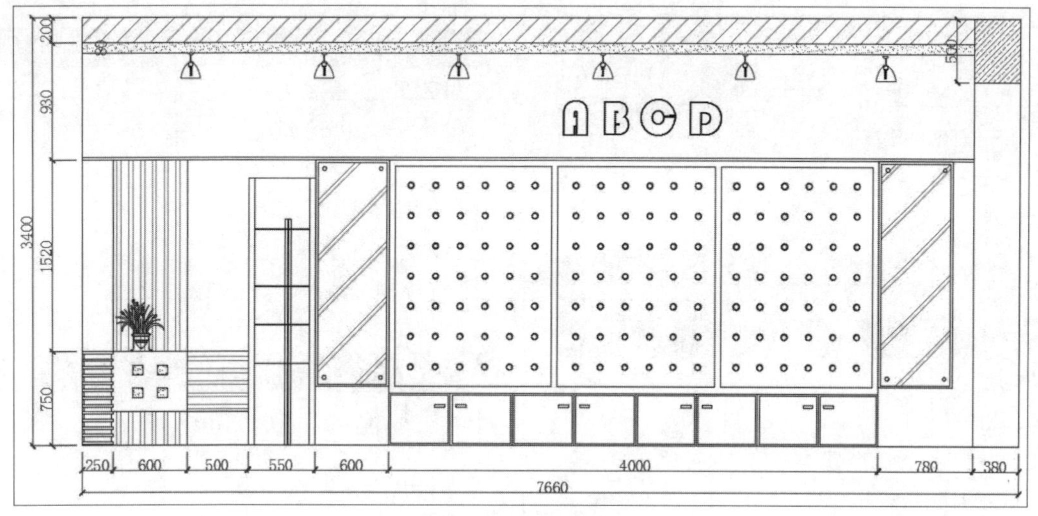

图12-66 尺寸标注

步骤24 执行“多重引线”、“多行文字”命令，为立面图添加引线标注与图名，如图12-67所示。

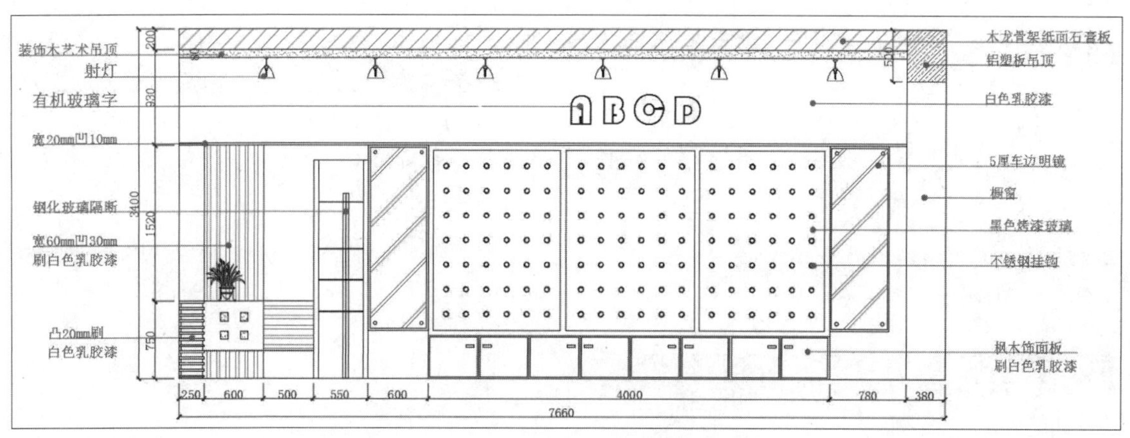

图12-67 完成立面图的绘制

附录 课后练习答案

Chapter 01

1. 填空题

(1) 空间环境，室内环境

(2) 人类

(3) 材料质地的选用

(4) 客观环境因素

(5) 照度，光色

2. 选择题

(1) D　(2) D　(3) D　(4) A　(5) C

Chapter 02

1. 填空题

(1) 文本窗口

(2) 选择文件

(3) 图层特性，图层特性管理器

(4) 三维基础

(5) 局部打开

2. 选择题

(1) D　(2) C　(3) A　(4) A　(5) A

Chapter 03

1. 填空题

(1) 点样式

(2) 内切于圆，外切于圆

(3) Continuous

2. 选择题

(1) D　(2) D　(3) C　(4) A

Chapter 04

1. 填空题

(1) 缩放

(2) 同心偏移，直线

(3) 镜像

2. 选择题

(1) B　(2) B　(3) A　(4) A

Chapter 05

1. 填空题

(1) 对象集合

(2) 写块

(3) 块属性管理器

2. 选择题

(1) C　(2) D　(3) C　(4) B

Chapter 06

1. 填空题

(1) 新建

(2) TEXT

(3) 文字编辑器

2. 选择题

(1) B　(2) A　(3) D　(4) C　(5) A

Chapter 07

1. 填空题

(1) 上方，中断，断开

(2) 细实线，箭头，斜线

(3) 默认，新建，旋转，倾斜

2. 选择题

(1) D　(2) B　(3) C　(4) B

Chapter 08

1. 填空题

(1) DIMSTYLE

(2) 尺寸界线

(3) 置为当前

2. 选择题

(1) B　(2) C　(3) B　(4) D

Chapter 09

1. 填空题

(1) 布局空间

(2) 浮动视口

(3) 命名打印样式表

2. 选择题

(1) B　(2) D　(3) D　(4) B